数字经济创新驱动与技术赋能丛书

数据质量管理十步法

十步法 原书第2版

获取高质量数据和可信信息

（Danette McGilvray）

〔美〕达内特·麦吉利夫雷◎著　本书翻译组◎译

Executing Data Quality Projects

Ten Steps to Quality Data and Trusted Information™
Second Edition

机械工业出版社
CHINA MACHINE PRESS

本书是一部通过提供一套易于遵守及操作的方法论来实现高质量数据管理的实践指南。内容全面、详细，并有许多实用的建议和模板，第 1 版推出后，已成为全球信息质量实践者的必备书籍，甚至已成为美国阿肯色大学信息质量研究生项目的教科书。

本书共 7 章，内容包括数据质量和依赖于数据的世界、数据质量实践、关键概念、十步法流程、设计项目结构、其他技巧和工具，以及写在最后的话。

作者将信息质量的概念框架与改善信息质量的技术、工具、操作指南相结合，提出并详细描述了获取高质量数据和可信信息的十步法。作为本书的最新改版，作者进一步阐明并更新了流程步骤和支持模板，整合了一些有价值的示例和案例，说明了近些年技术和数据生产的演变。

本书内容丰富，理论和实践相结合，易读性和可操作性强，可以作为数据质量管理的入门和进阶用书，还可作为数据治理、信息技术、数据分析等领域人员的参考用书，也适合任何试图找到完善、实用且有效的书面建议来实现高质量数据的团队或个人。

本书翻译组

中国软件评测中心	吴志刚　王　闯　李天池
中国信息通信研究院	魏　凯　周京晶
中国电子技术标准化研究院	张　群　汪小娟
国家工业信息安全发展研究中心	彭文华
中国建设银行	车春雷
中国广核集团有限公司	范凌峰
中核核信信息技术（北京）有限公司	姜礼瑞　唐　更
申万宏源证券有限公司	石宏飞
国家电网有限公司	梁云丹
国家电网有限公司大数据中心	周春雷
清华大学	袁　芳
BSI 英国标准协会	潘　蓉
国际数据管理协会中国分会（DAMAChina）	汪广盛
恩核（北京）信息技术有限公司	郑保卫
御数坊（北京）科技有限公司	刘　晨　王少锋　马占有
	赵　佳　黄　燕　方俊霆
	吕　伟　莫钦渝　李宗锴
	牛一锋　么艳丽　郭　星

推荐语

伟大的书籍不会原封不动、完美无瑕、没有一点折痕地闲置在您的书架上，好书应该占据宝贵的桌面空间，有些折角或用荧光笔标记过。按照这个标准，Danette McGilvray 的《数据质量管理十步法：获取高质量数据和可信信息》一定会被反复翻阅，而且永远不会远离手边。她将诸多内容和技巧纳入一本书中，而这些内容和技巧的本身就是对这本书的证明：通过应用其中涵盖的原则，作者集成了一系列知识和工具，以帮助处于不同数据质量旅程阶段的读者。这不是一本只读一次就放到书架上的书——这将是每天为人们提供指导的忠实伴侣。

Anthony J. Algmin，Algmin Data Leadership 创始人

在我的专业领域（计算机安全）内，我对"数据质量"这一概念关注不多，然而，在我了解之后，我相信数据质量对于计算机安全至关重要，并且在安全专家将其纳入实践之前，永远不会真正成功实现系统安全。我建议阅读 McGilvray 的《数据质量管理十步法：获取高质量数据和可信信息》。我想说的是，这本书改变了我的职业生涯。它不仅在教授数据质量核心概念方面做得很好，像我这样的新手也能理解、消化和应用，而且本书真正的精髓——十步法非常具有可操作性。本书重点强调了实用性和情境化，创建了一个几乎可以在所有环境中使用的框架，以提高组织的数据质量。

Seth James Nielson 博士，Crimson Vista 公司创始人兼首席科学家

没有什么比向实践者学习更好的了。

建筑师可以思考设计、绘制蓝图，并写一本关于他们的建筑如何满足人类需求的书。但他们可能永远不会使用钉子和锤子。

但是，当有人为他们所知道的并且亲身实践过的内容著书立说时，读者何其有幸。Danette 的《数据质量管理十步法：获取高质量数据和可信信息》（第 2 版）就是这样一本著作。

Danette 不仅在 2008 年写了一本关于数据质量的好书，而且对其进行了改版，第 2 版与第 1 版同样重要和出色。它是数据实践者的必读书籍，您需要把这本书放入您的书架，并将其中的内容投入使用。

John Ladley，数据思想领袖和实践者，业务和数据领域的顾问兼导师

我已经知悉 Danette 和十步法十多年了，这些年来，中国有许多数据实践者将这种方法应用于实际的数据质量、数据治理项目（Project）和行动计划（Program）中。基于此，组织可从更高的数据质量中受益。十步法本身在持续演化，我相信会有更多的人和更多的组织将从本书蕴含的深刻思想和经验中受益。本书对数据社区的影响怎么强调都不为过。

刘晨，御数坊（北京）科技有限公司 CEO

如果我们还没有意识到自己生活在一个数据具有重要价值的知识经济时代，那么现在是时候做出改变了。然而，南澳大学和 Experience Matters 在三大洲的进一步研究无可辩驳地表明，数据并没有得到很好的管理；数据的价值和收益没有被很好地衡量；董事会和高管不明白为什么信息资产很重要，而且与金融资产不同；没有人真正对数据进行管理并负责。《数据质量管理十步法：获取高质量数据和可信信息》是一本有见解且实用的指南，可以帮你很好地管理数据。对于任何想从数据中获得收益并或改善服务交付的人，我强烈推荐本书。

James Price，Experience Matters 董事总经理

当 Danette 说她正在编写《数据质量管理十步法：获取高质量数据和可信信息》（第 2 版）时，我首先想到的是"为什么？第 1 版已经非常好了，十步法也很完善了。"但我很高兴地说第 2 版甚至更好。在第 2 版中，McGilvray 进一步阐明并更新了流程步骤和支持模板，并整合了一些有价值的示例和案例研究（十步法实战），同时说明了过去十年技术和数据生产的演变。本书的展现方式也清晰明了。不熟悉数据质量管理的人应该从头到尾阅读本书，有经验的实践者应将其放在办公桌上以随时参考。

Laura Sebastian-Coleman，《数据质量测量的持续改进》作者

多年来，我一直在我的课程中使用这本书，我向在阿肯色大学小石城分校信息质量研究生项目的所有学生推荐这本书。《数据质量管理十步法：获取高质量数据和可信信息》是一本非常棒的，引导您实现卓越组织数据的指南。Danette McGilvray 在简化困难课题方面做得很好，书中的概念很容易理解。她的十步法以及如何将这些步骤应用于各类项目的建议很容易实施，她描写的技巧很容易实现。总而言之，本书适合任何试图找到完善、实用且有效的建议来使他们的数据变得更好的人。

Elizabeth Pierce 博士，阿肯色大学小石城分校信息科学系主任

如果您正在寻找一本实用的、会根据全球最新发展进行更新的数据质量书籍，那《数据质量管理十步法：获取高质量数据和可信信息》就是这么一本书。对于初学者或在数据质量方面有经验的人，本书将在项目的不同阶段为您提供帮助，使您更容易取得成功。

Ana Margarida Galvão，在金融服务行业工作 20 多年，十多年来专注于数据质量

自 2012 年以来，阿肯色大学小石城信息质量研究生项目一直使用《数据质量管理十步法：获取高质量数据和可信信息》（第 1 版）作为项目管理和变革管理课程的教科书。事实证明，

它对我们的学生来说是一个巨大的资源。它全面、详细，并充满实用的建议和有用的模板，已成为全球信息质量实践者的"必备"书籍。第 2 版内容更加丰富、深刻，在原有基础上，它添加了自第 1 版以来数据管理和技术的变化和新兴趋势以及应对方式。我很高兴向在校师生推荐本书。

John R. Talburt 博士，阿肯色大学小石城分校安客诚信息质量讲座教授；

Noetic Partners 公司数据治理和数据战略首席顾问

自从 Danette 编写本书的第 1 版以来，所有组织中的数据量都大幅增长。如果此时您的组织没有投入资源来确保数据的高质量并将这些数据作为重要的资产进行管理，那么您将面临障碍。无论是对经验丰富的数据实践者或是那些正开始自己的数据质量之旅的人来说，本书中描绘的十步法都已被证明是非常宝贵的指南。此外，如果您需要让您的管理团队相信投资高质量数据的好处，本书是一个非常有益的开始。

Peter Eales，MRO Insyte 首席执行官，ISO 8000-110 第 2 版项目负责人

无论您是数据质量专家、IT 领导者、数据分析师，还是试图解决复杂问题的人，Danette 的十步法都是帮助您完成相关工作的完美指南。《数据质量管理十步法：获取高质量数据和可信信息》可作为教科书、技术指南，我更喜欢称之为"车间手册"。这部更新后的第 2 版可帮助读者解决当代结构化程度较低的数据库问题。

Andy Nash，数据质量专家

Danette McGilvray 的数据质量管理十步法将我们的数据质量举措从理论变为可能。Danette 教给我们的技巧提供了通过数据治理委员会实施数据质量举措的具体、实用的方法。展示数据质量举措的投资回报一直是最具挑战性的工作之一，数据质量管理十步法有助于这项工作，并最终实现相关工作的成功和可持续性。

Brett Medals，Navient 首席架构师

作为一个数据驱动的组织，西雅图公用事业局寻求利用一流的方法来管理我们的数据，Danette McGilvray 的《数据质量管理十步法：获取高质量数据和可信信息》就是这样一种方法。Danette 的方法稳健、可扩展且透明，可以在数据质量问题浮出水面时快速、有效地应用。更重要的是，在第 2 版中，Danette 说明了如何在软件/系统开发生命周期（SDLC）中利用该方法，这样做提高了数据质量管理的主动性，从而提升了组织的数据可用性，降低决策和结果不佳的风险，并降低大型组织的数据管理成本。

Duncan Munro，西雅图公用事业局公用事业资产信息项目经理

本书的名字非常引人注目，因为它涵盖了本书的内容。然而，从名称中不太清楚的是本书内容的质量。

McGilvray 女士写作水平很高，她对内容的组织方式非常适合传达大体量信息。正如她

所说："有适度的结构来告诉您如何开展工作，但也有足够的灵活性，这样您也可以组合自己的知识、工具和技巧。"

除了对数据质量"关键"概念的大量描述外，本书的核心还包含执行十步法流程中的对每一个步骤的说明和指导、如何构建项目以及其他技巧和工具。

我非常高兴能够推荐这本书。

David C. Hay，Essential Strategies International 荣誉数据建模师

在接到设计组织级数据质量度量的任务时，面对一张白纸，我求助了 Danette McGilvray 的《数据质量管理十步法：获取高质量数据和可信信息》（第 2 版）。在很短的时间内，我就能够利用有关度量的信息来启动我的项目——第 2 版中提供了更多实用的建议，我强烈推荐已经拥有第 1 版的人升级到第 2 版。

Julie Daltrey，英国知识产权局高级数据架构师

McGilvray 提出了一个提高数据质量的实用方法。在确保数据质量过程中不免遇到挑战，而这些挑战真实存在着，因为每个人在日常生活中都使用数据，并且几乎所有类型的技术在几乎所有地方创建数据。本书将提高您的技能，为您提供有用的工具，拓宽您的视角，帮助您知道从何处入手，应该让谁参与或说服谁，以及采取什么行动。

Håkan Edvinsson，《数据治理和业务数据设计》的作者、培训师和实践者，外交式数据
治理方法的发明者

Danette McGilvray 的《数据质量管理十步法：获取高质量数据和可信信息》（第 2 版）出版得非常及时，这是每个想要以数据为中心的个人和组织的必读之书。自该书第 1 版问世以来的 13 年中，数据质量已成为大多数数据导向的项目（Project）和行动计划（Program）证明其能够获得回报的驱动力。从数据分析和数据科学，到数据治理，到元数据管理，再到互操作性的提升，数据质量始终是决定其成败的首要因素。Danette 直截了当的方法以及她在整本书中分享的实用工具和流程，可马上应用于每个人的信息环境，加快实现组织目标的步伐。我强烈推荐这本书。

Robert S. Seiner，KIK 咨询和教育服务（KIKconsulting.com）
数据管理时事通讯（TDAN.com）

Danette 提供了一种操作步骤易于遵循的可靠方法，可以在如今和未来用于打造支持业务目标的可信数据。随着数据技术的增强和数据的爆炸式增长，数据质量的重要性不断提高，本书第 2 版是必不可少的参考和指南。

Mary Levins，Sierra Creek 咨询有限责任公司总裁

Danette 的《数据质量管理十步法：获取高质量数据和可信信息》一书给我留下了深刻的印象，尤其是当我开始做一个为生物样本库研究提供本体驱动的数据质量框架、为癌症研究

获取临床试验数据的数据质量项目时。本书向数据实践者提供了 10 个简单、及时且有效的步骤，以提高全企业数据的整体质量标准。我可以看到许多数据领导者在企业范围利用这些步骤提供清洁、可信的数据，尤其在实现一些业务成果时，如洞察和分析、法规遵从性、数据素养和数字化转型等。

KashMehdi，Informatica 数据治理领域专家，

阿肯色大学小石城分校与 MIT 联合培养信息科学博士候选人

在过去的 10 年里，Danette McGilvray 一直是数据质量及其改进方面杰出的国际专家。她在教学和咨询方面的丰富经验在本书中可见一斑。

Michael Scofield, M.B.A.教授

作为数据和信息管理与治理领域的研究人员，作为《领导者数据宣言》的作者之一，作为行业/学术界合作的坚定支持者，我很荣幸为 Danette McGilvray 这本书撰写推荐语。在我们生活的数字世界中，越来越需要提高人们对数据和信息重要性的认知。现在，对数据和信息质量的理解比以往任何时候都更加重要。正如 Danette 所建议的那样："教导未来的领导者具备数据意识是一个很好的起点"。事实上，我们所有的学生都需要了解为什么我们必须将数据和信息作为重要资产进行管理、如何提高它们的质量，以及高质量数据为所有行业的组织带来的好处。本书让我印象最为深刻的是，它把现实世界和课堂联系起来——通过提供帮助提高数据和信息质量的模板、详细的示例和实用建议，这将对学生未来的职业生涯非常有用。我们有些 IT 硕士和 MBA 学生正在学习与数据和信息管理、隐私、治理和质量相关的课程，我肯定会向这些学生推荐这本书。

我强烈支持 Danette 的使命："让我们继续在对话中添加数据和信息……"

Nina Evans，南澳大学南澳理工学院副教授

献给

谨以此书献给

Jeff，

因你的爱与支持，我得以成为更好的自己；

母亲，

一直以来的信任，我很开心您能够看到此书出版；

父亲和 Jason，

希望你们能够永远开心；

Tiffani、Tom、Aidric、Michaela、Zora、Christie、Colby、Chancey，

我比你们想象中更爱你们；

我亲爱的朋友们和大家庭，

你们知道是谁——我很幸运此生有你们；

所有的读者，

希望你们能够应用本书的内容让这个世界变得更好。

现在扬帆起航驶向前方，去追求和探索。

——沃尔特·惠特曼，《草叶集》

致谢

"感恩的态度""齐心齐力""没有您做不到",不知为何,这些老掉牙的语句并不像陈词滥调——特别是当我想到许多使本书的出版成为可能的人时。

感谢在我的服务和解决方案中使用"十步法"的客户、在学习我的课程后应用该方法的人、通过其他教育机构了解这一方法的学生或者那些自己找到第 1 版书籍并付诸行动的人。许多人会在随后的内容中被提及,我非常感谢他们的贡献。同样感谢那些我能说出名字、但不得不保持匿名的人,以及那些同样做了很多但由于篇幅或时间限制而无法提及的人。基于每次应用十步法的经验,第 2 版对内容进行了改进,读者将从分享中获益。

尽管如此,我还是会冒着漏掉一些人的风险,提及一些应该被认可的人。

Tom Redman、John Ladley、James Price、Laura Sebastian- Coleman、Gwen Thomas、David Plotkin、Michael Scofield,当我需要获得灵感、讨论想法、获得真诚的反馈或"快速"解答时,这些都是我寻求帮助的人。每个人都需要这样的人。我从他们那里学到了很多东西,其中大部分都体现在本书中。

Anthony Algmin、MashaBykin、Peter Eales、David Hay、Mary Levins、Chen Liu、Dan Myers、Andy Nash、Daragh O Brien、Katherine O'Keefe、John Talburt 博士,他们无私地分享了自己的时间和在特定主题上的专业知识。正因为如此,第 2 版要比第 1 版好得多。

Michele Koch 和 Barbara Deemer,感谢他们多年来的支持,并帮助我撰写前言。我很幸运能与他们和他们的团队一起工作。

Carlos Barbieri、Maria Espona、Walid el Abed、Ana Margarida Galvão、Jennifer Gibson、Brett Medalen、KashMehdi、Duncan Munro、Seth Nielson、Graeme Simsion 和 Sarah Haynie,他们鼓舞人心的话语在我需要的时候激励了我(虽然他们可能从未知道)。另外,Carlos,谢谢您总是提及我母亲。

Larry P. English,在过去的一年里,信息和数据质量世界失去了一位领军人物和伟大的思想家。他让我走上了通往数据质量的道路,我从他那里学到的东西继续深刻影响着我的工作。

我在 Elsevier 的同事,Chris Katsaropoulos 鼓励我撰写本书的第 2 版;Andrae Akeh,高级编辑项目经理,几个月来花费了绝大多数时间和我一起,提供了中肯的建议,并在创作一本书的起起伏伏的过程中保持冷静;Miles Hitchens,高级设计师,耐心地与我一起设计并更新了第 2 版的书籍封面(我非常喜欢);Omer Mukthar,制作项目经理,是我和制作团队之间的联络人,感谢他及时回答了我的问题。还要感谢 Elsevier 其他成员,虽然我没见过他们,但他们花费很多时间,利用他们的专业知识,将本书变成了成品。

Laura Sebastian-Coleman,再次提及她,是因为我很幸运她能作为我的编辑,并充分发挥了她的文案编辑技能和专业知识。她不仅是我最喜欢的人之一,而且我很幸运,在写本书的漫长过程中,她一直是我的倾听者。

Connie Brand 和 Julie Daltrey,感谢他们数小时的审查和有用的反馈。

Miriam Valere,在我写本书的时候,她让 Granite Falls 咨询公司稳定运行,确保我没有遗漏任何重要的事情,并亲自检查和审查。

Rick Thomas 和他在 Pro Technical 的团队,他们让我的系统运行并继续提供最好的 IT 支持。

Jeff,我的丈夫、最好的朋友和啦啦队队员。因为他,我的人生比想象中更加快乐、更加有趣。没有他很多事情我绝对做不成。在编写第 2 版的漫长过程中,他的支持和鼓励非常有帮助。正如我们常说的,"我们是一支伟大的团队!"

没有第 1 版就没有第 2 版,因此我将第 1 版的致谢放到后面。致所有人——谢谢,谢谢,谢谢!

致谢(第 1 版,2008 年)

现在可以更好地对众多需要表达感谢的人有所交代了,写书绝非一个人的功劳,本书亦不例外。

感谢 Judy Kincaid,她在不知不觉中让我走进信息质量领域。多年以前,Judy Kincaid 把我叫进她的办公室,让我和 Larry English 一起工作,当时 Larry English 即将进入 Hewlett-Packard 公司从事信息质量方面的咨询工作。Judy Kincaid 认为,通过与 Larry English 一起工作,本公司的信息质量相关知识才不会因为他的离开而损失。她的原话是:"这周你需要全身心投入到这份工作中,以后可适当减少。"正是 Judy 安排的这项工作改变了我的职业生涯,以至于 15 年以后,我仍然全身心致力于信息质量方面的工作。

非常感谢 Larry English,他给我上了信息质量方面的第一课,在我的第一个项目中全面指导我,并且让我逐渐了解到这一领域的重要性。

特别要感谢 Mehmet Orun、Wonna Mark、Sonja Bock、Rachel Haverstick 和 Mary Nelson,当我写本书的初稿时,他们花费了大量时间,为我提供了宝贵的反馈意见和专业方面的建议。他们的丰富知识、启发性问题、建设性意见和见解促成了本书的成形,打下了本书的基础。没有他们的努力,就不会有本书的出版。

感谢那些审查最初方案或详细手稿的人,以及那些参与讨论并为本书具体章节提供输入数据的人,他们是 David Hay、Mehmet Orun、Eva Smith、Gwen Thomas、Michael Scofield、Anne Marie Smith、Lwanga Yonke、Larissa Moss、Tom Redman、Susan Goubeaux、Andres Perez、Jack Olson、Ron Ross、David Plotkin、Beth Hatcher、Mary Levins 和 Dee Dee Lozier,还有其他一些不愿意透露姓名的人。他们为改进工作所提的中肯建议以及对本人所做工作的肯定使得本书更加完善。

感谢那些多年来在不同组织中一直致力于实践或支持本书所提方法的资助者、项目经理、团队成员及实践者，可惜，在此没有更多的空间一一列举，多亏你们才能进一步积累数据和信息质量的知识、进一步深化实践，这些经验将为其他人在信息质量旅程中提供帮助。

对于参加我的专题讨论会和课程的各位同仁，感谢你们的参与以及愿意去分享想法、成功经验和失败教训，你们的热情反馈和回应为我写本书提供了动力。

感谢在信息质量以及相关领域的先驱们，因为有了他们的著作和教学，使我们可以学习借鉴。参考书目中列出了我要感谢的其他人所做的工作，毫无疑问，我是这些工作的受益者。特别感谢 Tom Redman、David Loshin、Larissa Moss、Graeme Simsion、Peter Aiken、David Hay、Martin Eppler、Richard Wang、John Zachman、Michael Brackett、John Ladley、Len Silverston 和 Larry English。

此外，我还要感谢那些为我的教学和出版提供场所或者提供幕后建议和支持的部门负责人。尽管我不能列举所有人的姓名，但我仍然想提及 Tony Shaw 以及 Wilshire Conferences 和 TDWI 的所有人员，Jeremy Hall 和 IRM UK 的所有人员，IAIDQ 和 DAMA 国际的相关人员，Mary Jo Nott、Robert S. Seiner、Larissa Moss、Sharon Adams、Roger Brothers、John Hill、Ken Rhodes 和 Harry Zoccoli。

感谢我在 Morgan Kaufmann 的同事们，我要感谢他们卓越的工作，特别是感谢 Nate McFadden 的指导和独到见解，以及 Denise Penrose、Mary James、Marilyn E. Rash、Dianne Wood、Jodie Allen 和本书的写作团队，是他们使得本书的出版成为可能。

感谢 Logan City School District 和 Utah State University 的老师们，是他们让我接受了教育并成就了我今天的一切。

感谢 Keith 和 Myrtle Munk，我非常庆幸有这样的父母，感谢他们对我严格的教育、对我行动的鼓励和始终的信任（甚至在我不相信自己时）。作为一个大家庭和朋友圈的一员，我感到很幸运，因为他们为我带来了欢乐、笑声、关爱和支持——这些都是我努力工作的动力和生活的价值所在。

感谢我的女儿 Tiffani Taggart 和已故的儿子 Jason Taggart，尤其在艰难时期，他们是我不断前进的动力。

最后特别感谢的是我的丈夫 Jeff McGilvray，感谢他对我执着的爱以及鼓励和支持，没有他就不会有我如今的一切。

前言

我们企业的数据治理之旅始于 2006 年。在接下来的几年中，我们会定期询问我们的数据治理委员会成员，如何量化已解决的数据质量问题的业务价值。他们都能从本质上理解这个问题，即我们通过增加收入、降低运营成本或降低风险为公司节省了资金，但没有人能想出一种方法来持续量化并汇报业务收益。我们没有经验、技巧或技能来实现这一飞跃，其他人也一样。这种情况持续了几年，直到我们获得资金，在我们的数据治理行动计划（Data Governance Program）中开发一个正式的、企业级的数据质量行动计划（Data Quality Program）。作为这项工作的一部分，我们希望展现通过改善数据质量水平而获得的商业价值，我们希望寻找一种实用的方法来解决我们的数据质量问题。这让我们想到了 Danette McGilvray 和她的《数据质量管理十步法：获取高质量数据和可信信息》。

2009 年，当我们正式启动企业数据质量行动计划时，我们邀请了 Danette 加入进来。在此之前，我们没有正式的培训或方法实现数据质量从被动到主动的管理。Danette 与我们一起设计和建立数据质量计划，并教授我们数据质量管理十步法。她帮助我们定义了数据质量服务的结构和内容，以及我们如何利用她的方法来确定工作计划的度量。此外，Danette 教给我们简单而有效的技巧，来衡量我们为提高数据质量所做的工作的商业价值。我们最终选择了十步法，因为它易于使用并且可以根据我们的组织文化进行定制。

通过采用本书中介绍的"获取高质量数据和可信信息的十步法"，我们能够量化数据质量工作并向高级管理层和参与到企业数据治理行动计划的每个人展示其商业价值。这对我们来说是无价的，因为我们努力在这个领域变得更加成熟，努力采用一种能够以一种可衡量且一致的方式解决数据质量问题的方式。Danette 提供了有用的提示和最佳实践来识别数据质量维度、业务影响技巧、数据质量类别以及角色和职责，这仅仅是几个方面。

Danette 按步骤的说明以及她对与信息质量相关的基本概念的解释可以促使您成功地展示数据质量活动的商业价值，就像我们所做的那样。因此，这些年来我们的计划赢得了多个行业奖项。本书和 Danette 的方法促成了这一成功。我们希望您和您的组织也会如此。

十多年后，我们的数据质量工作继续为组织带来价值。在此期间，我们所取得的商业收益为其他的企业级举措提供了资金，并帮助我们增加了收入、降低了成本和复杂性。最重要的是，它让我们对数据充满信心，并提高了整个组织的数据素养。

我们仍然感谢 Danette 与我们的合作，在彼此成为好朋友的同时，分享她的专业知识和经验，向我们传授了她获取高质量数据和可信信息的十步法。

——Barbara Deemer，Navient 公司首席数据管理专员兼财务董事总经理

——Michele Koch，Navient 公司数据治理项目总监兼企业数据智能高级总监

深切怀念 Barb Deemer，她是一位出色的同事和朋友。

她的积极态度、慷慨和爱心，在精神上激励着她接触过的每一个人。

她会被深深怀念。

Michele 和 Danette

2021 年 4 月

目录

绪论

组织实现有机增长的最佳机会在于数据。

数据拥有巨大的潜力尚未开发，它可以创造竞争优势、新财富和就业机会，改善医疗保健，使我们更加安全，并通过其他方式改善人类状况。

—— 领导者数据宣言，dataleaders.org

著书目的

我的生活面临着数据质量问题，起初我并不知道，突然，一个数据质量问题从天而降，而且这个问题一次又一次出现。每个人的生活都面临着数据质量问题，公司、政府机构、教育机构……任何组织都面临着这个问题，只是他们中的大多数都没有意识到而已。所有组织都依赖数据和信息来提供产品和服务，无一例外。多数情况下，数据和信息的质量，并不取决于任务本身。

看看您自己的生活。作为一个消费者、病人或市民，您有多少次在开票时被多收了钱？有多少次医疗记录被写错？有多少次尝试通过手机查询信息但却发现您账户中的数据有误，或者因为数据出错导致自助支付出现错误？这些事情我都经历过。

看看您的组织。高质量的信息能够帮助仓储经理实现供应链的精益化管理，帮助 CEO 基于可靠的绩效数据制订长期发展规划，帮助社会服务者发现需要帮助的高风险青少年。高质量的数据，帮助政府官员决定向何处投放稀缺资源。无论是市场研究、专利申请、制造改进度量、追踪销售订单、收款还是分析测试结果都需要信息，它能够实现组织和社会的正常运转，并提供竞争优势。

信息质量何以提供如上所述的竞争优势？答案是把正确的信息、在正确的时间和地点、发送给正确的人。无论是人还是机器，都不能基于错误的、不完整的或有歧义的数据做出有效的决定，若是他们要提供产品和服务或是要满足消费者的需要，他们必须获得自己确信正确、最新的数据或信息。

信息质量问题阻碍组织实现战略目标、解决问题或抓住机遇的充分收益的情况时有发生，导致企业不能在用户满意度、产品、服务、运营、决策和业务智能流程中获得预期的改进效果。

好消息是，我们知道如何解决阻碍组织发展的数据和信息质量问题。我们有一个方法论，也是本书的书名，称之为"数据质量管理十步法：获取高质量数据和可信信息"。

绪论剩余部分总结了本书的内容、目标读者和使用指南。此外，我解释了为何需要第 2 版以及我对于您的期望。在鼓励读者开始阅读和实践后，我列出了本书的整体结构。

本书内容

本书介绍了十步法这一方法论，这是一个适用于所有企业的结构化且灵活的方法，可用于生产、访问、提升、保存和管理数据和信息。方法论包括三个模块。

- **关键概念**：是读者理解并做好数据质量工作至为关键的基础概念，是方法论的必要组成部分（第 3 章）。
- **设计项目结构**：组织开展数据质量工作的指南，不是要取代知名的项目管理方法，而是把这些方法的原则应用于数据质量项目中（第 5 章）。
- **十步法流程**：把关键概念通过十步法付诸行动的使用说明，也就是十步法中所说的十个步骤（第 4 章）。

其他章节是辅助使用十步法的支持材料，关于每一章节的更多内容可在绪论最后的"本书结构"中找到。

本书的版式设计可帮助您快速、便捷地找到您需要的内容，可从前往后通读，也可在解决特定问题时查找相应步骤或技巧。您可把本书当作参考指南，每当出现新的数据质量场景或项目时，便回过头来翻一翻这本书。

把项目作为数据质量工作的载体

本书把项目作为使用十步法开展数据质量工作的载体。但不要把"项目"看得太狭义，通常来说，项目是为满足特定业务需求而开展的一次性的工作集合，项目时间取决于预期结果的复杂度。

在本书里，项目是指广义上用十步法实现业务需求的结构化工作，本书讨论了三类常见项目。

- **聚焦于数据质量提升的项目**，这类项目旨在解决影响业务的特定数据质量问题，如改善应用于供应链管理或分析和商业智能的数据。基于这类项目，企业可使用十步法构造自身的数据质量提升方法论。
- **包含数据质量活动的其他项目**，这类项目有着更宏大的目标，而数据是项目中的重要组成部分，数据质量在更大的项目计划中被考量。例如，当建设新的应用并将旧系统中的数据迁移到新系统中，或者伴随组织分拆而开展的数据处理活动。基于这类项目，无论企业采用敏捷或瀑布开发的方式，都可使用十步法丰富其标准化解决方案、软件和系统开发生命周期。十步法这一方法论也可以作为其他提升方法论的补充，如用于消除流程缺陷的六西格玛，最大化客户价值并最小化浪费的精益管理等。

● **其他使用数据质量步骤、技巧和活动的日常工作**，这类项目中，十步法的任一部分可用于解决短期的需求。例如，某一关键业务流程暂停，而数据疑似是导致这一问题的原因之一，十步法中的技巧可以应用于此来发掘问题产生的根本原因，由此问题得以解决、流程得以恢复。这类对十步法的使用场景通常不被视为传统意义上的"项目"，但适用于本书中对项目的延展定义。

一个数据质量项目可以完整使用十步法或只选取其中部分步骤和技巧。项目团队规模可大可小，可包括1人、几人或很多人，在高度复杂的项目中，多个项目团队在协同满足总体要求的基础上可按需使用本方法。项目周期长短不一，短则几周，长达数年。虽然数据质量项目之间各有不同，但十步法的灵活特性意味着它可应用于所有的数据质量项目中。

"介于中间"和"适度原则"

理解本书与数据管理和信息质量领域的其他资源之间的联系十分有用，有些资源全面覆盖了数据质量的概念，或是在一个较高层次上讨论了方法论或数据管理"做什么"；其他资源则提供了数据质量工作一些方面的深度细节，如严格聚焦于如何处理重复记录的一本书。我从这些资源中学习，并感谢这些资源的存在。十步法则是介于概括层概念和数据质量某一方面深度细节之间，我认为，这是对绝大多数资源的一个补充。

"适度原则（Just Enough Principle）"则是我引入的另一个原则。"适度原则"指"花费适度的时间和精力来优化结果"。本书通过对基本概念的适度描述，来帮助您理解信息质量的关键组成部分。这些概念能够帮助您把十步法应用于多个适用场景。十步法提供了适度的分步说明、示例和模板，帮助您理解需要做什么和具体缘由。本书适度的结构既向您展示了如何开展工作，但也保留了充分的灵活度，使您能够将自身的知识、工具和技巧整合其中。如果您需要十步法中某些方面更具体的信息，书中提及的其他资源可辅助您开展工作。

在使用十步法时您必须要使用这一原则。适度不是说懒散草率或走捷径，而是一种批判性思维，从而避免过分深入不必要的细枝末节，导致分析瘫痪（Analysis Paralysis）⊖；或是在还未充分了解要解决的问题前轻率得出解决方案，导致混乱和不必要的返工。判断什么是适度的能力将随着经验的增加而逐步提升。

数据质量的艺术和科学

十步法整体上可以被视为数据质量的科学——它提供了数据管理学科中关于数据质量原则的相关知识，而具体选择什么步骤、活动和技巧并有效地使用它们则是数据质量的艺术。数据和信息质量可影响核心业务需求，包括战略、目标、问题、机遇等，是满足客户需求并提供产品和服务的基础，十步法可适用于任何数据质量相关场景。十步法被设计得具备一定的灵活性，它可以迭代使用，您可以顺序向前推进，也可以在后期需要更多细节

⊖ 分析瘫痪意为因可供参考的信息太多而在决策上优柔寡断。——译者注

的时候重新回到之前的步骤。本书提供了一些指南，以帮助您决定在某一时刻什么内容与此相关以及需要什么层级的细节，但前提是您要了解您所处的场景。本书虽然提供了分步说明，但您如何理解这些说明和建议、判断选择做什么以及何时去做，以及将这些内容应用于不同的场景和项目中的能力，则是数据质量的艺术范畴了。您的技能将随着使用十步法的次数的增加而提升。

目标读者和使用指南

本书将帮助组织内数据和信息质量的所有责任方或对此感兴趣的个人。然而，处于不同角色的个人会发现该方法不同的用途。使用一个像十步法这样已经过实践检验的方法能给所有人一个高的起点，使他们的精力花费在使用本方法来满足他们的特定需求上，而不是做重复劳动。

个人数据贡献者和实践者

谁——数据质量项目团队的项目成员，或是日常职责中包括实际参与管理数据质量的员工。

示例工作岗位——数据分析师、数据质量分析师、数据管理专员、业务分析师、主题专家、开发者、程序员、业务流程模型师、数据模型师和设计师、数据库管理员等。数据科学家发现他们在"真正"开始本职工作之前，需要先处理低质量数据。

如何使用——通过浏览目录、阅读第 4 章中的步骤总结表（Step Summary Tables）并从头到尾泛读本书来了解十步法，这使您可以熟悉本书有什么内容以及在哪里找到。

随着项目的推进或在您履行日常职责的过程中，在适当时候回到特定的章节或步骤细节。使用十步法可以达到以下目的。

- 理解、排序并筛选出项目要解决的关键业务需求和数据质量问题，识别支撑这些需求和问题最为重要的信息。
- 向其他相关方说明为何数据质量对他们的业务需求和关注至为重要。
- 了解如何用业务语言而非数据语言进行沟通。
- 从经理、项目经理、团队成员以及其他资源那里获得支持，来更好地开展工作。
- 把十步法用于您所在组织中的高优先级场景、关注和需求，需要决定如何开展具体工作，以及真正开展工作；
- 向您的经理、项目经理和项目成员展现价值并帮助他们。

备注：还有一些其他能从本书获益的个人数据贡献者。他们并不认为他们的岗位和数据相关，然而，他们使用数据，并在日常工作中通过创建、更新和删除等操作影响数据。例如，一个买家使用数据来决定购买哪些供应品，并在生成采购请求时创建数据。

数据使用者（也被称为信息消费者、信息用户或知识工作者）在履行本职工作时已经切身感到低数据质量之痛。数据使用者已然理解数据质量如何影响组织，能够揭示问题并帮助获得解决问题的相关支持。他们可以通过成为团队的核心成员或作为团队的扩展成员，仅在需要时提供咨询服务和经验输入，从而为数据质量项目提供帮助。为帮助这类读者使用本书，请看下面的管理人员部分。

管理人员

谁——团队经理或以下个人：

- 数据质量项目团队成员。
- 日常职责中包含数据质量工作的个人。
- 使用数据并在日常工作和履行本职工作中创建、更新、删除数据的个人，这些使用者或许意识不到他们对于数据质量的影响。

除此之外，对业务流程负责的个人，如供应链管理人员或数据驱动战略举措的领导者，如果知道组织中有资源可以帮助他们的团队，将会从中获益。

示例工作岗位——经理、行动计划经理、项目经理、主管、团队领导、业务流程负责人、职能经理、应用负责人。

经理包括履行矩阵管理职责的相关方，项目经理对团队成员的工作负责，但基于组织架构图，有些团队成员并不直接向他们汇报。这些经理评估团队成员的表现，他们自身也基于团队整体表现而被评估。举个例子，企业数据监管人员领导着跨组织负责特定数据主题领域的团队，并与数据质量有着直接的利益关系。

如何使用——阅读绪论部分和第 1～3 章，理解数据质量为何重要，了解数据质量相关的重要概念以及十步法的整体轮廓。

第 4 章是实施十步法的细节，您不需要阅读这章的全部内容，但对其内容有大概把握也会有所收益。十步法每一个步骤前的步骤总结表提供了该步骤的简短概要，您可以通过阅读这些表快速了解十步法。总共有十张表，按顺序阅读它们，顺着输入、输出和检查点问题，您会发现各步骤间的关联关系、每一步实现什么内容和具体原因，并通过解决数据质量项目中的人员和项目管理方面的问题产生促进项目成功的一些想法。适度地了解十步法，以实现以下目的：

- 了解为何数据质量对整个企业和您所在的业务单元、部门、团队都非常重要的原因。
- 运用上述知识获取所需支持：支持来自领导层、高级管理层和对资源优先级排序的相关人员，以及实际开展工作的人员和他们的经理。
- 从概括层上理解数据质量工作包括哪些内容以及如何实现。
- 分配合适的资源：资金、人、时间、工具等。
- 确定开展工作所需的技能和知识，哪些人可投入该项目中，以及如何弥补差距（例如，我们有人员可投入工作但他们不具备相应的技能和知识，需要提供培训和指导；或者我们有人员拥有相关技能和知识，但是他们无法投入工作，则进行工作调整）。
- 预料和避免数据质量工作的障碍。
- 移除产生的数据质量工作障碍。
- 支持您团队中的个人实施者和成员。

董事会、领导层和高级管理层

尽管高层级的领导可能会从绪论以及第 1~3 章中有所获，但本书并非为他们准备的。之所以提到他们，是因为他们对预算、是否优先开展数据质量工作以及这些工作是否会得到支持方面拥有决策权。他们奠定了数据质量工作的基调和态度，将会影响其他相关方是否会参与到实现高质量数据的相关工作。让这些人理解低质量的数据质量对他们所在的组织造成的影响是必要的，产生的影响包括降低收入、增加风险和成本以及其他难以量化但同样严重的后果。

经理和个体贡献者经常需要从董事会成员、领导层和其他高级经理那里获得开展数据质量工作的支持，他们可以使用本书里的内容来实现这一目的。我保证一旦领导层真正理解高质量数据可以为组织带来的价值，他们甚至希望这项工作早就做了！了解数据质量资源，比如本书（如果需要也可以加上配套的培训和咨询服务），可以使得他们的团队具备快速开始工作的能力，并帮助他们有效、高效地开展工作。

所有读者

永远不要为了数据质量而做数据质量的工作，只在那些满足您所在组织最为重要的业务需求的项目上花费时间、精力和资源，这些需求可能是客户、产品、服务、战略、目标、问题和机会等方面的。充分利用十步法中的不同开展方式来推动您的工作、强化工作成果。只有以上列出的各个角色相关人员的协作努力，才能产生最佳的结果。

第 2 版出版原因

我最开始写《数据质量管理十步法：获取高质量数据和可信信息》这本书，是因为我看到了十步法对数据质量项目有效性的影响，也看到了聚焦到数据质量带来的收益，我想通过分享让更多的人能够使用这个有效的方法。我认为十步法是一个灵活的方法，可以应用于包含数据的大量场景中，也可以应用于不同类型的组织中，此外，我了解到这个方法还适用于不同的国家、语言和文化。看到这么多人应用并创新、有效地使用十步法来帮助他们所在的组织是多么让人振奋！本书增加了"十步法实战"（Ten Steps in Action）标注框，将来自不同国家和组织中的实践经验以标注框的方式贯穿于全书始终。

我继续强调数据质量工作必须和组织的业务需求紧密结合，包括客户、产品、服务、战略、目标、问题和机遇等方面的需求。十步法流程的概括层还保持原样，只对三个标题做了微小的改变以进一步区分；信息质量框架（Framework for Information Quality）的结构和之前一样，我增加两个新的数据质量维度和三个新的业务影响技巧来应对值得关注的领域；进一步强调了沟通、项目管理和在全程调动相关人员参与的重要性。

每个章节、步骤和技巧都基于第 1 版后取得的经验进行了更新，虽然本书聚焦于项目，但我始终知道项目并不是提升数据质量的唯一途径。因此，我增加了"数据行动三角"（Data in Action Triangle），让读者可以将项目与完成数据质量工作的其他方式联系起来。

　　自第 1 版出版以来，我们的世界一直在持续变化，这将在"第 1 章数据质量和依赖于数据的世界"进行讨论，与此同时很多东西保持不变。十步法经受住了时间的考验，本书中的内容至今仍然适用。相比于第 1 版发布时，现如今数据质量甚至更为重要了。我一直想要确保我们了解的关于数据质量管理的知识（为什么做、如何去做、它对我们的组织有什么好处）不会湮灭于因世界的变化而带来的兴奋或恐惧的洪流中。对我而言，出版本书最大的动力是希望我们的下一代，甚至更多代人，能够从本书中有所获，并一直使用这一方法。

对读者的期望

　　我写本书是因为我预料到使用十步法能够大大提升您的数据质量工作的效果，我预料到高质量数据对您所在组织的客户、产品、服务以及其他类似事物产生的收益。我希望您能够做到：

　　产生影响！ 从组织中需求最为迫切、最为重要的地方入手，识别最为关键的业务需求，找到支持这些需求的最重要的数据和信息。使用十步法来获得支持、教育他人，并务实地将十步法应用于您当前的环境中，为您的客户、供应商、雇员、业务伙伴和组织带来价值。我很高兴能看到人们以多种不同的方式将十步法真正发挥出价值。

　　学习、思考和应用！ 学点新东西，时时提醒您自己原本知道但遗忘了的事物，辨明您已经在做的事情，确认您前进的方向，或从不同的角度看待熟悉的事物。您需要聚焦到能够提供解决方案、满足关键业务需求的数据质量问题上，这种思考方式可以让您真正将十步法付诸实践，并应用于您将面临的多种不同情况。

　　提高您的技能！ 您应该知道，使用十步法的次数越多，该方法就越容易使用，给定任一场景，您将更好地选择出适合的步骤和活动。从您的经验中学习，您的能力将会逐步增加，更好帮助您所在的组织。

　　充分利用他人的知识！ 请注意，即使您是组织中第一个尝试解决数据质量问题的人，您也并不孤单，许多数据专业人士多年来一直在研究这一主题，已经形成了包括概念、工具和方法等在内的数据质量管理领域的坚实基础。我很感谢从他们那里学到的东西（本书提及了其中几位）。除了多年前发明的并仍然沿用至今的技巧之外，您还将看到一些最新的技巧，您将听到那些在不同国家、不同组织中成功应用十步法的人的声音。再强调一下，使用各章中的众多参考资料来获得更多帮助。

　　和他人分享！ 与他人分享十步法，使得他们也可以在使用中获益。

开始吧

　　每当我认为数据质量不是我应该做的最重要的事情的时候，另一个数据质量问题就会抓住我的注意力，提醒我："不要忘了数据质量！"所以在 25 年的数据质量职业生涯后，在出版了本书第 1 版 12 年后，我仍然在帮助别人与数据质量问题对抗。

在我写本书第 2 版的时候，我比以往都更加确信，我们这个世界中的很多问题都可以通过改善其背后信息和数据的质量得以解决，或把负面影响降低到最低。我们面对的问题可能看起来很急迫且难以解决，但仍然还有希望，本书就是来提供帮助。如果您的组织被数据和信息质量问题所困扰，不知从哪里开始，您可以说："不要着急，我们有十步法！"开始着手去做并提供价值，您一定行的！

本书结构

本书包括了执行每个步骤中所需的大量模板、详细示例和实用建议。同时，本书为读者提供了一些建议，帮助他们选择相关步骤并以多种方式进行应用，以更好应对他们即将面对的众多场景。本书的布局和易于使用的格式，使得读者可以快速参考关键概念和定义、重要检查点、沟通活动、最佳实践和注意事项等内容。本书在名为"十步法实战"的标注框中突出显示了十步法的实际客户和用户体验。

主要章节

第 1 章 数据质量和依赖于数据的世界：强调了我们当今世界中最重要的主题，说明了它们如何依赖于数据和信息，以及为何数据质量比以往更为重要。

第 2 章 数据质量实践：提供了十步法的概览，介绍了数据行动三角，即数据质量可以在项目集、项目和运营流程中得到实践。

第 3 章 关键概念：讨论了十步法主要组成部分的思想和基本概念，这是构成十步法的基础，必须要理解这些概念才能成功地运用第 4 章中的说明。

第 4 章 十步法流程：提供了完成信息和数据质量提升项目的工作流程、说明、建议、示例和模板。本章内容最多，因为它包含了整个十步法的详细说明、示例、模板、最佳实践和注意事项。

第 5 章 设计项目结构：描述了数据质量项目的一般类型，为数据质量项目的启动以及制定项目计划、形成时间安排和组建项目团队提供了建议。

第 6 章 其他技巧和工具：列举了本书不同地方出现的一些技巧，这些技巧可以以不同方式使用，还包括一个数据质量管理工具的小节。这些技巧并不针对、也不需要特定的数据质量软件（如数据剖析或数据清洗工具），但是如果有这些软件的话，十步法可以帮助您更有效地使用这些工具。

第 7 章 写在最后的话：对其他章节内容的总结和一些鼓励的话。

附录 快速检索：将本书出现的关键资料以一种易读的参考格式整合起来，放在您手边，它可以在您工作时为您提供一目了然的参考。

词汇表 本书中提及的词汇列表及其含义，以英文字母顺序表进行排列。

配图、表格和模板列表 列出了图形、表格和模板的标题和页码，您可以使用这些内容作为开展数据质量活动的起点。一旦您熟悉了十个步骤，通过本节可以快速找到您喜欢的示例。

配套网站

本书的配套网站为 www.gfalls.com，您可以在网站上下载快速参考和书里多个模板的 PDF 文件。

约定

● **标注框**：表 I.1 展示了本书中出现的所有类型的标注框以及它们的符号和描述。在标注框内，特定主题（如被定义的术语）以加粗方式显示。

图标	标注框类型	描述
	表 I.1 标注框、描述和图标	
	定义	解释关键词汇和短语
	关键概念	描述了最为关键和重要的概念
	最佳实践	基于经验有效开展十步法的建议
	十步法实战	应用十步法的真实示例和案例研究
	经典语录	应该记住的内容
	注意事项	警告和需要注意的事情
	沟通、管理和参与	与他人有效地合作和项目管理的建议
	检查点	问题形式的指南，帮助确定每个步骤的完成情况以及开展下一步的准备情况

十步法流程格式

在第 4 章 十步法流程中，每一步都包括以下元素和小节。

当前位置图（You Are Here Figure）：每个步骤（1~10）都以"当前位置"图开始，这是一个关于十步法的图形，表明您在整个流程中的位置以及即将讨论的步骤。

步骤总结表（Step Summary Table）：每个步骤都包括一个步骤总结表，让您更好地认识这一步。它提供了该特定步骤的简短概述和十个步骤中每个步骤的主要目标、目的、输入、工具和技巧、输出、沟通建议和检查点问题的参考。有关步骤汇总表中各部分的更多详细信息，请参见表 I.2 步骤总结表详细解释。

表 I.2 步骤总结表详细解释	
小节	描述
目标	我想要达成什么？ 这一步骤的目标和预期成果
目的	为什么我要做这件事？ 为什么这一步骤的活动重要
输入	我需要什么来执行这一步骤？ 执行这一步骤所需的信息，包括来自其他步骤的输出
技巧和工具	什么能帮助我完成这一步骤？ 助力实现这一步骤目标或加速流程的技巧、工具和实践
输出	这一步骤产生什么结果？ 完成这一步骤的结果，大多数步骤都有示例输出和模板
沟通、管理和参与	我如何处理这项工作中的人和项目管理的因素？ 这一步骤中有效处理人和项目管理方面的建议
检查点	如何分辨我已经完成本步骤或准备好开展下一步？ 判断本步骤完整度和继续下一步骤准备程度的指南

业务收益和语境（Business Benefit and Context）：包括一些有助于理解步骤本身以及完成步骤后可获得收益的背景信息。

方法（Approach）：包括完成这一步骤的分步说明。

示例输出和模板（Sample Output and Templates）：包括能用于指导您的工作和形成您的项目输出的示例和表单。

备注（Note）：十个步骤中的某些步骤包含带有自己详细说明的子步骤。子步骤也使用上述业务收益和语境、方法、示例输出和模板的格式来呈现。

第 1 章

数据质量和依赖于数据的世界

我们认识到，人们对大数据、区块链、网络安全、数据科学、数字化转型及其他事物跃跃欲试，但无可争议的事实是，如果没有高质量的数据，这些好主意都无法有效地工作。

——詹姆斯·普莱斯，Experience Matters 公司董事总经理

本章内容
数据，无处不在的数据
高质量数据的趋势和需求
数据和信息——需要被管理的资产
领导者数据宣言
您能做什么
您准备好改变了吗

数据，无处不在的数据

数据、数据、数据。跟着数据走。我们需要数据！为了有效地使用数据，必须回答的两个问题是：

- **数据质量高吗？** 数据是真实世界中发生的事情的准确表示吗？它在需要的时候是可用的吗？它能防止未经授权的访问和操作吗？
- **我们相信数据吗？** 我们对数据和信息有信心吗？我们相信这些数据和信息是高质量的吗？

数据专业人员必须与人们进行沟通和接触，以解决其数据工作中的人为因素。高管和经理必须支持这方面的数据工作，并尽自己的一份力。高质量的数据和对数据的信任必须结合在一起。当然，不少因素会影响数据和信息的使用和交流。但作为数据专业人员，有责任提供尽可能高质量的数据，并增强人们对数据的信心，这是基础。领导者也有责任诚实地对待信息的使用。

数据质量和数据信任必须携手并进，这就是本书中的十步法解决了这两个问题的原因。十步法是一种结构化且灵活的方法，用于在任何组织内创建、改进、维持和管理数据和信息质量。十步法流程中的前 9 个步骤与确保高质量的数据有关。步骤 10 是关于沟通、管理和与人互动，这就需要信任了。在实施步骤 1～9 的任何组成部分时，个人和团队必须在与人互动时建立信任和信心。要使数据质量工作成功，步骤 10 必须成功。

数据和信息已经错综复杂地融入社会、组织和我们的个人生活。但是，我们真的理解生活在一个数据依赖的世界的含义吗？

请注意，我说的是数据依赖（Data-Dependent），而不是数据驱动。

数据驱动是指一个组织为了提高业务效率或通过数据获得竞争优势而做出的特定的、深思熟虑的努力。我支持企业受数据驱动，并有意使用数据。管理数据质量对于所有数据驱动的组织都是至关重要的。

数据依赖更进一步。社会、家庭、个人和所有类型的组织（营利性、非营利性、政府、教育、保健、医学、科学、研究、社会服务等）都依赖信息取得成功——无论它们是否有意识地认识到这一点。所有这些组织都依赖于数据，无论它们是否有意管理自己的数据和信息，从而更好地利用它们。

作为个人，我们每时每刻都要根据数据和信息做出决定。我们通过智能手机查看日历、获取电话号码、用 App 叫车或者查看股票价格。今天的空气质量怎么样？我们的家庭收入和支出是多少？孩子们是到学校上学还是线上学习？数据和信息对一切都是不可或缺的。

尽管我对数据依赖的定义广泛地涵盖了数据的所有用途，但本书关注的是组织内部的人员如何成功地管理组织所依赖的数据和信息的质量。员工、志愿者和承包商都是根据信息做出决定和采取行动的。有些人使用数据来完成事务，其他人利用报表来调整市场策略和分配销售区域。许多决策是自动化的，基于数据和算法来自动配合活动。当库存水平较低时，零件通常会被自动订购，而无须人工干预。产品价格是根据客户类型和相应的折扣计算的。从使用先进技术的跨国公司到使用笔记本计算机的小店主，所有这些都依赖于有关账户、购买偏好和库存的正确信息来服务客户、收取欠款并订购原材料。

那些有意尝试成为数据驱动型的组织可以使用本书提供的内容。即使没有正式的数据驱动举措，那些在日常工作中对数据不满意的个人也可以利用十步法。因为他们认识到其所在组织是依赖于数据的，所以他们可以自己解决数据质量问题，并让其他人一起解决。

依赖数据并不是什么新鲜事。什么是新鲜事呢？更多的数据，更多种类的数据，更多的数据被创建，更多的自动化，对数据如何流动和被使用的内部工作机制知道得越来越少，信息在全球范围内移动得越来越快。新技术带来的兴奋掩盖了它所创造或使用的数据。创建、更新和存储数据并使其可用的环境越来越复杂和不透明。风险很高。组织的员工、业务伙伴和机器每分钟做出多少决策？这些决定会产生什么样的行为？数据的质量或缺乏质量如何影响他们的工作？

如果我给您高质量的数据和信息，我不能保证您会做出正确的决定，并采取适当和有效的行动。这取决于您的专业技能、知识和经验等因素。然而，我可以保证，如果您拥有糟糕的数据和信息，那么任何决定和最终行动都将变得不那么有效，在许多情况下，结果可能是灾难性的。

我们必须有数据和信息才能生存。数据的质量越好，我们就能更好地为我们的社会、家庭、个人和组织做出决策并采取有效的行动。读到这儿很多人都会点头同意，并重复一句格言："错进，错出（Garbage in, garbage out）"，这句格言已经被随意地使用了几十年了。但这句话的实际含义是什么？您的组织是否做了必要的工作，以确保它所依赖的数据和信息是可信的和高质量的？

好消息是，我们知道如何改善数据质量和防止数据质量出问题。本章的其余部分将着重举例说明为什么信息和数据质量在当今数据依赖的世界如此重要，以及"十步法"可以做些什么来促进和改进数据的质量。

高质量数据的趋势和需求

Global Data Excellence 的创始人兼首席执行官 Walid el Abed 博士曾描述了解决由两场海啸引发的问题的必要性：规章制度海啸和数据海啸。基于这些，我再加上技术海啸。

法律和监管海啸

GDPR、DPA、HIPAA、CCPA、APPI——组织必须遵守这一系列特定于数据保护、安全、隐私和数据共享能力的法律和监管要求。它们还必须证明自己遵守了其他各种规定。如何显示遵从性？答案是通过数据。

每个国家都有自己的法律和监管要求。许多法律和监管要求还影响到处于这些国家边境线以外的组织。法律仍将持续完善和出台，增加了与时俱进的压力。组织必须建立规程并显示遵从这些规程。管理数据质量的一个重要部分包括了解和遵守适用于数据的要求。

不幸的是，许多组织只把这些规定视为一种负担。错误的宣传、高额的罚金以及首席执行官入狱的风险，这些威胁促使企业最低限度地遵守规定。真是错失良机！满怀热情地投入其中是多么好啊，因为合规可以改进流程、降低风险、增加让客户满意的机会。通过提高数据质量，一切都触手可及。

技术与数据海啸

科技可以让我们做许多令人惊奇的事情：机器设备可以测量跟踪熟睡的病人的呼吸并将信息发送给医生，传感器可以帮助农民监测作物产量并预测产量的增长模式，生物芯片应答器可以插入动物的皮肤下来识别动物（从而不需要通过耳标或铭牌来识别动物），智能手机可以启动洗衣机，手机应用 App 可以显示谁在按您的门铃，智能建筑可以自动调节温度，可穿戴设备可以监测您的健康，车载导航的数据可以被用来预测设备故障、设计更安全的道路，充满传感器的智能城市可以帮助我们理解和控制环境。所有这些例子都是物联网的一部分。有些是普通的，有些还没有发挥出它们的潜力，但总体来说，这些情况每天都在增多。

技术通过产生、改变和使用数据来完成它的目的。数据是数字化转型、使用数字技术解决问题以及由此产生的文化变革不可或缺的一部分。以下主题说明了最近的技术创新与数据之间的密切关系。

物联网（IoT）

物联网（IoT）是一个通过传感器和唯一标识符（UID）将相互关联的"物体"连接起来的系统，它可以在不需要人人或人机交互的情况下在互联网上传输数据，可以是计算设备、机器、物体、动物或人。物联网是由数十亿智能设备组成的传感器网络，将人、系统和其他应用程序连接起来，以收集和共享数据，并相互通信和交互。

物联网有许多优势，如能够在任何设备上的任何时间、任何地点访问信息。然而与此同时，设备产生的海量数据的收集和管理也非常困难。黑客侵入并窃取信息的可能性也很大。高质量的数据是从物联网的任何"物体"中获益的基础。

5G

在电信领域，5G 是蜂窝网络的第五代技术标准，旨在取代为目前大多数手机提供连接的 4G 网络。5G 通过更高的带宽和更低的延迟（数据从一个节点传输到另一个节点之间的周期或时间延迟，或刺激/指令和响应之间的延迟）来提高下载速度。带宽的增加意味着 5G 不仅可以用于手机，还可以用于笔记本计算机和台式计算机。简单地说，5G 移动数据的速度更快。更快地移动高质量的数据是好的。但是，更快地移动低质量的数据只会加速对风险、成本和收入的影响。

大数据（Big Data）

为了说明数据和管理数据的技术之间的密切关系，可以考虑一下大数据，这个术语由

Roger Mougalas 于 2005 年首次在现代语境中使用（Dontha，2017 年）。计算机、智能手机和通过物联网连接的设备产生了不断增加的海量数据。这激发了非关系型数据库（NoSQL，不只是 SQL）的发展，用以处理传统关系型数据库无法充分处理的大量数据（大数据）。数据湖在某种程度上已经成为大数据技术的同义词，而数据仓库则是关系型数据库。经验已经表明，许多数据湖已经变成了数据沼泽——这又是一个数据质量问题。

道格·兰尼（Doug Laney）首先用三个"V"来描述大数据：Volume，容量（海量数据）；Velocity，速度（生成、产生、创建、刷新和处理数据的频率和速度）；Variety，多样性（数据的不同形式和类型，包括结构化和非结构化）。George Firican（2017 年）在描述大数据时提出了更多的 V：Variability，可变性（不一致的数据）；Veracity，真实性（对可信任数据的顾虑或者对数据源可靠程度的了解）；Vulnerability，脆弱性（安全问题）；Volatility，波动性（数据衰减率）；Visualization，可视化（以视觉方式描绘大量数据的挑战）；Value，价值（数据分析产生的洞察）。

来自这些"V"的挑战给数据质量带来了压力。我们正在从大数据中寻找有价值的见解，从而帮助我们的组织更有竞争力，赚更多的钱，保护环境，确保一个安全的社会，并找到社会弊病的答案。数据质量再重要不过了。

有些人已经在谈论后大数据时代，在这个时代，挑战来自大量的计算能力、大量的数据，以及需要快速、可靠地利用大量数据进行学习和推理。这需要开启人工智能和机器学习。

人工智能和机器学习

普华永道（PwC）预测，到 2030 年，人工智能（AI）技术将为全球经济贡献 15.7 万亿美元。他们对人工智能的广义定义是"能够感知环境、思考、学习并根据感知和目标采取行动的计算机系统的总括性术语"（2020 年）。机器学习（ML）是人工智能中的一门学科，它使用复杂的算法来帮助计算机软件更好地做出决策。

关于 AI、ML 和相关主题的更多信息，请参见 Thamm、Gramlich 和 Borek 的 The Ultimate Data ard AI Guide（2020 年）。

ML 和 AI 是图像识别的背后力量，比如识别植物和杂草之间的区别的能力，英国西南部索尔兹伯里附近的一家公司正在开发一个除草机器人原型机。ML 和 AI 被用于从人们购买的产品之间的关联中看见商机，并利用这些关联来增加销售量。银行使用它们的算法来防止欺诈。语音识别、医学诊断和预测只是其应用之一。但 ML 和 AI 也有不利的一面，2020 年 6 月，一名男子因面部识别技术产生的错误而被无辜逮捕，这是美国发生的第一个已知的有记录的例子（Allyn，2020 年）。

人工智能和机器学习的前景和潜力只能通过高质量的数据作为整体的一部分来实现。正如 Tom Redman（2018 年）所指出的，"机器学习已被广泛应用而且有利可图，糟糕的数据质量是应用机器学习的头号敌人。"他继续解释说，问题首先出现在用于训练预测模型的历史数据中，其次出现在该模型用于做出未来决策的新数据中。

Tom Redman 和 Theresa Kushner 开发了一个"数据质量和机器学习就绪测试"，旨在帮助组织了解围绕主题的最重要的问题，评估现状，并决定在短期内解决哪些问题（Redman 和 Kushner，2019 年）。该就绪测试可以在 dataleaders.org 上找到。

不要错过技术的前景和潜力，以及它可以改善我们的组织、个人生活和社会的许多方式。以前没有解决数据的质量问题——这是我们知道如何去做的事情。

> **99** **经典语录**
>
> "人工智能是一个用词不当的词，因为它不是真正的智能。它不能从本质上区分事实与虚构、好与坏、对与错。它所能做的就是消耗大量的数据并寻找满足其编程要求的模式。如果数据不正确或者解释不正确，模式就会扭曲，结果就会出错。
>
> 从这个角度来看，人工智能背后真正的智能存在于它一直存在的地方：人类的大脑。只有在数据的收集和准备过程中进行适当的监督，人工智能才能为数字化服务和运营带来最大的利益。
>
> 我们在数据方面越聪明，我们的机器就会越聪明——从而获得更高的生产力。"
>
> ——亚瑟·科尔，《人工智能与良好数据管理之间的关键联系》
> （2018 年）

数据和信息——需要被管理的资产

我们能做些什么来确保我们的世界所依赖的数据的质量？第一个步骤是认识到数据和信息是重要的资产，需要像其他资产一样被管理。作为资产，数据和信息具有价值，被组织用来创造利润。作为资源，数据和信息对于执行业务流程和实现组织目标是必不可少的。从历史上看，企业明白人力和金钱是有价值的资产，必须加以管理才能成功。然而，信息往往被视为技术的副产品，人们嘴上说着数据，行动上却只关注技术。让我们做一些比较。

管理信息和管理资金

每个组织都管理自己的资金，通常通过专门的财务部门，其角色包括首席财务官、财务总监、会计和簿记员。每个职位都帮助管理金融资产，没有人会考虑在自己经营的公司里没有这些人。但说到信息，有多少人知道我们也需要管理数据质量的专业技能？

每个人都知道，与财务相关的职位必须编入预算并聘用人员。那么，为什么一个组织要抵制雇佣以数据为中心的专业人士？大多数人都知道会计是必要的，而且一般都知道他们做什么。同样，我希望在我的有生之年，大多数人都能大致了解数据专业人员的工作，没有任何组织会考虑在没有他们的专业知识的情况下管理企业。

管理信息和管理人员

每个组织都必须管理其人员。人力资源部门负责这一过程，涉及许多角色。当经理雇用员工并提供合同时，他们必须遵守人力资源部门规定的工作类别、工作角色、头衔和薪酬准则。每个人都知道，一线经理没有代表整个公司谈判福利和待遇的权限。然而，在信息方面，经理们有多少次在创建自己的数据库或购买外部数据时不考虑公司范围内已经存在哪些信息资源可以满足他们的需求？这是明智的信息资产管理吗？同样，每个在工作过程中创建数据、更新数据、删除数据或使用数据的人（几乎每个人）都会影响数据。然而，他们中有多少人了解自己对信息这种重要资产的影响？如果人们不了解数据和信息资产如何影响它们，我们真的在管理它们吗？

数据和信息管理体系

管理人力和财政资源与信息资源之间的相似之处显而易见。在细节上，人与钱、数据和信息的管理不同。需要适当的管理体系才能从特定的资源或资产类型中获得最大的价值。管理体系指的是一个组织如何管理其业务中许多相互关联的部分，如流程、角色、人们如何相互作用、战略、文化和"事情如何完成"。我们还需要 Tom Redman（2008 年）所说的数据管理体系。数据和信息质量管理是数据管理的重要组成部分。

经理和高管层必须带头投资数据质量，投入足够的资金和时间、适当数量的技术人员，以确保数据得到适当的管理。个人数据贡献者可以帮助其他人理解信息资产的价值，并尽自己的职责管理它们。

领导者数据宣言

一份名为"领导者数据宣言"的文件（由我、John Ladley、James Price、Tom Redman、Kelle O'Neal 和 Nina Evans 合著）提供了另一种方式来讨论数据和信息作为重要的商业资产，并鼓励进行必要的变革来管理它们。如图 1.1 所示。

图 1.2 突出了宣言的三个主要部分。

1）数据的承诺。

2）大多数组织在数据方面的现状。

3）对三种受众的行动呼吁：董事会和高级领导层、任何需要数据来完成工作的人以及数据专业人员。

图 1.2 中的第三列提供了关于管理数据和信息资产的对话的问题。

注意，这个不是数据领导者的宣言。它是领导者的数据宣言，适用于所有领导者，而不仅仅是数据专业人士和其他数据管理人员。可以到 dataleaders.org 下载《宣言》，在撰写本书时，该宣言有 14 种语言版本。通过签署宣言并将其应用到您的组织中来表达您对这些想法的支持。您可以把它作为讨论的焦点，与他人分享，让至少一个人在上面签名，主动把它翻译成另一种语言，利用网站上的其他免费资源。

一般来说，世界上的每个人（特别是您的组织）越了解管理信息和数据资产的重要性，就越会在实际中花费更多的时间来管理数据，花费更少的时间来说服其他人应该这样做。向您提供的领导者的数据宣言可以帮助您获得管理数据资产的支持，这也将推动数据质量工作向前发展。

领导者数据宣言

数据是驱动企业
可持续发展的**最佳潜能**

数据也关乎人们生活的方方面面。一旦被有效挖掘，数据将会在激活竞争优势、增加社会财富和扩大就业机会、改善医疗保健服务、保障人民安居乐业等方面发挥巨大作用。有效地开发和利用数据，将会为人类生存的模式变革带来无限可能。

然而，大多数组织的管理模式较数据驱动还相差甚远

企业在经营管理中，对数据驱动的认识和理解还不到位，主要表现在以下4个方面：

1）意识不到数据的价值和重要性。
2）界定不清"数据"与"信息技术"/"数字化"的概念，常常混淆管理。
3）企业领导缺乏数据视野和数据战略。
4）企业数据管理机制缺失。

许多企业已相继开展了数据分析、数据治理、数据质量管理等相关工作，并初见成效。我们发现，凡是能够在公司范围内产生根本性、持久性变革的工作，都是得到公司各级领导的支持和全员参与的……我们深刻意识到数据管理之路任重而道远。

——因此，我们迫切呼吁大家一起来引导这场变革——

董事及高管们，重新审视你们的数据资源吧！

不要再把你们信息化管理平台里的数据看作只是一条条的记录，而是要审视这些数据资源背后的潜能和机遇。同时要认识到，公司数据潜能的挖掘不单单是数据管理人员或数据科学家的工作，而是一项关乎企业核心竞争力和每一位员工切身利益的事情。企业数据正是你们有待挖掘的巨大资产。

领导层应向公司股东提出数据愿景规划，首要做好以下三个方面：

1）重视数据管理，保证数据质量，尤其是公司重要数据。
2）多方式探索数据价值，挖掘竞争优势。
3）推行相应的管理体系，以支持数据管理工作的开展。

第一位与数据打交道的工作人员，要打破常规，推动数据变革。

推动数据变革可以从多个视角和维度展开，如提升数据质量、探索更深层的数据分析方法、开发新的计量方法、阐释数据价值定量分析的新观点或者通过数据建立起部门间的关联关系等，可以根据自己的兴趣，选择一到两个领域开展实践工作。

数据专家们：

数据专家们，你们要成为商业伙伴们的数据导师，积极沟通和传授数据管理理念，帮助他们推进数据管理，打造出成功的商业案例。

数据管理，我们在路上。

数据管理实践是让人既欢喜又担忧的，欢喜是因为通过有效的挖掘数据，能够改进新旧产品和服务水平，精准客户需求，降低成本，为企业创造竞争优势；担忧是因为数据管理实践工作也可能与预期相悖，不但达不到企业想要的结果，反而使其处于更不利的局面。

请深入体会这场宣言

不断分享，不断辩证

让它在你的组织中产生实效

图 1.1　领导者数据宣言

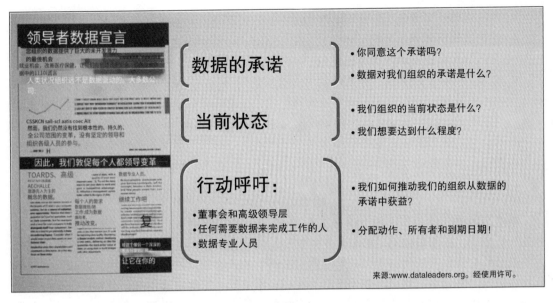

图 1.2　领导者数据宣言及议题

您能做什么

尽管在技术上投入了大量的关注和资金，但在确保有合格的人才来管理数据和信息方面却缺乏同样的资金和关注。我们能做些什么？任何组织中的任何人都可以做以下事情：

- 按照上述《领导者数据宣言》的呼吁采取行动。
- 对话中增加有关数据和信息的内容。
- 提高工作场所的数据素养。
- 在学习机构中纳入数据（质量）管理。

在对话中增加有关数据和信息的内容

几乎每一次关于执行战略、创造机会、实现目标、避免问题以及通过高质量的产品和服务取悦客户的最佳方法的对话中都包含了人、流程和技术这三个常见的要素。缺少的是什么？数据和信息！

我呼吁所有董事会成员、高管、各级经理、项目和规划经理以及个人贡献者在对话中添加数据和信息。由于董事会成员、高管和高级管理人员不是本书的主要目标读者，所以将取决于本书其他读者们传播信息。给他们这本书，并标出他们要读的第 1 章。让他们了解。

当您参与讨论人员、流程和技术时，要引入数据和信息。为了进一步对话，可以问这样的问题：

- 需要哪些数据和信息来执行（战略、目标、问题、机会）？

- 需要哪些信息才能更好地服务我们的客户，提供产品和服务？
- 我们得到所需要的数据了吗？
- 我们信任已拥有的数据和信息吗？
- 数据的实际质量如何？是否达到所需的水平？

这并不是要减少对流程、人员和技术的关注。这意味着对组织所依赖的数据和信息的质量要给予同等的关注和投资。本书中讨论的数据质量的问题包含了许多方面，因为所有方面必须一起工作。让大家知道现在有办法了——十步法。有些人需要知道细节，其他人只需要知道正确的人正在遵循一个经过验证的方法，并产生积极的结果。

提高工作场所的数据素养

在撰写本书时，数据素养（Data Literacy）是一个流行的术语。数据素养经常被比作素养的一般概念——阅读能力。但有素养不仅仅是能读懂文字。要有文化素养，人们还需要理解和应用他们读到的东西。鉴于数据在我们生活中的重要性，许多组织正在从事数据素养的工作。这是一件好事。然而，数据素养的定义各不相同，可能取决于哪个组织正在定义数据素养，或者供应商想要销售什么产品。大多数关于数据素养的定义都包含了处理数据、分析数据、在上下文中表示数据、交流甚至用数据说话等内容。这些定义强调理解和解释数据的能力。数据素养的定义中缺少的是对数据来源的理解，以及确定数据来源是否可信的方法。如果一个人使用的数据来源不可信、其事实与更有信誉的来源不一致或甚至没有意识到他们应该在一开始就检查这些数据，那么他就不是数据知识渊博的人。这些定义还没有认识到，充分准备数据以供使用的能力是数据素养的一部分。

我本人并没有对数据素养给出一个明确的描述，而是从广义上说，有必要在组织的各个层次提高对数据重要性的认识、每个人在其中的角色、他们应该做什么以及本书中概述的数据质量的基础。这些都应该被认为是数据素养的一部分，当然，具体程度取决于受众。

在人们带着必要的数据知识和技能进入劳动力市场之前，管理者需要给他们的员工学习和培养数据技能的机会。例如，经理和组织可以支付内部/现场培训、公共培训（现场或线上）、会议、证书和学位课程的费用。管理者可以鼓励他们参加行业协会和分会会议或者安排有资格的专业人士提供咨询或指导。现在市面上已经有与数据相关的协会和会议，这些协会或会议针对特定的行业（如保险和金融业）和特定角色（如首席数据官）。去参加这些协会与会议，不要重复造车轮（Don't reinvent the wheel）。当管理者通过培训和教育来提高员工的技能时，他们的组织也会从提高的生产力和效率中获益。十步法是现有知识基础的一部分，任何数据专业人员都可以从中学习并建立起自己的方法。

在各级学习机构纳入数据（质量）管理的内容

要求将数据质量管理纳入所有级别的学习机构，如中小学、高等教育和专业项目：

- **编程和数据**。在教导年轻人编程时，应包括有关数据管理和质量的信息，以便他们了解自己为什么要编程；编出来的程序所产生和使用的数据的影响是什么，以及他们有责任以符合伦理道德的方式这样做。

- **信息质量学位。**我希望数据和信息专业的学位能够与工程、会计和法律学位一样多。撰写本书时，在提供与数据和信息质量相关的学位方面，高等教育存在很大差距。在高等教育中，一个明显的例外且是这方面领导者的是位于美国的阿肯色大学小石城分校的信息质量研究生项目，该项目为世界各地的学生提供远程教育（参见 https://ualr.edu/informationquality/）。我们需要在更多的大学开设类似的课程。从他们正在开展的教育项目中学习经验。

- **数据管理、质量和 MBA。**在每个 MBA（工商管理硕士）项目中包括关于数据管理和质量的教育。MBA 学生将成为领导者，他们将决定他们的组织将把时间、资金和精力聚焦于哪里。他们的学习使他们接触到会计、人力资源、金融、经济学、市场营销和组织行为学等商业领域。然而，当涉及数据和信息（它们是必须完成的所有工作的基础）时，他们学习的课程往往仅限于编程、计算机科学或数据科学。可悲的是，我们的许多领导者只有进入自己的组织并体会到低质量数据的痛苦时，才能理解到数据和信息的重要性以及管理它们所需技能的重要性。将数据质量作为教育的一部分是防止这些问题的最好方法。

- **数据管理、质量和继续教育。**在继续教育、短期课程和专业项目中应包括数据管理和质量相关的内容。当任何学科的专业人员提高他们的知识和技能时，他们需要知道如何影响他们所触及数据的质量，以及如何依赖高质量的数据来完成工作。

- **专业数据质量知识。**至少，任何依赖数据和信息的职业（所有职业）都应该有一个关于数据和数据质量的章节或单元作为其教育的部分内容。他们需要了解什么样的数据（合适质量的数据）对他们的专业意味着什么，需要了解管理数据需要什么才能信任和使用数据，以及他们在实现质量方面所扮演的角色。他们必须对这些事情有足够的了解，以便能够对必要的资源进行优先排序，确保他们所依赖的数据的质量。

我鼓励每一个读到本书的人去主动接触各个层次的学习机构，去他们的母校或者去他们工作的地方附近。了解与您的工作相关的课程或学位是如何将信息、数据和数据质量内容包含在内的。主动申请担任客座讲师。与系主任和教授合作，将数据质量适当地纳入课程。联系其他已经在做这件事的大学，了解对他们有效的方法。

您准备好改变了吗

在我们这个依赖数据的世界里，对高质量、值得信赖的数据的需求不会消失。在我们的组织中，创建、改进、管理和维持数据质量的压力只会增加。问题是，您愿意做需要做的事情来满足这些要求吗？您会像重视技术一样重视数据和信息吗？您是打算为了应对挑战而改变，还是继续做您现在正在做的事情——结果没有任何不同？

我想起了多年前我桌上的一幅精彩的漫画，作者是艺术家 B. Kliban。当我描述这个漫画时，您可以自己想象下那个场景。有两个男人和一辆装满圆形车轮的马车，一个人使劲拉，一个人使劲推，他们吃力地推着那辆装满圆形车轮的马车。但是马车本身的轮子是方的！如果您能看到这个漫画，您应该可以认识到，如果这两个人能够用他们车上的圆形车轮来代替马车上的方形车轮，他们会更快地到达目的地，花费更少的力气。但他们没有利用眼前的解决方案。

这是对我们组织中每天发生的事情的精彩表达。我们朝着目的地前进，尽了很大的努力去解决那些阻碍我们前进的问题，却没有利用我们眼前的解决方案，那些可以让我们更快、更省力地到达目的地的解决方案，十步法就是那个圆形车轮。停止纠结，充分利用本书中提供的解决方案，为您的组织谋利。翻过这一页，享受这段旅程！

第 2 章

数据质量实践

蓬勃发展的经济；更好的医疗保健服务；一个更加自由、安全、公正的社会。以及其他我所珍视的一切，都取决于是否拥有更好的数据以及能有效利用数据的人们。

——汤姆-雷德曼《数据宣言：TDAN.com 访谈》(2017)

改变世界，从每一个数据元素开始。

——Navient 数据质量工作行动计划宗旨

本章内容

简介

关于工具的说明

真正的问题需要真正的解决方案

关于数据质量十步法

数据行动三角

团队筹备

管理层参与

关键术语

小结

简介

"医生，我的左臂非常痛！"医生为您的手臂打上绷带，并给了您一片阿司匹林，然后叫您回家休养。但如果您是心脏病发作？您会期望医生迅速诊断您的病情，并采取紧急措施来挽救您的生命。首要任务是保护病人的生命。在病情稳定后，您会希望医生进行一系列检查，找出心脏病发作的根本原因，提出治疗建议和措施来弥补任何已造成的损害（如果有可能的话），并防止病情再次发作。然后，您将定期返回医院进行检查和复诊，以便医生能够实时监测您的状况并确定所采取的措施是否有效。或者，医生将对药物使用、运动和生活方式的选择进行调整，以提高您的健康水平，防止心脏病再次发作。

良好的健康状况需要病人定期锻炼、选择良好的饮食习惯和生活方式。病人与各种医疗知识丰富的人（医生、护士、技术人员）利用检查设备和其他现有技术进行互动。同时，病人和医护人员的积极性以及关于病人病情的正确信息也是至关重要的。所有这些需要同时发挥作用，从而使病人能够更加健康长寿。

在谈论我们的健康时，以上内容似乎是一个常识。但是，当涉及数据和信息时，我们往往只通过纠正劣质数据的状况这种简单但不恰当的修复方法来解决这个问题，并期望以此来解决一切问题。诚然，有时必须迅速纠正数据问题，以保持关键业务流程的正常运行。这类似于维持病人的生命，当然，这也是第一要务。但在紧急情况下，没有进行测试或评估来确定数据质量问题的位置或程度，没有进行根本原因分析，没有制定预防措施，也没有进行持续的监测。然后，当问题反反复复出现时，我们就会感到吃惊和不解。

高质量的数据和信息不会自己产生。它们需要推动力，在这种动力下，数据质量工作与业务需求联系在一起——必须解决这些战略、目标、问题和机会，从而满足客户并提供产品和服务。四个关键部分（数据本身、流程、人员和组织以及技术）必须一起工作，贯穿信息的整个生命周期。

就像医生在身体、健康和处理疾病方面接受培训一样，那些负责数据的人也必须接受培训，以了解如何采取有效行动来确保数据和信息的质量。这就是"实现高质量数据和可信信息的十步法"的作用。

为了更好地将"十步法"用于工作，在进入下面的细节之前，了解一些背景是很有必要的。本章讨论了各种工具、可以应用十步法的多种情况，以及"数据行动三角"（如何通过行动计划、项目和运营流程将数据质量付诸实践）。如果没有技能丰富的人员和正确的支持，数据质量是无法付诸行动的。因此，本章提供了如何进行团队筹备的资源以及让管理层参与进来的建议。本章最后介绍了一些贯穿全书的关键术语。

关于工具的说明

在我们继续下面的学习之前，先对工具做一个简短的说明。许多人认为数据质量就是买一个工具。"如果我们买了工具，那么我们所有的数据质量问题都会得到解决"。仅仅依靠工具就像是说："如果我们得到合适的 X 光机，我们就都会健康了"。

当然，我们确实需要一台好的 X 光机来扫描身体，并提供信息，以便采取行动。在正确的时间和地点，在熟练的技术人员手中，在合格医生的指导下，X 光机将为我们提供信息，以便更好地保持健康，但所涉及的不仅仅是技术问题。X 光机只是保持健康所需的许多因素中的一个。

同样，正确的工具对管理数据质量是有帮助的，在某些情况下是必不可少的，但它们并不是故事的终点。我们很幸运有工具可以帮助我们进行数据质量工作，但需要额外的技能和知识来确定如何和何时使用它们。这就是"十步法"的作用。除了技术之外，它还涉及数据质量的流程、人员和组织方面的问题。可以把"十步法"看作数据质量工具的一个"封装"。十步法并不针对任何特定的工具，但它会帮助您更好地使用手上的工具，并对您可能需要的工具做出更好的决定。第 6 章 将进一步讨论工具。

🔑 关键概念

认为正确的工具可以解决您所有的数据质量问题，就像相信正确的 X 光机可以让您健康一样。正确的工具是有帮助的，但它们并不是故事的终点。工具只是管理我们的数据和信息的健康所需的许多方面之一。

就像您自己的健康一样，您可以预防许多数据质量的健康问题。您可以评估并在问题出现时采取行动。本章将向您介绍十步法，它将帮助您管理组织的数据质量健康。把"十步法"看成是您的数据和信息健康工作计划的一部分。

真正的问题需要真正的解决方案

以下这些情况是否听起来很熟悉？这些都是真实的情况，真实存在的问题，需要真实的解决方案。通过应用"十步法"，您可以采取行动来解决这些问题。

- 低质量的数据给组织带来了问题，但没有人确定其真正的影响，以及应该投入多少资金来处理这些问题。
- 公司已经在数据湖中投入了大量的资金。大量的数据被倾倒在那里，期望它能被用来为组织提供有价值的洞察。然而，数据科学家们在真正开始帮助解决复杂问题之前，把大部分时间都花在了寻找和清理数据上。
- 那些使用报告的人不相信这些由商业智能和分析团队制作的报告，抱怨其质量，并重新回到他们自己的电子表格中进行核实。
- 您的公司正在实施（或已经使用）一个第三方供应商的应用程序，并首次将来自历史遗留的数据汇集在一起。低质量的数据对项目时间表产生了影响，并迟滞了迁移和测试过程。一旦进入生产环境，对信息的信任度就会变得很低，以前只有一个业务职能部门使用的数据现在被用于端到端的流程，结果将会变得很糟糕。
- 您新开发的应用按时上线了，也许是在预算范围内，而且该解决方案正在被使用。然而，几个月后，抱怨开始浮现。需要额外的工作人员来处理数据质量和对账需求。人们发现，这个最终解决方案并没有涵盖用户在运营流程中所需的所有信息。或者更糟的是，不正确的信息被提交给决策者，导致代价高昂的错误。

- 由于兼并和收购，您的组织正在启动一个项目来整合来自被收购公司的数据。项目团队的日程安排得很紧，但您已经知道要整合的数据存在质量问题。
- 您公司的一个主要部门已经被出售。与这个部门有关的数据必须从现有的体系中拆分出来，并传递给收购方。
- 您公司的一个部门已经停业了。在出售笔记本计算机和服务器等资产之前，必须妥当地删除或归档与该部门有关的数据。
- 作为一个全球性的组织，您必须遵守与数据保护、安全和隐私有关的各种（有时是相互矛盾的）要求。
- 组织从外部购买数据（但无法信赖其质量）来满足业务需求。
- 您有大量的数据需要进行标记或者需要更有效的标签，以便使其得到最好的利用，比如在机器学习中进行训练、验证和调整模型。
- 您的公司投入大量资金以对某项重要数据进行清理，如客户、供应商、员工或产品信息。但几年后，因为数据质量下降了并且再次给企业带来了问题，需要再次启动另一项数据清理项目。一个聚焦于数据质量的项目，除了数据清理之外，还应包括预防和监控，这是对资源的更好利用，因为这样做，昂贵的数据清理工作就不会在几年后再次重复。
- 您的组织已经购买了一个数据剖析工具。供应商培训了如何使用该工具，但该工具仍未被有效使用。该工具的使用与最重要的业务需求没有建立联系，也不清楚哪些数据值得评估。一旦剖析完成，没有人去关心产生问题的根本原因或对结果采取措施。
- 您参与了公司的一个六西格玛（Six Sigma）项目，在项目的信息和数据方面需要更多协助。
- 数据管理的某些方面（治理、质量、建模等）是您日常职责的一个重要部分，或者说是全部重点。
- 管理数据质量不是您日常职责的一部分，但您认识到数据质量问题削弱了您完成工作的能力。

以上只是这个方法论可以帮助解决的诸多问题中的一个简短清单。当务之急是您的员工要学会识别数据和信息的情况，并知道如何采取行动来解决这些问题。毋庸置疑，"十步法"可以提供此类帮助。

关于数据质量十步法

十步法（Ten Steps Methodology）是一种创建、改进、管理和保持数据和信息质量的方法。十步法涉及采取行动来处理您的关键业务需求及其相关的数据质量问题。在绪论中，您可以了解到"十步法"中的内容。让我们在这里进一步讨论。该方法由以下几个主要部分组成。

关键概念（Key Concepts）：读者在做好数据质量工作时需要了解的关键理念。概念是方法论的组成部分，"十步法"就是建立在这个基础上的。读者需要知道如何思考数据质量问题，以便很好地应用十步法。就像您希望医生了解医学的理论和概念，以便将具体的措施正确地应用于您的具体医疗问题一样，您也需要了解基本的概念（在第 3 章 关键概念中将涉及），以便将"如何做"（在第 4 章 十步法流程中将涉及）正确地应用于您的业务需求和数据质量问题。关键概念包括信息质量框架（Framework for Information Quality），这是一个概念性的框架，将拥有高质量信息所需的因素可视化；POSMAD 是信息生命周期（Information Life Cycle）基本阶段（计划 Plan、获取 Obtain、存储 Store 和共享 Share、维护 Maintain、应用 Apply、处置（退役）Dispose）的缩写。

十步法流程（Ten Steps Process）：十步法流程是将关键概念付诸行动的方式。第 4 章 十步法流程是本书中最长的一章。十个步骤中的每一步都有单独的介绍。每个步骤都提供了业务利益和语境背景，说明为什么该步骤是重要的，并提供了指示说明、输出示范和模板。此外，还包括其他组织如何应用这十个步骤的真实案例。这些都有助于读者将这些概念付诸实践，并帮助他们管理对其组织的成功至关重要的数据和信息的质量。当说明书中使用信息生命周期或数据规范等术语时，您已经知道它们的含义。在"十步法流程"中包含了许多技巧。第 6 章 其他技巧和工具涵盖了可用于多个步骤的其他技术。

设计项目结构（Structuring Your Project）：本书将项目作为数据质量工作的载体以及方法论的应用方式。良好的工作结构非常重要。如何做到这一点，可以从步骤 1.2 制订项目计划（第 4 章）和第 5 章 设计项目结构开始。这里给出的建议并没有取代其他著名的项目管理实践；相反，它将这些原则应用于数据质量项目。它还有助于实现从认识数据质量问题到实际解决问题的过渡。

烹饪的比喻（Cooking Analogy）

让我们以烹饪为例，加深对"十步法"三个主要部分的理解。如图 2.1 所示。我的母亲做了世界上最好的自制焦糖。作为配方的一部分，说明书中介绍要把糖浆混合物煮沸，并搅拌，直到达到柔软的球状阶段，即"软球"阶段。如果您是第一次做焦糖，软球阶段会是一个陌生的术语或概念，您就必须提前研究它。如果您已经在加热糖浆才开始研究其含义，那么我可以确信焦糖会被煮过火候而毁掉。了解基本术语是有好处的[如果您真想知道其含义，所谓软球阶段，是指糖浆需要达到 112～116℃。如果手头没有糖果温度计，可以用手工方法测量温度，将少量的糖浆滴入一杯冷水中。用手指揉捏它，就会形成一个软球（其他类型的糖果配方要求将糖浆加热到其他温度）。当糖浆滴入冷水中时，它的反应根据温度的不同而不同，被称作硬球阶段、硬脆阶段等]。

让我们假设您想举办一个晚餐聚会。您通过考虑场地、菜单上的内容、通常的后勤工作（如在哪里举行、有多少人、邀请谁以及忌口和饮食习惯等）来计划这次活动。在活动当天，您要准备食物。有了一定的烹饪背景并了解应用术语，您就能按照说明准备和制作各种菜品。您可能要根据被招待的人数和某个客人的口味来调整食谱。最终食物很美味，这顿晚餐也很成功，它实现了您的目标，与朋友和家人聚在一起，享受食物以及彼此的陪伴！

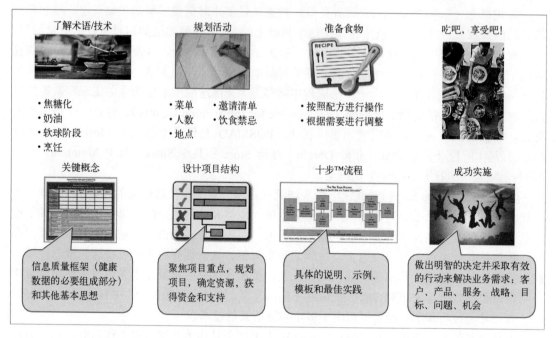

图 2.1 十步法——从概念到结果

同样，为了遵循十步法流程（类似于食谱），您必须了解关键概念（类似于基本的烹饪术语）。有了这样的背景，再加上正确地安排项目（规划活动），您就能更好地应用十步法流程中的说明、示例、模板和最佳实践，能够调整十步法流程的应用，以应对包含数据质量问题在内的众多情况。当然，我们的目标是做出明智的决定并采取有效的行动，以支持组织的业务需求，通过解决组织的战略、目标、问题和机会中存在的数据质量问题，满足客户并提供产品和服务。这说明了方法论的三个方面在您的数据质量项目中彼此协调的重要性。

数据行动三角

如前所述，本书的重点是将项目作为数据质量工作的载体以及如何应用十步法。暂时扩展一下这个观点，看看十步法如何在项目以外的地方使用是很有帮助的。在大多数组织中，工作是通过项目（Projects）、运营流程（Operational Processes）和项目集/行动计划（Programs）来完成的。如图 2.2 所示。数据工作也不例外。为了很好地管理数据质量，所有的问题都必须得到解决。这三个方面是不同的，但又是互补的。所有这些都是相互关联的，并且是任何组织中维持数据质量所必需的。注意，这个三角关系也适用于数据的其他功能领域，如数据治理和元数据。

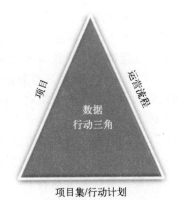

图 2.2　数据行动三角

项目（**Project**）

项目是一次性的工作，用于解决一个业务需求。项目的持续时间是由所需结果的复杂性决定的。项目交付物是实施生产或操作的流程，这些生产或操作流程在项目结束后转变为常态化。一个项目可以是一个人、一个大型团队为解决某个问题而进行的结构化努力，也可以包括多个团队之间的协调。在 IT 界，项目在某种程度上与软件开发项目中的应用开发团队所做的工作同义。

一个项目利用数据质量（DQ）活动、方法、工具和技术来解决选定的业务需求。该项目可以是：一个聚焦于数据质量改进的项目，该项目专注于解决影响组织的特定数据质量问题；数据质量活动被纳入其他项目和方法；其他使用数据质量的步骤、活动或技术。本书涵盖了"数据行动三角"的项目方面。

运营流程（**Operational Processes**）

一般来说，**运营流程**是在运营环境中（相对于项目环境）进行的一系列活动，旨在实现一个特定的目标。在 IT 行业，运营流程在某种程度上是 IT 运营团队所做工作的同义词，它维护生产环境中运行的软件。在这里，我们谈论的是将能够提高数据质量或防止数据质量问题的活动纳入到日常运营、"跑"着的流程或支持生产的工作中。例如，将数据质量意识纳入新员工培训，快速应用十步法思考供应链流程中出现的事件，或者将数据质量监控结果作为员工职责的标准部分来采取行动。

项目集/行动计划（**Programs**）

一般来说，项目集/行动计划是一个持续的活动，它以协调的方式管理相关的活动和项目，以获得单独管理所不能获得的利益。项目集/行动计划可以避免因多个业务部门各自开发服务和数据质量方法而产生重复的时间、精力和成本。一个项目集/行动计划可以为多个部门提供服务，并允许业务部门花时间调整这些服务，以满足他们自己的特定需求。

数据质量（DQ）项目集/行动计划提供专门的数据质量服务，这些服务被项目或运营流程所利用，如培训、管理 DQ 工具和内部咨询，使用现有的知识和技能来解决数据质量问题，进行数据质量健康检查，提高对数据质量的认识并获得对工作的支持，采用十步法作为标准或使用它来开发自己的数据质量改进方法等。

数据质量（DQ）项目集/行动计划可以是任何对您的公司有意义的组织结构的一部分。例如，DQ 项目集/行动计划可以是数据质量服务团队的一部分，也可以是数据治理办公室的一个独立项目，还可以是数据管理功能的数据质量卓越中心、一个公司范围内的业务功能或企业数据管理团队的一个分支。

拥有一个数据质量项目集/行动计划对于维持一个组织内的数据质量至关重要。数据质量的工作可以通过实施数据质量的项目来开展，但项目终将结束。项目集/行动计划可以确保项目中那些拥有知识、技能以及数据质量流程经验的人、方法和工具可以继续用于新的项目和运营流程。

我的经验是，如果没有一个健康、持续的项目集/行动计划（只关注项目），在两年内，数据质量工作将开始枯萎，最终消失。直到又有人意识到数据质量的重要性，并重建了几年前的工作。这种低效且昂贵的数据质量管理方式，可以通过维护一个基础性的质量项目集/行动计划来避免。虽然我的大部分工作都是围绕帮助组织建立他们的数据质量和治理项目集/行动计划，但我没有像写项目那样泛泛地写过关于项目集/行动计划方面的内容，而这正是本书的主题。关于项目的更多内容，请参见《数据质量手册：研究与实践》（McGilvray，2013）中的"数据质量项目和行动计划"一章。

数据质量项目集/行动计划与数据治理项目集/行动计划的关系如何？通常，数据治理项目集/行动计划的主要目标之一是确保组织内的数据质量。数据质量可以在没有正式的数据治理的情况下开始，但没有数据治理就不能持续。无论它被称为数据治理还是其他名称，都需要一定程度的聚焦管理支持来保持对数据质量的关注。正因为如此，数据质量和数据治理项目集/行动计划应该在组织内紧密结合。例如，将数据质量项目集/行动计划置于总体的数据治理项目集/行动计划之下。反之，数据质量项目集/行动计划可以是总体性的项目集/行动计划，而数据治理则在其之下。另一种选择是将数据质量和数据治理作为独立但平等的"姊妹计划"，紧密合作，但这意味着可能更难合作并保持它们的同步性。

无论数据质量项目集/行动计划是如何构建的或在您的组织中位置如何，将其作为一个认可的项目集/行动计划仍然很重要。把它完全纳入到数据治理或数据管理中是有风险的，因为管理和维持数据质量需要详细的技能和知识。

汽车的类比

让我们用一个汽车的类比来进一步说明"数据行动三角"的三个方面之间的关系。如图 2.3 所示。

图 2.3 数据行动三角——汽车的类比

车辆生产：在汽车制造厂里，质量流程已经到位，以确保当汽车从生产线上下来的时候符合要求和规格。我们可以确信，刹车是有效的，方向盘的位置是正确的。

同样，公司建立项目来建立流程和实践，从而帮助企业支持战略和目标、处理问题或利用机遇。这些项目并不特别关注数据质量，但数据是项目的一个重要组成部分。关键的数据质量活动被纳入到项目所使用的任何方法或途径中。这些项目的成功是由于支持其目标的更高质量的数据。这类项目就被称为"另一个项目中的数据质量活动"。

进行大修：您购买了汽车并驾驶它一段时间后，引擎盖下传来了哐当的噪声。您试着忽略它一段时间，但最终您不得不把它带到了修理店，在那里发现它需要一个新的变速器。于是变速器被更换了，您继续驾驶这辆车。

更换变速器类似于"聚焦数据质量改进的项目"的类型。使用十步法作为您项目方法的基础。这样，您就可以把所有的精力都用在应用十步法上，为您的特殊需求创造解决方案。否则，在您着手解决您的具体需求之前，您会花很多时间来弄清一个方法或建立一个新的方法论。使用这十个步骤来评估和解决数据质量问题、确定根本原因、实施改进（从纠正和预防的角度）以及实施控制机制。这些项目通常会产生新的或修订的操作流程。

修理爆胎：您在路上开车遇到了钉子，然后爆胎了。打电话给道路救援，他们很快就修好了轮胎，然后您就又上路了。

这类似于数据质量事件，拥有一个处理这些事件的标准流程，比如第一级支持提供快速修复，几乎没有停机时间。然而，如果同样的修复问题继续发生，或者如果有更大的问题无法用标准事件流程解决，工作可能会从运营支持流程回到三角形的项目一边。

更换机油：保持汽车良好运行的一部分是定期维护，如更换机油、调整轮胎。

这类似于将数据质量活动纳入既定流程，如针对创建数据环节建立流程来避免创建重复的记录或利用技术模块来验证有效地址。它还包括持续的控制机制，如数据质量监控或仪表盘。

基础服务：汽车制造商有适用于整个工厂的特定责任，如制定安全项目集/行动计划、管理召回、设计新的汽车模型、重新调整工厂、培训技术人员以保持他们能够跟上新技术。不管是哪种型号的汽车，这些举措都可以提供帮助，而且可以帮助不止一家工厂。

同样，一个数据质量项目集/行动计划提供专门的数据质量服务，如培训、内部咨询和管理数据质量工具。这使得项目和运营流程可以自由地应用它们来满足他们的具体需求。例如，"十步法流程"可以是一个数据质量项目集/行动计划提供的标准，同时也提供培训。该项目集/行动计划可能有专业的数据质量业务人员，他们可以帮助将十步法中适当的数据质量活动纳入其他项目，例如，将数据从多个遗留系统迁移和整合到一个新的平台上。该项目集/行动计划指定的人员可以领导一个业务部门聚焦于数据质量改进的项目，或成为其团队的一部分。项目集/行动计划可以领导整个组织的数据质量的变化管理和文化方面的工作。同时该项目集/行动计划也可以成为数据质量工具与供应商和 IT 工具支持团队的连接点。

关系

图 2.4 显示了三角形三条边之间的关系。持续的数据质量项目集/行动计划可以为项目和运营流程提供服务。项目则开发并实施运营流程，一旦项目投入生产，这些流程仍然会保持运行。项目结束之后，运营流程也会继续进行。在业务正常进行的过程中（执行运营流程），业务需求不断发展，可能会出现一些问题或新要求。于是一个新的项目可能会被启动以解决这些问题，工作将转移到三角形的项目一侧。

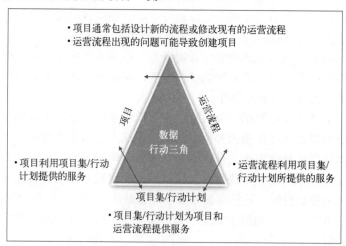

图 2.4　数据行动三角——关系

当开发一个数据质量策略（或任何数据策略）时，在您的路线图和执行计划中需考虑到三角形的每一边。您可以从三角形的任何一边开始，以并行或顺序的方式进行工作，看哪种方法对您最有利。但是，为了维持组织的数据质量，所有三个边都必须在某个时候得到实施。

为什么要关心这些差异

关心数据行动三角之间的关系有助于您做出以下决定：

- **确定工作的优先级、计划和执行。**当考虑三角形各边的活动优先级时，要考虑到它们之间的差异和它们之间的依赖关系。因为这三者是相关的，但又是不同的。工作的优先级和实际工作的完成方式在它们之间是不同的。优先级、计划和执行还受到以下因素的影响，这些因素影响着任何组织的工作资源配置决策。
- **范围和复杂性。**这是一个正式的项目还是某人的待办事项清单上的活动？这项工作是十分简单的还是比较复杂的？
- **经费和资助。**项目将花费多少钱？资金从哪里来？谁来决定如何使用这些钱？通常情况下，项目要经过一个审批程序，由一个委员会来分配资金，而运营过程则由个别经理控制的预算来承担。
- **时间和进度。**这项工作需要多长时间？何时进行？项目人员需要投入多长时间来从事这项工作？这项工作是会结束还是会成为持续进行的日常业务的一部分？
- **人员资源。**项目人员需要具备什么技能、知识和经验？在哪里可以找到这些人员？这与项目的时间和进度计划密切相关（虽然项目会结束，但运营流程和项目集将持续进行），这就告诉我们占用多久的人力资源。
- **支持。**谁需要支持这项工作，特别是来自管理层的支持？需要什么样的支持——摇旗呐喊者或传播者、说服同事的人或提供和管理资源的人？
- **参与规则、决策权、责任。**这通常是数据治理的范畴，然而有必要为了您的数据质量项目的范围而确定它们。是否有一个正式的数据治理项目集/行动计划可以协同工作？如果没有，作为项目的一部分，您将不得不确定谁对数据负责，谁可以做决定。这让您的项目多花费了时间，但它对成功是至关重要的。为项目制定的任何措施都可以成为正式的数据治理项目集/行动计划起点，在项目结束后实现独立的制度化。
- **沟通和组织变革管理。**如何管理数据质量工作所带来的变化的影响？谁来制定和执行一个沟通计划？谁需要知道哪些因素会在项目集/行动计划、项目和运营流程之间变化。项目集/行动计划和项目的沟通往往集中在工作的状态上。运营沟通往往集中在效率方法和问题管理上。
- **如何、何时、何地应用"十步法"。**十步法流程可以以不同的方式用于三角形的不同方面。十步法流程可以作为聚焦于改进数据质量项目的基础。十步法流程中的步骤、活动和技术可以被纳入其他项目、SDLCs 或方法论中。一个项目集可以采用十步法作为解决数据质量的标准方法，并提供培训。一旦学会了"十步法"，在处理数据质量事件时就可以很快应用。在一个项目中，"十步法流程"可以用来对数据质量进行持续的监控。一旦投入生产，监测就成为一个运营过程。

当我在一家全球公司担任企业数据质量项目集/行动计划经理时，我希望自己当时能意识到其中的差异，这最终成就了"数据行动三角"。有那么多的请求向我涌来，我很难决定先做什么，如何计划和推进。其他处于类似情况的人也发现"数据行动三角"对开展他们的工作很有用。例如，对于任何给定的要求，首先要搞清这是一个项目、一个运营流程，还是一个项目集/行动计划的元素。然后看一下刚才提到的区别，以帮助您了解需要什么来确定请求的优先级和时间表。

关于开发运营（DevOps）和数据运营（DataOps）的说明

我们已经了解了适用于大多数组织的数据行动三角（项目集/行动计划、项目和运营流程），"数据行动三角"的基本理念也可以应用于开发运营（DevOps）和数据运营（DataOps）环境。开发运营（DevOps）这一术语描述了一种方法，使得两个过去独立的 IT 团队（应用开发部门和 IT 运营部门）之间进行协作并共享技术。应用开发部门负责开发和发布软件；而IT 运营部门负责部署、维护和支持软件。DevOps 的目标是通过利用自动化、持续集成和持续交付，结合敏捷开发（Agile Development）方式来加速软件的开发。DevOps 这个词第一次被使用是在 2009 年，当时 Patrick Debois 将一个会议命名为开发运营日（DevOps Days）。DevOps 在 2013 年由 Gene Kim、Kevin Behr 和 George Spafford 撰写的《凤凰计划》一书中得到普及（Mezak，2018）。虽然 DevOps 已经得到普及，但并非所有组织都使用这种方法。我认为 DevOps 是"数据行动三角"中项目和运营流程的组合。如果使用 DevOps 方法，在管理数据质量时，十步法流程仍然适用。

数据运营（DataOps）是一个较新的术语，截至本书写作时，DataOps 的定义仍然各不相同。大多数人认为，DataOps 是关于协作过程和工具的使用，以及可能是独立团队（如业务用户、数据科学家、数据工程师、分析师和数据管理）之间的伙伴关系，从而更好地管理数据或交付分析结果。如果您的组织正在应用 DataOps，请将十步法中的适用步骤、技巧或活动纳入您的工作中。

图 2.5 显示了应用于 DevOps 和 DataOps 的"数据行动三角"，以及在这些方法中执行的主要活动。虽然表述不同，但与原创的"数据行动三角"的基本思想是相同的。然而，开发运营和数据运营的节奏更多的是迭代而不是顺序。感谢 Andy Nash 对数据运营和开发运营这一节内容以及相应图表做出的贡献。

图 2.5 DevOps 和 DataOps 的数据行动三角

团队筹备

如果缺乏具备工作知识和技能的人，任何事情都无法付诸行动。当一个组织期望那些具有其他业务或技术专长的人从事信息或数据质量的专业角色时，如果存在"只要找一个好的数据录入员，我们的数据质量就会很好"的想法就错了，确保数据质量所需要的技能比数据输入多得多。不幸的是，当有人被安排负责数据时，他们往往没有意识到这项工作需要具备专业的经验和知识的深度。而指派他们工作的经理可能也不知道这一点。

寻找资源来帮助人们获得从事数据质量工作所需的基础知识。接受培训并使用像"十步法"这样经过验证的方法论，为每个人提供一个助推器，使他们的大部分精力都用于如何使方法论更适应他们的特殊需求，而不是重新发明基础理论。下面将提到其中的两个利用行业协会和认证的例子。

作为个人，要主动提高自己的技能。阅读书籍，报名参加课程，以现场或线上的方式参加会议和行业分会会议。研究学习的机会，积极主动地与管理层接触，在支付课程费用和参加课程的时间方面给予帮助，并展现出对组织的好处。如果您仍然没有得到支持，不要让它阻止您自己提高自己技能。

IQ 国际和 IQCP^{SM} 认证

IQ 国际（2004—2020 年）是一个专业组织，旨在通过高质量的数据和信息来提高业务效率。尽管一个组织几乎每个部门都使用数据来支持业务（财务、法律、运营），但只有一项活动（数据质量管理）适用于一个组织运行的大多数方面。为了支持组织的发展，认可和推广数据领导者，IQ 国际开发了信息质量认证专家（IQCP^{SM}），专注于全面掌握 IQ 领域。其所有材料和资源是组织多年来的开发所获得的，并将持续提供相应服务。在本书出版时，该认证正在向另一个组织进行转移[⊖]。详情请见链接 www.iqint.org。

从认证的发展中产生的成果仍然适用于数据质量专业人士。我被邀请加入一个由行业从业者、学者和顾问组成的团队，他们开发了最初的认证。一家专门创建认证的公司带领我们完成了这个过程。第一个步骤是定义信息质量专业人员的含义。我们在一起花了很多时间，从根本上阐明了信息质量专业人员的工作——不是基于任何一个人的具体方式或方法，而是基于小组的集体知识。

这导致了对六个主要知识领域（称为领域）的识别和定义，这些领域被认为是信息质量专业人员所必需的。它包括成功实施这些领域所需的活动、知识和技能。这是一个重大的贡献，使数据质量管理被认为是一个真正的职业，具有真正的技能和知识要求。重要的是要保留并继续给予他们公共认知度。

表 2.1 中的前三栏是对构成信息质量专业人员所需知识领域的总结。最后一栏表示本书中适用于该领域的章节。每个领域和相关的任务在表中网站的 IQCP 框架中都有详细的概述。这些领域和活动仍然是相关的，可以在您的数据质量工作中使用。

⊖ 本书翻译期间该组织疑似已停止运营。——译者注

表 2.1　信息质量(IQ)专业人员必备的知识			
领　　域	描　　述	活　　动	本书中的相关材料
IQ 战略和治理	这个领域包括提供结构和流程，以便对一个组织的数据进行决策，以及确保适当的人参与管理信息的整个生命周期	活动包括与关键的利益相关方合作，定义和实施信息质量原则、政策和战略；通过指定关键角色和责任来组织数据治理，建立决策权，并与高层领导建立重要的关系，从而提高信息质量	● 第 2 章　数据质量实践 数据行动三角、管理层参与 ● 第 3 章　关键概念 信息质量框架 ● 第 4 章　十步法流程 步骤 1　确认业务需求与方法； 步骤 2　分析信息环境； 步骤 10　全程沟通、管理以及互动参与
IQ 环境和文化	这个领域提供了一个背景，使组织的员工能够不断地识别、设计、开发、生产、交付和支持信息质量，以满足客户需求	活动包括设计信息质量教育和培训计划、确定职业业路线、建立激励和控制措施、促进信息质量作为业务运营的一部分以及促进整个组织的合作，以使各级人员参与信息质量战略、原则和实践	● 第 2 章　数据质量实践 数据行动三角、管理层参与 ● 第 4 章　十步法流程 步骤 9　监督控制机制； 步骤 10　全程沟通、管理以及互动参与 ● 第 5 章　设计项目结构 数据质量项目中的角色
IQ 价值和业务影响	这个领域包括用于确定数据质量对业务影响的技巧，以及对信息质量项目进行优先排序的方法	活动包括评估信息质量和业务问题、确定信息质量举措的优先级、获得基于信息质量项目建议的决定以及报告结果以展示信息质量改进对组织的价值	● 第 3 章　关键概念 业务影响技巧 ● 第 4 章　十步法流程 步骤 4　评估业务影响
信息架构质量	这个领域包括保证组织的数据蓝图质量的任务	活动包括参与建立数据定义、标准和业务规则，测试信息架构的质量以确定关注点，引领改进工作以提高信息架构的稳定性、灵活性和复用性，以及协调管理元数据和参考数据	● 第 3 章　关键概念 数据规范、元数据、数据标准、参考数据、数据模型、业务规则、数据类别 ● 第 4 章　十步法流程 步骤 2.2　理解相关数据与数据规范； 步骤 3.2　数据规范
IQ 测量和提升	本领域涵盖了开展数据质量改进项目的步骤	活动包括收集和分析数据的业务需求、评估数据质量、确定数据质量问题的根本原因、制定和实施信息质量改进计划、预防和纠正数据错误以及实施信息质量控制	● 第 3 章　关键概念 数据质量维度、数据规范、数据类别 ● 第 4 章　十步法流程 步骤 2　分析信息环境； 步骤 3　评估数据质量； 步骤 5　确定根本原因； 步骤 6　制订数据质量提升计划； 步骤 7　预防未来数据错误； 步骤 8　纠正当前数据错误； 步骤 9　监督控制机制 ● 第 5 章　设计项目结构 数据质量项目类型，比较 SDLCs，SDLCs 中的 DQ 和 DG，项目时间安排、沟通和参与

（续）

领　域	描　述	活　动	本书中的相关材料
保持信息质量	这个领域的重点是实施流程和管理系统，以确保持续的信息质量	例如，将数据质量活动整合到其他项目和流程中（如数据转换和迁移项目、商业智能项目、客户数据整合项目、ERP 项目或系统开发生命周期流程），以及持续监测和报告数据质量水平	● 第 3 章　关键概念 信息质量的框架、信息生命周期、数据质量改进循环 ● 第 4 章　十步法流程 步骤 2　分析信息环境； 步骤 3　评估数据质量； 步骤 5　确定根本原因； 步骤 6　制订数据质量提升计划； 步骤 7　预防未来数据错误； 步骤 8　纠正当前数据错误； 步骤 9　监督控制机制； 步骤 10　全程沟通、管理以及互动参与 ● 第 5 章　设计项目结构 数据质量项目类型，比较 SDLCs，SDLCs 中的 DQ 和 DG，项目时间安排、沟通和参与

注：1. 在 IQCP 框架中，对每个领域和相关任务都有详细说明，详见 https://www.iqint.org/certification/exam/iq-performance-domains/。

2. 1～3 栏改编自信息质量认证专家（IQCP[SM]）领域。经 IQ 国际许可使用。第 1～3 栏作为图 6 出现在 Danette McGilvray 在《数据质量手册：研究与实践》中的 "数据质量计划和项目" 一章，Shazia Sadiq，Springer，2013。

● 作为个人，您可以评估自己的知识和经验，并确定需要改进的地方。Dan Myers 创建了一个名为 "了解您自己" 的评估工具，可用于评估您在 IQCP 框架内的每项任务方面的经验（Myers，2018）。

● 如果您是一个建立数据质量团队的经理，请看一下这些领域。在您的组织内，确定谁负责表格中确定的每项任务。对于那些您的团队负责的任务，确定他们是否拥有达到团队目标所需的知识和技能，并使用培训和辅导来弥补差距。

● 如果您是一个数据质量项目集/行动计划经理，这些领域可以作为发展与数据质量有关的能力或由数据质量项目提供的服务的基础。

DAMA 国际、DAMA DMBOK 和 CDMP[SM] 认证

DAMA（数据管理协会）国际是一个 "非盈利的、独立于供应商的、由技术和商业专业人士组成的全球协会，致力于推进信息和数据管理的概念和实践"（见 www.dama.org）。世界各地都有 DAMA 的分会，DAMA-I 与 Dataversity 合作，为其成员和其他感兴趣的人提供会议服务。此外，DAMA-I 还开发了以下的知识和认证体系。

● **DAMA 数据管理知识体系指南®（DAMA-DMBOK®）第 2 版**。这本参考书通常被称为 DMBOK2，是由数据管理领域的领先思想家撰写的，并由 DAMA 成员审阅。它解释了数据管理 "是什么"。DAMA-DMBOK®框架，通常被称为 DAMA 车轮图，将构成数据管理总体范围的知识领域可视化。如图 2.6 所示。其他新兴的实践和技术也被

参考。这些可能会在未来的版本中被纳入数据科学和数据工程的正式知识领域。

● **穿越数据管理的迷宫**。提供了对 DAMA-DMBOK®第 2 版的概括介绍。

● **DAMA 术语词典**。DAMA 数据管理词典（第 2 版）为 IT 专业人士、数据管理员和业务领导提供了一个通用的数据管理词汇库。

● **数据管理专家（CDMP®）专业认证**。CDMP®是要求结合教育、经验和基于测试的考试。自 2019 年 1 月起，所有的认证考试都以 DMBOK2 为基础。数据质量是补充基本认证的专家考试之一。

图 2.6 通常被称为 DAMA 车轮图，显示了数据管理专业范围内的知识或职能域。DAMA 知识体系和"十步法"之间的关系是什么？十步法的"如何做"是对 DMBOK2 的"做什么"的补充。如您所见，数据质量是 DAMA 车轮图中的一个知识领域。我相信所有的知识领域都是为了支持业务需求可靠、可信的数据和信息而存在。因此，"十步法"的某些方面对所有知识领域都很重要。例如，每个职能域都应该知道他们在信息生命周期中的位置。负责数据建模的人应该自己制作高质量的模型，并了解他们对数据质量的影响。那些负责元数据、参考数据和主数据的人需要了解这些对事务数据的影响，以及他们应该如何一起工作。由于"十步法"对数据质量的广泛看法，本书中涉及许多职能域。

图 2.6　DAMA-DMBOK2 数据管理框架（DAMA 车轮图）

管理层参与

只有当您能让管理层参与进来，您才能将本书中的想法付诸行动。来自适当级别管理层的支持以及在时间、金钱和人员方面的适当投资，对于成功至关重要。本书中提到了获得管理层支持的关键话题，但这个话题太过广泛，无法完全涵盖。下面的建议是为了激发您对这个问题的思考。我非常感谢瑞秋·哈弗斯蒂克（Rachel Haverstick）在表达这些重要观点时提供的帮助。

最好的情况：让 CEO 和董事会参与进来。在最好的情况下，您的组织的董事会和高管将完全相信有必要提高信息和数据质量，并将分配资源来支持变革活动，这是创造一个支持持续质量改进的环境所必需的。

正确的管理层级：并不是每个发起改进信息和数据质量项目的人都能接触到高管级别的领导。不一定非要得到 CEO 的支持才能开始。但在开始时，您确实需要您的经理和项目经理的支持。继续工作，展示进展，并继续获得公司高层尽可能多的管理支持。一个成功的项目可以成为一个部门的重要转折点；让正确的管理层参与进来是使项目成功的必要条件。

使用方法论：使用步骤 4 评估业务影响中适当的业务影响技巧，帮助您展示劣质数据带来的负面影响，以及投资资源来确保高质量数据带来的价值。引入步骤 10 全程沟通、管理和互动参与的理念，帮助您以一种他们能够理解和参与的方式，让高管、高级领导、项目经理和从事这项工作的管理人员参与进来。通过沟通业务需求和改进计划，让管理人员为预期的资源投入水平做好准备。这将增加您获得所需时间、资金和参与的可能性。同样，定期向经理和其他工作小组提供状态报告，使他们能够看到进展，继续支持您的项目，并防止冲突或重复的工作。

沟通技巧：如前所述，在步骤 10 全程沟通、管理和互动参与中阐述的想法，将帮助您优化重要的数据质量概念和项目进展的沟通。了解第 4 章中"十步法流程"的每个步骤末尾的"全程沟通、管理和互动参与"标注框中的建议。使用这些想法来计划您的沟通策略。当然，沟通是双向的，展开对话、获得反馈、倾听、评估反应和获得信任是至关重要的。

了解您的听众：了解您的听众的目标、价值观和成功标准是帮助您有效沟通的最好方法。不同的受众群体需要不同的沟通方式和不同的详细程度。

适当的信息规模：尽管您可能对您的项目感到兴奋，但您的管理听众很少需要听到您的数据剖析的细节，或您现在可以合并记录来减少冗余的方式。他们想听到的是，改进是有效的，它将对他们的工作产生积极的影响。适当调整信息的规模，重点突出对他们最重要的主题。

重复：提醒您的听众该项目所要解决的业务需求。重复强调您的项目目标并回顾里程碑。重复强调您的项目目标对于与管理人员的沟通尤为重要，因为他们需要了解项目的要点，并跟踪其进度和资源使用情况。

扩大范围：要时刻留意将您的项目目标和信息质量的关键概念传达给更多的听众的机会。著名的"电梯演讲（Elevator Pitch）"（30～60s 的总结）是一个很好的技巧，可以在正式演讲之外与任何观众交流。也可以考虑创建一个四张幻灯片的项目总结，以便在其他演讲中使用，如部门会议或季度总结。

管理者资源：您的管理者可以是一个有价值的关系网资源，所以让他们及时了解情况具有双重作用，一是确保对您的项目的支持，二是将您与其他项目或工作联系起来，以便双方合作实现共同的目标。

关键术语

为了采取有效的行动，我们必须能够进行沟通。拥有一个共同的词汇表或对术语有共同的理解是一个良好的起点。以下是一些关键术语，在进入本书的其他部分之前，了解这些术语是很有帮助的。所有术语的清单可以在词汇表中找到。

十步法（Ten Steps）：完整的十步法被命名为"获取高质量数据和可信信息的十步法"。为了简洁起见，我用"十步法"来指代该方法，其中包括概念、步骤和项目结构。而"十步法流程"指的是这些步骤本身。需要记住的是，方法论不仅仅是关于"十步法流程"（第 4 章中的说明和例子），还包括理解支撑这些步骤的关键概念，以及如何很好地组织和管理项目。

业务需求（Business Needs）：我使用"业务需求"这个术语作为我的总括性短语，指的是对一个企业来说最重要的东西由客户、产品、服务、战略、目标、问题和机会所驱动。换句话说，业务需求包括为客户提供产品和服务以及与供应商、员工和业务伙伴合作所需的一切。业务需求还包括为完成这项工作必须解决的战略、目标、问题和机会。为了做好这项工作，需要高质量的数据和信息。

"业务需求"这个术语被经常使用。它提醒我们，千万不要只为了数据质量而做数据质量工作。不要为了没有人关心的事情而花时间在数据质量上，有太多的重要工作要做。在一个项目中，很容易被有趣但可能不必要的细节或新的问题分散注意力，而这些问题不会影响心中的目标。把您的组织和它的业务需求放在心上，以选择项目的重点，通知和指导工作，并确保您的项目保持在正轨上。

客户：每个组织都有使用其提供的任何产品或服务的客户。客户通常被认为是一个潜在的买家或支付服务的客户。您的最终客户可能是警察局长、大学校长、教师、学生、家长、医生、病人、医院管理人员、士兵、值得尊敬的慈善机构、政治家、艺术家、艺术赞助人、给予或接受人道主义救济的人。甚至更广泛地说，在您自己的组织内，行政人员、经理、雇员、供应商和业务伙伴也可能是您所提供的数据和信息的用户。然后，他们使用这些信息来为最终客户提供产品和服务。你要认识到所有这些类型的客户都受到数据和信息质量的影响，他们依靠这些数据和信息来做出明智的决定，并采取有效的行动来帮助他们的组织或他们自己的个人生活。

组织：一个总括性的词，指任何行业中各种规模的企业、机构、机关、单位和业务，如营利组织（教育、政府、医疗保健）、非营利组织（慈善机构、科学、研究等）机构。十步法适用于所有行业，因为每个组织都在提供某种产品或服务的"业务"，每个组织都依赖数据和信息来获得成功。

项目：一般来说，项目是一次性的工作单元，有具体的业务需求要解决，有目标要实现。

在本书中，项目这个词被广泛使用，指的是任何利用十步法解决业务需求的结构化工作。项目的持续时间由预期结果的复杂性来决定。一个项目可以采用完整的十步法流程，也可以只采用选定的步骤和技巧。一个项目团队可以由一个人或者由 3~4 个人组成的小团队组成，也可能由许多人组成的大团队组成，甚至还可以包括多个团队之间的协调。一个项目可能需要4 个星期、3~4 个月、或者超过 1 年的时间。没有数据质量项目是相同的，但"十步法"的灵活性意味着该方法适用于所有项目。

用户：泛指以任何角色使用数据和信息的人。用户的同义词包括知识工作者、信息消费者和信息客户。例如，用户可以完成交易、编写报告或基于这些报告做出决策。用户的角色包括分析师、主题专家、服务代表、维修技术员、代理商、营销专家、科学家、研究员、程序员、高管、经理、客户、项目经理、代理人、经纪人、医生、医院管理人员、临床研究协调员、科学家、教师、数据科学家等。

利益相关方：在"十步法"中，利益相关方是指对信息和数据质量工作有兴趣、有参与、有投资的个人或团体，或者会受到影响（积极或消极）的人。利益相关方可以对项目和它的交付物施加影响。利益相关方可以在组织的内部或外部，代表与业务、数据或技术相关的利益。例如，对于任何影响供应链的数据质量改进，负责制造过程的人将是利益相关方。利益相关方包括客户、项目资助者、公众、组织（其员工直接参与项目工作）。利益相关方可以对项目的全部或部分负责，或对特定的交付成果负责。他们可以为项目提供输入，或者只是被告知项目的进展和结果。

数据：严格来说，datum 是单数，data 是复数。我在第 1 版中把 data 作为复数（"data are"）。从那时起，英语的用法已经发展到 data 可以和单数或复数动词一起使用。在第 2 版中，我一般使用单数动词 data（"data is"），但也有少数例外，"data is"听起来不对。我们的数据行业和我的客户大多使用"data is"。

数据与信息：数据指的是已知的事实或其他感兴趣的事物；而信息指的是这些事实的上下文（数据"09"和"20"以及"752-5914"在上下文语境中成为信息，如"订单号 752-5914在 9 月 20 日发货"）。数据和信息的使用经常是相互变化的。在方法论中，有几个例外情况是很重要的，这些情况会被指出来。尽量使用能与您的听众产生共鸣的词语。例如，我倾向于在与业务人员交谈时使用信息这个词，而与信息技术领域的人交谈时使用数据，如在讨论数据库中的列和行时。但这并不是一个硬性规定。无论您和谁说话，都要使用最有效的术语。

数据存储（Datastore）：在本书中，数据存储指的是创建或获得、持有和使用的任何数据集合，无论涉及何种技术。数据存储可以是 SQL 关系数据库中的一张表，也可以是完整的RDBMS（关系数据库管理系统），还可以是电子表格、以逗号分隔的文件、数据湖或者各种NoSQL（不仅仅是 SQL）非关系数据库中的任何一种。数据存储可以在任何地方。数据存储可以位于企业内部，即软件在企业自己的计算机和服务器上运行；也可以基于云，即软件托管在供应商的服务器上，企业通过网络浏览器访问。

数据集（Dataset）：在本书中，数据集是获取并用于评估、分析、修正等的数据集合，通常是完整数据存储的一个子集。

字段（Field）**或数据字段**：在本书中，字段是存储数值的一个位置。在关系数据库中，字段也可以被称为列、数据元素或属性。根据非关系数据库的类型，一个字段可能是一个键、一个值、一个节点或一个关系。关键数据元素（CDEs）是与最关键的业务需求相联系的数据字段，被认为对于数据质量评估及持续管理极为重要。

记录（Record）：在关系数据库中，记录是一个行，由一些字段或列组成。在非关系数据库中，记录不是一个统一定义的概念。您可能会在非关系数据库中听到"记录"。如果您听到了，就请您对这个词的具体含义进行定义。在本书中，记录一般用来指一组数据字段。

小结

本章从对比您自己的健康和数据的健康开始。然后用一个烹饪的比喻来描述方法论的三个主要部分（关键概念、十步法和项目结构）是如何协同工作的。然后，通过介绍"数据行动三角"，将数据质量项目的概念与您的组织中发生的其他活动联系起来。三角形说明了项目、项目集/行动计划和运营流程（将数据质量付诸行动的三种手段）之间的关系。本章提出了一些建议，让您的员工做好准备，并让管理层参与进来，这对于推进任何数据质量项目都是必要的。

本章最后定义了全书中使用的关键术语，因为要想更容易地将数据质量付诸行动，就必须有一个共同的词汇表。有了这一切作为背景，您现在已经为本书的其余部分（包括十步法）做好了准备，将从第 3 章的关键概念开始。

关键概念

没有理论就专注于实践的人，就像登船后没有舵和罗盘的水手一样，永远不知道会驶向何方。

——列奥纳多·达·芬奇

当今，领导层不仅仅需要意识到数据正在普遍且强势地有机增长，他们真正需要的是对强制性的数据概念建立起深刻的理解。

——约翰·拉德利《数据治理》（2020）

本章内容
简介
信息质量框架
信息生命周期
数据质量维度
业务影响技巧
数据类别
数据规范
数据治理与数据管理专员制
数据质量十步法流程概述
数据质量改进循环
概念和行动——建立连接
小结

简介

本章重点阐述了在开展数据和信息质量管理工作中所涉及的关键概念。对于某些人来说，可能已经心生厌倦，直接翻到了"第4章 十步法流程"。毕竟，您会想："我是一个实干家，不需要任何令人厌烦的概念。"然而，理解这些概念对于从事数据质量工作是至关重要的。这些概念不是没有实际应用价值的不必要的理论，而是掌握十步法的基础。理解这些概念，将能够帮助您在面临各种数据质量相关的特定情况时，选择采取十步法中的何种行动进行应对。同时能够帮助您明确所选择步骤需要执行的颗粒度。理解这些概念，将帮助您更好地运用十步法。

可以这样理解：如果要在陌生的地区旅行，您会查看地图，可以通过在 GPS 系统中输入坐标、在智能手机上查找位置或展开纸质地图来查看。无论哪种方式，您都需要了解一些基础知识才能更好地使用地图。带有符号标记和其相关描述（规模、道路类型、兴趣点、医院等）的图例会帮助您理解所看到的内容。

同样，本章介绍的这些关键概念是帮助您解读和理解信息质量的大致思路或通用指导方针。这些关键概念所概括的方针是十步法中具体行动的基础。如果理解了本章所阐述的基本概念，您将在应用十步法方面做出更好的决定。至少，浏览本章内容之后，当您在阅读本书其他章节遇到不熟悉的术语或在实施项目时，可以返回本章进行查询。

信息质量框架

信息质量框架（FIQ）以形象化的结构，组织和展示了确保高质量数据所需的要素。

> **🔑 关键概念**
>
> **信息质量框架（FIQ）**：一种对某些要素进行可视化并编排整理的框架结构，这些要素可以确保高质量数据。使用此框架有助于理解产生低质量信息的复杂环境，并使思维条理化，识别出缺乏或遗漏了哪些要素。这有助于识别产生问题的根本原因并确定改善措施，以纠正现有问题并防止问题再次出现。

您可以将此框架想象为图 3.1 中名为"我的餐盘"的图形。"我的餐盘"于 2011 年推出（取代著名的"食物金字塔"），并于 2020 年由美国农业部的营养政策和促进中心进行了更新。通过一张餐盘图片，展示了构成健康饮食基础的五类食物，该图提供了一种简单却又高层级的饮食准则。"我的餐盘"网站上的其他说明描述了相关概念，可以帮助您进一步了解营养膳食和构建更好的饮食习惯，并支持鼓励选择健康的生活方式（请见 https://www.myplate.gov/.）。"我的餐盘"并非放之四海而皆准，但基本原理是一样的。根据您的需求和实际情况来应用这些概念和细节。

业务需求（为什么）
客户、产品、服务、战略、目标、问题、机会

信息生命周期 关键因素	计划	获取	存储与共享	维护	应用	处置(退役)
数据（是什么）						
流程（怎么做）						
人员/组织（谁）						
技术（如何）						

位置（地点）和时间（何时、频率和时长）

要求与约束

广义影响因素

职责	业务、技术、合法、监管、行业、合规、合同、内部政策、访问、安全、隐私、数据保护
责任	权力、治理、管理、激励、奖励
改进和预防	持续改进、根本原因、预防、纠正、增强、审核、控制、监控、度量、目标
结构、语境与含义	定义、关系、元数据、参考数据、标准、数据模型、业务规则、体系结构、语义、分类
沟通	认知、参与、倾听、反馈、信心、真相、教育、培训、文档
变革	变革及相关影响管理、组织变革管理、变革控制
伦理	个人利益与社会利益、正义、权利与自由、真相、行为准则、免遭伤害、支持福址

文化与环境

图 3.1 因素形象化——我的餐盘与信息质量框架

同样的，信息质量框架（FIQ）为健康的信息所需要素（概念）提供了一种可视化的表示。FIQ 汇总了大量的信息，可一目了然地进行参考。

如何使用信息质量框架

一旦您理解了 FIQ 之后，可将其作为一个速查参考和实用工具使用。

- **诊断**。评估实践和流程；识别故障的发生位置，并确定是否已有信息质量所需的所有因素；识别缺少哪些因素，并将它们作为项目优先级和初始根因分析的输入。
- **计划**。设计新的流程并确保影响信息质量的因素已得到解决；确定在哪些方面投入时间、资金和资源。
- **沟通**。解释高质量数据的要求。

FIQ 显示了高质量信息所需的相关因素。第 4 章 十步法流程中详细介绍了如何将这些想法付诸实践的具体步骤。使用从 FIQ 中学到的知识和本章中的其他关键概念，让十步法为您所用。

框架部分说明

通过参考信息质量框架的七个主要部分，可以很容易地理解该框架，如图 3.2 所示。

① 业务需求（为什么）客户、产品、服务、战略、目标、问题、机会						
③ 信息生命周期 ② 关键因素	计划	获取	存储与共享	维护	应用	处置(退役)
数据（是什么）						
流程（怎么做）				④		
人员/组织（谁）						
技术（如何）						
⑤ 位置（地点）和时间（何时、频率与时长）						
⑥ 广义影响因素 要求和约束	业务、用户、功能、技术、法律、监管、合规、合同、行业、内部政策、访问、安全、隐私、数据保护					
职责	责任、权力、权属、治理、管理、激励、奖励					
改进和预防	持续改进、根本原因、预防、纠正、增强、审核、控制、监控、度量、目标					
结构、语境与含义	定义、关系、元数据、标准、参考数据、数据模型、业务规则、体系结构、语义、分类法、本体、层次结构					
沟通	认知、参与、外联、倾听、反馈、信任、信心、教育、培训、文档					
变革	变革及相关影响管理、组织变革管理、变革控制					
伦理	个人利益与社会利益、正义、权利与自由、真相、行为准则、免遭伤害、支持福祉					
⑦ 文化与环境						

图 3.2 标注编码的信息质量框架

1．业务需求（为什么）——客户、产品、服务、战略、目标、问题、机会

业务需求是一种总括性的词语，用来描述对组织重要的内容。业务需求是由客户、产品、服务、战略、目标、问题和机会所驱动的。本节为其他部分提供了上下文语境和背景信息。所有的行动和决策都应该以业务的需求为动力和信息源，尤其是关键业务的需求。项目应始终以"为什么对业务如此重要？" 这个问题为起点。永远不要为了数据质量而做数据质量。

2．信息生命周期（POSMAD）

生命周期是指事物在使用寿命期间发生变化和发展的全过程。必须了解资源的生命周期并进行有效管理，才能够充分利用该资源并从中获益。

首字母缩略词 POSMAD 代表信息生命周期中的六个基本阶段。

1）**计划**（Plan）：确定目标，规划信息架构，并编制标准和定义；建模、设计以及开发应用程序、数据库、流程、组织等。在某个项目正式投产之前所做的任何事情都属于计划阶段的一部分。当然在整个设计和开发过程中，应该考虑到生命周期的所有阶段，以便信息在生产过程中得到适当的管理。

2）**获取**（Obtain）：以某种方式获取数据或信息，如通过创建记录、购买数据或加载外部文件。

3）**存储与共享**（Store and Share）：存储数据并使其可供使用。数据可以以电子方式存储在数据库或文件中；它也可以存储在硬拷贝中，如保存在文件柜中的纸质数据表格。数据通过网络或电子邮件等方式共享。

4）**维护**（Maintain）：更新、变更和操作数据，清洗和转换数据，匹配和合并记录等。

5）**应用**（Apply）：检索数据并使用信息。这包括所有信息的使用，如完成交易、编写报告、依据报告做出管理决策以及运行自动化流程。

6）**处置（退役）**（Dispose）：归档或者删除数据、记录或信息集合。

信息的改善需要对信息生命周期有深刻的理解。这个概念贯穿于十步法的各个环节。详细内容请参阅本章后面的信息生命周期部分。

3．关键因素

整个信息生命周期中，有以下四个关键因素影响着信息。在 POSMAD 生命周期的所有阶段都需要考虑这些因素。

1）**数据**（是什么）：已知的事实或关注项。此处，数据不同于信息。

2）**流程**（怎么做）：涉及数据或信息（业务流程、数据管理流程、公司外部的流程等）的功能、活动、行动、任务和过程。"流程"在此处是通用术语，用来描述由高级功能所完成的活动（如"订单管理"或"区域划分"等），以及需要输入、输出和时限等用来描述如何完成行动的更详细的活动（如"创建采购订单"或"关闭采购订单"）。

3）**人员/组织**（谁）：影响或使用数据以及参与流程的组织、团队、角色、职责及个人，包括管理、支撑及使用（应用）数据的人员。使用信息的人被称为知识工作者、信息客户、信息消费者，或者简称为用户。

4）**技术**（如何）：用于存储、分享或者互操作数据的表格、应用程序、数据库、文件、程序、代码、媒介等被人们或者组织当作流程中的一部分来使用的技术或工具。技术既包括像数据库这样的高新技术，也包括像纸质复印这样的传统技术。

4. 交互矩阵

交互矩阵展现了信息生命周期各阶段与数据、流程、人员和组织以及技术等关键因素之间的交互关系、连接或接口。每个单元格中的问题可帮助您了解在整个信息生命周期中每个关键因素需要明确的内容。有关矩阵中每个单元的示例问题，如图 3.3 所示，表明了信息生命周期各阶段与四个关键因素之间的相互作用。使用这些问题可以引导您深入思考与所处情况相关的其他问题。

交互矩阵问题示例——来自信息质量框架（FIQ）的问题						
信息生命周期 关键因素	计划	获取	存储与共享	维护	应用	处置（退役）
数据（是什么）	业务需求和项目目标是什么？哪些数据支持它们？适用的业务规则、数据标准和其他数据规范是什么	获取了哪些数据（内部和外部）？哪些数据输入了系统（单独的数据元素或新的记录）	存储了哪些数据？分享了哪些数据？若要灾难后可以迅速恢复，需要备份哪些核心数据	哪些数据已更新和更改？哪些数据将转化以实现共享、迁移和集成？哪些数据已被计算或汇总了	需要或可用哪些信息来支持业务需求、要求、交易、自动化流程、分析、决策、度量等	哪些数据需要归档？哪些数据需要删除
流程（怎么做）	高阶流程是什么？ 详细的活动与任务呢？ 培训与沟通的策略是什么	如何从来源（内部和外部）获取数据？ 如何将数据输入系统？ 创建新记录的触发因素是什么	存储数据的流程是什么？ 共享数据的流程是什么	如何更新数据？如何监控来侦测到更改？如何评估影响？ 如何维护标准？如何触发更新	如何使用数据？如何触发使用动作？如何访问和保护信息？如何让使用信息的人可获得信息	数据是如何存档的？如何删除数据？如何管理归档位置/流程 如何触发归档动作？如何导致最终删除
人员/组织（谁）	谁识别业务需求和项目目标，并对其进行优先级排序？谁制定项目计划？谁分配资源？谁来管理这一阶段涉及的人	谁从来源获取信息？谁输入新数据/创建记录？谁来管理这一阶段涉及的以上问题	谁开发和支持存储技术？谁开发和支持共享技术？谁来管理这一阶段涉及的以上问题	谁来决定应该更新哪些内容？谁对系统进行更改并确保质量？谁需要知道更改？谁来管理这一阶段涉及的以上问题	谁直接访问数据？谁使用这些信息？谁来管理这一阶段涉及的以上问题	谁制订保存策略？谁可以删除数据？谁存档数据？谁负责最终处置？谁需要知道？谁来管理这一阶段涉及的以上问题
技术（如何）	项目范围内的高层架构是什么？哪些技术支持业务需求、流程和人员	如何使用技术在系统中加载新记录或创建新数据	存储数据的技术是什么？共享数据的技术是什么	如何在系统中维护和更新数据	使用什么技术允许访问信息？在应用架构中如何应用业务规则	使用什么技术从系统中删除数据或记录？使用什么技术归档数据？如何使用

图 3.3 POSMAD 交互矩阵细节问题示例图

为了帮助您掌握现阶段情况，可以从当前状态（原样）的角度来回答这些问题。为了改进现有情况以便更好地管理数据，可以从预期状态（未来）的角度再次回答这些问题。它们可用于设计新流程，从而确保不会遗漏任何内容。一位经验丰富的业务分析师会立即意识到这些问题，并了解信息视角将会如何提升他们的本职工作。

　　交互矩阵输出的不是由每个用详细文字描述的问答所构成的大型矩阵，而是使用这些问题来引导您去思考（并启发更多问题），如您的项目范围内应包含哪些内容、什么是"刚好够用"的信息、如何存档问题的答案以及生成构件的形式。请记住，这是一个包含概念的框架。按照"第 4 章　十步法流程"中的说明和示例，将这些概念付诸实践，并寻求在后续项目中再次使用这些方法的机会。

　　5．位置（地点）和时间（何时、频率与时长）

　　需要始终考虑"位置"和"时间"：事件、活动和任务在何处开展、在何时开展，信息可用时段及时长。例如，用户在哪里？维护数据的人员在哪里？他们在哪个时区？这是否影响他们访问、更新或管理数据的能力？数据是否已及时更新？在归档或删除数据之前，是否需要必要的数据管理时段？数据从一个系统迁移到另一个系统的所需时长？是否需要根据位置或时间对流程进行调整？

　　请注意 FIQ 的上半部分，与第一栏一起回答了关于谁、什么、如何、为什么、何处、何时和多长时间的疑问。注意：信息质量框架是独立于扎克曼（Zachman）的企业架构开发框架的。虽然两者使用了相同的疑问词组，但却基于不同的原因。

　　6．广义影响因素

　　广义影响因素是影响信息质量的附加因素。它们在 FIQ 上部的下方以条形图表示。这些广义影响因素在整个 POSMAD 信息生命周期中都应该被关注，因为它们影响数据、流程、人员/组织和技术四个关键因素。每个条形图都包含类别的名称以及描述类别的若干词语。这并不是一个完整的列表，但提供了足够的上下文以便您理解该主题。思考如何在您的组织中讨论这些具有广义影响的因素，并选用对您的应用场景最有意义的部分。

　　每个栏中第一个单词的第一个字母创建首字母缩略词 RRISCCE（发音为"risky"）。这是一个提醒，忽略这些广义影响因素是有 RRISCCE（风险）的。通过确保因素得到处理，将降低低质量数据的风险。如果不这样做，低质量数据风险就会增加。

　　1）**需求和约束**：需求是必须得到满足的义务。数据和信息必须有支持组织履行这些义务的能力。约束是限制或制约，即不能或不应该做的事情。从"什么是我不能做的"角度出发通常会发现额外的注意事项。约束通常可以用积极的方式来提出需求。需求和约束来自或基于以下类别，如业务、用户、功能、技术、法律、法规、合规性、合同、行业规定、内部政策、访问策略、安全、隐私和数据保护。考虑每个类别将有助于揭示由数据本身或者项目过程和输出必须满足（需求）或避免（约束）的重要事项。

　　2）**职责**：职责是指多数人都应该为确保高质量数据承担自己的责任。数据工作要由那些有意愿并熟悉自身角色及职责的人来承担。要设定好参与的预期目标。互动和决策的途径是明确的，考虑如何激励和认可人们所做的工作。其他表达这些理念的词语包括责任制、权属、所有权、治理、代管、激励和奖励。许多组织都有关于治理和代管的正式计划（程序），确定谁负责数据、谁负责决策。治理组织为互动和交流提供了便利，以便可以提出问题、做出决策、解决问题并实施变革。管理的理念意味着任何接触数据的人都要懂得关注它，不仅是为了他们自己的需要，也代表在组织中使用数据的其他人。如果用激励和奖励的方式支持人们采取行动来确保高质量的数据，那么他们采取积极行动的可能性就会更大。

3）**改进和预防**：持续改进和预防提醒我们，拥有高质量的数据不是通过一次性的项目或单次数据清理就能够实现的。一位客户曾问我的同事鲍勃·塞纳："我们需要多长时间才能完成数据质量的工作？"他的回答是："这取决于您想让数据的高质量持续多久？"这包括持续改进、根本原因分析、校正、审计、控制、监控、度量和目标。除了纠正数据问题之外，该类别还涉及识别根本原因，并需要实施预设的流程和改进活动，以防止问题的再次出现。审核相关需求是否得到满足。监测监控机制，并在出现问题时，通过度量值和目标值来触发告警通知。度量值和目标值还提供了一个比较点，便于解释数据质量的评估结果。将预防列入类别名称和清单之中，用以强调预防的重要性，而这一点往往被忽略。

4）**结构、语境与含义**：这个广义影响因素列出了为数据提供结构、语境和含义相关的主题。通常，结构是指部分间的关系和组织形式以及它们是如何排列在一起的。语境是围绕某事物的背景、情况或条件。含义是指某事是什么或预期成为什么，也可以包括某事的目的或意义。为了管理数据质量，我们必须了解数据的结构以及它与其他数据的关联关系，并参考该数据的语境和含义。那些不能被理解的事务是不能被有效管理的。结构、语境和含义的主题包括定义、关系、元数据、标准、参考数据、数据模型、业务规则、架构、语义、分类法、本体和层次结构。表3.1简要描述了每个术语。

表 3.1　结构、语境与含义的术语和定义（信息质量框架中的广义影响因素）

结构、语境与含义。通常，**结构**是指各部分的关系和组织以及它们如何排列在一起。**语境**是围绕某事物的背景、情况或条件。**含义**是指某事是什么或打算成为什么（译者注：或本意是什么？），也可以包括某事的目的或意义。为了管理数据的质量，我们必须了解数据的结构、它与其他数据的关系、使用它的上下文语境以及它的含义。有效管理的前提是必须先理解。与这些概念相关的话题在此表的其余部分中进行了简要描述。您将看到有多少彼此密切相关。

请注意，**数据规范**是十步法中使用的一个总括性术语。在本书中，**数据规范**侧重于元数据、数据标准、参考数据、数据模型和业务规则。如果您的业务需求涉及这个广义影响因素中的任何其他专题，请都包含在项目范围和目标中统一体现。然后根据需要使用其他资源获取详细信息。

主　题	含　义
定义	**定义**是对单词或短语含义的陈述。这是一个通用术语，这里需要提醒的是，高质量数据的一个基本方面是数据被定义，含义被理解。拥有清晰的定义有助于在整个组织中正确且一致地创建、维护和使用数据。定义与语义和本体密切相关
关系	**关系**是数据之间的连接或关联的总称。理解关系对于管理数据质量至关重要，因为对数据的许多期望可以用关系来表达。数据模型、分类法、本体和层次结构都显示了关系
元数据	**元数据**的字面意思是"关于数据的数据"。元数据描述、标记或表征其他数据，并使其更容易过滤、检索、解释或使用信息。 有关元数据的更多信息可以在本章后面的数据类别部分中找到
标准	**标准**是用作比较基准的事物的通用术语。对于数据质量，主要关注数据标准，即关于如何命名、表示、格式化、定义或管理数据的协议、规则或指南。它们表明数据应符合的质量水平。 关于数据标准的单独部分可以在本章后面找到

（续）

主　题	含　义
参考数据	**参考数据**是由系统、应用程序、数据存储、流程、仪表盘和报告以及事务和主记录引用的值或分类模式集。示例包括有效值列表、代码列表和产品类型。另一个例子是，国际标准化组织（ISO）为国家代码创建了一个标准，称为 ISO 3166。这些代码可以被全球组织的业务部门下载并用做参考表。 　　有关参考数据的更多信息，请参见本章后面的数据类别部分
数据模型	**数据模型**是指定域中由文本支持的数据结构的可视化表示。数据模型可以是：以业务为导向，表示对组织重要的内容，组织数据的可视化结构展示，而不考虑技术；以技术为导向，根据特定的数据管理方法表示特定的数据集合，显示数据将保存在哪里以及如何组织它们（关系、面向对象、NoSQL 等）。数据模型是组织展示数据进而理解数据的主要组件。 　　本章后面可以找到关于数据模型的单独部分
业务规则	**业务规则**是描述业务交互并建立操作规则的权威原则或指南。由业务活动产生的数据活动可以明确表述为需求或数据质量规则，然后基于质量规则进行合规性检查。数据质量规则规范用来解释如何基于物理存储的数据进行数据质量检查，进而输出这些数据是否遵循业务规则或业务操作。 　　数据是业务流程的输出形式，违反数据质量规则可能意味着流程无法正常运行，无论流程是由人手动执行还是通过技术自动执行。这也可能意味着业务规则被错误地提炼或发生了曲解。业务规则收集提炼之后，可以为数据质量规则的创建、数据质量问题的检查和数据质量结果的分析评估提供输入。通常情况下，很多数据质量问题的产生都是因为缺乏有据可查的业务规则。 　　关于业务规则的单独阐述部分可以在本章后面找到。 　　如果要了解更多细节，可以阅读被称为"业务规则之父"的罗纳德·罗斯 (Ronald Ross) 的几本相关书籍
架构	通常，**架构**是指一个整体结构或一套系统的组件、这些组件的组织方式以及彼此之间的关系。大多数人更熟悉建筑设计中的架构，用来描述建筑物、开放区域及其周边环境的设计。 　　根据 DAMA-DMBOK®第 2 版（DMBOK2），企业架构包含以下领域：业务架构，它建立对数据架构、应用架构和技术架构的需求；数据架构，它管理被业务架构创建和需要的数据；应用架构，它根据业务需求运行于特定的数据之上。有关详细信息，请参阅 DMBOK2 中的第 4 章　数据架构。 　　Zachman 框架是一种众所周知的企业架构框架，它包含一组与描述企业相关的基本表示，它表示组织（企业）内不同类型和级别的架构。Zachman 框架由 John Zachman 于 1987 年首次开发，持续发展到 2011 年的最新版本，并沿用至今。 　　架构的所有领域都可以指定数据必须遵守的规则要求，但那些数据质量管理人员会将数据架构视为组织内数据的指南和主要蓝图。数据架构中的信息生命周期管理、数据模型、数据定义、数据映射和数据流都是十步法中使用的元素
语义	**语义**通常与事物的含义有关，如单词、符号或句子的含义或者被诠释的含义。为了管理数据的质量，必须了解数据的含义以及人们认为的含义。在数据和技术领域，基于语义的方法可用于开发更灵活的应用程序软件包
分类法	**分类法**将事物分类为有序类别。例如，动物和植物被分类为界、门、纲、目、科、属和种。杜威十进制分类法是另一种分类法，被图书馆用来按大类和细类对书籍进行划分。必须了解这些分类法，以便管理其所辖数据。创建分类法也是为了更好地管理数据本身、控制词汇表、构建下钻型界面以及协助导航与搜索。 　　与分类法相关的一个术语是**民俗学**，源自"民间"和"分类学"，主要通过标记发生作用（将元数据添加到内容）。它也被称为社会标签、协作标签、社会分类和社会书签。用户创建数字内容标签以对网站、图片和文档等数据形式进行分类或注释。这些标签创建了一种非正式的、非结构化的分类法（与上面提到的结构化分类法相反），用于更轻松地定位内容。使用标签中的数据可以提高内容的可见性、分类和可搜索性（见 www.techopedia.com，folksonomy）

（续）

主　　题	含　　义
本体	从哲学世界来看，**本体**是关于存在或事物存在的科学或研究。从数据的角度来看，数据应该代表存在的事物。在此情境下，本体是一组相关概念的正式定义，包括概念之间如何相互关联。数据可以通过本体来理解和交叉引用
层次结构	**层次结构**是事物按一种高于另一种排列的体系，它是分类法的一种。父子关系是一个简单的层次结构。其他示例有组织结构图、财务会计科目表或产品层次结构。可通过层次结构来理解数据关系以及对质量的期望

数据规范在十步法中是实施这些概念时使用的总括性术语。数据规范包括为数据提供语境、结构和含义的任何信息和文档。数据规范提供生成、构建、产生、评估、使用和管理数据所需的信息。如果数据规范不存在、不完整和低质量，那就很难产生高质量的数据，也就更难对数据内容的质量进行测量、理解和有效管理。

在本书中，数据规范侧重于元数据、数据标准、参考数据、数据模型以及业务规则。然而任何与这个广义影响因素相关的主题都可能与业务需求和项目目标相关。如果是这样，请将它们包含在您的项目范围内。如果需要更深入和更详细的信息，您可以在本书中找到许多关于这些主题的相关资源。

5）**沟通**：沟通和发现根本原因，对于任何数据质量工作的成功都一样至关重要。沟通是工作的一部分，而不是工作的障碍。沟通需要建立信任和信心。这个广泛的主题包括认知、参与、推广、倾听、反馈、教导、培训、记录等。

6）**变革**：变革包括对变更及其影响的管理、组织变革管理和变更控制。变更管理或组织变革管理（OCM）包括管理组织内部的变革，以确保文化、动机、奖励和行为保持一致，并激励期望的结果。人们往往不愿意改变，"哦，我可以接受变革，只是不想做任何不同的事情！"实现高质量的数据可能会触发角色和职责的调整、改进流程、修复技术错误以及所有需要变更的事情（或大或小）。变更与技术相关，包括诸如版本控制、数据存储方式变更以及由此导致的审视或报告格式调整。如果不对各种变更进行有效管理，将导致"无法有效实施持续改进"的风险扩大。数据专业人士需要提高管理变更的技能或与具有此专业知识的人才开展合作。

7）**伦理**：伦理需要我们考虑在使用数据时所做选择对个人、组织和社会造成的影响。伦理这一广义影响因素的思想体现在以下方面：个人和社会的利益、正义、权利和自由、诚实、行为准则、避免伤害和创造福祉。鉴于十步法中对数据质量的整体要求，以任何方式接触或使用数据的人员都要遵守这些道德伦理规范。

7. 文化与环境

对 FIQ 的解释是从第 3 章的简介开始的，这部分内容提供了语境和其他部分的背景。文化与环境也发挥着同样的作用：它提供了 FIQ 中所有其他部分和因素背后的语境。换言之，文化与环境会影响到信息质量工作的方方面面。它们会潜移默化地告诉您所有的数据质量工作。**文化**是指一个组织的观念、价值观、习俗、实践和社会行为。文化既包括成文的（官方政策、手册等），还包括不成文的"做事方式""如何做事""如何做决策"等。**环境**是指影响组织中的人员工作和行为方式的条件，如金融服务与制药、政府机构与上市公司。文化与环境还涉及更广泛的社会、国家、语言和其他外部的因素，如政治可能会影响组织，也将影响数据和信息以及对它们进行管理的方式。

这并不意味着在处理信息质量工作的方式上不能有所创新。而是说如果能理解并融入公司的文化与环境，这将更好地达成信息质量方面的目标。例如，一家高度规范化且已习惯于遵循文件化标准操作规程的公司，与个人独立运营的公司相比，接受标准化流程来确保信息质量所遇到的困难可能会少很多。即使是在一家公司里，也会有差异。例如，与销售团队讨论信息质量可能会与 IT 团队讨论时有着完全不同的状态和感受。

快速评估参数

信息质量框架的概念将以多层细化、贯穿始终的方式应用在十步法中。FIQ 也可用于概括层的快速形势判断。FIQ 提供了一种逻辑结构，用于理解那些影响信息质量的因素。通过理解这些因素（综合 POSMAD 交互矩阵中的详细信息），当遇到信息质量问题时，就可以更好地分析问题现状及其所处的复杂环境。

假如有人就数据质量问题寻求您的帮助，可以立即提出如下问题：

- 与这种情况相关的业务需求是什么？
- 问题出现在信息生命周期的哪个阶段？
- 具体涉及哪些数据？
- 涉及哪些流程？
- 涉及哪些人员和组织？
- 涉及何种技术？
- 在生命周期的早期阶段，数据发生过什么？
- 在生命周期的后期阶段，数据会受到怎样的影响？
- 哪些广义影响因素已得到有效处理？哪些领域需要进一步的关注？

这些问题的答案将帮助您了解初始状态的业务影响、确定问题的范围以及需要哪些人员参与解决这些问题。答案也将帮助您发现这些问题与其他业务域和系统的结合点。潜在的根本原因也会被强调出来。

也可以借助 FIQ 分析现有流程或开发新的流程，以确保已经充分考虑了将影响数据质量的各种因素。想象一下，如果能够说明在整个信息生命周期中数据、流程、人员和技术发生了什么，那么整个流程将会多么稳定（以及最终的数据质量将会多么好）。

确定在您的项目范围内信息生命周期的各个阶段。应当认识到质量是受所有阶段影响的，但实际工作必须具有可管理的和特定的边界。当然不可能一次解决所有问题，需要考虑工作的优先级。例如，一个项目团队意识到他们在信息生命周期的获取阶段花费了大量时间和精力，却没在管理运行维护阶段花费一点时间。他们决定在下一个项目上更专注于信息的更新和维护。了解全局有助于制订出有效的策略来解决目前最重要的问题，同时应对将来要面对的问题。

信息生命周期

鉴于信息生命周期对于管理信息质量至关重要，我们将就前面介绍的生命周期理念展开讨论。

正如资金、产品、设施和人员都是资源一样，信息也是一种资源，对于执行业务流程和实现业务目标至关重要。任何资源都应在其整个生命周期内得到妥善管理，以便充分加以利用并从中受益。实际上，给定的有效时间内，人们须选择在信息生命周期的哪个阶段投入更多的时间和资源。所以，理解生命周期的概念将有助于在优先级上做出更好的选择。

🔑 关键概念
信息是一种资产，应该在其整个生命周期中进行有效管理，以便充分加以利用并从中受益。

资源的生命周期

拉里·英格利希（Larry English）在他 1999 年出版的《提高数据仓库和业务信息质量》一书中谈到了"通用的资源生命周期"概念。该生命周期包括管理任何资源（如人员、资金、设施和设备、材料和产品及信息）所需的各个流程。非常感谢他在通用资源生命周期（计划、获取、维护、处置、应用）领域的赐教。我在他原有的基础上，对生命周期的相关名称及次序进行修改和调整，并将"流程（processes）"改称为 "阶段（phases）"。我添加了"存储与共享"阶段，并提出了首字母缩写词 POSMAD（代表计划、获取、存储与共享、维护、应用、处置（退役））。POSMAD 可以用来帮助我们记忆信息生命周期的各个阶段。本节中，拉里为财务、人力和信息资源各阶段所应采取的行动提供了示例。

信息生命周期中的高级阶段（如我所应用的那样）描述如下：

- 计划（P）：准备资源。
- 获取（O）：获得资源。
- 存储与共享（S）：保存资源的有关信息，并通过某种类型的分发方式使信息可访问。
- 维护（M）：确保资源能够持续正常工作。
- 应用（A）：利用资源支持和应对业务需求（客户、战略、目标、问题、机会）。
- 处置（退役）（D）：移除或释放不再使用的资源。

对于资金资源，要规划资本、预测和预算；通过贷款或出售股票获得资金；通过支付利息和股息来维持资金；将财务信息存储在系统或文件柜中，并通过网络、显示屏、报告、网站或邮件进行共享；通过购买其他资源来使用资金；并在偿还贷款或回购股票时释放资金。

对于人力资源，要规划员工配置、明确岗位必要的技能并撰写岗位职责；通过招聘、面试和聘任等方式获得人力资源；通过薪酬（工资和福利）和技能提升培训的方式来保持人力资源的水准；通过分配角色和职责，让员工投入工作，来运用人力资源；通过退休、"裁员"或员工自愿离职的方式来优化人力资源。

信息生命周期的各个阶段

信息生命周期也可以称为数据生命周期、信息链、数据或信息供应链、信息价值链或信息资源生命周期。"血缘"是当下的一个流行词，特别是被供应商用于描述记录和管理信息生命周期的工具功能。"溯源"，意味着寻找起源，是生命周期子集对应的另一个用词。这些词组或短语中的任何一个，都代表的是信息生命周期的概念。

如前所述，POSMAD 表示的是信息生命周期中的六个阶段。表 3.2 描述了各个阶段，并提供了在信息生命周期的每个阶段所适用的行动示例。

表 3.2　POSMAD 信息生命周期的阶段和活动		
信息生命周期的阶段（POSMAD）	定　义	信息活动示例
计划	准备资源	确定目标、规划信息架构并制定标准和定义。在建模、设计以及开发应用程序、数据库、流程、组织时，许多活动都可以被视为信息规划阶段的一部分
获取	获取资源	创建记录、购买数据、加载外部文件等
存储与共享	保存资源（电子或硬拷贝）的有关信息，并通过某种分发方式共享信息	以电子方式将数据保存在数据存储中，如纸质申请表等打印文件或申请的扫描副本等数字文件。通过网络或企业服务总线共享有关资源的信息。通过屏幕、报告、网站或电子邮件提供。通过邮件、墙上的海报或商店货架上的产品标签提供硬拷贝信息
维护	确保资源持续正常工作	更新、更改、操作、解析、标准化、验证或修正数据；增强或扩充数据；清理、擦洗或转换数据；删除重复、链接或匹配记录；合并或整合记录等
应用	使用资源来支持和解决业务需求（客户、产品、服务、战略、目标、问题、机会）	检索数据；使用信息。这包括所有信息的使用，如完成交易、编写报告、根据这些报告中的信息做出管理决策、运行自动化流程等
处置（退役）	不再使用时移除或释放资源	档案资料；删除数据或记录。当公司倒闭或组织关闭时，管理数据的退役或丢弃处置

价值、成本、质量和信息生命周期

理解价值、成本和质量与信息生命周期之间的关系是很重要的（见图 3.4）。以下是一些关键点：

- 在信息生命周期的所有阶段中，管理活动都是有成本的。
- 在信息生命周期各个阶段的活动，都会影响数据质量和信息质量。这些活动涵盖对数据本身、流程、人员和组织以及技术等方面的管理，另外也有对信息质量框架中所阐述的广义影响因素的管理。
- 只有当数据和信息被应用时，公司才会从中收获价值。如果该信息是知识工作者、信息消费者、用户所期望的，并且他们可以获取并应用该信息，那么这些信息对公司是有价值的。如果信息质量无法满足知识工作者的需求，那么这些信息就会对业务产生负面的影响，如收入的减少、风险和成本的增加、返工等。

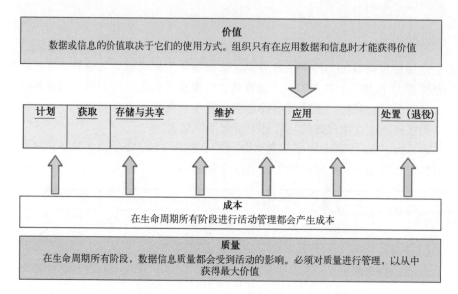

图 3.4　价值、成本、质量和信息生命周期

● 能够确定数据和信息的成本以及它们对组织的价值。

　　虽然只有当组织（机构）和信息消费者打算使用信息时，他们才会真正关心信息，但也必须在生命周期的每个阶段都配置合理的资源，这样才能在需要时以适当的质量水平生成数据和信息。实际上不可能一次完成所有事情。同时处理生命周期的所有阶段可能是不现实的，也是不可取的。但是，应该对每个阶段发生的情况有足够的了解，并认真考虑如何在每个阶段管理信息（或如何管理需求），这样才能在信息资源投入方面做出明智的决定。

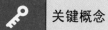 **关键概念**

　　"对于企业盈利能力和生存能力有一个经济学公式。公式很简单，即当应用资源获得的收益大于其规划、采购、维护和退役所产生的成本时，就产生了经济价值。"
　　——拉里·英格利希（Larry English），《提高数据仓库和业务信息质量》（1999 年），第 2 页

信息是可重复使用的资源

　　信息作为一种资源与其他资源之间的主要区别在于，信息在使用时不会被消耗。这意味着多个人或多个系统可以使用相同的信息——它是可重复使用的。产品一旦被客户购买，就不能再销售给另一个客户。一旦材料用于制造产品，它们就无法在下一个制造周期被使用。然而信息会发生什么呢？山姆（Sam）在某个月的第一天发布了报告，那么当玛丽亚（Maria）在这个月第十天也发布她的报告或者当帕特尔（Patel）帮助客户查询信息时，信息会消失吗？当然不会！当信息被使用时，它不会被消耗。这种差异有着很重要的意义：

● 质量至关重要。人、组织、流程和技术都以多种方式使用着信息。如果信息是错误的，

错误的信息就会被反复调用从而导致负面的结果。每当使用了劣质信息，都会引发成本升高且可能会导致收入降低。

- 信息使用得越多，价值就越大。在规划、获取、存储、共享和维护信息上已经耗费了大量成本。通常在增加少量成本或者不增加成本的情况下，就可以通过其他的方式来使用这些数据和信息为组织创造价值。

信息生命周期——不是线性流程

我们已经讨论了生命周期，似乎在现实世界中这些活动以非常清晰、可识别的顺序发生一样。然后，事实并不是这样的。如图 3.5 所示，左边的图形呈现了信息生命周期的各个阶段。请注意，生命周期并不是线性过程，而是不断迭代更新的。右边的图形是一个组织体系架构的简化示例，显示了数据的存储位置以及它是如何在系统之间流动的，这是描述信息生命周期的另一种方式，我称之为"蛛网"图。每个组织都会有一张，在更高层级的组织上绘制此图，数据流向会更加复杂。

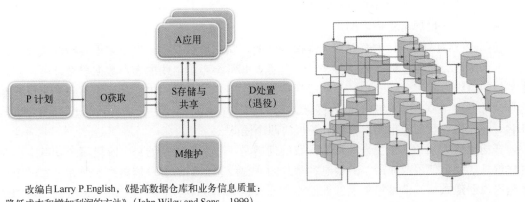

改编自Larry P.English，《提高数据仓库和业务信息质量：降低成本和增加利润的方法》（John Wiley and Sons，1999），第203页

图 3.5　信息生命周期并非线性流程

以从外部信息源购买信息为例来说明，公司接收并存储数据的过程如下。首先，将数据存储在一个临时中转区。然后，在将数据加载到内部数据库（如 A 数据库）中之前，将对其进行过滤和检查。一旦数据进入内部数据库（如 A 数据库），就可以供他人使用，即可以通过应用程序接口（API）检索数据的某些内容（如数据 A 部分）。此外，可以通过企业服务总线机制来共享数据的另外一些内容（如数据 B 部分），并加载到另一个数据库（B 数据库）中，通过该数据库，公司中的许多人可以通过另一个应用程序访问和使用这些数据（即数据 B 部分）。数据也可以通过多种方式进行维护——通过应用程序接口更新个别字段和记录或者接受由外部数据提供者发送的文件来更新。这是一个简单的例子。显而易见，信息路径会变得非常复杂。可以通过多种方式来获取、维护、应用和处理任何数据片段或信息集。而同样的信息也可能存储在多个地方。

正是因为现实世界中的活动复杂而纷繁，所以理解信息生命周期是非常有益的。为管理信息和质量，重要的是要弄清：数据将流向何方，数据是如何获得/创建、维护、应用和处理的，流程、人员和组织及技术将如何影响数据。使用信息生命周期有助于我们识别复杂环境中的信息正发生着什么。例如，检查一个复杂的流程中的各种活动，并将它们置于信息生命周期的各个阶段，以增强您对活动影响和数据的质量的理解。从而对这些活动如何影响数据质量有了更深入的理解。回答前面 POSMAD 交互矩阵中的问题（在图3.3中），是增强理解的另一种方法。

信息生命周期思维

信息生命周期思维是指如果发现了数据质量问题，首先要确定问题出现在信息生命周期的哪个阶段；通过某种方法，分析问题可能会对数据产生不利影响的活动，以及这些活动会出现在哪个阶段；接着，可以进一步了解还有谁在使用这些数据，现在这些问题可能影响谁，或者在做出修改前应该咨询谁。我提倡"生命周期思维"的概念，它可以应用在很多方面。使用生命周期思维，有助于公司从任意角度立即了解（或开始提出恰当问题去发现）数据到底发生了什么问题。下面给出一些示例。

从组织的角度思考生命周期

使用 POSMAD 信息生命周期思维作为框架，从高层组织的角度了解谁会影响信息。假设一家全球性公司的欧洲区域销售和市场负责人非常担心其组织的客户数据质量，他向我描述了他的组织，我在黑板上画了一张概括层的组织架构图。呼叫中心、营销部门和区域销售是该区域负责人（在本例中为欧洲区域）管理的三个主要部门。营销部门下设有商业智能（BI）、客户信息管理、市场宣传和业务板块四个团队。

在简单地讲授了信息生命周期后，我的问题是，在生命周期的每个阶段哪个团队会影响客户信息，即谁使用或应用客户信息？哪些团队已经将他们的客户信息列入规划中？哪个团队获取或创建数据？谁维护数据？谁能够销毁数据？图3.6展示了一次30分钟对话交流的结果。仔细研究一下，看看通过这些细节能掌握关于信息质量的什么内容。

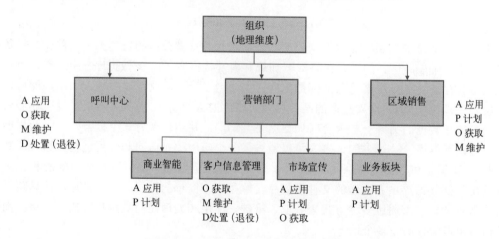

图3.6　组织架构与信息生命周期 POSMAD

请注意，我从应用阶段开始提出问题（为什么我们关心信息质量），而没有涉及存储和共享阶段。您可以使用生命周期思维，而不必在每次对话中都包含每个阶段。这里的目的是从高层组织的视角了解谁在信息生命周期的相关阶段（对于本次对话涉及的阶段）影响了客户信息。

如图 3.6 所示，六个团队中有五个使用或应用了客户信息。四个团队已在规划客户信息。呼叫中心、客户信息管理、市场宣传和区域销售都在通过各种方式获取这些信息，但只有三个团队维护或更新了信息。这是可以理解的，因为市场宣传团队所获取的数据往往来自现场活动，该团队将每个签到客户都视为一个新客户。因此，我们可以看到，为了避免记录重复的客户，在添加通过市场宣传获得的新客户记录时，需要有一个过程来识别客户数据库中的原有记录。在这个早期阶段，我们不清楚是否已有这样的流程，但是我们有了更多信息来引导开展针对其他问题的调研。

当问到"获取数据的所有团队是否接受过相同的数据录入培训？他们是否有相同的数据录入标准（无论手工的，还是自动的）？"，就能够发现一个潜在的数据质量问题。如果回答是否定的，就可以确定存在数据质量问题——只是还不清楚问题有多严重或者数据的哪些部分受到的影响最大。您还可以发现，呼叫中心也在获取、维护、应用和处置客户信息，但它却没有参与规划。因此可能会遗漏某些重要的需求，并可能影响数据质量。从图 3.6 中，您也许还能得到更多启示。它还展示了您如何从组织视角出发，着手发现数据质量的潜在影响。

从客户交互的角度思考生命周期

现在，让我们从另一个角度来看生命周期——公司与客户的交互。如图 3.7 所示，从客户开始，展示了公司与客户之间的多种交流互动方式、客户信息数据在数据库中的存储以及客户信息的多种用途。信息的一些用途包括再次联系客户。图 3.7 再次提及了信息生命周期的各个阶段。注意，这次我们没有选择计划或处置（退役）阶段，只是选择存储与共享阶段。

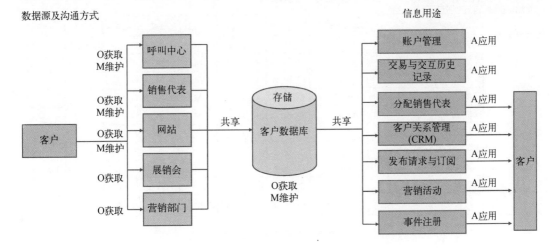

图 3.7 客户交互与信息生命周期 POSMAD

从这个视角可以了解到，如果我是客户，并且通过了公司网站的注册，则会在客户数据库中创建一条记录。几个月后，我参加了一个贸易展，同一家公司供应商展位的销售代表扫描了我的名片，创建了另一条记录。两条记录都进入了客户数据库。当加载不同来源的记录时，是否会检查该客户的记录已经存在并进行合并？从这张图中我们不知道这个问题的答案。我们知道如果不检查它们，那么数据库中的客户记录就会重复。我们不知道重复率或者其是否导致了问题，但从这一点上能够发现引发数据质量问题的潜在来源，也为项目开展调查分析提供了线索。

在此案例中，团队得到的一个意想不到的收获就是看到了客户信息使用方式的列表。如果您要问收获是什么，那便是大多数管理者知道通过账户来管理客户信息，销售代表的客户分配也依赖它。只要研究销售部门和市场部门如何使用客户信息的列表，并研究当年的关键活动，就能形成一个数据质量项目案例。

从角色和数据的角度思考生命周期

您已经了解到如何从高层视角（即组织和客户交互视角）来践行生命周期思维。现在，让我们从更为细节的层次来讨论生命周期思维的应用，即角色视角。图 3.8 在第一列中列出了各类角色。信息显示为右侧列中的标题，其中一些是单个数据字段（如标题），另一些是分组在一起的多个数据字段（如地址）。请注意这里只使用了信息生命周期的三个阶段（获取、维护和应用）。

获取、维护或应用信息的业务角色									
	O= 获取信息								
	M= 维护信息								
	A= 应用信息	信息							
		联系人姓名	站点名称	区域	部门	地址	电话	职位	简介
业务角色	现场工程师	O, M, A	O, M, A	O, M, A	O, M, A	O, M, A	O, M, A	O, M, A	O, M, A
	区域经理	O, M, A	O, M, A	O, M, A	O, M, A	O, M, A	A	O, M, A	O, M, A
	客户服务代表	O, M, A	O, M, A	O, M, A	O, M, A	O, M, A	O,M		
	订单协调员	O, M, A	O, M, A	O, M, A	O, M, A	O, M, A	O, M, A		
	报价协调员	O, M, A	O, M, A	O, M, A	O, M, A	O, M, A	O, M		
	收款协调员	A	A	A		A			
	商务中心收发室		A	A		A			
	线上技术支持	O, M, A	O, M, A	O, M, A	O, M, A	O, M, A	O, M, A	O, M, A	O, M, A
	销售财务		A	A		A	A		
	信息管理团队	O, M, A	O, M, A	O, M, A	O, M, A	O, M, A	O, M, A	O, M, A	O, M, A

图 3.8   角色与信息生命周期 POSMAD

团队分析了每个角色，并记录每个角色是否获取、维护或应用了相应的客户信息。分析每一行和每一列，行显示了每个角色对数据影响的广度；列显示了影响特定数据组的所有角色。

在组织级别观察 POSMAD 时，可以提出类似的问题："获得数据的所有角色是否接受过相同的培训，并采用相同的数据输入标准（如创建客户记录）？"如果答案是否定的，这意味着存在数据质量问题。您无法清楚地知道数据受影响的程度有多大或是具体哪些数据受到了影响，但您知道缺乏统一的培训和标准确实会导致产生低质量的数据。

一个项目团队知道许多部门可以应用或使用相同的数据，但他们认为只有一个部门可以创建或更新数据。通过应用生命周期的思维，他们发现其他部门的人实际上具有创建和更新数据的权限。对数据质量的影响也显而易见：缺乏一致的培训或跨团队输入数据的标准将意味着低质量的数据。这其中传递的知识就是要对信息质量和工作重点做出一些有根据的描述。

在图 3.8 中，您还可以看到三个仅应用信息的角色；它们不收集或维护信息。在这种情况下经常发生的是在获得数据时没有考虑那些知识工作者的需求。例如，一家连锁药店的药剂师需要跟踪有关客户的信息，但他们的屏幕上没有地方可以输入这些信息。因此，他们在客户名称的末尾添加了各种代码和符号，比如客户是否有备用保险、客户被怀疑入店行窃以及患者（客户）是否有另一个名称不同的记录。后来收发室为发送给客户的账单信件创建了标签。而抱怨开始从那些收到信件的客户处传来，信件标签上的名字看起来像"约翰·史密斯 INS2！*检查 Rx 备注以查看别名"，这就是一个所谓的"劫持"字段的例子。业务和流程发生变化，人们需要收集和使用在系统安装时尚未考虑在内的信息。他们利用其他数据字段来填写他们的需求，这会导致数据质量出现问题，影响数据的其他用途，并可能产生负面后果，如刚刚描述的情况。

综上所述，信息生命周期是信息质量框架的一个基本概念和部分。整个十步法都将使用信息生命周期。每个应用程序、每组信息及每段数据都有各自的生命周期。信息生命周期相互交织、相互作用及相互影响，一个系统的应用是另一系统的获取。信息生命周期思维既适用于内部数据，也适用于导入组织的外部数据，如图 3.9 所示。在项目的任何时刻，从细节入手创建和使用生命周期。信息生命周期将帮助您了解您的信息及其关联的数据、流程、人员/组织和技术等会发生什么，以及它们如何影响数据质量。使用生命周期思维有助于您做出更明智的决策并采取有效的行动来管理数据的质量。

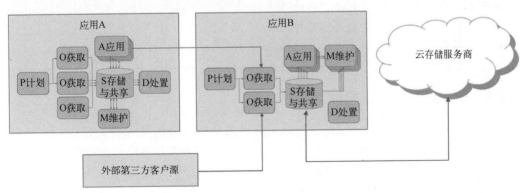

图 3.9　信息生命周期相互交织、相互作用及相互影响

数据质量维度

数据质量维度提供了一种对信息和数据质量需求进行分类的方法。维度用于定义、测量和管理数据和信息的质量。本节将向您介绍数据质量维度，并解释它们为什么如此重要。

🔑 关键概念

数据质量维度——是数据的特征、方面或特性。数据质量维度提供了一种对信息和数据质量需求进行分类的方法。维度用于定义、测量、提升和管理数据和信息的质量。

在十步法中，根据评估每个维度所使用的技巧或方法对数据质量维度进行了粗略的分类。在估算完成数据质量工作所需的时间、资金、工具和人力资源时，这种维度分类方法有助于界定项目的范围和更好地规划项目。

以这种方式区分维度有助于：将维度与业务需求和数据质量问题相匹配；评估维度的优先级及其顺序；了解将会（或不会）从评估每个数据质量维度中获知什么；在有限的时间和资源下，更好地设计和管理项目计划中的活动顺序。

数据质量维度释义

每个数据质量维度都需要使用不同的工具、技术和流程来测量。这导致完成评估所需的时间、成本和人力资源各不相同。通过了解评估每个维度所需的工作量，可以更好地确定项目范围，选择那些对其执行评估会有助于解决业务需求和实现项目目标的数据质量维度。数据质量维度的初评结果可以形成项目基线。在项目实施期间，可能还需要进一步评估。在项目结束时，数据质量维度可以融入操作流程中，并成为持续监测和信息改进的一部分。

区分数据质量的维度有助于：
- 根据业务需求和项目目标来匹配维度。
- 确定要评估维度的优先级及其顺序。
- 了解从每一次数据质量维度的评估中将会（或不会）获知什么。
- 在有限的时间和资源下，更好地设计和管理项目计划中的活动顺序。

十步法中所用的数据质量维度

尽管各个维度有些相似，但不存在通用标准的数据质量维度列表。表 3.3 给出了十步法流程中用到的数据质量维度。表 3.3 中包含的维度是数据的特征与特性，提供了多数组织关注的、最为实际有用的数据质量信息，在多数组织的通常约束条件下，可以对其进行评估、改进与管理。这些维度经过多年实践加以验证，也是其他专家经验知识的提炼总结。

表 3.3 十步法中的数据质量维度——名称、定义和注释

数据质量维度——它们是什么以及如何使用。数据质量维度是数据的特征、方面或特性。数据质量维度提供了一种分类方法，用以区分对信息数据质量的需求。维度用于对数据信息质量进行定义、测量、改进和管理。在第 4 章 十步法流程中的"步骤 3 评估数据质量"中，有操作指南说明如何使用下列维度去评估数据质量

子步骤	数据质量维度的名称、定义和注释
3.1	**对相关性与信任度的认知**，指那些使用信息且（或）创建、维护和处置数据的人员的主观看法，包括相关性（哪些数据对他们最有价值、最重要）以及信任度（他们对满足其需求的数据质量的信心）。 注：人们常说，感知就是现实，人们按照自己的感知行事。用户对相关性和信任度的感知会影响他们是否愿意接受和使用组织的数据和信息。如果用户认为数据质量较差，则不太可能使用组织的数据源，从而创建自己的电子表格或数据库来管理其数据。这导致具有重复和不一致数据的"表格集市"激增，通常就会缺乏足够的访问权和安全控制措施。 此维度通过正式调查（个人访谈、小组研讨会、在线调查等）收集那些使用或管理数据信息的人的意见。在与用户接触时，询问有关价值/业务影响和对数据质量的信任度的问题是有意义的。由于可以从数据质量或业务影响两个角度提示调查用户的原因，因此，对相关性和信任度的感知，在步骤 3.1 中被看作数据质量维度，在步骤 4.7 中被看作业务影响技巧。 可以将关于数据质量的意见与数据质量评估结果进行比较，数据质量评估结果显示的是实际的数据质量，这可以让您发现并解决感知与现实之间的差距。 可以每年或每两年对相关性和信任感进行评估，就像调查员工满意度一样。对结果进行比较，以了解随时间变化的趋势，并确定所管理的数据是否仍然与用户相关，以及预防数据质量问题的措施是否会引起数据信任度的如期增长
3.2	**数据规范**。数据规范是任何为数据提供上下文、结构及含义的信息和文档。数据规范为数据和信息的制作、构建、生产、评估、使用及管理提供所需信息。示例包括元数据、数据标准、参考数据、数据模型和业务规则。如果缺乏关于数据存在性、完备性以及质量方面的数据规范，就很难产生高质量的数据，也更难以对数据内容的质量进行衡量、理解和管理。 注：数据规范提供了如何比较数据质量评估结果的标准。它还提供了说明指南，用于手工输入数据、设计数据加载程序、更新信息和开发应用程序
3.3	**数据完整性基础原则**，包括数据的存在性（完备性/填充率）、有效性、结构、内容等基本特征。 注：大多数其他数据质量维度都建立在数据完整性基础原则之上。如果对您的数据一无所知，您需要知道在这一维度的评估中能获知什么。数据完整性基础原则使用数据剖析技术来评估数据的基本特征，如完备性/填充率、有效性、值与频率分布表、模式、范围、最大值和最小值、精度以及参照完整性。其他可能被视为数据质量维度（如完备性和有效性）而被单独列出来的维度是这一总体维度的一部分，因为这些维度都可以使用相同的数据剖析技术进行评估。 请注意，数据完整性基础原则评估质量与您选择何种方式在报告或仪表盘上汇报结果不同。例如，您可能希望分开报告完备性和有效性，也可以整合结果按照特定数据字段或数据集来报告质量。不要将报告类别和表示形式与您需要从数据质量维度中了解并获悉的详细信息混淆
3.4	**准确性**。数据内容与权威参考源相比的正确性，该权威参考源经协商一致且可访问。 注：一般来说，准确性一词经常被一些人用作数据质量的同义词，但二者并不相同。数据准确性要求将数据与其在真实世界中所代表的对象（权威参考源）进行比较。有时无法访问数据所代表的真实世界对象，在这种情况下，可以使用精心选择的替代对象作为权威参考源。准确性评估可能是一个需要进行人工操作且耗时漫长的过程。以下范例将（通过使用数据剖析技术）评估数据完整性基础原则所获内容，与评估准确性所获内容进行比较： 1）数据剖析可以揭示物料编号是否包含有效代码，这些代码能指示该物料属于制造零件还是外购零件。但只有准确性评估中，熟悉物料编号的人员能确定该特定物料是制造物料还是外购物料。 2）数据剖析可以显示客户记录的邮政编码是否有效，但只有通过准确性评估，联系客户或使用辅助权威参考源（如邮政服务列表），才能判断这个邮政编码确实是客户的。 3）数据剖析可以显示在库存数据库中现有产品数量的值，并确认其是正确的数据类型。但是，只有通过准确性评估，由人们手动清点或扫描货架上的产品，并将该数字与库存系统中的记录进行比较，才能知道数据库中的库存数量是否准确反映了现有库存

（续）

子步骤	数据质量维度的名称、定义和注释
3.5	**唯一性和数据去重**。系统中或跨系统、跨数据存储的数据（字段、记录或数据集）的唯一性（正面）或重复（负面）情况。 注：重复记录会带来许多隐性成本。例如，重复的供应商记录具有相同名称和不同地址，这难以确保将付款通知发送到正确的地址。当一家公司的采购信息与重复的主记录相关联时，可能会不知不觉中超过该公司的信用额度使企业面临不必要的信用风险。 识别重复项不仅仅需要数据完整性基础原则、准确性或其他数据质量维度，还需要其他不同的流程与工具
3.6	**一致性和同步性**。在不同数据存储、应用程序和系统中存储或使用的数据的等效性。 注：等效性是指存储在多个不同地方的数据在概念上相等的程度。数据完整性基础原则中使用的数据剖析技术可用于多个不同数据存储或数据集里出现的相同数据。剖析结果用于进行一致性的对比。因为比较的每个数据存储都会为项目增加时间和工作量，一致性和同步性作为单独的数据质量维度进行调用。如有必要，应该开展该项工作。
3.7	**及时性**。数据和信息为当前最新的，并可以按照规定在预期的时间范围内使用。 注：如果数据从一个数据存储移动到另一个数据存储所需的时间是一个需要关注的问题，那么这个数据质量维度很容易被归为一致性和同步性。此处单独列出，因为您可能想（或不想）查看及时性。 真实世界对象在不断变化，它在数据库中对应的数据也在更新并备妥待用，但二者之间总是存在差距。这个维度的评估还可以检查数据在整个生命周期中的时间安排，并确定数据是否及时更新从而满足业务需要
3.8	**可访问性**，指授权用户进行查看、修改、使用或处理数据信息等行为时，对其的控制能力。 注：可访问性通常概括为让正确的人能够在正确的时间、正确的环境下访问正确的资源。定义正确的人、正确的资源、正确的时间和正确的环境是业务决策，这需要在允许访问与保护敏感数据信息之间取得平衡。其他职能部门（如信息安全或单独的访问管理团队）通常管理访问权限。如果您的项目要设法解决这一数据质量维度的问题，则您的数据质量团队应与他们密切合作
3.9	**安全性和隐私性**。安全性是保护数据和信息资产免遭未经授权的访问、使用、披露、扰乱、修改或破坏的能力（定义来自美国商务部，北达科他州）。对个人而言，隐私是对收集和使用他们个人数据进行控制的能力。对于组织而言，是指满足人们希望如何收集、共享和使用他们的数据的能力。 注：保护数据需要专业技能。此维度不能替代该技能。无论如何，数据专业人员需要在其组织中找到信息安全团队和其他负责隐私保护的人员并与之合作，以确保他们所关注的数据已配置了适当的安全策略和隐私保护措施，他们了解安全和隐私要求，并遵循这些要求管理数据。**可访问性**这一数据质量维度（步骤3.8）侧重于授权用户的访问。**安全性**也包括访问，但重点是未经授权的访问
3.10	**展示质量**。数据信息的格式、表现和呈现，用以支持对其收集与使用。 注：展示质量适用于用户界面、报告、调查、仪表盘等。收集数据时，展示质量可能会影响数据的质量。例如，下拉列表是否包含有效的选项或代码？提问的问题是否以合适的方式框定，使得用户能够理解所问的内容并提供正确的答案？采用不同方法收集相同数据时是否会以一致的方式呈现？从用户角度以其可以理解的方式呈现信息，这样可以从数据收集时起就提高了数据质量。在这个角度看，良好的展示质量是防止数据质量错误的优秀方法。 展示质量也适用于使用数据。例如，用户是否正确诠释报告？是否有描述性的列标题并包含日期？图形、报表或用户界面是否正确反映了其背后的数据？如果数据存储中的数据本身质量很高，但在向用户展示时被误解，则依然不能认为其有良好的数据质量
3.11	**数据覆盖度**。与数据全集或关注的总体相比，可用数据的全面性情况。 注：此维度关注数据存储如何反映业务关注的总体。例如，数据库应包含北美和南美的所有客户，但有人担心该数据库实际上只反映了公司的一部分客户。本例中的覆盖率是数据存储中实际获取的客户数与应包含的客户总体的百分比。在制定项目数据获取和评估计划时，这一维度的决策要做得更深入一些，相比之下，总体、覆盖面和选择标准的决策则相对一般化

（续）

子步骤	数据质量维度的名称、定义和注释
3.12	**数据衰变度**。数据的负面变化率。 注：了解数据衰变度有助于确定是否应建立机制来维护数据，以及维护更新的频率。这个维度就是一个例子，通常不用进行深入的评估，仅仅是这个维度的概念就可以激励您采取行动。易衰变且可靠性要求高的数据，需要更频繁地进行维护更新，相比之下，低衰变率的数据或质量级别要求不高的数据，不需要频繁的维护更新。如果已知重要的基本数据变化很快，那么也应该迅速努力地去寻找解决方案。确定如何感知现实世界中的变化。开发相应的流程，使数据可以在组织内尽快更新，并尽可能接近现实世界的变化
3.13	**可用性和效用性**。数据产生预期的业务交易、结果或用于预期用途的情况。 注：此维度是一种确定数据是否适合目标用途的方法，也是数据质量的最终检查点。即使合适的人员已经定义了业务需求并准备了数据来满足这些需求，数据也必须产生预期的结果或用途；否则我们仍然没有高质量的数据。数据可用于完成交易吗？可以开具发票吗？是否可以完成销售订单？可以生产实验室订单吗？可以发起保险索赔吗？在构建物料清单时，是否可以正确使用物料主记录？能否正确生成报告？如果答案是否定的，说明我们仍然没有高质量的数据
3.14	**其他相关数据质量维度**。数据和信息的其他特征、方面或特性，这些特征、方面或特性被认为对组织定义、测量、改进、监视和管理很重要。 注：在此数据质量维度清单中可能未覆盖某些特定的数据特征，这些特征只存在于特定的组织、数据用途或数据质量问题之中。例如，在一个公司财务集团内，主要关注的是系统之间的协同性（有些人也称之为"完备性"）。如果选择了特定维度，仍然可以像其他数据质量维度一样，在完整的十步法流程的上下文语境中使用这些特定维度

在第 4 章 步骤 3 评估数据质量 中有对每一个维度执行评估的说明，在表中提到的每个维度都有单独的子步骤。这些维度的编号仅作参考之用，并不是推荐的评估顺序，下面的内容是一些建议，可以有助于您选择与需求最为相关的数据质量维度，并将其纳入项目中。

与展示的数据质量维度列表不同，还存在很多其他数据质量维度列表，这些列表由于目的不同而使用了不同术语和分类。再次声明，十步法中依据如何评估每个维度的方法而对其维度进行分类。例如，数据完整性基础原则这一维度包括其他列表可能称为单独维度的内容（如完备性和有效性）。这两者以及数据的其他特征，都是数据完整性基础原则这一总体维度的一部分，因为所有这些维度都可以使用数据剖析技术来评估。

不要被数据维度列表内容之多吓得不知所措。您不必评估所有维度。以这种方式对维度进行分类，实际上可以更容易选择出那些与您的业务需求以及数据质量问题最为相关的数据质量维度。

为何数据质量维度的多样化将会更有帮助

数据质量维度的多样化有助于您做出更好的决策，决定往哪里（以及如何）投入时间和精力。具体而言：

- 在权衡维度的选择与可用时间及资源时，选择那些有助于解决优先级高的业务需求、数据质量问题以及项目范围内目标的维度。
- 按最佳效率顺序执行维度评估。按照下文介绍的选择数据质量维度的考量因素来确定首先开展评估的维度。
- 使用第 4 章 步骤 3 评估数据质量对每个维度的说明，可以更好地定义和管理每个选定维度内的活动序列。

● 了解您将从各种数据质量评估中学到什么或无法学到什么。

选择数据质量维度的考量因素

选择对现状最有意义的维度。这是一个简单的陈述，但通常很难知道如何开始。乍一看，数据质量的许多维度似乎都是相关的。

正如多次强调的那样，应始终从业务需求开始。

了解业务需求：如果不能确定数据质量项目该聚焦于哪里，请在步骤 1　确定业务需求与方法的早期时候采用"对相关性与信任度的认知"这一维度。对信息使用者做如下调研。

1）发现存在的问题，为项目提供候选问题的初始列表清单。

2）优化已有的包含了数据质量问题与业务需求的列表清单，完成项目范围确认。

请记住，"对相关性与信任度的认知"这一维度既是数据质量维度（步骤 3.1），也是业务影响技巧（步骤4.7）。

初始和最终列表：一旦确定了业务需求和优先级高的问题，就可以制定一个数据质量维度的初步列表以进行评估。一旦在步骤 2（分析信息环境）中发现了其他信息，此列表可能有变更。在步骤 3（评估数据质量）的初期，要确定最终要评估的数据质量维度。

如果您正在查看数据的详细内容，并且清楚了业务需求，以下建议可以帮助您决定要评估哪些数据质量维度：

数据规范：数据规范（数据标准、数据模型、业务规则、元数据和参考数据）非常重要，因为它们提供了用来与其他数据质量维度结果进行比较的标准。如果您担心数据标准缺失、不完备或者在步骤 2.2（理解相关数据和数据标准）中没有做任何与数据规范相关的工作，那么您应该从步骤 3.2 开始。一旦收集完相关的数据规范，要确定这些规范是否能够满足项目需求。如果您认为这些规范足够好，请继续前进到步骤 3.3（数据完整性基础原则）。如果怀疑相关规范的质量较差，那么您可能会决定先花些时间去更新这些规范。

在实践中，大多数人已经准备去查看实际的数据，而不想花时间在更多的规范和需求上。如果您真的不能说服团队，那么就试着制定一个最低等级的规范或需求，并把这些规范或需求增加到另一个评估方案中。如果在没有规范或需求的情况下开始评估，那么您必须在某个时刻得到它们，以便分析其他数据质量评估的结果。

在评估其他维度时，经常会发现质量低的数据规范是最终导致数据质量问题的根本原因之一。一旦证明了需要更好的数据规范（目前的数据规范无法满足需要），就要返回数据规范这个维度。

一旦您有了数据规范（无论详细程度如何），强烈建议您考虑步骤 3.3　数据完整性基础原则。

数据完整性基础原则：如果要深度研究您的数据，请从步骤 3.3（数据完整性基础原则）开始。在这里，您将了解数据的有效性、结构、内容和其他基本特征的基础知识。如果您对数据一无所知，则需要知道数据完整性基础原则这一维度能提供什么。该维度剖析了数据并提供了一份关于数据的简要说明。它提供了有关数据的客观事实（而不是主观意见），显示了问题所在以及这些问题的严重程度。大多数其他数据质量维度都建立在通过数据完整性基础原则获取内容的基础之上。尽管数据完整性基础原则这一维度十分重要、必不可少，但对于了解数据，通常仅用这个维度却是不够的。在获悉相关内容后，应按照实际需要使用其他数据质量维度。

数据质量维度相互协同： 如前所述，大多数其他数据质量维度都基于数据完整性基础原则所获取的内容而构建。人们倾向于跳过这个维度，因为其他维度可能看起来更重要。人们经常会说他们主要担忧的是重复记录，想直接跳到唯一性和数据去重（步骤 3.5 中），进而跳过数据完整性基础原则。这是不对的。即使最终目标是发现重复记录，也应该首先进行数据剖析，因为只有清楚了数据的基础内容，才能够理解重复性。原因如下。

确定重复项需要了解哪个数据字段或数据字段组合能标识记录的唯一性。无论是使用第三方工具还是开发自己的工具，都要开发或配置用于识别重复记录的算法。这些算法可能基于实际上缺失预期数据的字段（如较低的完备性比率），包含不应存在的数据（如在电话号码字段中出现身份证号码），或数据质量很差（如某个字段中的值不正确）。如果输入不正确，那么去重流程的输出也会不正确。通过数据完整性基础原则可以查看数据字段的实际内容，而这些实际内容则是去重效果所依赖的。

几年前，我曾经有过这样的教训。当时，业务很担心重复项（记录），我们就直接开展唯一性检查和去重相关工作。我们选择数据元素组合来标记唯一记录并配置算法。经过多次修改输入，但仍然无法得到有效结果，浪费了很多时间。最终我们评估了数据完整性基础原则，发现一个"被认为"用来指示唯一性的关键字段只有 20% 的填充率，这意味着只有 20% 的记录在该字段是有数值的。难怪我们在识别重复记录时，不能获得预期的良好结果！即使打算采用精妙复杂的工具，且这些工具号称其算法极少需要人工干预，也要首先理解数据并仔细观察结果，并且确保理解该工具去重方法背后的原理。

完成了解数据完整性基础原则相关内容后，可以根据项目范围、目标和可用时间选择其他维度。例如：

1）一致性和同步性（步骤 3.6）：可以使用与数据完整性基础原则相同的技术，只是这里在多个数据集上使用，并比较结果。

2）及时性（步骤 3.7）：与一致性和同步性紧密相关，在评估时增加了时间要素。

3）确定数据衰变度（在步骤 3.12 中），在完成数据完整性基础原则或准确性评估后，针对创建日期与更新日期进行进一步的计算，就可以确定数据衰变度了。

4）完成数据覆盖度评估后（在步骤 3.11 中），您可能会确定有一些问题是可访问性导致的结果，所以可以进行进一步的评估。

5）展示质量（在步骤 3.10 中）与许多其他维度相关，因为在收集或报告数据时，糟糕的展示界面可能被认为或确实是导致数据质量出现问题的原因。

请记住，您可以使用全部数据质量维度中的一部分内容来综合制定一份计划方案，以评估与项目范围最相关的数据特征。

确定数据质量维度优先级的另一种方法

即使采用了上述建议，您还是有一张长长的评估清单，难以选择要评估的数据质量维度，无法利用有限资源在规定时间内完成评估。在这种情况下，请使用步骤 4.8 中的优先级排序技术——收益与成本矩阵。对照潜在的数据质量维度列表查看收益和成本，优先评估对该项目收益最大的维度。

　　不必搞得太复杂。简单列出每个质量维度，快速确定可能给业务带来的收益（从高到低）和预期工作量（从高到低）。与评估数据质量维度相关的成本可能会有很大差异，这取决于您选择评估的维度和使用的工具。

　　将您的选择与矩阵匹配。不需要做深入研究，只是基于您目前所知做出最佳的判断。权衡评估收益与可用资源，选择维度进行评估。将选定的维度、决策理由以及决策前提等记录在案。然后，迅速开展第一优先级的评估。

选择数据质量维度的最终标准

　　要确定最终要评估的数据质量维度，需要问自己以下两个问题。

- 我应该评估数据吗？只有在以下情况才应花时间进行评估：评估结果可以提供与业务需求、数据质量问题和项目目标相关的可操作信息。
- 我能够评估该数据吗？评估这个数据质量维度是否可行或者是否现实？有时某些数据是无法评估其数据质量的，或者开展评估工作的成本会令人望而却步。

只有以上两个问题的回答是肯定的，才能评估这些维度！

　　如果以上两个问题的答案都是否定的，那么就不能评估这些维度，否则开展评估就只会浪费时间和金钱。

　　请记住，评估结果应该指出数据质量问题的性质、所在的位置以及问题的严重程度。这些信息可以引导人们在进行根因分析时合理分配时间，并为确定预防措施及纠正活动提供输入。

业务影响技巧

　　业务影响技巧用于确定数据质量对业务的影响。它们包括定性和定量的措施，以及确定优先级的方法。

　　每当发现数据质量问题时，管理层通常说的第一句话就是"那又怎样？"管理层需要知道"对业务有什么影响"和"为什么这很重要"。换句话说就是"信息质量的价值是什么"。这些都是重要的问题。毕竟没有人会把钱浪费在不值得做的事情上。业务影响技巧有助于回答这些问题。同时，以此为基础，还有助于为您的信息资源做出明智的投资决策。

　　业务影响应聚焦于信息的使用方式——是否需要它来完成交易、创建报告、做出决策、运行自动化流程，还是为其他下游应用程序提供持续的数据源？信息使用是前文中所述的 POSMAD 信息生命周期中应用阶段的一部分。业务影响还可以查看信息生命周期任意阶段的成本。

　　业务影响技巧的详细内容在十步法的步骤 4　评估业务影响中进行深入介绍。每项业务影响评估对应一个业务影响技巧（如典型范例、使用情况或流程影响）。

> **关键概念**
>
> 　　业务影响技巧是一种定性或定量方法，用于确定数据的质量对业务的影响。这些影响可能是高质量数据的积极影响或劣质数据的不利影响。

业务影响技巧释义

　　业务影响技巧的结果有助于使数据无形的特质变得有形，这对那些必须做出艰难投资决策的人很有意义。业务影响可以看作是"高质量数据具有价值"这一观点的另一种表达方式。只有通过展示对业务的影响，管理层才能理解信息质量的价值。运用评估业务影响的结果来获得管理层的支持，从而为数据质量建立业务案例，激励团队成员参与项目，并在信息资产方面做出恰当的投资决定。可以将业务影响评估结果可用于以下人或事：

- 那些可以为数据质量工作和相关投资提供支持的任何决策者，包括董事会成员、高管、高级领导和其他管理者。
- 为数据质量工作、专题项目或必要的改进活动等提供业务案例。
- 激励团队成员参与项目，并使他们的经理支持他们的参与。
- 确定最佳投资规模。

十步法中使用的业务影响技巧

　　表 3.4 中定义了在十步法中使用的每种业务影响技巧。对这些技巧进行评估的说明详见第 4 章　步骤 4　评估业务影响，对表中提到的每个技巧都有一个单独的子步骤。这些维度的编号仅作为参考，并不作为开展评估工作的顺序。关于如何选择业务影响技巧并运用于项目中，已将相关建议罗列在表 3.4 后。

　　注意！您不必全部使用这些技巧。您可以在项目的任意环节使用一种或多种技巧。

表 3.4　十步法中的业务影响技巧——名称、定义和注释

业务影响技巧是一种定性和（或）定量方法，用于确定数据质量对组织的影响。这些影响可以是高质量数据带来的良好效果，也可以是劣质数据带来的不利影响。使用下列技巧评估业务影响的说明指南在第 4 章　十步法流程中的步骤 4　评估业务影响中

子步骤	业务影响技巧的名称、定义和注释
4.1	**轶事范例**。收集劣质数据的负面影响或高质量数据的积极影响范例。 注：收集典型范例是评估业务影响的最简单、成本最低的方法。范例用于快速描绘出为什么关注数据质量至关重要。把案例当成一个有趣的故事来讲述，这样一个恰当的案例可以激发人们的兴趣并迅速吸引领导和从业人员
4.2	**连点成线**。说明业务需求与相关数据之间的联系。 注：这一方式，可以快速确保正在评估或管理的数据确实是相关数据，即与客户、产品、服务、战略、目标、问题或业务关注的机会相关，并且属于项目范围内
4.3	**用途**。清点数据的当前或未来用途。 注：一种阐明数据信息重要性的便捷方式，具体做法为列出依赖数据信息的流程和人员/组织
4.4	**业务影响的 5 个"为什么"**。通过询问五次"为什么"识别数据质量对业务的真正影响。

（续）

子步骤	业务影响技巧的名称、定义和注释
4.4	注：是一种通常在制造业中使用的方法，通过询问五次"为什么"，通常可以让您找到问题的根本原因。同样的方法也可用于找出真正的业务影响
4.5	**流程影响**。说明数据质量对业务流程的影响。 注：变通方案或临时措施成为业务流程的正常部分，并掩盖了变通与临时措施通常是劣质数据的结果这一事实。其他影响还有重复工作、成本高昂、精力分散、浪费时间、返工和低效。通过显示劣质数据对流程的影响，或者通过显示高质量的数据使业务流程更加高效并具有成本效益，使业务部门可以做出明智的决策以改善以前不清楚的问题
4.6	**风险分析**。识别劣质数据可能产生的不利影响，评估其发生的可能性、严重程度（如果发生），并确定减轻风险的方法。 注：通常来说，风险与家庭或工作场所的人身安全有关。此处的风险分析是一种业务影响技巧，因为劣质数据可能会使组织受到损害
4.7	**对相关性与信任度的认知**。使用信息或创建、维护和处置数据的人员的主观看法，包括相关性（哪些数据最有价值，最重要）以及信任度（对满足其需求的数据质量的信心）。 注：此维度通过正式调查（个人访谈、小组研讨会、在线调查等）收集那些使用或管理数据和信息的人的意见。在与用户接触时，询问有关价值/业务影响和对数据质量的信任度的问题是有意义的。由于可以从数据质量或业务影响的角度提示调查用户的原因，因此，对相关性和信任度的感知，在步骤 3.1 中被看作数据质量维度，在步骤 4.7 中被看作业务影响技巧。 调查结果有助于确定哪些数据（最相关）应优先包含在项目范围中，从而评估质量或实施持续的控制机制
4.8	**收益与成本矩阵**。对问题、建议或改进的收益成本关系进行评分与分析。 注：这里使用了一种比较收益和成本的技巧。该技巧可以在十步法流程中的多个地方使用，以审核备选方案并确定其优先级，同时提供了以下问题的答案： 1）哪些数据质量问题应该成为我们工作的重点？（步骤 1　确定业务需求与方法） 2）我们应该评估哪些数据质量维度？（步骤 3　评估数据质量） 3）从数据质量评估中得知的哪些问题具有足够的影响力，从而可以继续推进根本原因分析？（步骤 5　确定根本原因） 4）我们应该实施哪些改进（预防和纠正）建议？（步骤 6　制订数据质量提升计划）
4.9	**排名和优先级排序**。根据缺失及错误数据对具体业务流程的影响进行排名。 注：优先级表示相对的重要性或价值。因此，具有高优先级的事物对业务具有更高的影响。数据质量的重要性因数据的不同而不同，也因相同数据的不同用途而不同。此技巧将那些实际使用数据的人们聚集在一起，让他们根据错误或缺失数据对其相关业务流程的影响度进行排序
4.10	**低质量数据成本**。将劣质数据成本及影响与收入进行量化。 注：低质量数据在很多方面都会给企业带来损失，如浪费和返工、错失收入机会、业务丢失等。这种技巧量化了成本和收入影响，而这些可能只有通过介绍或观察才能理解
4.11	**成本效益分析和投资回报率（ROI）**。通过深入评估，将投资于数据质量的预期成本与潜在收益进行比较，这可能包括计算投资回报率（ROI）。 注：成本效益分析和投资回报率是制定财务决策的标准管理方法。在考虑或进行任何重大的财务投资之前，可能需要这些详细信息。并且对信息质量的投资通常相当可观。管理层有责任确定资金的使用方式，并且需要权衡比较投资选项
4.12	**其他相关业务影响技巧**。用于确定数据质量对业务影响的其他定性或定量方法，这些业务被组织认为至关重要。 注：一个组织可能使用其他技巧来评估数据质量影响，这些技巧尚未包含在此业务影响技巧列表中

业务影响技巧和对应的时间和精力

图 3.10 的连续序列显示了在确定业务影响时，运用每个技巧所需的时间与精力，大致上从更简单且耗时少（技巧 1）到更复杂且耗时多（技巧 11）。

图 3.10　业务影响技巧在"连续序列-对应时间与精力"图上的位置

人们常常觉得没有时间展示业务影响——所有的精力都必须用于数据质量评估。然而说明业务影响的重要性怎么强调都不为过。这对于获得任何形式的支持（如时间、资源、资金、专业知识等）都是必不可少的。在考虑业务影响时，大多数人只想到完全量化低质量数据成本（技巧 10）或成本效益分析（技巧 11）。然而业务影响的评估并不总是需要如此耗时和全面。通过其他技巧也可以了解很多业务影响，这些技巧需要较少的精力，但仍可提供足够的信息，用于做出正确的决策。

将这些技巧放置在连续序列中对应的位置上，显示出业务影响可以用各种不同的方式进行评估，每种方式对应不同的时间精力水平。因此，就算不用那些用时少、不复杂的技巧，每个项目也可以（且应该）评估与业务影响相关的内容。每一个技巧都证明了可以用于显示高质量数据的价值之所在，并在恰当的时机为项目获取支持。

请注意，技巧 12（其他相关业务影响技巧）并未显示在连续序列上。其他您可能使用的技巧可以沿着连续序列放置在任何位置。计划使用哪种业务影响技巧时，要把对应的时间与精力概念纳入考虑范畴。

选择业务影响技巧的注意事项

采用那些您认为可以得出有意义结果的业务影响技巧（在合理时间段内使用可用资源），去核实针对数据质量采取行动的需求。这需要经验和一些实验才能达到适当的平衡。发挥最佳的判断力，将精力集中在现有的时间和资源上，开始行动，并在以后需要时调整您的方案。

在选择使用业务影响技巧时，请考虑以下建议：

请记住，连续序列显示的是相关的精力，而不是相关的结果。不太复杂的技巧并不意味着结果没有价值；更复杂的技巧也不一定意味着结果更有用。事实证明，在恰当的情况下使用，每个业务影响技巧都可以显示出价值，如果运用得当，能够有助于获得所需支持。

也就是说，通常最好从简单的事情开始，然后根据需要转向更复杂的事情。如果您没有时间做任何其他事情，请从步骤 4.1　典型范例开始。几乎每个人都有一些故事要讲，如他们自己经历过或者从别人那里听到过。某件事促使您开始处理数据质量，发生这件事的场景通常可以被总结和重述为一个事例。您可以继续使用其他技巧进行量化处理。

确定谁需要查看业务影响，以及出于什么目的。 如果您向业务分析师或主题专家（SME）描述业务影响，并打算引起他们参与数据质量项目的兴趣，那么完整的成本效益分析则是过犹不及的。如果您处于提高数据质量认知的早期阶段，那么典型范例或用法盘点可能就足够了。如果您已经进展到获得预算批准的阶段，那么财务审批流程可能需要更耗时的量化技巧。但即使在这个阶段也不要忽视其他技巧的力量。

确定是否有可能以更有限的方式使用复杂/耗时的技巧来评估业务影响。 最好是针对较小的范围使用一种技巧，例如在步骤 4.10　低质量数据成本中使用一个小数据集来量化一个过程，而不是什么都不量化。

业务影响技巧协同使用

这些技巧可以独立存在，但也可以相互补充。来自各种技巧的不同理念可以很容易地整合起来以便说明业务影响。例如，范例甚至没有定量的数据，但也可以有效（步骤 4.1　轶事范例）。如果时间允许，您还可以用定量信息来丰富范例的某些方面。在采用其他技巧评估影响时，学着如何利用收集到的事实和图例来迅速地讲述一个故事。

您可以制作使用数据的各种业务流程、人员或应用程序的列表清单（步骤 4.3　用途），然后按照步骤 4.5　流程影响，对一个或两个特定业务流程受到劣质数据的影响进行可视化展示。此外您可以使用步骤 4.10　低质量数据成本中的技巧来量化与极少部分业务流程相关的成本。一旦您获得了如何使用数据的列表清单或数据质量问题的列表清单，您可以按照步骤 4.8　收益与成本矩阵或步骤 4.9　排名和优先级排序确定数据质量工作的重点。

一旦能够通过步骤 4.4　业务影响的 5 个"为什么"来描述业务影响，您就可以使用其他技巧进一步量化或可视化业务影响。

有时需要进行完整的成本-效益分析（步骤 4.11　成本效益分析和投资回报率（ROI））。收集成本（培训、软件、人力资源等）相对容易，难的部分在于显示效益（将成本效益分析方法应用于数据）。您可以利用前面十种技巧中的任何一种来为成本效益分析的收益部分提供输入。例如，即使在步骤 4.10　低质量数据成本，我们将输出表示为劣质数据的成本，但它也可以在措辞上描述为高质量数据带来的效益。

数据类别

数据类别描述了数据的共同特征或特性。它们对于管理结构化数据很有用，因为某些数据可能会根据其分类进行区别处理。了解不同类别之间的关联关系和依赖关系有助于指导数据质量工作。例如（使用的术语将在后面定义），劣质主数据可能来自主数据记录中包含的错误参考数据。通过了解数据类别，可以确保最初的数据质量评估包含了恰当适用的数据类别，这样，项目得以节省时间。从数据治理和数据管理专员制度的角度来看（请参阅本章中有关该主题的部分），负责创建或更新数据的人员可能因数据类别不同而不同。类别是一个通用术语，可用于泛指各种分类。例如，数据可以根据敏感度、医疗与行政数据、个人身份信息（PII）等进行分类。本书讨论的十步法中使用的数据类别（主数据、事务数据、参考数据和元数据）是数据工作者的通用术语，对管理数据质量很有用。

🔑 关键概念

数据类别描述了数据的共同特征或特性。它们对于管理结构化数据很有用，因为某些数据可能会根据其分类进行区别处理。十步法中使用的数据类别（主数据、事务数据、参考数据和元数据）是数据工作者的通用术语。理解不同类别之间的关联关系和依赖关系有助于指导数据质量工作。例如，劣质主数据可能来自主数据中所包含的错误参考数据。因此，进行数据质量评估时，相关数据类别的数据也应一同被获取与评估。

数据类别示例

数据类别范例如图 3.11 所示。Smith 公司是一家美国公司，向美国联邦和州政府机构、商业客户和教育机构销售配件。ABC 公司是他们的商业客户之一（在参考数据列表中标记为"客户类型 03"）并且分配了客户标识编码为 9876（在主数据记录中）。ABC 公司需要购买四个蓝色配件。蓝色配件的产品编号为 90-123，其单价将按照客户类型的相应折扣而调整。

当 ABC 公司的代理致电 Smith 公司下订单时，Smith 公司的客户代表在销售订单交易中输入 ABC 公司的客户编号。ABC 的公司名称、客户类型和地址将从客户主数据记录中调出并显示在销售订单的屏幕上。主数据对交易事务处理至关重要。当输入产品编号后，将从产品主数据中将"蓝色配件"的产品描述调出并显示在销售订单上。产品单价将根据客户类型计算出来，该商业客户的单价是 100 美元。ABC 公司采购四个蓝色配件总价格就是 400 美元。

让我们看一下此示例中包含的数据类别。我们已经提到，ABC 公司的基本客户信息包含在客户主数据记录中。销售订单是事务数据。主数据记录中的一些数据是从参考数据的受控列表中提取的，如客户类型。Smith 公司的销售客户有四类，四种类型的客户相应代码存储在单独的参考列表中。客户主数据记录中使用的其他参考数据没有在图中显示，包括有效的美国各州代码列表，在创建 ABC 公司地址时引用该代码。在生成订单交易时，用到的参考数据还有发货选项列表。

参考数据是一组数值或分类方案，被系统、应用程序、数据存储、流程和报告以及交易记录和主数据记录所引用。参考数据可能是一个公司独有的（如客户类型），也可以是来自组织外部，并被许多公司引用，如由国际标准化组织（ISO）编制并发布的货币标准化代码集。在此示例中，价格计算进一步凸显了高质量参考数据的重要性——如果代码列表错误或者相应的单价错误了，则该客户对应的单价也是错误的。

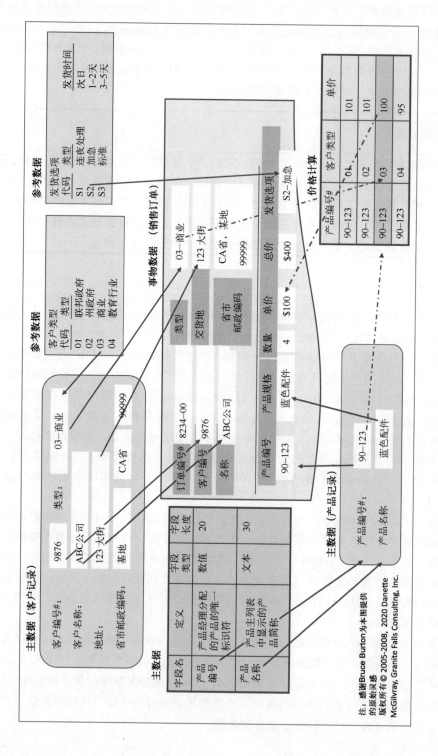

图 3.11 数据表列范例

注：感谢Bruce Burton为本图提供
的原始灵感
版权所有© 2005-2008, 2020 Danette
McGilvray, Granite Falls Consulting, Inc.

主数据描述了组织业务中涉及的人员、地点和事物，示例包括客户、产品、员工、供应商和地点。格温·托马斯（Gwen Thomas）用"《扬基涂鸦》（Yankee Doodle）"的曲调创作了一首歌曲，来褒扬主数据：

> 主数据无处不在，
>
> 总是附着事务之上，
>
> 主数据是名词，
>
> 指明行动的方向。

在此示例中，Smith 公司拥有一张有限客户列表和一张对他们来说独特且重要的有限产品列表——其他公司不可能拥有完全相同的列表。虽然 ABC 公司也是其他公司的客户，但 Smith 公司对其数据的格式和使用方式是它所独有的。同样，Smith 公司的产品列表是他们独有的，并且产品主数据记录的结构可能与其他公司的不同。

事务数据描述了组织在开展业务过程中发生的内部或外部事件或交易，示例包括销售订单、票据、采购订单、发货单据和护照申请。在图 3.11 中可以看到销售订单从两个不同的主数据记录中提取数据。它还使用了一个发货选项列表，用于该交易事务的特定参考数据。

元数据的字面意思是"关于数据的数据"。元数据可以描述、标识或表征其他数据，并使对信息的筛选、重获、解释和使用操作更为便捷。图 3.11 还显示了产品主数据记录中的两个字段。它们的定义、字段类型和字段长度就是元数据的示例。

元数据对于避免误解至关重要，这些误解可能会引起数据质量问题。图 3.11 中，可以看到产品主数据记录有一个包含"蓝色配件"的字段，称为"产品名称"，但在交易记录中，同一字段标记为"描述"。在理想情况下，数据无论在哪里使用都会被贴上相同的标签。遗憾的是，图 3.11 所示的这种不一致随处可见，并且经常导致误用和误解。拥有一份清晰的元数据文档（显示字段、它们的名称、定义等）对于管理数据、拥有清晰的标题和报告表头，认识更改数据字段带来的影响非常重要。当数据被其他业务功能和应用程序移动和使用时，记录良好的元数据还可以帮助避免编程错误。

定义数据类别

表 3.5 列出了前面讨论的每种数据类别的定义与注释。这些定义由本书作者和数据治理研究所的创始人格温·托马斯（Gwen Thomas）联合创建。

表 3.5　数据类别——定义与注释

数据类别描述了数据的共同特征或核心特点。

数据类别对于管理结构化数据十分有意义，因为某些数据会根据其分类进而采取不同的管理措施。十步法中使用的数据类别（主数据、事务数据、参考数据和元数据）是数据相关工作者常用的术语。理解不同类别之间的关联关系与依赖关系，有助于指导数据质量管理工作。例如，劣质主数据可能是由于其所包含的错误参考数据引起的。因此，进行数据质量评估时，相关数据类别的数据也应一同被获取与评估

数据类别	定义与注释
主数据	**主数据**描述了组织业务中涉及的人员、地点和事物。 示例包括人员（客户、员工、中间商、供应商、患者、医生、学生等）、地点（位置、销售区域、办公室、地理空间坐标、电子邮件地址、URL、IP 地址等）和物品（如账户、产品、资产、设备 ID）。

（续）

数据类别	定义与注释
主数据	注：由于主数据通常用于多个业务流程和 IT 系统，因此使主数据标准化和数值同步对于成功地进行系统集成至关重要。 主数据常被组织成可能包含关联参考数据的主记录。例如，客户主记录包含了带有州或地理区域的地址字段，关联的州或区域的有效值列表就是参考数据
事务数据	**事务数据**描述组织开展业务时，发生的内外部事务或交易。 示例包括销售订单、发票、采购订单、装运单据、护照申请、信用卡付款、保险索赔、医疗就诊和补助金申请等。 注：事务数据通常被归类为包括关联的主数据和参考数据在内的交易记录，例如，Smith 公司（供应商）向 ABC 公司（客户）出售了 4 个蓝色配件（产品）。在这种情况下，供应商、产品和客户就是属于销售订单交易记录中的主数据。 有些人认为事件数据也是一种事务数据
参考数据	**参考数据**是系统、应用软件、数据存储、流程、仪表盘和报表以及交易记录和主记录用来参考引用的数值组合或分类表。 示例包括有效值列表、代码列表、状态代码、地区或州名缩写、人口统计字段、标记、产品类型、性别、会计科目表、产品层次结构、零售网站物品类别和社交媒体标签。 注：标准化的参考数据是数据集成和互操作的关键，有助于信息的共享和汇报。参考数据可用于区分各种不同的记录（为了分类和分析），或者它们可以是显著的事实，如国家会在更大的信息集（如地址）中出现。 组织经常创建内部参考数据，以描述自身的信息特征或对其进行标准化。参考数据集也会由政府或监管机构等外部团体定义，从而供多个组织使用。例如，货币代码就由 ISO 来定义和维护
元数据	**元数据**的字面意思是"关于数据的数据"。元数据可以描述、标记或刻画其他数据，使信息更易于筛选、检索、阅读或使用。 **技术元数据**是用于描述技术和数据结构的元数据。技术元数据的示例包括字段名称、长度、类型、血缘和数据库表设计。 **业务元数据**用于描述数据的非技术特征及其用途。例如，字段定义、报表名称、报告和网页中的标题、应用程序用户名称、数据质量统计数据以及对特定字段的数据质量负责的团队。有些组织也会将 ETL（提取-转换-加载）转换归为业务元数据。 **标签元数据**用于注释数据或信息集，如标签，通常会用于大体量的数据。虽然结构化数据的元数据几乎总是与数据本身分开存储，但对于已标注数据，其元数据和数据内容存储在一起。请参阅已标注数据。 **目录元数据**用于分类和筹划数据集集合的元数据。示例包括音乐播放列表、可用数据集列表和智能手机应用程序等。 **审计轨迹元数据**是一种特殊类型的元数据，通常存储在日志文件中并防止修改，用于获取数据曾以什么方式、在什么时间、由什么人创建、访问、更新或删除过。示例包括时间戳、创建者、创建日期和更新日期。审计轨迹元数据用于安全、合规性或取证目的。尽管审计轨迹元数据通常存储在日志文件或类似的记录中，但技术元数据和业务元数据通常与它们所描述的数据分开存储。 以上是最常见的元数据类型，还有更多其他类型的元数据，可以更容易地检索、阅读或使用信息。任何元数据的标签可能都没有被精心使用它来支持数据目标。任何使用数据的活动都会有相关的元数据，即使这些元数据没有被识别和记录。

影响系统和数据库设计及数据使用方式的其他数据类别

数据类别	定义与注释
汇总数据	**汇总数据**指从多个记录或来源收集并汇总统计而成的信息。在汇报数据或确定数据的访问权限时，识别详细数据和汇总数据之间的区别十分重要。例如，医疗机构每月的医务人员总数是公开报告的，但员工个人的姓名和其他身份标识信息是保密的
历史数据	**历史数据**包含某时间点存在的重要事实，除非纠正错误，否则不应被变更。历史数据对于安全性和合规性非常重要。操作系统也可以包含用于报告或分析所需的历史表格。示例包括时间节点报告、数据库概况和版本信息

（续）

数据类别	定义与注释
报表/仪表盘数据	我们一般将**报表/仪表盘数据**（即报告和仪表盘中使用的数据）视为数据的应用途径之一，而不作为单独的数据类别。不过，有些人可能会认为这也是其自身的一种数据类别。报表或仪表盘中的数据质量的问题通常来自输入报表数据的源头处。不过，报告或仪表盘的可视化效果不佳也可能会导致误解或错误判断，这本身就是一种数据质量问题，即使数据内容可能是正确的
敏感数据	**敏感数据**（或受限数据）是必须得到保护、以防止未经授权就被访问的信息。信息集一般会被分配敏感度标签，从而帮助实施访问、隐私和安全控制。如果未经授权的人查看敏感数据，则该数据就处于高风险处境中。因此，大多数组织会进行安全或者隐私访问控制，以增加对敏感数据的额外保护，防止未经授权的访问。 需要特别注意的是，"敏感数据"在特定监管背景下可能具有特殊的含义（如数据保护/隐私法）。另外，在组织中，关于人的数据可能被视为"敏感"，但某些数据（如与健康相关的数据、关于宗教信仰或政治观点的数据）可能会受制于更高的"敏感度"标准。 由于各种各样的原因，信息可能被视为敏感信息。可能是描述商业审议、专有模型或商业秘密的信息。可能是描述对犯罪或道德行为的调查，符合授权客户特权的信息或受保密协议约束的信息。还可能包括由于披露会危及安全的信息。个人身份信息(PII)是一种独特的敏感数据，隐私保护工作可以确保 PII 不会被不适当地或未经个人同意地共享或使用。PII 的某些子集（如健康数据）可能对其使用就会有进一步的监管限制。 为了保护敏感数据，军事和情报机构采用了一种体系，将敏感性标签（绝密、机密、秘密、敏感非机密和非机密）与颁给个人的正式许可级别相匹配。大多数组织并不是那么正式，但它们确实使用术语来表示数据集的敏感性。例如，公开（意味着可以在组织外部共享）、公司机密（意味着可以在公司内部共享）或高度机密（意味着只能与有明确理由看到它的人共享）。 单个事实或离散数据元素可能被归为敏感数据。当其与其他数据相结合时，形成的更大的数据集也将被视为敏感数据
临时数据	**临时数据**保存在存储器中，用以加速数据的处理，它们是不被察觉的、用于技术目的的数据。比如为了加速查找在处理会话期间创建的表的副本
以下术语不是十步法中使用的数据类别。它们是对数据的使用或集合，这些数据可能包括主数据、事务数据、参考数据和元数据	
监测数据	**监测数据**通常以大体量和高速度方式获取。它通过仪表、传感器、射频识别（RFI）芯片和其他设备被获取，并通过机器到机器的连接进行传输。这些连接以及传感器设备被称为物联网（IoT）。它们可能包括玉米田中的作物传感器、可联网的冰箱、医疗诊断工具和电网监视器。监测数据中的异常值往往会引发系统分析，并导致质量活动
事件数据	**事件数据**描述了事物执行的操作，类似于事务数据或监测数据
大数据和数据湖	**数据湖**是一种存储海量原始数据的数据存储类型。这些海量数据通常被称为**大数据**。您的组织对于数据湖的分类可以是问题导向的，这些问题来自从数据湖中获取、存储、管理、查看和分析数据的全生命周期，如标签数据（见下文）
标签数据	**标签数据**是已标记或注释的数据。虽然结构化数据的元数据几乎总是与数据本身分开存储，但对于有标签的数据，元数据和内容以计算机或分析员可以解释和操作的方式存储在一起，如用于训练机器学习算法或模型的数据。数据标记是一种常用于处理非关系数据库中大量数据的技术

您的组织对数据的分类可能与表 3.5 不同。例如，一些公司将参考数据和主数据类别进行合并，并将它们统称为主参考数据（MRD）。有时候，是否将一个数据集（如有效值列表）确定为参考数据或者是元数据，这会非常困难。曾有人说，一个人的元数据就是另一个人的数据。无论数据是如何分类的，重要的一点是要清楚自己在数据质量活动中要（和不要）解决的问题。您可能会发现此类数据质量活动应该包括以前未考虑的数据类别。

随着新一代技术的不断涌现，很可能会出现数据类别的新词汇。尽可能地将这些新名词对应到这里讨论的基础数据类别中。例如，地理空间数据已成为主数据下属的特定子类别。

数据类别之间的关系

图 3.12 显示了不同数据类别之间的关系，这有助于从业务的角度理解这些类别。请注意，创建主数据记录通常需要一些参考数据，而创建事务或交易记录时通常需要主数据。有时创建事务或交易记录时，需要该事务特定的参考数据，并且无须调用主数据记录。元数据是更好地使用和理解所有其他数据类别的必需之物。

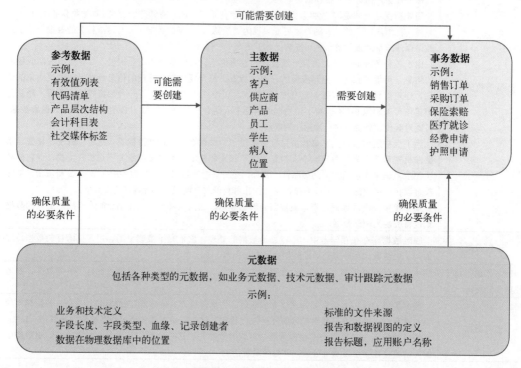

图 3.12 数据类别之间的关系

对于历史数据，可能需要维护相应的元数据和参考数据，并与主数据记录和事务记录一起保存。如果不这样做，重要的语境信息和数据的含义可能会丢失。对于所有类别的数据，审计人员都想知道是谁更新了数据以及何时更新的。这就是为什么审计跟踪数据是元数据的一部分。

数据类别——我们为什么关注

从刚刚给出的示例中不难看出，数据类别之间既高度相关，又存在区别，因为每个数据类别的管理方式和负责人通常不同。清楚了这种差异的存在，也就明白了数据需要在人员、流程以及与每个数据类别的相关技术之间进行协同。如果没有这种协同，数据质量将会受到负面影响。

高质量的参考数据和元数据是互操作性的关键，互操作性是在数据内部或外部的数据库、应用程序和计算机系统之间共享数据和交换信息的能力。它们还可以帮助选定不应共享的数据。当数据持续被传递给其他系统并且被其他数据所使用时，数据类别上的错误就会产生几何倍增效应。

主数据的质量会影响事务数据，元数据的质量则会影响所有类别。例如，记录定义（元数据）可以提升质量，因为它将未记录的假设转换为记载了且达成了共识的含义，于是能够一致且正确地使用数据。如果事务数据出现了问题，就必须查看创建该数据所用的主数据质量及其参考数据质量。

如前所述，您的公司的数据（主产品、供应商、客户数据等，参考数据，元数据）是独一无二的。其他组织不可能具有完全相同的数据列表。如果正确无误并认真管理，您的数据将提供竞争优势，因为这些数据都是为公司量身定制的。想象一下，如果一家公司拥有准确的数据，能够在需要时找到信息，且这些信息是值得信赖的，会节省多少成本，获得多少收入。必须管理所有数据类别的质量，从而获得竞争优势，当然您必须首先确定工作的优先级。

数据规范

规范通常提供制作、构建或生产某种事物所需的信息。平面图规定了房屋的布局，电气图纸指示了电路开关在家中的位置。**数据规范**是十步法中使用的总括性术语，包括为数据和信息提供的语境、结构和含义的任何信息和文档。数据规范为制作、构建、生产、评估、使用、管理数据和信息提供了所需的信息。

请注意，在本书中，数据规范是在实施信息质量框架中的结构、语境与含义的广义影响因素中的概念时所使用的（见图 3.2）。这里强调的是元数据、数据标准、参考数据、数据模型和业务规则。但是如果有任何与您的业务需求相关的其他主题，也请将它们包含在项目范围和目标中。根据需要使用其他资源来获取详细信息。

如果缺少数据规范、数据规范不完整或是规范质量低下，那就很难生产出高质量数据，并且数据内容的质量更难以测量、理解和管理。数据规范提供了用于比较数据质量评估结果的标准，同时还为手工录入数据、设计数据加载程序、更新信息及开发应用程序等提供了说明书。

🔑　**关键概念**

　　数据规范是十步法中使用的总括性术语，包括为数据和信息提供的语境、结构和含义的任何信息和文档。数据规范为制作、构建、生产、评估、使用、管理数据和信息提供了所需的信息。十步法着重强调了元数据、数据标准、参考数据、数据模型和业务规则的数据规范。

> 您无法确保信息质量或数据质量，除非您理解并管理数据规范。这些规范是在制作、创建、使用、管理或提供信息时需要的。数据规范提供了重要的指导，就像建筑师的图纸、电气图和其他计划指定了如何建造房子或其中应该包括的东西一样。在构建新应用时使用数据规范（以帮助从一开始就确保数据质量）并在评估现有系统中的数据时了解数据质量的构成，将它们用作手动输入数据、设计数据加载程序和更新信息的输入。
>
> 数据规范存在问题往往是产生低质量数据的原因。例如，低质量的主数据实际上可能产生于主数据记录中包含了错误的参考数据。本书介绍的技术和流程都适用于主数据和事务数据，也适用于参考数据和元数据。例如，元数据存储库只是另一个可以评估质量的数据存储库，而参考数据有自己的信息生命周期，需要对其加以管理来保障质量。

数据规范之间的关系

在接下来的内容中，我们将深入探讨本书中强调的五个数据规范：元数据、数据标准、参考数据、数据模型和业务规则。但首先让我们看看它们之间的关系——思考一下，字段中的数字 23。23 是什么意思？

- 如果没有元数据，我们不知道 23 意味着什么。它代表温度吗？如果是，它是摄氏度还是华氏度？是病人 ID 吗？是客户标识符的一部分？对于此示例，元数据告诉我们"23"位于名为"行业代码"的字段中，定义为"遵循 NAICS（北美产业分类系统）的 2 位代码，用于对商业机构进行分类。"该字段的格式为两个数字。

- 我们的组织选择使用 NAICS 作为数据标准，用于对与我们开展业务的客户进行分类——客户、供应商和商业合作伙伴。标准告诉我们哪里可以找到代码列表及其定义（https://naics.com）。NAICS 标准以一个主要的 2 位代码开头，并告诉我们"23"代表"建筑"。标准还延展到 4 位和 6 位代码，规定了附加级别的详细内容。例如，2361 代表住宅建筑施工，236118 代表住宅改造承包商。每个组织必须确定需要哪个详细级别才能更好地理解并与他们的客户、供应商和标准合作伙伴开展合作。

- 参考数据提供了我们的组织中使用的有效 NAICS 代码列表。通过应用程序界面的下拉列表来使用参考数据（如在创建客户主数据并选择与新客户相关的代码时）和准备报告时的分析（如在查询我们有多少属于建筑行业的客户时使用代码 23）。数据质量评估会将公司参考数据中的代码与客户主数据记录中的代码进行比较。

- 组织的数据模型告诉我们用来质量评估的记录被存储在物理数据库中的位置，"行业代码"字段关系到其他数据以及在哪里可以找到包含有效 NAICS 代码的参考列表。

- 组织的一条业务规则是"在我们公司内每个客户都必须有一个 NAICS 代码，用于标识该客户组织的主要业务。"这个业务操作是"在创建新的客户主数据记录时，客户代表必须向客户询问他们组织的主要业务，并从行业代码字段的下拉列表中选择相应的代码。"我们可以使用此信息来编制数据质量规则，例如"每个客户主记录都必须包含 2 位有效的 NAICS 代码"。这样，我们就能够清晰地表明两个数据质量规则："在数据存储 XYZ 中的表 123 中，如果 IND_CD 字段的填充率是 100%，则该规则是正确的"，这强调了完备性，并涵盖了强制性的要求；"如果对所有活动的客户主数据记录来说，IND_CD 字段中的唯一值列表与 NAICS_Table 中包含的有效值相匹配，则该规则是正确的"，这强调了有效性，以及这些值是否符合 NAICS 标准。

可以看到，从数据规范中了解到的内容，将有助于进行数据质量评估。最初的评估设置了基线，因此可以看到当前数据质量问题的性质和严重程度。还可以根据需要再次运行数据质量规则。如果对这些数据质量规则的遵从性进行持续跟踪是有意义的，则可以将相同的规则设置为定期运行，与以前的结果相比从而显示进度，并通过数据质量度量和仪表盘进行报告。

您可能已经注意到，元数据和参考数据也包含在上一节中的数据类别中。数据规范被投入实践，作为在步骤 2.2　理解相关数据与数据规范中理解数据信息的一部分，并作为步骤 3.2　数据规范中的数据环境的维度。切记，在管理数据质量时一定不要忘记数据规范。

元数据

元数据通常被定义为"关于数据的数据"，这是一个准确但不实用的定义。元数据标记、描述或表征其他数据，并使其更容易检索、解释或使用信息。本章前面的数据类别部分讨论了元数据。此处介绍元数据的概念是因为元数据还规范了数据。元数据的示例包括有关赋予数据字段的名称、定义、血缘、域值、语境、质量、条件、特征、约束条件、更改方法和规则描述的信息。

 定义

元数据标记、描述或表征其他数据，并使其更容易检索、解释或使用信息。

以下示例有助于理解元数据。

1）假设您想从在线书店购买一本书或者在实体店的书架上找到一本书，但您不记得完整的书名。您可以通过输入作者姓名或主题来查找它，与此准则匹配的书籍将列在屏幕上。因为有了元数据，您就可以找到感兴趣的书。

2）假设您走进杂货店，货架上的所有罐头都贴着空标签。您怎么知道每个罐头里面有什么？产品的名称、标签上的图片、经销商、卡路里数量和营养图表都是描述罐头食品的元数据。想象一下，如果没有这些元数据，购物会有多困难。

元数据很重要，原因如下。

- 元数据提供语境并帮助理解数据的含义。
- 元数据有助于发现相关信息。
- 元数据有助于组织电子资源。
- 元数据促进系统之间的互操作性。
- 元数据促进信息集成。
- 元数据支持数据和信息的归档和保存。

关于技术元数据、业务元数据和其他类型元数据的描述和示例，请参见表 3.5。

数据标准

标准是一个通用术语，用来表述作为比较基准的事物。对于数据质量，主要关注的重点是数据标准，这些标准是关于如何命名、表述、格式化、定义或管理数据的协议、规则及指南，它们表明了数据应符合的质量级别。

其他标准不一定被称为数据标准，也可以影响数据质量。例如，国际标准化组织（ISO）制定并发布了涵盖大量活动的标准，如产品制造、管理流程、提供服务和供应材料。由于数据和信息支持遵循这些标准，所以这些标准本身也应该被数据质量的从业者所理解。与数据质量相关的 ISO 标准概述，详见第 6 章。

定义

数据标准是关于如何命名、表述、格式化、定义或管理数据的协议、规则及指南，它们表明了数据应符合的质量级别。

标准示例如下。

1）表和字段的命名约定。如果字段中的数据包含名称，则列名称应包含标准缩写"NM"以及名称类型的描述性词语，如"NM_Last"或"NM_First"。

2）编写业务规则的数据定义和约定。可能有一份标准文档，用来描述为每个字段定义的最小信息集。例如，每个字段都必须记录在数据字典中；文档必须包括字段名称、描述、数据内容示例、默认值（如果存在），以及该字段是强制性的、可选的还是有条件的（注明条件）。

3）建立、记录和更新有效值列表。就任何给定字段的有效值达成一致很重要。有时有效值列表是在内部开发的，有时可以使用外部标准列表。无论如何，应该有一个流程，概述如何对名单进行更改以及谁参与这些决定。

4）公认的分类和归类参考值。例如，NAICS 北美产业分类系统，由美国、加拿大和墨西哥一起合作开发，作为标准供联邦统计机构用于对业务机构进行分类。使用该标准可以在三个国家（地区）之间实现业务统计数据的高度可比性。NAICS 还可用于针对特定行业采购营销列表。该代码可以被附加到客户记录中，以帮助评估组织最佳客户的所属行业。NAICS于 1997 年被采纳，以替换旧的标准产业分类（SIC）体系。不过 SIC 体系还可以使用。

5）数据建模符号和方法的选择。每种数据建模方法都有不同的侧重点，并且这些方法大致可以互换，但并不完全如此。使用的建模符号应基于您的实际目的。有关详细信息请参阅本章后面有关数据模型的部分。

参考数据

参考数据是由系统、应用程序、数据存储、流程和报告以及交易和主数据记录引用的值集或分类架构。标准化的参考数据是数据集成和互操作性的关键，并促进信息的共享和报告。参考数据可用于将一种类型的记录与另一种类型的记录区分开来，以便进行分类和分析，或者它们可能是重要的事实，如国家（地区）可能当作地址出现在一个更大的信息集中。

参考数据的一个示例是可以在特定字段中使用的有效值列表（通常是代码或缩写）。定义和强制执行的域值确保了数据质量的级别，如果允许在字段中使用任何值，则不可能保证数据质量。前面讨论的作为数据标准的 NAICS 代码也是参考数据的示例。有关参考数据的更多信息，请参阅本章前面的数据类别相关内容。

分析出现在数据字段中的值列表，这些值的使用频率和有效性，并将它们与关联的参考数据（通常存储在单独的表中）进行比较，这些是数据质量检查最常用的方式。这些检查属于数据完整性基础下的数据质量维度。详见步骤 3.3。

 定义

参考数据是由系统、应用程序、数据存储、流程和报表以及交易和主数据记录引用的值集或分类架构。示例包括有效值列表、代码列表、状态代码、地区或州缩写、人口统计字段、标志、产品类型、性别、会计科目表、产品层次结构、零售网站的购物类别和社交媒体的主题标签。

数据模型

数据模型是由文本支持的对特定领域（知识的圈层、领域或范围，或者责任、影响及活动的区域）中数据结构的可视化表示。数据模型可以表示：

1）对于业务、政府机构或其他类型组织的重要内容。

2）根据特定的数据管理方法收集数据、显示数据将保存的位置以及如何组织数据（关系、面向对象、NoSQL 等）。其范围可能涵盖单个部门或整个行业或科学分支。

在此感谢大卫·海（David Hay）在编写本节时提供的知识和帮助。

您可能听说过用概念、逻辑和物理等术语来表示数据模型的不同详细级别。即使这样，每个术语都有多个定义。也就是说，不同的视角会产生不同的数据模型（业务或技术），而不仅仅是不同层次的细节。任何面向业务的数据模型在这里都称为"概念"，代表组织，与技术无关。面向技术的数据模型是从特定的数据管理方法（关系、面向对象、NoSQL 等）的角度开发的（Hay，2018 年）。

根据史蒂夫·霍伯曼（Steve Hoberman）的说法，"数据建模是发现、分析和界定数据需求范围的过程，然后以一种称为'数据模型'的可视化形式表达和交流这些数据需求"（2015 年）。

 关键概念

数据模型——它们是什么，以及我们为什么关注。数据模型是一种在特定领域由文本描述数据结构的可视化表示方法。数据模型可以是：面向业务——在不考虑技术的情况下，表示对组织很重要的事物，可视化组织的数据结构；面向技术——根据特定的数据管理方法表示特定的数据集合、显示数据的保存位置以及如何组织数据（关系、面向对象、NoSQL 等）。

数据模型是组织用来展示数据和理解数据的主要工件。一个良好的数据模型与系统开发的每个阶段（数据库设计、应用程序交互及可访问性）的约束性文档结合起来，将有助于生成高质量的、可重复使用的数据，并将防范许多后期数据质量问题（如数据冗余、数据定义相互冲突以及跨应用程序间共享数据的困难等）。数据模型甚至可以帮助理解第三方软件中的信息等任务。正如《数据模型要点》指出的："没有一个数据库是可以连隐式模型都没有就能进行构建的，正如没有一所房子是在没有规划的情况下建造起来的一样"（**Simsion** 和 **Witt**，2005 年）。

数据模型帮助任何使用数据的人熟悉数据的底层结构，以便了解获取、存储、维护、操作、转换、删除和共享它们的程序，所有这些程序都会影响数据质量。数据模型的质量越高，数据质量就越好，缺乏数据模型或劣质的数据模型可能是数据质量问题的根本原因之一。

本部分内容将讲述现有数据建模方法存在的差异。这样，在讨论数据模型及相关术语、询问相关问题时，能够理解相关环境所使用的定义。

术语、实体、属性和关系是数据建模中的核心概念。

- **实体**是组织感兴趣的对象。例如，"无名氏""史密斯公司"和"订单 1234"。
- **实体类型**（也称为"实体类"）是这些实体的类别。例如，"人员""组织"和"销售订单"。在典型数据模型上常用方框表示实体类型。在面向对象的世界中，使用称为 UML（统一建模语言）的符号，"实体"称为"对象"，"实体类型"称为"类"。
- **属性**是实体类型的特征、质量或属性的定义。"名"和"姓"是"人"的属性。
- **关系**将一种实体类型的实例与另一种实体类型的实例相关联，并定义它们的结构。关系的示例是"每个组织都可能是一个或多个销售订单的来源"。在面向对象的世界（UML）中，关系被称为"关联"，它具有不同的含义。

数据模型有多种表示方法，但它们都使用圆角或方角的矩形框来表示实体类型，并使用带注释的线来表示两种实体类型之间的关系。不同表示方法在表示关系的以下特性的方式上有所不同。

- **基数**表示一种实体类型的实例可以与另一种实体类型的实例相关的最大实例数。例如，"一个公司只能有一个地址"或"一个公司可能有一个或多个地址"。
- **可选性**。可选性表明对于实体类型的实例，是否有必要（强制）存在相关的实体类型实例。例如，"一个公司必须最少有一个地址"。属性也是可选的或者强制的。

请注意，模型显示的内容可能存在也可能不存在。模型不能用于描述属性或关系可能存在的条件，这属于业务规则的范畴。

面向业务的数据模型

面向业务的数据模型与面向技术的数据模型及其来源见表 3.6。

面向业务的数据模型被称为"概念"数据模型，并代表组织。目前，对于概念数据模型存在三种观点。

概览数据模型： 概览数据模型是企业信息结构的概要，基于组织目标、动机和其他信息关注点，如员工、客户、产品、服务等。它提供来自高层管理的背景，比较宽泛而不具体。它是一张概括性的或简单的实体/关系图（E-R 图），展示最重要的业务概念。相似类型的模型有许多不同的名称。Steve Hoberman 用"业务术语模型"（BTM）来对应概览数据模型（2020 年）。

语义数据模型： 语义数据模型包含许多元素，反映了组织的复杂性。它显示了术语、概念和定义。它不直接表示业务规则或推论，却展示了需要描述的相关概念。该模型获得了组织实际使用的语言，进而描述那些对组织具有特定重要意义事物的含义。首要的是编制一份词汇表，对业务领域内的每个术语给出清晰的定义。可以使用语义网（Semantic Web）中的资源描述框架（RDF）获取这些术语。人们经常会发现，同一个词用来表示不同的事物，而同一事物（或看似相同的事物）用不同的术语来描述。在某些程度，这些分歧必须要解决。解决方案就是评估所用术语在以下方面是如何实现的：业务规则，使用业务词汇和规则（SBVR）的语义；推理，使用语义网中的 Web 本体语言（OWL）。语义模型还可以使用实体/关系图（ERD）和对象角色建模（ORM）进行可视化。请注意语义模型很复杂，应根据有意义的主题领域仔细组织其可视化。

表 3.6　数据模型对比

层级	数据模型层级描述	相应模型方法的术语			
		方法 A	方法 B	方法 C	方法 D
1	此模型主要基于与组织高层的交流而来： ● 涵盖了一些包含信息和数据的非常高度抽象的描述（可能有十几个主要实体的略图，具有多对多关系，不包含属性）。 ● 包括企业的愿景（未来几年的展望）和使命（如何实现），用于确定未来系统开发项目的优先级	概览 （概览 1 级）	背景	主题域	环境
2	此级别模型： ● 从细节层面描述企业运营层面的语义。 ● 包含所有的业务实体及其属性。 ● 通过方法 A，发现企业中会引起语义冲突的范围。 它们一般是： ● 图形方式的描述，类似实体/关系图①、对象角色模型②。 ● 文本方式的描述，有类似目录、OMG 组织发布的业务词汇与规则语义表（SBVR）③以及"语义网"④中的各种组件。文本表单则包含定义企业业务语义的更完整的实体类列表。就图形版本中显示的关系而言，它们属于"一对多"类型	语义 （概念 2 级）	概念	业务术语 模型	平台等级 （技术）独立 模型
3	此级别模型是对级别 2 模型的整合，以用相对较少、更抽象的实体类型的模式描述企业的语义。该模型将尽可能解决 2 级模型中发现的语义冲突	基本 （概念 3 级）⑤	用模式 概念化	业务术语模型（BTM）	不适用

（续）

层级	数据模型层级描述	相应模型方法的术语			
		方法 A	方法 B	方法 C	方法 D
4	这种模型以应用于特定数据管理技术，并且适应技术约束和预期用法的方法编排数据。它是一个基于技术的模型，对性能、安全性和开发工具的约束进行了调整。 可以使用关系数据库管理系统、面向对象程序、XML、NoSQL 等方式实现 2 级和 3 级模型。但须注意，2 级和 3 级模型本身是独立于特定的数据库软件（Oracle、DB2 等）或报表工具的	逻辑	逻辑	基于物理技术	平台等级（技术）特定模型、厂商平台独立模型
5	● 在一种或多种物理介质上组织数据。 ● 与物理表空间、磁盘驱动器、分区等相关。 ● 包括为实现性能目标对逻辑结构做的更改。 ● 被嵌入到特定厂商的数据库管理方法中	物理	物理	实施层面	厂商平台特定模型

方法来源：

方法 A：David Hay 在其《实现术语遵从性：数据架构语言和词典》（Technics Publications, 2018 年）中的术语。

方法 B：Graeme Simsion、Graham Witt 在其《数据建模概要》第 3 版（Morgan Kaufmann，2005 年）第 17 页使用的术语。

方法 C：Steve Hoberman 在其《简化数据建模：业务和 IT 专业人员实用指南》第 2 版（Technics Publications，2016 年）和 Rosedata Stone 的《通用业务语言》（Technics Publications，2020 年）中涉及的术语。

方法 D：Donald Chapin 于 2008 年 3 月在对象管理集团（OMG）工作书《应用于组织和业务应用软件的 MDA 基础模型》中使用的术语

层级 2 中相关术语的来源：

① **实体/关系图**（Entity/relationship diagrams）：Richard Barker 的《案例方法：实体关系建模》，Addison-Wesley，1989 年。

② **对象角色模型**（Object role models）：Terry Halpin 的《对象角色建模基础：ORM 数据建模实用指南》，Technics Publication. 2015 年。

③ **对象管理组织**（OMG）的业务词汇语义和规则（SBVR）：Graham Witt 的《编写有效业务规则：一种实用方法》，Morgan Kaufmann， 2012 年。本书使 SBVR 简明易懂。

④ **语义网**（Semantic Web）。Dean Allemang 及 Jim Hendler 的《实用语义网：RDFS 与 OWL 高效建模》，Morgan Kaufmann，2011 年。

层级 3 来源及注释：

⑤ David Hay：《企业级模型模式：描述世界》（Technics Publications, 2011 年）。

注：Len Silverston 的方法如层级 3 所述，他广泛发表了其所称的"通用数据模型"：

卷 1 包括"人员和组织""产品""工作产品""发票"等主题。

卷 2 则更为具体，其指出在每种情况下，每个主题都由一个完整的模型来处理。

卷 3 则描述了在其他两卷中显示、修改的部分。其中包括参与方"角色""分类法"和"层次结构"、状态和联系机制等概念。还包括一节关于"业务规则"的内容，这一点略显棘手，因为它是关于约束实体价值的"元数据"

　　基本数据模型：展示了企业中常见的相对简单、基本的底层结构。它显示了实体、属性和关系。它比概览模型更详细，但更抽象，因此比语义模型更简单、更紧凑。它可以源自语义模型，也可以为开发其他类型的数据模型提供起点。请注意，David Hay（2018 年）使用了术语"基本模型"。Len Silverston（2001a,b）使用了术语"通用数据模型"。

面向技术的数据模型

　　面向技术的数据模型（Technology-Oriented Data Models）是从数据管理技术（关系型、

面向对象型、NoSQL 等）角度出发，并规定了数据在数据存储中是如何展示的，即哪些数据被保存以及如何组织这些数据。让我们从逻辑和物理两个角度来考虑。注意，逻辑模型和物理模型有时被称为设计模型。

1. 逻辑模型

逻辑模型根据特定的数据管理技术描述了数据主体，这种技术独立于特定供应商的软件。数据管理技术的类别如下。

- **关系数据库**：以表和列的形式表示，并明确引用主键和外键。表格是二维的，根据 Codd 的规范化规则进行组织（Codd, 1970 年）。

- **非关系数据库**（也称为 NoSQL）：包含各种不同的数据库技术，这些技术都是为满足构建现代应用程序的需求而开发的。这些技术能够处理海量的、快速变化的数据类型并应对敏捷性带来的挑战。此外它们允许从许多不同的设备访问数据，在全球拥有数百万用户。使用这些技术的数据主体通常被称为数据湖。数据湖的体量太大，SQL 技术已难以支持，因此是基于非关系技术构建的（SQL 是关系数据库的逻辑，因此 NoSQL 这个名字的意思是"不仅仅是 SQL"）。这些非关系型或 NoSQL 数据库通常分为四类（Sullivan，2015 年）：

  ○ **键值存储**。数据库中的每一项都存储为属性名称（或"键"）及其值。一些关键值的存储允许每个值有一个类型，如"整数"，它增加了功能。键值存储功能与 SQL 数据库相似，但却只有两列（即"键"和"值"）。比较复杂的信息有时以 BLOBs（二进制大型对象）方式存储在"值"列中。

  ○ **图形存储**。用于存储有关数据网络的信息，如社交关系。

  ○ **列存储**。将数据组织成列的集合。列是存储的基本单位，由名称及其值组成。由于列集合没有预定的模式，因此可以将列的集合组合起来，从而提供更大的灵活性。这种方法可以用来优化大型数据集的查询。

  ○ **文档存储**。将每个键值匹配一个复杂数据结构（即文档）。文档可以包含许多不同的键值对或键-数组对，甚至是嵌套文档。文档数据库摒弃了"表"和"行"模型，将所有相关数据存储在 JSON、XML 或其他格式的单个"文档"中，该文档可以分层嵌套值。

- **维度**：一组关系表，其中一些关系表被非规范化以专注于**事实**，并通过识别称为**维度**的特征进行组织。事实是对某物存在与否的判断依据。维度是该事实的描述性特征，用于检索该事实实例。（Inmon，2005 年；Kimball，2005 年）。

- **面向对象**：基于面向对象的编程，而不是基于数据管理。模式采用类、方法和关联表示。UML（统一建模语言）是最常用的（Booch，Rumbaugh，&Jacobson，2017 年）。

- **XML 模式**：XML（可扩展标记语言）是一种支持数据通信的语言。XML 模式是一种 XML 文档类型的描述，通常以对该类型文档的结构和内容的约束来表示，超出了 XML 本身施加的基本句法的约束（Walmsley，2002 年）。

- **数据保险库**：简化了数仓的关系结构，并为数据变更提供了可追溯性（Lindstedt &

Olschimke，2016 年）。

2．物理数据模型

物理数据模型源自逻辑模型，是数据物理地存储在数据库中的方式。常见的是**分区**（partitions）的方式，分区是对整个数据库进行切分的不同物理文件。较小的片段有时被称为**表空间**（tablespaces）或**集群**（clusters）。

数据模型示例

图 3.13 显示了实体/关系图（ERD）的示例。如前所述，数据模式有许多表示方式。此图是根据方法 A（见表 3.6 中的第 2 行"语义"模型）来呈现的，显示基数和可选性。

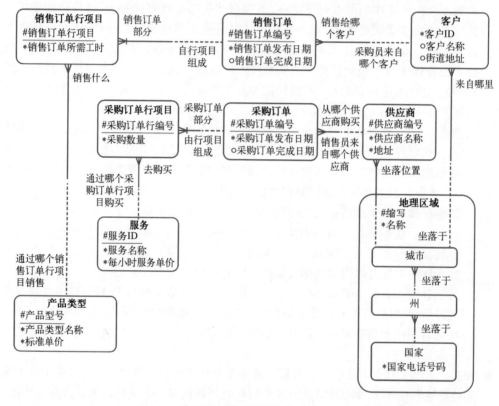

图 3.13　实体/关系图（ERD）

● **客户、销售订单、销售产品线、产品类型**等都是实体类型的示例。
● 请注意，**城市、州**和**国家**也是实体类型。这三者也是实体类型**地理区域**的"子类型"。
● "销售订单编号""销售订单发布日期"和"销售订单完成日期"是**销售订单**的属性。
　○ 星号（*）表示属性是强制性的。
　○ 圆圈（○）表示它是可选的。
　○ 带有下画线（#）的标签表示属性是实体类型的唯一标识符的一部分。属性名称也带有下画线。

- "实体类型对"之间的线是关系的示例。
  - 每个关系的基数和可选性通过每行两端的文字进一步阐明，并且可以用一句话来说明。
  - 通过这种方式命名关系，当呈现给组织的业务方面的某人时，生成的句子必须是真或假。
- 对上述关系的表述示例如下。
  - 每个客户都可以是一个或多个**销售订单**中的买方。
    - 可选性"可能"由最接近**客户**的虚线表示。
    - 基数"一个或多个"由最接近**销售订单**的鸦爪符号表示。注意：对于基数，鸦爪表示法（crow's foot）通过多个"脚趾"表示"许多"。它是由戈登·艾瑞斯特（Gordon Everest）发明的，他最初使用的是"反向箭头"一词（艾瑞斯特，1976 年）。
  - 或者，每个**销售订单**必须出售给一个且仅一个**客户**。
    - 可选性"必须是"由最接近主题实体类型（在本例中为**销售订单**）的实线表示。
    - 基数"有且只有一个"由最接近对象实体类型（在本例中为**客户**）的鸦爪符号缺失表示。
- 关系的示例同时也是唯一标识符的一部分：
  - 鸦爪符号旁边的竖线表示最近的关系也是唯一标识符的一部分。
  - **销售订单**的每个实例仅由**销售订单**编号（用 # 表示）唯一标识，而**销售订单行项目**的每个实例由属性"#**销售订单行编号**"和关系"**部分**"**销售订单**组合来标识。

通常，这个级别的数据模型只供数据建模者使用。一个好的数据建模者将促进与相关方开展讨论，并使用更简单的图表。这些图表可以被需要验证数据及其关系但又不需要解释详细模型的业务受众所理解。如果需要，您的数据团队中具有良好沟通技巧的人员可以与数据建模者合作，确保数据模型表述的业务内容符合提供输入的相关人员的本意，技术专家能够知道如何使用该模型。

数据模型——为什么我们关注

数据模型是基础构件，组织通过数据模型表述其数据，并通过它来了解组织自身的数据。在管理数据质量时，了解数据的底层结构非常重要，这样才便于全面了解获取、存储、维护、操作、转换、删除和共享数据的程序。

按照史蒂夫·霍伯曼（Steve Hoberman）在《让数据建模变简单》（2016 年）中描述，数据模型确保在创建实际数据库之前，能够全面理解和准确获取新应用程序的需求。这样有两个好处：方便沟通和精准开发。史蒂夫认为，数据模式可以让您了解现有的应用程序（通过"逆向工程"）、通过影响分析法来管理风险（如为上线运行的应用程序添加或修改结构的模型，归档目的需要哪些结构，在定制化业务软件时修改结构所造成的影响）、熟悉业务（在应用程序开发之前了解业务如何运转，以便了解支持业务的应用程序如何工作）、训练团队成员并加强培训（以便更加了解需求）。

除此之外，数据模型还可以成为讨论并最终确定系统范围的平台。同时，由于知道数据是否存在，可以用文档来记录流程，以显示数据能够支持或不能支持哪些流程。业务规则是描述业务交易和构建行动规则的权威性原则或指南。由于业务规则涉及交互和操作，因此它们不会出现在数据模型中。数据模型的结构对于容纳业务规则逻辑可能也很重要。

NoSQL 被认为不需要数据模型。但事实上，现在即使有一个数据湖（一个包含海量不同数据的蓄水池，包括使用 NoSQL 访问的非结构化数据），我们也需要一张数据底层结构的全景图。

在系统设计中，越简单的设计，就越容易开发、就越容易更改（即起先几乎很少需要修改），且没有错误就更容易操作。不必要的复杂设计，将难以开发、难以更改、难以操作，且易出错。"复杂性是数据质量的天敌。"那么问题来了："'不必要的复杂'有多复杂？'太简单'到底有多简单？"（海，2018 年，p73-74）

艾尔伯特·爱因斯坦（Albert Einstein）说："凡事都应当尽可能地简单"（引用于 1950 年；参见《倡导科学》，2019 年）。"克服不必要的复杂性"，确定简单性（或复杂性）的恰当水平是数据建模者和系统开发者的核心工作。他们这样做，就是在鼓励和支持高质量数据（海，2018 年）。

良好的数据模型与开发每个阶段（数据库设计、应用程序交互及可访问性）的约束文档有机结合，将有助于产生高质量的、可重复使用的数据，并预防许多后期产生的数据质量问题（如数据冗余、冲突的数据定义以及跨应用程序共享数据的困难）。数据模型甚至可以帮助您完成诸如理解第三方软件的信息等工作。

数据模型能够帮助任何处理数据的人熟悉数据的底层结构，以便理解那些获取、存储、维护、操作、转换、删除和共享数据的程序，这些程序都会影响数据的质量。高质量的数据模型才能产生高质量的数据，缺少数据模型或数据模型本身质量低可能是产生数据质量问题的根本原因之一。

如果您是一名数据建模师，构建高质量数据模型的其他相关资料有马修·韦斯特（Matthew West）的《开发高质量数据模型》（2011 年）和史蒂夫·霍伯曼（Steve Hoberman）的《数据模型记分卡：构建在数据模型质量上的产业标准应用》（2015 年）。

数据模型对比

表 3.6 对四种可用方法所描述的术语进行了比较并汇总。正如您将看到的，所述方法之间的术语各不相同，而且不是每个人都认同表中的术语。本书的目的不在于讨论这些方法的优点，而是要意识到这些术语存在差异。这样，当您打算讨论数据模型及相关术语时，您能够询问并理解它们在特定环境内的含义。

业务规则

被称为"业务规则之父"的罗纳德·罗斯（Ronald Ross）将业务规则描述为"定义或约束业务某些方面的声明，旨在明确业务结构，或者打算控制或影响业务行为。"罗纳德解释到，

"现实世界规则提供对经营方式或行为的指导……并且作为做出判断和决定的准则"（罗斯，2013 年，第 34、84 页）。

为了保障数据质量，您必须了解业务规则，并了解这些规则对数据约束的影响。关于适用于数据质量相关的业务规则及其术语的定义，参见"定义"的标注框。请注意，权威性准则意味着规则是强制性的，指南意味着规则是可选的。

业务规则、业务操作和数据质量规则之间的关系见表 3.7。罗纳德·罗斯（Ronald Ross）在他的《业务规则概念》一书中，给出了业务规则示例，并且按照业务规则所提供指南的类别进行了非正式的分类。前两列来自罗纳德·罗斯的书。最后添加的两列用来说明应该执行的业务操作，并提供了相应数据质量规则规范的示例。

表 3.7　业务规则、业务操作和数据质量规则规范			
业务规则类型**	业务规则示例**	业务操作	数据质量规则规范
限制	每个客户下达的加急订单不得超过 3 个，加急订单将从其信用账户中扣除	由服务代表检查客户的信用账户，以确定下达的紧急订单数是否超过 3 个。如果超过，客户只能下标准订单	如出现以下情况，则违反了规则：Order_Type = "Rush" 并且 Account_Type = "Credit" 并且 number of rush orders placed > 3
指引	状态为"优先"的客户，其订单应立即满足	由服务代表检查客户状态，如果被指定为优先（"P"），订单应在下单后 12 小时内发货	如出现以下情况，则违反了该准则：Customer_Status = "P"，并且 Ship_DateTime > Order_DateTime + 12 小时
计算	客户的年度订单量按公司会计年度内结清的总销售额计算	此处不适用—基于自动计算	如符合以下情况，则计算正确：Annual_Order_Volume = Total_Sales（会计年度中全部季度）
推理	如果客户下达了超过 5 个高于 1,000 美元的订单，则认为客户为优先客户	服务代表在下订单时检查客户的订单历史记录，以确定客户是否是优先客户	如符合以下情况，则推断为优先客户。客户 5 个或以上订单的总和>$1000
时机	如果订单已发货但在 72 小时内未开具发票，则必须将其分配给提速协调员	为确保完成业务交易，服务代表会检查每日"订单交易"报告，针对任何已发货但未开票的订单，在 72 小时内转发给提速协调员	如出现以下情况，则违反该规则：Ship_DateTime = 72 小时，并且 invoice date = null，并且 Expeditor_ID = null
触发	当订单发货时，必须已发送完"预告通知"	当订单发货时，自动执行发送"预告通知"	如出现以下情况，则违反该规则：Send_Advance_Notice = null 并且 Order_DateTime = not null

**资料来源：Ronald G. Ross，《业务规则概念：抵达知识要点》第 4 版（业务规则解决方案有限责任公司，2013 年），第 25 页。经许可使用。

数据是伴随业务流程产生的，违反数据质量规则可能意味着流程不能正常执行——无论是由人员手工执行还是通过技术自动运行。违反数据质量规则可能还意味着规则被错误地获得或被误解。收集业务规则，为创建必要数据质量检查和分析评估结果提供了输入。缺乏良好的记录（文档化）和缺少易于理解的业务规则往往是发生数据质量问题的重要原因。

定义

业务规则是描述业务交互并建立操作规则的权威原则或指导原则。它可以说明应用该规则的业务流程以及该规则对组织很重要的原因。业务操作是指在遵循业务规则的前提下应采取的行动。作为结果的数据的特性可以描述为要求或数据质量规则，然后检查是否符合这些要求或规则。数据质量规则规范解释了在物理数据存储层面解释了如何检查数据的质量，数据质量实际上是这些数据是否遵守（或违背）业务规则和业务操作的结果。

——**Danette McGilvray** 和 **David Plotkin**

数据治理与数据管理专员制

数据治理（Data governance）与数据管理专员制（Data stewardship）密切相关，它们是大多数人熟悉的术语。它们与数据质量究竟有什么关系？概述"怎样开展数据治理"已超出了本书的范畴。但是，有必要简要讨论一下数据治理和数据管理专员制的重要性。

定义

数据治理是对策略、流程、架构、角色和职责的组织和实施，（策略、流程、架构、角色和职责）概述并强制执行了参与规则、决策权，以及对信息资产有效管理的责任。

——约翰·拉德利，丹尼特·麦克吉尔夫雷，安妮-玛丽·史密斯，格温·托马斯

数据治理与数据管理专员制的定义

我对数据治理的"首选"定义是"数据治理是对策略、流程、架构、角色和职责的组织和实施，（策略、过程、架构、角色和职责）概述并强制执行了参与规则、决策权，以及对信息资产有效管理的责任。"我用这个定义作为与客户交流的起点，以便开展讨论、了解情况和修改内容等工作。

罗伯特·塞纳（Robert Seiner）将数据治理定义为"对数据及其相关资产管理权力的正式执行与强制实施"。在他的《非侵入式的数据治理》（Seiner，2014 年）一书中强调的另一种定义，即"针对数据定义、数据生成和数据使用的规范化行为，以便管控风险、提高所选数据的质量和可用性"。无论哪个定义，数据治理的基本思想包括策略、权力、规范行为、责任以及数据（信息）资产的管理等。约翰·拉德利（John Ladley）在他的《数据治理》（2020年，第 2 版）中指出："准则、政策及审计服务于金融资产，数据治理则服务于数据资产、信息资产及内容资产"。

数据治理确保由适当的人员代表业务流程、数据及技术，这些人能够参与相关决策的制定。数据治理为开展下列工作，提供了互动场所和交流路径：

- 做出决策时确保是适当的代表。
- 务实地做出决定。

- 识别并解决问题。
- 必要时上报问题。
- 确保正确的人承担责任。
- 实施变革。
- 沟通并确保合适的人能够恰当地参与、充分知情且被咨询意见。

 定义

数据管理专员制是数据治理的方式，正式确立了代表他人以及组织的最佳利益进行信息资源管理的责任。

我之所以倡导数据治理和数据管理专员制，是因为数据管理专员制与数据、信息相关，但是我一般不提倡使用"所有权（ownership）"这一称呼。为什么？管家（steward）是代表他人管理事务的人。根据《Encarta 词典》（北美英语），所有者（Owner）有两种不同的含义。

1）占有（拥有，possession），强调某人或某事物属于特定人或特定事物，而不属于其他人或其他事物。

2）职责，承诺对某事物承担全部责任。

通常情况下，人们就像第一个定义那样，似乎"占有、拥有"数据。"这个数据是我的。您不能拥有它。我可以决定如何处理它。"这种观念对组织的发展十分不利。

当谈到业务流程时，我确实提倡使用"所有权"。为什么？因为这里使用了第二个定义——承认对某事务承担全部的个人责任。从这个意义上说，拥有授权的人确实"拥有"流程。但是，即使业务可能"拥有"流程，但任何执行该流程而接触数据的人都是这些数据的"管家"。他们必须管理数据，不仅是为了满足自身当前的需要、特定流程或特定功能，而且还代表组织中使用数据或信息的其他人的利益。

我倡导数据管理专员制作为一种态度及行为方式。此外，数据管理专员可以是某种特殊角色的名称。关于数据管理专员的职责尚未达成统一认识，但随着时间的推移，数据管理专员的职责已逐步标准化。主题专家（SME）或应用程序层面解决数据问题的人员比较适合这个头衔。其他人则认为数据管理专员是负责数据名称、定义和标准的人。还有一些人为其分配了一个战略性的角色，负责跨业务流程和应用程序数据主体域。这样就会有企业数据管理专员、业务数据管理专员、技术数据管理专员、主题域数据管理专员、运营数据管理专员及项目数据管理专员等。关于这个话题详见大卫·普洛特金（David Plotkin）的《数据管理专员制》（2020 年）。他将数据治理和数据管理专员制概括为"所有努力就是要保证组织得当、人员尽职尽责，让数据易于理解、可信赖、高质量，最终适合并满足企业的目标"。

尽管我确实帮助客户实施数据治理和数据管理专员制，但这个主题已超出本书范畴。数据治理和数据管理专员制作为"职责"的一部分包含在信息质量框架中——RRISCCE 广义影响因素中的第二个 R，在本章前面可以找到。重要的是您确实实现了某些层级上的数据治理和数据管理专员制。无论使用何种角色、职责和头衔，请确保它们是有意义的，并得到组织内部人员的认同。

数据治理和数据质量

数据质量通常被视为一次性项目。"解决好数据问题，我们就完工了。"即使意识到数据质量需要长期关注，但缺少正式的数据问责机制，这成为导致许多数据质量举措随时间而削弱或彻底失败的一个重要因素。这还导致许多应用程序开发项目一旦正式上线运行，就无法维持业务需求所需的数据质量。数据治理是这个事例中的缺失环节，它可以为公司数据决策提供架构体系和流程。它确保适当的人员参与管理信息的整个生命周期。实施数据治理和数据管理专员制对于数据质量的可持续性非常重要。

开展任何数据质量工作，您需要了解：

- **问责制。**在数据的生命周期中，那些对数据负有责任并承担职责的人。
- **决策权。**在数据的生命周期中，那些有权做出决策的人。
- **参与规则。**各种不同的人员/组织将如何互动。
- **沟通渠道。**谁需要知道什么，何时以及何种方式。
- **升级渠道。**如果决策层不能达成共识，谁来做最终决定。

如果组织制定了正式的数据治理规划，那就在数据质量项目中利用该规划帮助处理相关领域问题。如何没有这样的数据治理规划，您仍然需要知道这些，从而完成项目目标。例如，对于项目范围内的数据，仍然需要找到正确的数据负责人，并且仍然需要一个有关数据决策的流程，确保那些合适的人能够参与决策。如果没有数据治理规划，您可能需要更长的时间才能完成这些任务，但必须要完成这些任务。在数据质量项目结束后，可以将该项目中所有涉及治理类的工作作为编制正式数据治理规划的基础。为了维持数据质量，要在项目团队解散之前，确保相关人员及流程能够就位，并成为操作流程和数据治理规划（要么是现有的，要么是新建立的）的一部分来管理数据。

数据质量十步法流程概述

流程的十个步骤（见图 3.14）说明了命名该方法的步骤。第 4 章提供了详细信息，可以帮助您评估、提升、维持以及管理信息和数据质量，并展示了如何实施本章所涉及的概念。

虽然十步法流程展示了按部就班的自然推进过程，但要意识到，成功应用这些步骤需要不断进行迭代。项目团队可以返回到先前的步骤来充实工作内容，他们可以选择那些满足业务需要的步骤，他们可以重复整个十步法流程以实现持续的信息改进。步骤 10 是如此重要，以至于在下面用一个贯穿所有步骤的长条形来表示它。其他每个步骤都应执行步骤 10 的相关内容，因为这些工作对每一个项目的成功都是至关重要的。

十步法流程被设计为一种挑选方法，该方法中的各种步骤、活动和技术可以应用于涉及数据质量因素的许多不同情况。这些步骤将需要不同级别的详细信息，具体取决于业务需求和项目目标。十步法流程的每个步骤总结如下：

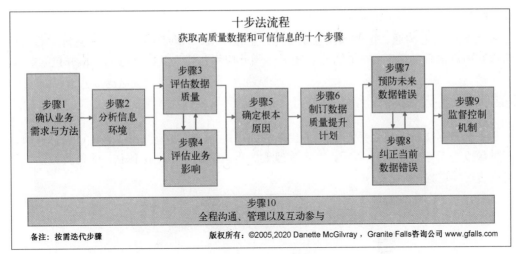

图 3.14 十步法流程

步骤 1 确认业务需求与方法：识别并共同确认项目范围内的业务需求（与客户、产品、服务、战略、目标、问题或机会有关）以及数据质量问题。参考这些来指导工作，并将其置于开展整个项目各项行动（活动）之前。规划项目和获取资源。

步骤 2 分析信息环境：了解围绕业务需求和数据质量问题的环境：在适当的详细程度上分析相关需求和约束、数据和数据规范、流程、人员和组织、技术和信息生命周期。所有这些都为其余步骤提供输入，例如，确保只有相关数据才会进入质量评估环节，并成为分析结果、识别根本原因以及预防未来数据错误、纠正当前数据错误以及实施控制机制的基础。

步骤 3 评估数据质量：选择适用于项目范围内业务需求和数据质量问题的数据质量维度。评估所选维度的数据质量。分析单个评估并与其他结果综合考虑。提出初步建议、制作文档并根据当时的需求采取行动。数据质量行动的结果可指导其余步骤中的侧重点。

步骤 4 评估业务影响：确定劣质数据在业务上的影响。提供了多种定性和定量技术，每种技术都放置于一个连续序列中，相对而言，从较少时间和简单评估到更多时间和更复杂评估。这有助于在可用的时间和资源范围内，选择适合业务影响目的的最佳技术。只要想为数据质量工作获得支持、建立业务案例、确定工作的优先级、解决阻力、激励其他人参与项目，就可以在任何时候、任何步骤中使用任何技术。

步骤 5 确定根本原因：确定数据质量问题的真正原因，并排列其优先级，制定解决这些问题的相关建议。

步骤 6 制订数据质量提升计划：根据最终建议制订提升计划，以防止未来出现数据错误、纠正当前数据错误，并监督控制机制。

步骤 7 预防未来数据错误：实施解决方案提升计划，以解决数据质量问题并防止数据错误再次发生。解决方案从简单的一些任务到额外立项都有可能。

步骤 8 纠正当前数据错误：实施提升计划，对数据进行适当的更正。确保下游系统能应付这种变更。验证并记录这些变更。确保数据更正不会引入新的错误。

步骤 9 监督控制机制：监督并验证已实施的提升计划。通过标准化、文档化并对成功的提升活动持续监控，来维持提升成果。

步骤 10 **全程沟通、管理以及互动参与**：全程沟通、人员的互动参与和管理项目，对于任何信息和数据质量项目的成功都至关重要，因此应将其作为其他步骤的一部分包括在内。

数据质量改进循环

在完成数据质量项目之后，我们不会忽略这些数据，并期望数据能够自己保持高质量。数据质量改进循环如图 3.15 所示，它将管理数据质量描绘为一个由评估、认知及行动三个步骤构成的连续过程。

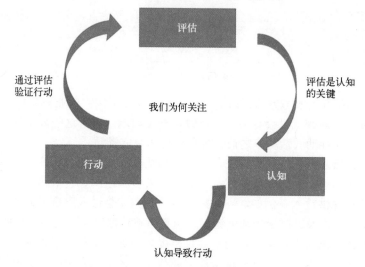

图 3.15 数据质量改进循环

数据质量改进循环是基于为人熟知的 PDCA 方法（"计划-执行-检查-行动"）修改而来，PDCA 是改进、控制流程及产品的基础技术。PDSA 是一个变体，代表"计划-执行-检查-行动"。循环的基础始于 1939 年，并历经 20 世纪 50 年代早期、20 世纪 80 年代中期及 1993 年的不断演变。尽管表述不同，沃尔特·休哈特（Walter Shewhart）和爱德华兹·戴明（W. Edwards Deming）（两位质量方面的先驱）及被戴明引进观点的日本公司，在 PDCA 和 PDSA 的发展过程中都发挥了重要作用。PDCA 和 PDSA 至今仍在广泛应用（摩恩和诺曼，2010 年）。

数据质量改进循环中的三个步骤如下。

- **评估**：检查实际数据和环境，然后将它们与要求和期望进行比较，这是开启认知的关键。
- **认知**：理解数据和信息的真实状态、业务影响以及根本原因，这将导致行动的产生。
- **行动**：除了纠正通过定期评估发现的当前数据错误外，还可以防止未来的信息和数据质量问题。因此，这个循环还将继续。

处在焦点位置的"我们为何关注"的声明提醒我们，不是为了数据质量而做数据质量。我们这样做是因为有我们关注的事情，业务需求是我们的客户、产品、服务、战略、目标、问题和机遇。

数据质量改进循环示例

一家公司分析了支持订单管理的数据。每个人都"知道"不应该有超过六个月的未结销售订单，但数据质量评估发现的未结销售订单可以追溯到几年前——有些日期比公司本身成立的时间还早。财务风险可能达到数百万美元。

鉴于上述的评估结果，公司展开了调查。一些比公司成立时间更早的订单被解释为来自母公司组织的遗留订单，公司最近从母公司剥离出来。发现业务中心的报表参数没有设置采集旧订单，因此对超过六个月的未结订单没有可见性。客户服务代表在业务中心和管理中使用的报表包含相互矛盾的信息。此外，他们还发现了产生旧订单的根本原因，例如，各种订单管理应用程序相互"交流"，在这种来回发送业务的"交流"过程中，可能会丢失标志、数据可能会损坏等。

基于此认知，所采取的行动包括在订单管理系统中手工终止这些未完成的订单，并把这些订单移到订单管理系统历史数据库中；纠正报告参数，以便能够显示超过六个月的未完成订单；合并报表模块保证相同信息同时发送给管理者和客户销售代表。

那么为什么跟踪较早的未结销售订单如此重要？因为制造和销售产品或服务的成本已经产生，而公司还未支付，因此会对公司造成财政影响。而所有这些重要的工作以及对公司产生的价值都是由一个简单的数据质量评估触发的！

数据质量改进循环与十步法流程

数据质量改进循环有助于说明数据质量管理的迭代和持续性，并且可以映射到十步法中（见图 3.16）。十步法（如上节介绍）描述了一套用于持续评估、维护和改进数据和信息的方法，包括以下过程。

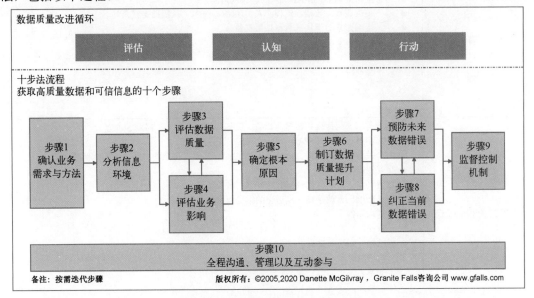

图 3.16 数据质量改进循环与十步法流程

- 确定最重要的业务需求、关联数据以及精力的侧重点。
- 描述和分析信息环境。
- 评估数据质量。
- 确定低质量数据对业务的影响。
- 确定数据质量问题的根本原因及其对业务的影响。
- 纠正和预防数据缺陷。
- 持续监控数据质量控制。

十步法是数据质量改进循环的具体表达。如同一个闭环，它们迭代反复——当完成一轮评估循环后，重启下一轮循环，以便不断改进数据质量。

一旦在步骤9中监督控制措施，循环改进的理念就会再次发挥作用。这样责任就转移到操作过程。如果从监控中发现问题，则由步骤5、6、7、8和9组成的改进循环从确定根本原因开始，然后执行其余步骤。

如果问题需要新的项目来解决，则改进循环可能会在步骤1重新开始。

概念和行动——建立连接

现在您已经熟悉了信息质量框架中的概念，并且已经了解了十步法，让我们将这些内容联系在一起。表 3.8 和表 3.9 提供了两种引用和将概念链接到在十步法中进行操作的方法，其中一种是将十步法的概念映射到 FIQ 组件中，另一种是将 FIQ 组件映射到十步法中。

表 3.8　十步法与信息质量框架（FIQ）的匹配映射	
十步法流程中的步骤	在相关步骤中使用的 FIQ 部分/要素/概念
步骤 1　确认业务需求与方法	<ul><li>业务需求（为什么）客户、产品、服务、战略、目标、问题、机会。</li><li>信息生命周期 POSMAD（从高层级视角）。</li><li>四个关键要素：数据、流程、人员/组织、技术（从概括层视角）。</li><li>广义影响因素的子集（从概括层视角）： ○ 需求和约束。 ○ 责任。 ○ 沟通机制。 ○ 变革。 ○ 伦理。</li><li>文化与环境</li></ul>
步骤 2　分析信息环境	<ul><li>业务需求（为什么）客户、产品、服务、战略、目标、问题、机会。</li><li>信息生命周期 POSMAD（以适当的细化程度）。</li><li>四个关键要素：数据、流程、人员/组织、技术（每个均以适当的细化程度）。</li><li>交互矩阵。</li><li>位置（地点）和时间（何时、频率与时长）。</li><li>广义影响因素的子集（以适当的细化程度）： ○ 需求和约束。 ○ 责任。 ○ 结构、语境与含义。 ○ 沟通机制。 ○ 变革。 ○ 伦理。</li><li>文化与环境</li></ul>

（续）

十步法流程中的步骤	在相关步骤中使用的 FIQ 部分/要素/概念
步骤 3　评估数据质量	● 业务需求（为什么）客户、产品、服务、战略、目标、问题、机会。 ● 信息生命周期 POSMAD。 ● 四个关键要素：数据、流程、人员/组织、技术（针对每个待评估的数据质量维度，以适当的细化程度展开）。 ● 交互矩阵。 ● 位置（地点）和时间（何时、频率与时长）。 ● 广义影响因素的子集（从概括层视角）： 　○ 需求和约束。 　○ 责任。 　○ 结构、语境与含义。 　○ 沟通机制。 　○ 变革。 　○ 伦理。 ● 文化与环境
步骤 4　评估业务影响	● 业务需求（为什么）客户、产品、服务、战略、目标、问题、机会。 ● 信息生命周期 POSMAD（在应用阶段侧重与收入相关的最大影响，在其他阶段侧重与成本相关的影响，在所有阶段侧重与风险相关的影响）。 ● 四个关键要素：数据、流程、人员/组织、技术（针对每个需使用的业务影响技巧，以适当的细化程度展开）。 ● 交互矩阵。 ● 位置（地点）和时间（何时、频率与时长）。 ● 广义影响因素的子集（从概括层视角）： 　○ 需求和约束。 　○ 沟通机制。 　○ 变革。 　○ 伦理。 ● 文化与环境
步骤 5　确定根本原因	使用 FIQ 所有要素作为检查清单。缺少任何内容都是数据质量问题的潜在根本原因。
步骤 6　制订数据质量提升计划	● 业务需求（为什么）客户、产品、服务、战略、目标、问题、机会。 ● 信息生命周期 POSMAD。 ● 四个关键要素：数据、流程、人员/组织、技术。 ● 交互矩阵。 ● 位置（地点）和时间（何时、频率与时长）。 ● 所有广义影响因素（从概括层视角）： 　○ 需求和约束。 　○ 责任。 　○ 改善与预防。 　○ 沟通机制。 　○ 变革。 　○ 伦理。 ● 文化与环境

（续）

十步法流程中的步骤	在相关步骤中使用的 FIQ 部分/要素/概念
步骤 7　预防未来数据错误	● 业务需求（为什么）客户、产品、服务、战略、目标、问题、机会。 ● 信息生命周期 POSMAD。 ● 四个关键要素：数据、流程、人员/组织、技术。 ● 交互矩阵。 ● 位置（地点）和时间（何时、频率与时长）。 ● 所有广义影响因素（从概括层视角）： 　○ 需求和约束。 　○ 责任。 　○ 改善与预防。 　○ 沟通机制。 　○ 变革。 　○ 伦理。 ● 文化与环境
步骤 8　纠正当前数据错误	● 业务需求（为什么）客户、产品、服务、战略、目标、问题、机会。 ● 信息生命周期 POSMAD。 ● 四个关键要素：数据、流程、人员/组织、技术。 ● 交互矩阵。 ● 位置（地点）和时间（何时、频率与时长）。 ● 所有广义影响因素（从概括层视角）： 　○ 需求和约束。 　○ 责任。 　○ 改善与预防。 　○ 沟通机制。 　○ 变革。 　○ 伦理。 ● 文化与环境
步骤 9　监督控制机制	● 业务需求（为什么）客户、产品、服务、战略、目标、问题、机会。 ● 信息生命周期 POSMAD。 ● 四个关键要素：数据、流程、人员/组织、技术。 ● 交互矩阵。 ● 位置（地点）和时间（何时、频率与时长）。 ● 所有广义影响因素（从概括层视角）： 　○ 需求和约束。 　○ 责任。 　○ 改善与预防。 　○ 沟通机制。 　○ 变革。 　○ 伦理。 ● 文化与环境
步骤 10　全程沟通、管理以及互动参与	● 业务需求（为什么）客户、产品、服务、战略、目标、问题、机会。 ● 信息生命周期 POSMAD。 ● 所有广义影响因素： 　○ 责任。 　○ 沟通机制。 　○ 变革。 　○ 伦理。 ● 文化与环境

表 3.9　信息质量框架（FIQ）与十步法的匹配映射	
FIQ 的部分/要素/概念	部分/要素/概念在十步法的步骤中得以付诸行动
FIQ 的完整部分/要素/概念	● 在步骤 5　确定根本原因中被当作检查清单。任何内容缺失都是数据质量问题的潜在根本原因
业务需求（为什么）客户、产品、服务、战略、目标、问题、机会	● 在步骤 1　确认业务需求与方法中被特别提及。 ● 在每一步中都让左侧内容显而易见，以期让活动保持聚焦。 ● 步骤 4　评估业务影响帮助回答了左侧的为什么
信息生命周期 POSMAD	● 步骤 1　确认业务需求与方法（从概括层视角），左侧内容可作为选择项目重点的输入，在筹备项目时作为确定项目范围的输入。 ● 步骤 2　分析信息环境在记录和分析当前流程时，以适当的细化程度。 ● 步骤 3　评估数据质量（确定在信息生命周期路径的哪个位置获取要评估的数据）。 ● 步骤 4　评估业务影响（据以确定对收入、成本及风险的影响）。 ● 步骤 5　确定根本原因（据以进行根本原因分析）。 ● 步骤 6　制订数据质量提升计划（据以决定信息生命周期路径上哪里需要改进，包括预防和纠正）。 ● 步骤 7　预防未来数据错误（创建新流程以防止以后数据错误）。 ● 步骤 8　纠正当前数据错误（创建流程以更正数据）。 ● 步骤 9　监督控制机制（以确保持续监控的过程稳定且充分）
关键组成部分（数据、流程、人员/组织、技术）	● 步骤 1　确认业务需求与方法（从概括层视角）。 ● 步骤 2　分析信息环境（针对每个子步骤以适当的细化程度进行）。 ● 步骤 3　评估数据质量（针对要评估的每个数据质量维度以适当的细化程度进行）。 ● 步骤 4　评估业务影响（针对要评估的每个业务影响技巧以适当的细化程度进行）。 ● 步骤 5　确定根本原因。 ● 步骤 6　制订数据质量提升计划。 ● 步骤 7　预防未来数据错误。 ● 步骤 8　纠正当前数据错误。 ● 步骤 9　监督控制机制
交互矩阵	● 步骤 2　分析信息环境（当确定任何子步骤之间的交互时）。 ● 步骤 3~9　（当记录分析当前流程、开发新流程以避免未来数据错误、创建流程以纠正数据或确保持续的监控流程稳定且充分时，需要查看信息生命周期 POSMAD 与四个关键要素之间的相互作用）
位置（地点）和时间（何时、频率与时长）	● 所有步骤（确定活动应在何处、何时发生。如果是重复的活动，继续发生的频率以及多久）
广义影响因素	● 大多数将适用于大多数步骤，具体细节如下
需求和约束	步骤 1　确认业务需求与方法。 步骤 2.1　理解相关需求与约束。 作为任何步骤的输入，以确保正在实施的内容符合需求并已将约束因素纳入考虑范围内
责任	作为任何步骤的输入
改善与预防	步骤 5　确定根本原因。 步骤 6　制订数据质量提升计划。 步骤 7　预防未来数据错误。 步骤 8　纠正当前数据错误。 步骤 9　监督控制机制

（续）

FIQ 的部分/要素/概念	部分/要素/概念在十步法的步骤中得以付诸行动
结构、语境与含义	在十步法中出现数据规范（元数据、数据标准、参考数据、数据模型和业务规则）的任何位置，左侧因素将作为一种依据来理解数据内容、需求和约束，特别是： 步骤 2.2　理解相关数据与数据规范。 步骤 3.2　数据规范（数据质量维度之一）
沟通机制、变革、伦理	每个步骤都应该考虑这三个因素，因为它们与步骤 10　全程沟通、管理以及互动参与有关。由于步骤 10 中的某些内容应该在之前的每个步骤中完成，因此作为广义影响因素的沟通机制、变革、伦理是所有项目的所有步骤都要纳入的考虑因素
文化与环境	步骤 10　全程沟通、管理以及互动参与（作为如何实施此步骤的注意事项）。 请注意，由于步骤 10 中的某些操作应在之前每个步骤中完成，因此所有项目中所有步骤都需要考虑文化与环境

实际上，任何概念都可能出现在十步法中的任意一步中，反之亦然，但表格突出了两者之间的特定联系。如果您正在执行十步法的某一个步骤，并希望查看相关的概念，请查阅表 3.8。然后，您可以收集有关这些概念的更多信息。如果您正在查阅这些概念，并想了解如何将它们付诸行动，请使用表 3.9。

小结

本章向您介绍了基本概念，理解这些概念将有助于您的数据质量工作。高品质数据并非凭空而来，需要不懈努力以确保数据符合组织的需求。财务、人力资源等信息必须在其整个生命周期内得到妥善的管理，以充分利用并从中受益。首字母缩略词 POSMAD 是记忆信息生命周期六个阶段的简单方法，即计划、获取、存储和共享、维护、应用和处置（退役）。鼓励将生命周期思维应用到所有数据质量工作中。

信息质量框架（FIQ）中总结了 POSMAD 和其他几个概念，它提供了获得高质量信息所需组件的概览。本章定义了 FIQ 中的概念，以及理解和管理数据的其他核心概念，如数据质量维度、业务影响技巧、数据分类和数据规范（重点关注元数据、数据标准、参考数据、数据模型和业务规则）。关于这些概念的信息是充足的，可以在需要时提供其他资源以获取更多的详细信息。

本章介绍了十步法，并展示了与这些概念之间的关系。您现在已经准备好将这些概念、说明、示例及模板等运用在"第 4 章　十步法流程""第 5 章　设计项目结构""第 6 章　其他技巧和工具"中了。

十步法流程

行动的紧迫性令我印象深刻。

仅有知识是不够的，我们必须予以应用。

仅有意愿也是不够的，我们必须付诸行动。

——Leonardo da Vinci

简介

第 4 章是对信息及数据质量工作的分步指南，它提供了执行十步法流程的说明（见图 4.0.1），这些说明将第 3 章　关键概念付诸实践。十步法流程是您项目道路上的指导方针，它们经受住了时间的考验。

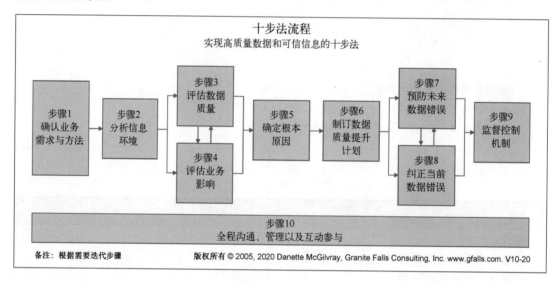

图 4.0.1　十步法流程

从表明您在整体流程中所处位置的"当前位置"开始，本章内容将介绍十步法流程中每一步的细节；步骤汇总表给出了每个步骤的主要目标、目的、输入和输出、技巧与工具、交流建议和检查点问题的概述；所有步骤都使用相同的格式，包括业务收益和环境、方法和示例输出及模板。更多信息请参见绪论中的十步法流程格式一节。

十步法流程的设计非常灵活，因此您可以选择处理业务需求和数据质量问题的步骤。一个一人四周的项目可以和一个多人多月的项目一样使用十步法流程。每个步骤、技术或活动所需的详细程度将根据项目目标和完成它们所需的时间而变化。

在阅读本章和执行项目时，可以在附录　快速检索中看到十步法流程概览，也可以从相关网站 www.gfalls.com 下载。

以下建议：细节级别、适度原则、随手记及其他指引，将有助于选择和调整十步法流程来处理您将遇到的与数据质量相关的许多不同的情况。

细节级别

可以把您的项目想象成从伦敦到巴黎的一段旅程。为了到达目的地，您需要在旅途中获得不同层次的细节信息，如图 4.0.2 所示。

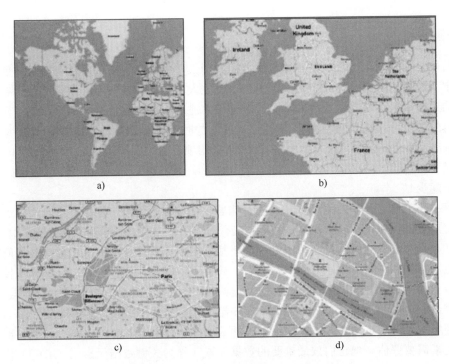

图 4.0.2　地图——不同层次的细节满足不同的需求

a) 洲地图　b) 国家地图　c) 地理区域地图　d) 街道地图

　　把十步法流程想象成您旅行的地图。选择步骤以满足业务需求、数据质量问题和项目范围内的目标，并为不同的行程选择不同的步骤组合。地图有不同的细节级别，您将在特定时刻使用最适合您需求的级别。

　　需要何种程度的细节信息取决于业务需求、您在项目中的位置、从事各种活动的人以及与谁进行接触和沟通。团队领导在与项目决策人沟通时，可能会使用概括层到细节层的细节信息，而与此同时，团队成员则使用明细层的细节信息来完成评估。

　　地图，就像项目计划、文档和其他工件一样，不仅让团队知道他们在旅程中的位置，还使团队在工作和前进中保持协调。

🎯　**最佳实践**

　　细节级别。关注业务需求，确定什么是相关的并重点关注的。对于每个步骤，从概括层开始，只有在有用的情况下才进行较低层次的详细工作。

　　使用以下问题来帮助您决定适当的细节级别：

　　1）细节是否对业务需求、数据质量问题和项目目标有重要和可证实的影响？

　　2）细节是否提供证据来证明或反驳关于数据质量或业务影响的假设？

　　只有当您对这两个问题的回答都是肯定的，您才应该进入下一个层次的细节。

适度原则

项目团队常常认为，在他们开始工作之前花费大量的时间用于了解所有有关的信息之后才做决定，这就是所谓的"分析瘫痪"。此外，有些人由于动作太快或缺乏条理性而导致之后不必要的返工，从而造成了效率低下。应该采用"适度"原则在每一步都花"适度"的时间和"适度"的努力避免这两个极端，"花'适度'的时间和精力来优化结果。"这一原则受到了 Kimberly Wiefling 的启发，她在她的书《杂乱的项目管理™：每个项目面临的 12 个可预测和可避免的陷阱》（2007 年）中谈到："使用恰到好处的计划来优化结果。一点也不能多！一点也不能少！"

适度并不意味着草率或偷工减料。它意味着收集足够的信息，根据您当时所知道的信息做出决定然后继续前进。如果情况发生变化或有新的信息出现，您可以基于新情况做出调整。

例如，在项目开始时，您必须很好地在概括层维度上掌握业务需求和数据质量问题，包括涉及范围内的相关数据主题领域（如客户、产品或医生）、流程、人员/组织以及技术。这已经在步骤 1　确认业务需求与方法中完成。但是您不需要在这个时点知道每个数据字段名、它们的描述、其他元数据、数据标准等。如果您碰巧知道任何方面的细节，把它放在步骤 2　分析信息环境中，这一步您需要在字段级别理解数据和数据规范。那时，您可能会发现有太多的数据元素需要评估。把它们按最重要的数据元素（称为关键数据元素或 CDE））优先排序是很有必要的。现在，这些 CDE 成为您项目的重点，收集元数据时只收集 CDE。如果您进入到步骤 3　评估数据质量，并发现有几个数据字段被遗漏了，那么就在那个时候收集。

在正确的时间采用适度"适度原则"将帮助您避免分析瘫痪和混乱的返工，并使项目更有效地推进。

🎯　**最佳实践**

　　适度原则。花"适度"的时间和精力去优化结果——不要太多，也不要太少！

　　适度并不意味草率或者偷工减料。它需要良好的批判性思维能力。在步骤、技术或活动上花足够的时间来优化结果——这可能意味着需要 **2** 分钟、**2** 小时、**2** 天、**2** 周或 **2** 个月。根据您所知道的信息做出决定，然后继续前进。如果情况发生了变化或者您有了新的认识，那就在那个时候做出调整。

　　通过应用"适度原则"来避免出现"分析瘫痪"和"快速但混乱"的极端情况，您的判断力会随着练习而提高。

随手记

我非常赞成在您发现想法的时候把它们记下来，捕捉每一个想出的点子。您是否曾经参加过一个团队在一起思考和工作并且进展顺利的会议？每个人离开房间时都被会议的进展和见解所激励。但是没有人把它们写下来！两周后有人会说："还记得我们那次特别棒的会议和我们讨论好的解决方案吗？还记得我们做了哪些决定吗？"没有人记得。宝贵的知识消失了，时间浪费了，工作不得不重做。

您将会在整个项目流程中有许多见解，这些见解并不总会在意料之中，应随时将其记录下来，这就是十步法流程的美妙之处，它以新的方式汇集信息，显示出以前隐藏的关系，激发出新的解决方案。当想法出现时把它们记录下来是至关重要的，即使在项目的后期才会使用到。要了解更多的想法以及帮助记录发现的模板，见第 6 章的"分析、综合、建议、记录并根据结果采取行动"这部分内容。如果您只有电子表格的话，那么就使用一个简单的电子表格进行记录。文档记录是一项高优先级事项。没有不进行记录的任何理由！

🎯 **最佳实践**

> **随手记。** 当您了解到东西的时候就把了解到的东西记录下来。捕捉任何时候出现的见解和想法！这样，它们才不会被遗忘（遗忘意味着返工重新发现），并且会在项目当前或之后的步骤中使用。

使用十步法流程的其他指引

迭代法。成功应用十步法流程方法论要采取迭代法。虽然十步法流程是采用逐步的线性形式展现的，但信息和数据的提升过程是迭代的。

随着在整个项目中发现更多的信息，早期假设可能需要重新审视和修改。可能会发现需要回到前面的步骤中，回到那些相关的活动来收集所需的信息。例如，项目团队经常在步骤 5 中发现导致问题的根本原因比他们最初认为的更普遍。突然间，问题的范围扩大了，原始数据质量评估似乎变得不充分了。在这种情况下，可以返回到步骤 3，使用更大的数据集重新评估，或选择另一个维度进行评估。

整个十步法流程天然就是迭代性的。如果项目团队在一个项目中使用了适当的步骤，那么他们可以识别另一个业务问题，并在新项目中再次启动改进流程。信息质量提升需要反复推敲，再三修改——它需要真正的持续改进的心态来进行长期变革。十步法流程的美妙之处在于，它可以应用于许多关注数据质量并对关键业务需求产生影响的场景。

很常见的情形是：一个项目团队评估数据质量和业务影响、确定根本原因并提出具体的改进建议。然而，真正能够影响变革和实施改进的却是另外的团队。另一个项目可能会启动，而该项目只关注纠正和预防数据错误。另一个团队则可能负责实施控制管理，管理手段可以是基于从第一个团队的工作中总结的方法。

有可能在十步法流程的早期就发现了导致数据质量问题的、急需解决的根本原因，请跳至步骤 7 执行预防工作，同时继续进行步骤 3 中的评估工作。

经常查阅这本书。虽然您可能不会逐字逐句地阅读这本书或者一次性应用全部内容，但要了解其中包含的内容，以便在需要时参考。在应用第 4 章的十步法流程时，可以经常交叉引用各个章节并使用这些概念。熟悉信息质量框架和信息生命周期。如有需要，可参考第 3 章中有关数据质量维度、业务影响技巧和其他关键概念的部分。熟悉第 5 章来成功组织您的项目所需要的东西。还要注意第 6 章中的其他工具和技术可以在许多步骤中应用。所有这些都是十步法的组成部分。

项目管理。 成功执行十步法流程需要使用可靠的项目管理实践。项目广义上可以定义为使用十步法来处理与数据和信息有关的业务问题——无论是一个人还是一个团队来实施。或者定义为一个独立的数据质量改进的项目、将数据质量任务集成到另一个项目或方法中的项目（如作为使用第三方方法论的数据迁移项目）对步骤、技术和活动的应用实践。

良好判断和您的知识。 我把十步法流程比作一个食谱或一本烹饪书，两者都提供了指导，但每次使用十步法的方法并不相同。就像应用食谱一样，您要根据场合、人数和您手头的食材来修改它。十步法的使用需要良好的判断力、业务知识和创造力。

选择。 十步法流程是灵活设计的。可以灵活使用十步法，只执行那些适用于业务需求、数据质量问题以及项目范围和目标的步骤。您可以根据自己的判断来选择适用于自身情况的步骤和活动。

可扩展性。 从一个人几周的项目到多人团队几个月的项目，十步法流程都可以适用。要处理的问题、选择的步骤和需要的详细程度极大地影响到所需的时间和资源的多少。例如，一个特定的步骤可能需要一个人两个小时来完成，而在不同的项目中使用相同步骤可能需要一个项目团队两个星期的时间。

复用（80/20 法则）。 很多时候，十步法流程需要组织中已有的信息，只在必须的时候才会用原始研究补充现有的材料。一般情况下，步骤 2 中要求的 80% 的内容是现成的——有正式的文档记录或工作人员已经知晓，可以直接被复用。

用示例作为起点。 要注意的是，这些步骤的实际输出结果可能与示例的形式不同。例如，十步法的某个模板或示例的输出是一个矩阵的形式。但该输出的目的不是这个矩阵，而是关于过程和相关数据、它们的关系、它们如何交互以及如何影响数据质量的知识。输出形式可以是矩阵、图表、过程、数据流或文本解释。形式不重要，重要的是在完成这些步骤的过程中所能学习到的内容、所出优质决策并采取行动。

灵活性。 成功的项目需要应对持续变化的能力，并对项目团队内外的利益相关者保持开放的态度。

关注过程。 关注问题为什么存在，而不是谁制造了问题。"应该归因于过程，而不是人。"充分了解问题的原因以确定如何解决问题，然后迅速采取解决方案。

工具独立。 十步法流程不需要任何特定的工具。然而，市场上有一些工具可以使您的数据质量工作更容易。例如，有一些工具可以对数据进行编目、分析、匹配、解析、标准化、增强和清理。使用十步法流程可以帮助您更有效地利用这些工具。

改进活动。 一些改进活动（根本原因、预防和清理）可以在项目的时间和范围内实施。其他改进工作可能会生成额外的活动，甚至需要项目团队之外的其他人员新建一个单独的项目。

分析和记录。 整个项目中，请确保将分析结果、您发现的问题的疑似原因及对业务的疑似影响统一汇总记录。随着项目的进行，将获取到更多的知识来证明或推翻您早期的假设。

开阔的视野。 许多信息和数据质量改进项目会与其他数据管理举措或全公司范围的改进项目协同进行。与其他项目负责人保持联系，这样就可以制作和共享文档，从而使用这些文档来通知你的团队。在沟通和变更管理上进行协作，使其他人条里清晰并避免混乱。

熟能生巧。对于任何新事物，随着您对十步法（包括概念和过程步骤）使用经验的增加，后续使用将会更加得心应手。学习如何选择流程步骤和技巧，决定合适的细节级别，有效地将十步法流程应用于数据质量是数据质量艺术的重要组成部分。

步骤 1　确认业务需求与方法

步骤 1 在十步法流程中的位置如图 4.1.1 所示。

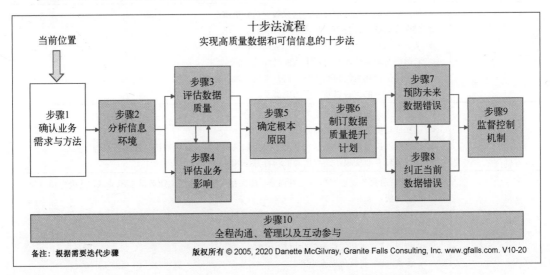

图 4.1.1　步骤 1　确认业务需求与方法"当前位置"图示

步骤 1 简介

这一步的重要性怎么强调都不为过。您的工作必须与一个或多个关键业务需求紧密联系在一起。"业务需求"是我用来概括任何对组织重要的事务的总称——由客户、产品、服务、战略、目标、问题和机会驱动。关键业务需求（即最重要的需求）是数据质量项目背后的推动力。花费的时间、精力和资源以及项目结果应该对您的组织产生影响。

很多跳过这一步的人告诉我："我花了 3~4 个月的时间在一个数据质量项目上。然后我向我的同事们展示了我的成果。他们说这很有趣，但他们并不真正关心。"把时间和才华浪费在不重要的事情上是多么可惜。对于大多数人来说，甚至连启动数据质量项目的资源都无法获得，除非该项目与关键业务需求相关。而确实应该是这样的。要做的事情太多，可分配的资源太少。如果您想获得支持、关注、资源以及其他人围绕数据质量采取行动的任何机会，那么您的工作必须与关键业务需求紧密关联。

步骤 1 的步骤总结表见表 4.1.1。

表 4.1.1　步骤 1　确认业务需求与方法的步骤总结表

目标	● 优先考虑并最终确定项目要处理的业务需求（与客户、产品、服务、战略、目标、问题或机会有关）。 ● 明确项目重点和收益。 ● 定义项目目标并在预期结果上达成一致。 ● 在概括层维度概述项目范围内的信息环境，包括数据、流程、人员/组织、技术和资讯生命周期。 ● 使用好的项目管理实践来计划和启动项目。 ● 从项目开始就与利益相关者进行沟通和接触。
目的	● 通过解决高优先级的业务需求来确保项目价值。 ● 确保有问题的数据与业务需求相关联。 ● 从一开始就管理好项目从而增加成功的机会。 　○ 确保在项目范围和目标上达成必要的共识。 　○ 使用信息环境的初始高维度简介来指导项目规划和范围。 ● 确保对项目的支持以及必要的资源
输入	● 业务需求（数据与信息是其重要组成部分）。 ● 已知或可疑的数据质量问题。 ● 用来帮助描述范围内概括层信息环境的知识和工件，如组织结构图和应用程序架构。 ● 项目管理专业知识：使用所选的项目方法/SDLC
技巧与工具	● 收集/识别业务需求和数据质量问题，确保有问题的数据与业务需求相关联，并确定项目重点的优先级： 　○ 模板 4.1.1　业务需求和数据质量问题工作表。 　○ 步骤 4.2　连点成线。 　○ 步骤 4.7　对相关性与信任度的认知。 　○ 步骤 4.8　收益与成本矩阵。 　○ 周五下午测评法（FAM）。 　○ 您的组织偏好使用的其他优先排序技巧。 ● 为项目制订计划： 　○ 见第 5 章　设计项目结构。 　○ 所选项目方法的技术（如创建项目章程、环境图、特性、用户故事等）。 　○ 模板 4.1.2　项目章程。 ● 沟通和参与： 　○ 见步骤 10　全程沟通、管理以及互动参与。 　○ 其他常用的沟通技巧。 ● 第 6 章　其他技巧和工具： 　○ 进行调查。 　○ 跟踪问题和行动事项（从步骤 1 开始并贯穿始终）。 　○ 基于结果进行分析、综合、推荐、记录、并采取行动（从步骤 1 开始并贯穿始终）
输出	● 达成共识的下列内容及文档： 　○ 业务需求、数据质量问题和项目重点。 　○ 项目目标和收益。 　○ 项目范围内的信息环境（概括层）。 ● 项目计划和其他针对所选项目方法/SDLC 使用的"合适大小"的工件（如章程、背景图、时间轴、里程碑、特性、用户故事）。

（续）

输出	● 利益相关方分析。 ● 初步沟通和变革管理计划。 ● 在项目的这一节点上完成适当的沟通和变革管理任务
沟通、管理和参与	● 开始建立利益相关方列表，并创建初始沟通计划。 ● 如果通过进行调查或访谈来收集/了解业务需求及数据质量问题，确保受访者知道目的并做好准备。 ● 与利益相关方会面，获得对计划项目的反馈，设定预期目标，并解决他们的顾虑。 ● 倾听所有的反馈——积极的和消极的；进行调整和跟进。 ● 确保获得支持和资源。 ● 与项目团队和管理层一起进行项目启动。 ● 建立项目文档的存储和分享架构。 ● 建立跟踪问题和行动项目的流程，并记录结果
检查点	● 业务需求和数据质量问题、项目重点、收益和目标是否明确定义？ ● 管理层、资助人、利益相关方、项目团队及其经理是否适当参与？他们理解并支持这个项目吗？ ● 所需的资源是否已投入？ ● 是否理解并记录了概括层信息环境——项目范围内的数据、过程、人员/组织、技术和信息生命周期？ ● 项目是否已适当开启，如通过项目启动？ ● 是否已经创建了项目计划、与项目方法/ SDLC 相关的其他工件，以及用于共享文档的文件结构？ ● 是否完成了最初的利益相关方分析并将其作为沟通计划的输入？ ● 是否制订了沟通计划并完成了这一步骤中必要的沟通

 定义

　　业务需求。表示对组织重要的事项，由客户、产品、服务、战略、目标、问题和机会驱动。关键业务需求（即那些最重要的需求）应该推动所有的行动和决策，并成为数据质量项目背后的推动力。

步骤 1 流程

　　要严格地规定这一步的执行顺序是不可能的，因为这一步的起点因项目而异，差异很大。对于一些项目来说，业务需求和数据的作用是明确的，支持是强大的，资源是可用的，在这一步中剩下的任务就是为项目制订计划。对于其他一些项目来说，数据质量项目是一个新的想法，在开始项目计划之前，需要做很多工作来确定最重要的需求、对它们进行优先排序、确定项目重点、获得支持和资源。步骤 1 的流程图如图 4.1.2 所示，完成它们的顺序由您来决定。

　　数据质量项目的出现通常始于数据相关的业务需求、已知或疑似的数据质量问题。无论起点是什么，在此步骤中，您都必须确定业务需求的底层数据或者确保已知或可疑的数据质量问题存在与之相关的真实业务需求。

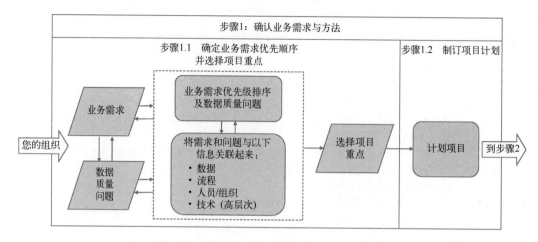

图 4.1.2   步骤 1   确认业务需求与方法的流程图

您的组织（或业务单元、部门、团队）的业务需求和数据质量问题是步骤 1.1 的输入。正如前面提到的，对于一些项目，项目的重点已经很清晰了。而在其他项目中，会有其他一些工作内容需要您处理从而确定努力的方向。有很多方法可以进行优先级排序。可以使用这里建议的技巧或在您的组织中已经行之有效的优先级排序方法。

当您讨论业务需求和数据质量问题时，请将它们与相关的数据、流程、人员/组织和技术在较高的层次上联系起来。从这些活动中选择项目重点，它是在步骤 1.2 中设计项目计划的输入。理想情况下，在最终确定项目计划之前，与合适的利益相关方确认所选择的项目重点。

在图 4.1.2 中，步骤 1.1 说明了项目有不同的起点。对于一些项目而言，特定的业务需求或数据质量问题已明确了工作方向。其他项目则必须在最终确认项目重点之前进行优先级排序，并在多种可能性中做出选择。步骤 1.2 也很重要，因为任何数据质量工作都需要好的组织，第 5 章提供了有用的细节来补充这一步骤。

这一步骤构成了项目其余部分的基础。确保您的项目解决了人们关心的问题，并将为您的组织带来价值。

步骤 1.1   确定业务需求优先顺序并选择项目重点

业务收益和背景

必须将项目时间用于业务关心的事务上。如果业务需求还不明确的话，这个步骤有助于确定什么是最重要的业务需求。如前面所述，在此步骤中执行指示的顺序不是规定性的，但是无论活动的顺序如何，都必须确定关键业务需求是什么。

方法

1. 确认业务需求和数据质量问题

模板 4.1.1   业务需求和数据质量问题工作表用于收集业务需求和数据质量问题，并随后进行优先级排序。

以下方法可用于发现业务需求和数据质量问题或更多地了解已知的问题：

研究：浏览阅读组织的网站（面向公众）、内部网站（面向内部）、年度报告和员工会议上展示的 PPT。这些可以表明什么对您的团队、职能或整个组织是至关重要的。

访谈和调查：这一步骤中调查的目标是揭示关键的业务需求或数据质量问题，来帮您确定数据质量项目的重点。与您的经理、经理的经理、您的同事及其他职位上的人沟通，了解当前对公司最重要的是什么。如果可以，与 C 级高管和董事会成员进行沟通。邀请业务、数据和技术的利益相关人说明他们的顾虑和观点。您不需要调查每个人，但要确保覆盖那些对问题有见解的人以及那些有权批准和支付项目资金的人。

另一个业务影响技巧参见步骤 4.7 对相关性与信任度的认知，这项技巧揭示了糟糕的数据质量带来的痛点和影响、哪些数据是重要的，以及人们对数据质量的感知和信任程度。在准备和实施调查时，请参见第 6 章 其他技巧和工具中的"开展调研"部分。

已记录的数据质量问题：如果您或其他人保存了与数据质量相关的投诉列表，那么现在是时候回顾它了。看看这些数据质量问题是否与高优先级业务需求相关。

普遍业务影响：考虑以下普遍类型的业务影响，以激发人们对业务需求和数据质量的思考：

- **损失收入及错失机会**。解决了数据质量问题，收入就会增加。例如，客户的信息数据正确就可以联系到更多的客户，从而增加了客户购买的产品和服务的可能。换句话说，客户信息不准确就无法联络到客户，从而错失商机。

- **损失业务**。您的公司曾经有客户或供应商因为数据质量因素而不再与您做生意。例如，由于数据质量差而无法正确运送产品可能会导致客户从另一家公司订购；由于数据质量差而无法及时付款，可能会导致供应商拒绝向您的公司提供零部件、材料或供应品。

- **增加风险**。数据质量问题会增加公司风险。例如，客户的购买信息与重复的客户记录相关联，导致该客户的信用限额超限，这种低质量数据及信用风险敞口问题会造成合规性和安全性的问题。

- **不必要或过高的成本**。公司在返工、数据修正、恢复业务损失、流程影响等环节上因浪费时间和材料而产生的成本。例如，不正确的库存数据导致没有及时订购和供应材料，生产就会停止。

- **灾难**。糟糕的数据质量导致了灾难性的结果，如法律影响、财产损失或生命损失。

- **共享的流程和共享的数据**。多个业务流程共享相同的信息，数据中的质量问题会影响所有流程；或者组织的一个关键业务流程受到缺乏良好数据质量的影响。例如，供应商主记录数据影响了向供应商快速下订单和及时支付供应商货款的能力。如果您的公司只是通过网站与客户进行交流，那么网站上呈现的信息质量是至关重要的。

真实数据质量示例：从组织的系统中查询并提取一些实际质量较差的数据示例。有关如何进行快速评估以查看数据质量问题，请参阅最佳实践部分。

最佳实践

　　您有数据质量问题吗？ 解决问题的第一步是承认存在数据质量问题。**Tom Redman** 设计了一种方法来解决"我是否有数据质量问题？"这个问题。他的设计可以满足组织对数据质量进行简单、可验证的检测，而不需要投入太多的时间和金钱。它被称为 **FAM**，因为许多人在周五下午使用它，因此称为"周五下午检测法"。

　　将重点集中在最近的数据（最近使用、创建或处理的 **100** 条记录）和 **10～15** 个最基本的属性（字段、列或属性），并用这些数据完成一些任务，如签约客户、更新软件许可证等。把数据放在电子表格里，打印出来。邀请 **2～3** 个了解数据的人参加一个 **2h** 的会议，每个人用红笔标出错误。如果没有红色标记，则将数据记录视为"完美"

　　一起总结和解释结果。要做到这一点，最重要的一步就是对"完美"数据记录进行计数。您会得到一个 **0～100** 的数字，它代表您的"**DQ 分数**"。报告结果时，可以简单地表述为"在最近的 **100** 条记录中，有 **42** 条失败了。"意思是您的业务里有 **42** 件事搞砸了。以这种方式报告结果有助于缩小数据质量和组织所做工作之间的偏差。

　　FAM 以一种更有形的方式让数据看得见、摸得着。它快速、廉价，并可以确定您是否存在数据质量问题，以及从哪里开始进行工作。它不会扩大规模，但通常会推动采取进一步的行动。

　　——**Thomas C. Redman**. 更多细节可参见《领先于数据:谁做什么》(2016 年)和"评估您是否拥有数据质量问题"(2016 年)

　　备注：一旦发现数据质量问题，通过使用十步法流程中的相关步骤、技术和活动来解决它们。

　　2. 对业务需求和数据质量问题进行优先级排序

　　项目的重点可能很明显。但是，如果您发现存在一长串的业务需求或数据质量问题，也不意外。如果是这样，您必须确定该列表的优先级以确定企业目前面临的最重要的目标、战略、问题和机遇是什么，哪些应该是项目的重点？

　　有很多方法可以确定优先级。步骤 4.8　收益与成本矩阵，是在确定业务需求列表的优先级时效果很好的一种技巧。可以结合选定的业务、数据和技术方面的利益相关人一起讨论最关键的业务需求。

　　3. 连接业务需求和数据

　　请参阅步骤 4.2　连点成线，这是一种简单快捷的技巧，可帮助我们将业务需求与数据联系起来。该技巧还可以识别与业务需求相关的高阶流程、人员/组织和技术。

关键概念

　　查看第 **3** 章　关键概念的信息质量框架或附录：快速检索。左侧下方的前四个框标有数据、流程、人员/组织和技术。这是在整个生命周期中影响信息的四个关键因素。对于这四个关键因素：

- 我们必须了解、解释和管理四个关键因素，以获得高质量的信息。
- 我们首先通过步骤 1.1　确定业务需求优先顺序并选择项目重点来从概括层上识别关键因素。
- 与选定的项目重点相关的特定四个关键因素提供了边界帮助我们在步骤 1.2　制订项目计划中确定项目范围。
- 在步骤 2　分析信息环境中会进行更详细的探讨。

4．选择或确认项目的重点

最终确定项目的主题，确保它将支持存在数据质量问题的关键业务需求。选定的项目重点和在此步骤中了解获得的内容是步骤 1.2 中规划项目的起点。它为制定具体的项目目标提供了基础并成为项目的输入。

5．记录、沟通和参与

确保项目资助者和其他关键利益相关方清楚业务需求，有切合实际的期望，并支持项目的预期目标。记录此子步骤的输出。

示例输出及模板

业务需求和数据质量问题工作表模板

模板 4.1.1 是一个简单的工作表，用于在项目的早期阶段获取业务需求和数据质量问题。在第二列中列出业务需求，在第三列中列出已知或疑似的数据质量问题。业务需求和数据质量问题被分开以强调这两个不是一个概念。

人们经常会说，"我的业务需求是要拥有高质量的员工记录。"但这是一个数据质量问题，而不是业务需求。当您可以回答"为什么我需要高质量的员工记录？"这个问题时，那么就是业务需求了。

			模板 4.1.1　业务需求和数据质量问题工作表					
			高阶信息环境					
项目序号	业务需求	数据质量问题	流程	人员/组织	技术	数据	项目目标[①]	备注
1								
2								
3								
4								

① 项目目标将在步骤 1.2 中最终确定，但在步骤 1.1 中被随时发现，随时记录。

问题的答案可能是公司认识到许多员工将在未来 5～10 年内退休。人力资源部门的任务是制订和实施一项计划，以确定在何时、世界上的何处、需要填补哪些职位、所需的知识和技能，以及如何培训填补这些职位的员工。有早期证据表明，员工记录已过时或不包含所需的信息，以确保公司在其他员工离职时仍然能让员工在正确的时间、正确的地点为这些工作做好准备。这就是业务需求。

填写模板并在此步骤中进行细化。例如，可能最初被称为数据质量问题的内容需要用业务语言而不是数据语言来表达。最初作为业务需求的，但实际上可能是数据质量问题。获取与特定业务需求或数据质量问题相关的高阶数据、流程、人员/组织和技术的信息。

业务需求和数据质量问题工作表示例

图 4.1.3 显示了使用模板 4.1.1 的两个示例：收集与记录业务需求和数据质量问题的初始列表和阐明项目后的改进列表，以及在做这一步时了解的其他信息。比较两个列表时的一些注意事项如下。

示例 1：业务需求和数据质量问题的初始列表

项目序号	业务需求	数据质量问题	与业务需求相关（高阶）				项目目标
			流程	人员/组织	技术	数据	
1	研究客户对发票多收费用的投诉		开票	财务部门			
2		避免重复的客户记录				客户主记录	
3	需要高质量的员工数据					员工主记录	
...	...	...	...	...	...	...	...

示例 2：业务需求和数据质量问题的改进列表

项目序号	业务需求	数据质量问题	与业务需求相关（高阶）				项目目标
			流程	人员/组织	技术	数据	
1	解决客户对发票多收费用的投诉	发票数据质量被怀疑是问题的一部分	开票	● 财务部门 ● 信息技术部门	财务云端软件	● 发票交易 ● 客户主记录	● 开发发票信息生命周期 ● 评估发票记录的质量
2	向一些客户过度提供信贷将面临信贷风险。超出客户信用额度超限，因其基于单独开分（重复）的客户主记录而定	重复记录同一客户的业务交易链接到该客户的不同主记录	客户关系管理	● 销售人员 ● 营销人员 ● 在线客服 ● 电话代表 ● 信用部门	● 客户关系管理（CRM）应用 ● 客户数据库	客户主记录	● 客户主记录去重
3	劳动力老龄化/退休。需要确保业务连续性	员工数据质量不可接受	● 招聘 ● 培训	● 人力部门	企业资源规划（ERP）中的人力模块	● 员工主记录 ● 培训数据	
...	...	...	...	...	...	...	...

图 4.1.3 业务需求和数据质量问题工作表示例

- 在初始列表中，第 2 行从数据质量问题开始，但没有业务需求。在细化列表中，第 2 行包含了业务需求，使用的是后来添加的业务语言。
- 在初始列表中，第 3 行显示"需要高质量的员工数据"作为业务需求，而这实际上是数据质量问题。这是一个常见的错误，但对其进行区分很重要。当被告知"我们需要高质量的数据"时，业务利益相关方很少采取行动。只有当他们看到数据如何支持业务需求时，您才有机会得到他们在数据质量工作上的支持。在改进列表中，将数据质量描述移至"数据质量问题"列，并添加了业务需求。

步骤 1.2　制订项目计划

业务收益和背景

数据质量"旅行"计划从第 5 章　设计项目结构开始，包含设置项目的若干详细信息。首先从几个定义开始：项目、项目管理、项目方法和 SDLC。

 定义

根据项目管理协会的说法，"**项目**是为创造独特的产品、服务或结果而进行的临时努力。因此，**项目管理**就是将知识、技能、工具和技术应用于项目活动以满足项目需求。"

正如本书所应用的那样，**项目**一词被广泛地用作任何利用十步法来满足业务需求的结构化工作。一个项目可以应用完整的十步过程或选定的步骤、活动、工具以及技巧。一个项目团队可以只有一个人，可以是一个 3～4 人的小团队，可以是一个有几个人的大团队，还可以包括多个团队之间的协调。我将使用十步法的**项目类型**分为三大类，如下。

● 专注于数据质量改进的项目。
● 其他项目中的数据质量活动。
● 数据质量步骤、活动或技术的临时使用。

项目类型决定了项目方法。**项目方法**是指如何交付解决方案，以及使用的框架或模型。它为项目计划、项目内的阶段、要承担的任务、所需资源和项目团队的结构提供了基础。使用的模型可以是十步过程本身，也可以是最适合这种情况的任何 SDLC 模型。表 **4.1.2** 和第 5 章进一步定义了三种项目类型和建议的方法。

SDLC 是指解决方案（或软件及系统）开发生命周期。有许多 SDLC 选项。例如，线性顺序方法（通常称为瀑布方法）已经存在很多年了。敏捷模型（具有多种方法，如 **Scrum** 或 **Kanban**）是一种更加模块化、灵活、迭代和增量的方法，自 **2001** 年引入敏捷宣言以来，这种方法越来越受欢迎。**DevOps** 是一种较新的方法，它融合了历史上分离的 **IT** 应用程序开发和 **IT** 运营团队的任务。所有模型和方法都有其优点和缺点。可以组合模型以创建混合方法。所有方法都可以通过融入数据质量和治理活动而受益。无论使用哪种方法或模型，**SDLC** 作为综合性术语都可以代表。

将选定的项目重点（基于业务需求和数据质量问题）告知项目目标。**项目目标**阐明了项目的具体结果，与要解决的业务需求和数据质量问题相一致。虽然业务需求应该是业务语言，但项目目标也可以包括数据语言。应以可量化的方式编写项目目标用衡量标准来确定目标是否已实现。常用标准的首字母缩略为 **SMART**，这意味着项目目标应该是具体的、

可衡量的、可实现的、相关的和有时限的。

作为历史记录：虽然通常认为 SMART 是彼得·德鲁克发明的，但人们所知的第一次使用 SMART 是 1981 年由乔治·T·多兰(George T. Doran)提出的。参见 Doran(1981, p1) 和 Wikipedia.org，SMART_criteria（2020 年）。

表 4.1.2 数据质量项目类型

专注于数据质量改进的项目	
描述	方法
数据质量改进项目专注于影响业务的特定数据质量问题。目标是通过评估、根本原因分析、纠正、预防和控制来提高数据质量。 十步法还可以为组织创建数据质量改进方法奠定基础	制定项目目标并从十步法流程中选择那些与解决业务需求和数据质量问题相关的步骤、活动和技巧。十步法过程本身可以用作项目计划/工作分解结构的基础，也可以用作组织文件、项目工件和文档的结构。如果使用敏捷方法，请使用十步法流程中的步骤和子步骤来帮助确定任何一个周期中可以完成的功能和工作量，以及在一系列周期中要完成的工作顺序
其他项目中的数据质量活动	
描述	方法
将十步法过程中的步骤、活动或技巧整合到其他依赖数据的项目、方法或 SDLC 中。例如，在应用程序开发、数据迁移和集成、业务流程改进项目以及 6 Sigma 或精益项目中，数据质量不是主要关注点，但数据是成功不可或缺的一部分。如果在项目早期就解决了数据质量问题并将其内置到技术、流程和角色/职责中，这些项目将产生更好的结果，一旦投入生产，这些将成为系统的一部分。 任何使用或影响数据及信息的流程、方法、框架都可以从更多关注数据的质量以及管理数据的方法中受益。解决与数据相关的风险将提高此类项目的整体成功率，而使用十步法将有所帮助。 一种变化形式是将十步法中的数据质量活动集成到组织的标准 SDLC 中	整个项目可能正在使用第三方供应商 SDLC 或内部首选 SDLC（其中任何一个都可以是顺序的、敏捷的等）。 熟悉整个项目和使用的方法。然后从十步法中选择与工作的数据部分相关的步骤、活动和技巧。具体确定它们在项目计划中的位置以及所使用的方法。不要指望其他人这样做，不要期望他们像您那样理解十步法过程。让项目经理和团队成员轻松了解数据质量的适用范围以及它将如何使总体项目受益。将数据质量工作纳入他们的项目中，使其与其他项目工作一样被视为不可或缺的、必要的且重要的工作。 对于使用敏捷方法的项目，通过创建具有明确验收标准的功能和用户描述来将工作内容嵌入到时间计划中。
数据质量步骤、活动或技术的临时使用	
描述	方法
利用十步法流程的任何部分来解决业务需求或数据质量问题，如在日常工作或运营过程中出现的支持问题	尽管它可能不是一个经常使用的正式"项目"，但仍然必须组织数据质量工作。临时使用往往在范围和时间上受到限制。选择适用的几个步骤、活动或技术，何时使用以及需要参与的人员

良好的项目管理对于任何项目的成功都是必不可少的。这一步将使您在规划项目时应用良好的项目管理技术，有效的规划对于任何项目的成功都是必不可少的。

在制订项目计划时，确保与利益相关方继续达成一致。

❞❞ 经典语录

"从激动人心的创新到平凡但必要的改进，组织制定项目来帮助企业解决问题、支持目标或利用机会……。这些项目越有效，它们就越早实现结果……。当然，真正的好处并不是说我们拥有高质量的综合信息，而是企业可以做出明智的决策并采取有效的行动。专注于……对您的业务最重要的数据。"

——丹妮特·麦克吉尔夫雷和玛莎·拜金，
项目中的数据质量和治理：知识在行动（2013）
pgs.1, 3, 20,21.

方法

1．确定定项目类型和要使用的方法

选定的项目重点以及在步骤 1.1 中了解的业务需求、数据质量问题和相关的高阶数据、流程、人员/组织和技术是此处规划项目的起点。这些为选择项目类型和制定具体项目目标提供了基础。它们也是其他标准项目管理工件的输入。

使用十步法的数据质量项目类型被分为表 4.1.2 中描述的三大类。项目类型决定了项目方法，即用于开发解决方案的模型。注意：在第 5 章　设计项目结构中可以找到对每种项目类型的更详尽的解释。

2．组建项目团队

确定执行项目所需的技能、应该参与的人员以及项目团队的规模（如个人、小型团队、扩展团队、作为另一个项目的一部分的数据团队）。请参阅第 5 章中的表 5.10 数据质量项目的角色。获得团队中需要的人员的经理的批准。从那些将成为团队成员的人那里获得兴趣和承诺。

3．明确项目目标、制订计划，并创建其他适用的项目工件以适应所选方法

创建一个适合项目的项目章程和一个直观地表示范围内元素的上下文图。请参阅下面的示例输出及模板。就具体项目目标达成一致，如果目标完成，将解决范围内的业务需求和数据质量问题。制订项目计划，包括依赖关系、资源、估计的工作量或持续时间以及时间表。

> **关键概念**
>
> **敏捷和项目管理。** 那些使用敏捷方法的人常常忽略传统项目管理的术语或概念，如项目章程、工作分解结构或环境关系图。然而，使用敏捷方法的项目仍然必须通过产品愿景声明、产品路线图、发布计划、冲刺目标和待办事项来就目标达成一致、完成工作、协调资源、跟踪进度和相互沟通等。

查看首选项目方法使用的术语以及如何管理整个项目的意图。确保数据质量工作无缝地适应使用的任何方法。

4．利用其他良好的项目管理实践、工具和技术

例如，设置以下流程：

在整个项目中跟踪问题和行动项目。 您的组织可能为此目的拥有一个软件应用程序或标准模板。如果没有，请参阅第 6 章　其他技巧和工具中的跟踪问题和行动项部分的模板。

记录每个步骤的结果。 现在开始记录自己的每个步骤的结果和分析结论。创建一个所有团队成员都可以访问的文件结构。养成在每个步骤结束时确保文档是完整的可交付成果的习惯。有关更多信息，请参阅第 6 章　其他技巧和工具中的分析、综合、建议、记录并根据结果采取行动部分。

5．此步骤全程进行沟通、管理和参与

在该步骤的早期确定项目利益相关方。创建并开始执行沟通计划。有关技术和模板，请参阅步骤 10　全程沟通、管理以及互动参与。

对于任何类型的数据质量项目，都要获得发起人和利益相关方对项目重点、目标和资源的批准和支持。确保他们理解并同意通过提高数据质量来解决业务需求。与利益相关方一起设定他们在项目中的角色以及将要完成的工作期望。确认管理支持、必要的批准和承诺的资源。使用您的项目章程作为沟通的输入。使用将项目范围内外的元素可视化的环境关系图，以便于讨论、获取输入并最终就项目范围达成一致。

考虑以下四种类型的数据质量项目：

- **专注于数据质量改进项目**。如果与项目团队合作，请与 IT 和业务管理人员、资助人、利益相关方和团队成员沟通并获得支持。如果是一个人的项目，从经理那里获得其对项目目标、满足的业务需求以及将花费的时间的支持。
- **其他项目中的数据质量项目**。与项目经理密切合作，确保将数据质量活动整合到项目计划中并为所有团队成员所知。
- **数据质量步骤、活动或技术的临时使用**。确保您了解使用它们的原因、它们的使用方式以及使用它们的预期结果。与那些能够为你提供帮助以及将从您的工作中受益的人讨论。
- **所有类型**。接触那些需要意见的人以及可能受项目影响的人。听取所有反馈意见——正面的和负面的。根据需要进行调整和跟进。

举行项目启动，这是团队成员和管理层正式启动项目的会议或研讨会。项目启动发生在步骤的末尾，在项目重点、范围、计划等达成一致并已投入资源之后。项目启动：

- 确保所有相关人员对项目有共同的理解，如要解决的业务需求和数据质量问题、项目目标、收益、角色和责任以及其他期望。
- 让管理层和团队成员有机会会面并了解每个人如何为项目做出贡献以及他们将如何互动。
- 提供确认期望、讨论问题和消除误解的机会。

所有这些活动为在整个项目中获得利益相关方和团队成员的持续支持和互动奠定了基础。沟通和参与是真正的工作。它们对于您的成功与制订可靠的项目计划一样重要。

6．行动起来

> **经典语录**
>
> "用足够的计划来优化结果。但既不要过多也不要过少，要适可而止。"
> ——金佰利·威夫林，《项目管理：每个项目面临的 12 个可预测和可避免的陷阱》（2007 年）

示例输出及模板

项目章程

项目章程的作用是确保发起人、利益相关方和交付项目的团队之间达成一致。项目章程适用于所有类型项目，无论其项目方法或规模如何。无论如何，即使对于敏捷项目团队来说，它也是一个关键文档，因为需要清晰的表述，以便所有资源都朝着相同的目标对齐并理解要使用的方法。即使您作为个体在日常职责范围内解决数据质量问题，也要花时间编写项目章程。它为您与经理讨论提供了基础，以确保在项目范围内就目标和必要活动达成一致。

您的组织可参考使用模板 4.1.2 编写项目章程。舍弃那些不适用的部分并添加与您的情况相关的部分。简明扼要，尽量将章程保持在 1～2 页。如果需要比此处显示的更详细的项目章程，请保留一页摘要版本。在整个项目中更新它以提供一目了然的视图，任何参与该项目的人都可以看到项目章程，从而快速了解该项目。在各种沟通活动中提供项目概述时，请参阅章程以获取内容。

模板 4.1.2 项目章程	
项目名称 包括名称、缩写或首字母缩略词（如果有）	
日期 至少包括章程的最后更新日期。如果需要跟踪修订历史，请包括创建日期和后续修订日期	
主要联系人/制订人 如果对项目章程有任何问题或疑虑，应联系的人员的姓名、职务和联系信息	
项目概况	
项目概览和背景 任何人都容易理解的内容摘要。包括： ● 导致项目的情况。 ● 触发项目或将由项目解决的业务需求（与客户、产品、服务、战略、目标、问题、机会有关）。 ● 项目目标和目的的简要描述。 ● 项目的业务理由或原因	
收益 项目的预期收益。尽可能包括定量收益（如成本节约、收入增长、合规）和定性收益（如降低风险、客户满意度、员工士气）	
项目资源	
包括姓名、职务、部门、团队等相关信息。根据需要填写联系信息。对于地理位置分散的团队，包含地点名称、国家等位置信息和时区通常很有帮助	
高层资助者	
项目资助者	
利益相关人	

（续）

项目资源	
项目经理	
项目团队成员	
扩展组	
项目范围	
目标和对象	1. 2. 3.
主要可交付结果	1. 2. 3.
项目包括：	以下项目属于项目范围（在概括层）： ● 数据。 ● 流程。 ● 人员和组织。 ● 技术
项目不包括：	如果需要明确，请描述看似相关但超出项目范围的内容： ● 数据。 ● 处理流程。 ● 人员和组织。 ● 技术
项目条件	
成功标准 如何知道项目何时完成以及目标是否已实现	
成功的关键因素 项目成功必须具备的条件	
假设、问题、依赖、约束 可能影响项目范围、进度、待完成工作或可交付成果质量的项目	
风险 可能对项目产生负面影响的事物。对于每个风险，说明它发生的可能性，如果发生会带来的潜在影响和需要采取的行动	
度量、绩效测量和目标 项目成功的指标以及项目期间将跟踪的内容。这些可能会随着项目的进行而开发	
时间安排 时间表和主要里程碑事件	
成本和资金 费用估算及费用承担人	

环境关系图

在项目管理术语中，环境关系图可以直观地表示范围内的元素，有时也表示范围外的元素。创建一个环境关系图，显示所涉及的高阶数据、流程、人员/组织和技术。在这一点上，一张图片真的胜过千言万语。在讨论项目考虑的元素以及决定什么应该在范围内或外时，一个好的环境关系图很有用。

图 4.1.4 是一个环境关系图，显示了公用事业公司内部和外部的关系。例如，家中的智能电表归公共事业单位所有。最初，该图显示来自智能电表的数据直接输入到内部私有云中。然后我被告知数据首先被发送到金融机构进行处理并向客户收费，然后发送到公共事业单位。因此，银行被添加到环境关系图中。这是一个很好的例子，说明了为什么图形很有帮助。人们可以确保它准确地代表高阶流程，然后讨论数据质量项目的范围内应该包含哪些内容。已知问题在哪里以及哪些数据——在数据湖中的数据、来自外部云服务提供商的数据，还是智能电表中的数据等。如果需要，添加其他图形以显示更多详细信息，并补充说明性文字。正确的图形可以为整个项目提供有益的参考。当团队讨论特定的数据存储、数据源或流程时，该图形可以提醒每个人他们在整个环境中所处的位置。

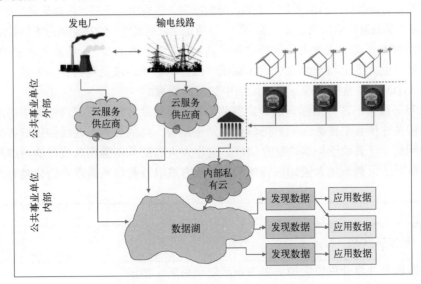

图 4.1.4 环境关系图/信息生命周期高阶图

其他模板

请参阅第 6 章 其他技巧和工具中的以下部分，里面有可在整个项目中使用的模板，并且应该从步骤 1 开始：

- 跟踪问题和行动项
- 分析、综合、建议、记录并根据结果采取行动

十步法实战

三个十步法行动的标注框说明了十步法的灵活性和可扩展性，以及它在不同国家和组织

中的各种使用方式——所有这些都取得了良好的效果。来自西雅图公用事业公司的示例比其他示例包含更多细节，以显示对十步法的充分使用是什么样的。

 十步法实战

对澳大利亚数据质量教育实施的十步法

一个澳大利亚州政府组织的 **60** 人信息管理团队是从零开始建立起来的。团队中的一位数据分析师说："为了了解和理解数据质量，团队将本书的第 1 版用作最佳实践数据质量流程的指南。这是一个非常有用的工具，十步法为我们的数据质量框架提供了输入。"

 十步法实战

十步法在南非的各种应用

Paul Grobler 是 **Altron** 数据管理实践的首席顾问，并在南非 **DAMA** 董事会任职。他解释了十步法是如何使用的：

对于数据咨询服务，通常要为特定的、与数据相关的解决方案制定数据战略或路线图，十步法的步骤 **1** 是激发我们如何定义（或阐明）该特定需求的灵感。这些活动通常与技术无关。

我们还将十步法的概要用于数据质量评估，使用了各种工具。在可能及合理的情况下，我们的项目计划大致上与十步法中的步骤相呼应，尽管十步法更适合数据质量，但它也有助于提高 **MDM**（主数据管理）举措活动中数据的质量。

如果我必须指出该方法强调的最重要的因素，那就是将数据质量与业务中的问题联系起来。这种关注使我们作为顾问真正与业务紧密结合，共同努力，在找到正确答案之前先提出正确问题。这有助于与客户建立信任。这也大大有助于调整团队成员的思维和参与模式，特别是对于那些新加入该知识领域的人。该方法以及数据质量维度的分类有助于大大简化讨论。

 十步法实战

在西雅图公共事业单位使用数据质量改进项目的十步法

贡献者——感谢以下为项目做出贡献并同意分享他们经验的人：

- **Duncan Munro**，西雅图公共事业单位公用事业资产信息项目经理。
- **Lynne Ashton**，高级 **GIS** 部门分析师，西雅图的 **IT**。
- **Scott Reese**，排水和废水业务 **IT** 联络员，西雅图公共事业单位。
- **Stephen Beimborn**，**Seattle IT** 部门 **GIS** 经理。

项目名称——西雅图公共事业公司资产信息管理排水和废水干线试点研究（废水管道）。

组织概述——西雅图公共事业公司（以下简称 **SPU**）的核心工作是提供以社区为中心的公共事业服务（饮用水、排水和废水以及固体废物），同时保护西雅图、华盛顿（美国）、普吉特海湾及周边地区的公共健康和环境（见 **http://www.seattle.gov/utilities**）。

业务需求——SPU 拥有管道、泵、溢流控制设施等实物资产。因为有多个数据源描述这些实物资产，在尝试确定哪一个数据源最适合解决特定问题时存在挑战。有关实物资产的设计、建造、运营和维护的决策是根据来源未知的数据做出的。在一些情况下，这导致该机构的额外费用。

具体来说，数据质量项目的主要驱动力之一是使用了来自未测量质量的位置数据推进设计过程。这导致了施工期间的返工，成本约为 **100 000** 美元。SPU 不希望这种情况重演。

获得更好质量数据的另一个动机是在水力建模过程中对实物资产尺寸测量得不准确。

项目重点——数据质量试点项目的重点是排水和污水干线（此处称为污水管道）。SPU 寻求一种一致且可扩展的方法来衡量和传达数据质量，其中包括设计流程以修复可由主题专家（SME）拥有和运营的数据质量问题。

项目概述——SPU 公共事业资产信息项目经理 Duncan Munro 参与了 SPU 数据管理实践的设计和实施。数据质量试点项目确定了一小部分数据，这些数据描述了最具挑战性的资产类别之一——废水管道。该项目花了大约 6 个月的时间，期间，这个 4 人的核心团队将这项工作融入了他们的其他职责。

团队成员的不同背景提供了数据生命周期的全面视图。该团队检查了从摇篮到坟墓数据生命周期中的每个流程，以了解废水管道的 12～14 个属性。对 30 名 SPU 员工进行了调查和采访，他们代表了多个业务领域（现场运营、工程、规划、项目管理、水力建模），这些领域领导并为实物资产生命周期的每个阶段的任务做出贡献。数据存在于 SPU 的两个主要企业平台中：Maximo，用于工作和资产管理；GIS，地理信息系统，用于管理空间或地理数据。出于分析目的，数据与西雅图市财务管理平台 PeopleSoft 集成。所有研究都允许他们基于哪些数据使用最频繁、哪些数据对最多的人最重要选择数据的子集。

实现的业务价值——数据质量项目的收益和成果：

- **更广泛的数据管理**。不仅为描述 SPU 废水管道的数据的具体改进奠定了基础，而且为 SPU 所有学科领域的更广泛数据管理奠定了基础。

- **将数据质量分析作为核心业务实践**。提高对将数据质量分析作为支持数据管理持续改进的核心业务实践的价值的认识。例如，项目中开发的数据规范模板已扩展应用到 SPU 的所有数据主题领域。这些完整的模板由数据管理员使用，他们使用新部署的 GIS 元数据管理工具，该工具使元数据可以通过 SPU 的每个 GIS 应用程序查看。向现场用户展示元数据，允许他们：

  - 在需要快速响应的情况下更有效地使用 GIS 数据。

  - 确定需要对单个数据值进行更正的地方（他们称之为地图更正的过程）从而提高数据质量。

  - 确保他们有足够的装备和人员来完成现场分配的工作。

- **重复使用**。在试点项目中学到的东西正在推广到其他项目。他们意识到他们的规范流程步骤 2 分析信息环境）并不成熟，需要预先进行更仔细的数据工程。他们已经确定了可以从这种方法中受益的其他工作流程和流程。另一个项目的早期阶段（即评估集水池检查的工作和数据流），从关注规范流程中看到了额外的好处。SPU

管理着大约 **35 000** 个集水池，并且鉴于在现场环境中获取数据可能具有挑战性，因此减少获取值的属性数量并简化其观察协议有可能带来巨大的效率提升。

以下概述了该项目如何利用十步法流程。

步骤 1　确认业务需求与方法——中级管理人员在数据生命周期的"应用"阶段发现了几个与数据质量有关的持续挑战。

步骤 2　分析信息环境——团队：

● 在 **Microsoft VISIO** 中为数据生命周期"获取"阶段的数据创建工作和数据流程图。

● 使用并重新设计了本书第 1 版中的"详细数据列表"模板以获取规范说明。

该团队将步骤 2　分析信息环境称为数据生命周期的规范状态。在试点结束时，他们意识到这个阶段的重要性。如果他们不仔细设计，那么特定数据质量维度内的后续数据质量度量将具有挑战性。如果没有充分的业务参与规范，**IT** 视角就会成为唯一关注点。

步骤 3　评估数据质量——在以下领域评估数据质量：

● 评估了数据规范流程，团队确定了标准、元数据和参考数据方面的差距。

● **GIS** 中的剖析数据表，用于评估数据完整性基础原则和数据覆盖度的 **DQ** 维度。

● 创建并进行了用户调查，以评估对相关性与信任度的认知。

步骤 4　评估业务影响——利用调查工具让用户确定数据质量问题的若干定性影响，这些影响证实试点研究的驱动因素。

步骤 5　确定根本原因——分析工作和数据流，以确定造成数据质量问题的主要差距。

步骤 6　制订数据质量提升计划——制定数据规范流程并开发模板和完成审查流程。

步骤 7　预防未来数据错误——更新了编辑工具和流程，以包括更多的完整性检查和审计功能，并添加和更新数据集。修改了工作流程以包含更多的制衡机制。创建了新的展示方式来显示在西雅图的哪里获取调查数据，以及向所有 **GIS** 客户提供调查数据的流程。

步骤 8　纠正当前数据错误——使用更多逻辑完整性检查更新数据错误以消除数据不一致。

步骤 9　监督控制机制——建立标准业务数据规范的审查和批准流程。为 **GIS** 操作中的数据编辑过程和工具添加了审计功能。

步骤 10　全程沟通、管理以及互动参与——随着试点研究团队接触到 **SPU** 的更多部分，很明显，数据质量的词汇对于从事日常工作的人们来说是一门外语，这些人与数据生命周期无关。他们通过查看显示工作人员工作地点的地图 **SPU** 显示器或应用程序来使用数据。用户认为他们看到的信息正是应该在现场看到的。挑战在于围绕所有人都能理解的数据创建词汇表。例如，十步法流程使用 **POSMAD** 来表示信息生命周期，**SPU** 称之为数据生命周期。试点团队将其更改为"指定、获取、管理、应用、停用"，这是一种适用于更广泛 **SPU** 受众的措辞，并且已被用作实物资产生命周期的各个阶段。目前，随着越来越多的领导参与数据管理问题，他们有时会使用 **Bob Seiner** 的定义、生产、使用阶段进一步简化数据生命周期（**Seiner，2014** 年）。使用这种简化的数据生命周期的一个意想不到的优势是减少了与技术的联系，这对许多受众来说是一件好事。

步骤 1 小结

无论项目的规模或范围如何，步骤 1 都是至关重要的。在这里应花费足够的时间来确定和选择数据质量项目要解决的业务需求和数据质量问题。确定了项目方法，就为所有项目活动奠定了基础。所有类型的项目都需要一定程度的规划——无论是作为专注于数据质量改进的项目、其他项目中的数据质量活动，还是作为数据质量步骤、活动或技术的临时使用。

确保适当的沟通和互动十分必要。许多项目失败的原因是相关人员（资助人、管理层、团队、业务、IT 等）之间存在误解。有效的规划对于任何项目的成功执行都是必不可少的；定义业务需求和方法可为项目活动提供必要的关注点。不要因为不清楚将要完成什么以及为什么要完成而使项目无法成功。

如果您忽略这一步或做得不好，就已经确定了失败，或只是部分成功，或者大量的时间和精力集中在错误的事情上。但如果您做得好，您就有了一个让项目成功的跳板和为公司带来价值的真正机会。

 沟通、管理和参与

在此步骤中，有关与人员有效协作和管理项目的建议：

- 开始建立利益相关方名单并制订初步沟通计划。
- 如果进行调查或访谈以收集和了解业务需求和数据质量问题，请确保受访者了解目的并准备参与。
- 与利益相关方会面，获得有关计划项目的反馈，设定期望并解决他们的担忧。
- 听取所有反馈（正面和负面的），进行调整和跟进。
- 敲定支持和资源。
- 与项目团队和管理层举行项目启动会。
- 设置存储和共享项目文档的结构。
- 建立跟踪问题和行动项目并记录结果的流程。

 检查点

步骤 1　确认业务需求与方法检查点

如何判断我是否准备好进入下一步？可以通过使用以下指南来帮助确定此步骤的完备性和下一步的准备情况：

- 是否明确定义了业务需求和数据质量问题、项目重点、收益和目标？
- 管理层、资助人、利益相关方、项目团队及其经理是否得到了适当的参与？他们是否理解并支持该项目？
- 是否已获得承诺的资源？
- 是否理解并记录了概括层信息环境——项目范围内的数据、流程、人员/组织、技术和信息生命周期？

- 项目是否已正确启动，例如，通过项目启动？
- 是否已创建项目计划、与项目方法/SDLC 相关的其他输出以及用于共享文档的文件结构？
- 最初的利益相关方分析是否已完成并用作沟通计划的输入？
- 是否已制订沟通计划并完成此步骤中的必要沟通？

步骤 2　分析信息环境

步骤 2 在十步法中的位置如图 4.2.1 所示。

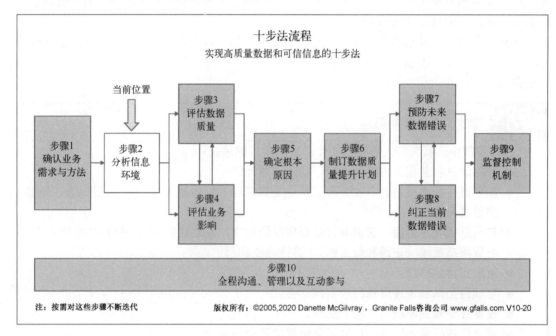

图 4.2.1　步骤 2　分析信息环境 "当前位置" 图示

步骤 2 简介

很多人在步骤 1 中确定了业务需求和项目重点，就立刻会很自然地绕过步骤 2，直接跳到步骤 3 分析数据质量。千万不要这么做！

我们遇到各种各样的数据质量问题后接下来会发生什么？往往是大家一哄而上，除了清洗数据之外不做任何其他事情。我们知道这不是处理数据质量问题的正确方式，但却一次又一次地见到了 "让我们来清理错误数据" 的项目。结果就是大家满腹疑团：为什么数据质量问题会不断发生？造成这种糟糕局面的原因就是没有分析信息环境，遗漏了许多有助于解决和预防数据质量问题的重要证据。

此步骤的目的是帮助您理解信息环境。这里的 "信息环境" 是指可能造成或加剧数据质量问题的背景、前提条件以及现场情况，这也可以称之为"数据全景图"或"数据生态系统"。分析信息环境包括查看需求和约束、数据和数据规范、流程、人员和组织、技术，以及信息生命周期。解决"数据质量差"的问题，需要从调查信息环境发现的线索中抽丝剥茧，逐一找到答案。

我们生活在复杂的环境中，就像是一个由系统、应用程序、程序代码、人和流程组成的蜘蛛网，这一网络粘连着数据、使用着信息，这里充斥着到处流动的数据以及那些必须被满足的需求。使用步骤 2 中列出的结构化思维，可以梳理出影响数据质量的先决条件和影响力。通常，数据、流程、人员/组织、技术、需求和信息生命周期这些信息环境要素都是单独考虑的。我们不再纠结于"这是一个技术问题"或"我们的业务流程错了"。步骤 2 会用全局思维将这些视角结合起来，以一种此前从未有过的方式剖析它们之间的关系。当我们理解了形成信息背后的力量后，就可以针对性地设计出更好的解决方案。我们必须以终为始，确保被获取和评估质量的数据是与业务需求相关的数据。否则，在得到真正满足需求的数据之前，通常会导致多次返工，反复提取数据。在适度的颗粒度上完成这一步可以获得相关背景资料，帮助我们解释和分析数据质量评估结果。

步骤 2 的步骤总结表见表 4.2.1。

表 4.2.1 步骤 2 分析信息环境的步骤总结表	
目标	● 收集、分析和记录当前信息环境中满足范围内业务需求和数据质量问题对应细节层面的每个要素，以实现项目目标，并为接下来的步骤做好准备。 注：信息环境要素包括需求和约束、数据和数据规范、技术、流程、人员和组织，以及信息生命周期
目的	● 掌握产生数据质量问题的环境。 ● 确保被评估的数据与业务需求和项目目标相关 ● 为整个"十步法"中的其他步骤和行动奠定基础，并作为以下场景的输入：制订数据获取和评估计划、分析数据质量和评估业务影响、识别根本原因、制订并实施预防和纠正的改进计划、监督控制措施、管理项目、与人员沟通和协调
输入	● 步骤 1 的输出成果：项目范围内的业务需求和数据质量问题；项目重点、方法、计划和目标；信息环境（概括层） ● 现有文档、内部工具以及从主题专家了解到的关于信息环境的各种要素知识。例如：元数据库、业务术语表、业务规则引擎、技术架构、数据模型、数据流图、业务流程文档、组织架构图、角色和职责、数据获取/交易合同 ● 利益相关方分析、沟通和变革管理计划。 ● 基于沟通和协调获得反馈并按需进行调整

技巧与工具	● 见第 3 章 关键概念与信息环境的要素相关的部分，如信息质量框架、信息生命周期。
	● 第 6 章 其他技巧和工具：
	  o 信息生命周期方法
	  o 开展调研
	  o "十步法"、其他方法论和标准
	  o 数据质量管理工具
	  o 跟踪问题和行动项（从步骤 1 开始，并贯穿全流程）
	  o 分析、综合、建议、记录并根据结果采取行动（从步骤 1 开始，并贯穿全流程）

（续）

输出	注：本着以终为始、详略得当的原则，所有输出内容都应与业务需求、数据质量问题和项目目标紧密相关。示例： ● 最终明确的需求（来自步骤 2.1）。 ● 详细的数据列表和数据规范；评估多个数据源时的数据映射；数据迁移时从数据源到目标库的映射（来自步骤 2.2）。 ● 用来理解数据结构、关系和其含义的数据模型与元数据，以便于开展数据获取和分析（来自步骤 2.2）。 ● 项目范围内的应用架构（来自步骤 2.3）。 ● 流程细节（来自步骤 2.4）。 ● 组织架构、角色和职责（来自步骤 2.5）。 ● 项目范围内的信息生命周期要素（来自步骤 2.6）。 ● 信息环境中各种元素之间的交互矩阵。 ● 记录和分析结果、总结的经验教训、发现的问题、可能的根本原因和初步建议。 ● 更新的项目状态、利益相关方分析、沟通和变革管理计划。 ● 在项目节点中完成的相关沟通和变革管理任务
沟通、管理和参与	● 基于步骤 2.5 理解相关人员和组织输出成果细化利益相关方列表，并对应更新沟通计划 ● 与利益相关方及团队成员沟通以下内容： 　○ 提供定期的状态报告。 　○ 听取建议、解答困惑。 　○ 基于本步骤中获取的信息进行更新，如影响范围、计划或资源的潜在问题。 　○ 根据本步骤中获取的信息，对于即将进行的项目工作、团队参与或个人参与情况的潜在影响或变化，设置相应的预期。 ● 跟踪问题和行动任务；确保可交付成果及时完成。 ● 为项目中后续步骤提供可靠的资源和支持
检查点	● 是否在适当的颗粒度上理解并记录了信息环境中的适用要素，从而辅助下一个项目步骤有效执行？ ● 在步骤 3 进行数据质量评估时： 　○ 这些数据是否被充分理解，即是否有信心确保数据质量评估会聚焦于（业务需求或数据问题）相关数据？ 　○ 对于要进行质量评估的数据，是否明确了数据相关需求和约束、详细的数据列表和映射以及数据规范等内容？ 　○ 是否存在数据权限和访问方面的问题？ 　○ 是否有现成的评估工具，还是必须要采购？ 　○ 是否明确了培训需求？ ● 在步骤 4 进行业务影响评估时： 　○ 为了有足够的信心确保业务影响评估集中在正确的领域内，业务需求和信息环境是否被理解并充分联系起来？ ● 这一步骤的评估结果是否被详细地记录下来？即经验教训和观察、已知/潜在的问题、已知/可能的业务影响、潜在的根本原因、预防和纠正的初步建议。 ● 是否为评估工作确定并预留了相应的资源？ ● 是否更新了沟通计划并完成了此步骤的必要沟通

虽然经常会迫于各种压力省略这一步，但是磨刀不误砍柴工。详细了解信息环境不仅能加快数据质量评估的速度，还会带来额外的好处，并减少返工——参见关键概念栏。

🔑　**关键概念**

理解信息环境的好处

"步骤 2　分析信息环境"提供了可用于项目全程的基础知识。使用"适度原则"来梳理相关的需求和约束、数据和数据规范、流程、人员/组织、技术，以及围绕数据质量问题的信息生命周期。这么做将会得到以下好处：

- 使用步骤 2 中列出的结构化思维，整理出影响数据和信息质量的先决条件和影响力，掌握组织内的复杂环境。
- 全面掌握信息环境的各个要素之间的关系，从而可以做出更好的决策。
- 确保即将评估的数据与业务问题相关。否则，在获得真正需要的数据之前，往往会多次返工、重复提取数据，造成人力、物力和时间的浪费。
- 在步骤 3　评估数据质量中制订一个可行的数据获取和评估计划。
- 识别项目干系人，包括关键人力资源或利益相关方等。
- 挖掘需求，这些需求将成为数据规范，并以此为依据判断数据质量，发现潜在的问题域。
- 解读评估的结果。越了解影响数据的语境和环境，就越能更好地解读被评估的数据内容。
- 确定根本原因：数据质量问题是由环境中的要素及要素组合导致的。了解它们，才能锁定产生数据质量问题的根本原因，知道如何防止类似问题再次发生。
- 针对性地设计解决方案，以防止类似数据质量问题再次出现；制订数据质量问题整治计划，确定应在何时何地对问题数据进行修正。

以上所有内容都为建设高质量数据和信息奠定了坚实的基础，便于组织信任、依赖于这些高质量数据和信息，来落实战略、实现目标、解决问题和抓住机会。无论出于任何原因，都不要跳过步骤 2！

步骤 2 流程

全面掌握信息环境这一步骤总共可以分为 6 个子步骤，完整的工作流程参见图 4.2.2。十步法之步骤 2 是建立在步骤 1 输出成果之上的。在步骤 1 中，我们明确了项目范围与业务问题紧密相关的高度概括的数据、流程、人员/组织和技术。现在需要扩展和细化这些内容，包括需求和约束、数据规范和信息生命周期。如果读者需要复习这些术语，请参阅第 3 章　关键概念，在其中的信息质量框架中能找到这一步中所需的要素。

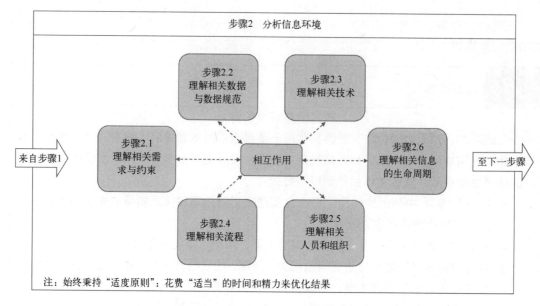

图 4.2.2　步骤 2　分析信息环境的流程图

　　步骤 2 中的每个子步骤都紧密相关。为这些子步骤进行编号是为了方便识别，而不是为了给它们编排执行任务的先后顺序。读者可以从最熟悉或者拥有最多信息的区域/子步骤开始，以任意顺序推进，直到获取足够的信息为止。在执行过程中，如果能不断迭代此步骤，项目将会收获颇丰。

　　试想一下玩拼图游戏的场景，很多人都从边界的部分开始拼。绘制概括性的信息生命周期蓝图就类似于拼图的边界部分。在步骤 1.2 中可能已经完成了此操作——用一张语境关系图来规划项目。

　　如果目前尚未开始，则可以在步骤 2.6 中继续，这个步骤的成果为其他子步骤中需要完成的工作提供了边界。在其他子步骤收集到更多信息后，请返回步骤 2.6，继续为信息生命周期添加详细信息。

　　需要提前研究的另一个子步骤是步骤 2.2　理解相关数据与数据规范。首先，需要通过对信息项按重要级别进行优先级排序，逐步缩小所需掌握的详细数据的范围。筛选出来的重要信息项被称为关键数据元素（CDE）。

　　这些关键数据元素（CDE）将指导完成整个流程的各项工作。例如，您只需要收集关键数据元素（CDE）的数据规范，而无须花费大量时间收集业务流程或应用程序中所有数据元素的数据规范。这样可以减少时间投入，便于您把精力放在更重要的事情上。

　　在玩拼图游戏时，有些人喜欢按颜色、图案或形状对拼图的碎片进行分类，然后构建每个大块，或者在它们之间来回拼凑，最后把各部分连接起来。在分析信息环境时，也可以这样做：以您可以理解的任何顺序分析每个子步骤，理解它们之间的交互作用，最后将它们结合在一起。

　　在这个过程中您需要做出很多选择，确定哪些数据与业务需求、数据质量问题和项目目标相关。开始探索信息环境时，会发现问题比预期的要多得多。

 最佳实践

　　哪些是相关内容？什么是"详略得当"？ 确定这些问题的答案可以避免进入分析误区，使您能够持续前行。在整个项目中必须记住这些问题，尤其是在步骤 2　分析信息环境中显得尤为重要。这些问题的答案将直接影响努力的重点、花费多少时间以及结果的性质。

- **相关的。** 在当前所选择的步骤或子步骤情境下，所选择的对业务需求、数据质量问题和项目范围目标都有影响的技巧和活动。
- **详细程度。** 在每个步骤、子步骤、技巧和活动中，所需信息的详细程度将取决于您在项目中的位置、业务需求、数据质量问题和项目目标。信息是渐进明细的，一开始只需高度概括即可，具体执行时就需要根据需求越详细越好。

当不确定是否需要更多的细节信息时，请问自己以下问题：

- 更加详细的内容是否对业务需求和项目目标有显著的影响？
- 更加详细的内容是否会提供证据来证明或反驳关于数据质量或业务影响的假设？

采取**"适度原则"**。在每个步骤和子步骤上需要花费合适的时间和精力来优化结果。步骤 2 很重要，不能跳过，但也不要陷入一些可能不必要的细节。如何平衡"适度"（对于什么是相关的、达到什么程度的把握）是数据质量管理艺术的一部分。

　　明确方向，砥砺前行！ 根据已知的知识快速做出决策，然后奋勇向前。如果环境发生新的变化或者出现新知识，那就需要即刻进行调整。如果出现更多需要的信息，请及时收集。

　　您可能还是不知所措。最佳实践标注框中的指导原则可以帮助缩小需要关注的范围，这很有用！为了进一步辅助您做出决策，在每个子步骤的说明中都包含了一个"概括层"（高度概括）、"细节层"（相对详细）、"明细层"（非常详细）的示例。

步骤 2 的耗时

　　对于专注于数据质量改进的项目来说，花多少时间在步骤 2　分析信息环境上似乎有些难以确定。很多项目经理和团队成员对此步骤不太熟悉，所需掌握信息的详细程度会有很大差异。

　　显然，在步骤 2 上花费多少时间取决于项目的范围。对于专注于数据质量改进的项目，以下指导原则可以辅助估算分析信息环境所需花费的时间。需要注意的是：以下内容包括步骤 1～6 中的内容，而不包括步骤 7～9，因为纠正数据、防止未来错误和监督控制措施等工作所需花费的时间长短取决于前面步骤中获取的信息。

- 如果步骤 1～6 的预估耗时为 4 周，那么步骤 2 的大约耗时为 3-5 天。
- 如果步骤 1～6 的预估耗时为 4 个月，那么步骤 2 的大约耗时为 2 周。
- 如果步骤 1～6 的预估耗时为 9 个月，那么步骤 2 的大约耗时为 1 个月。

当实际执行步骤 2 时，如果发现自己在步骤 2 上花费的时间比上面的指导原则多得多，那肯定是哪里出问题了，要么是获取了比目前阶段更详细的内容，要么是低估了整个项目的难度。

在项目执行过程中，往往会发现许多需要关注的事项。在项目团队中，应该允许任何人在任何时候问："我们要钻牛角尖吗？"这是一个强烈信号，需要停下来问问自己：需要关注的事项详细程度是否真的与业务需求和项目目标相关？如果是，当然需要花费更多的时间在这里。如果不是，需要把精力重新集中在那些需要持续关注、契合项目建设背景（业务需求）和需要达成的目标（项目目标）的部分。这样可以帮助团队更好地利用有限的时间，向前看，使数据质量管理工作步入正轨。

花费恰当的时间来获取有效执行项目所需的基本信息。不能跳过这一步，但也不必陷入那些当前阶段可能用不到的细节中。可以在后续步骤获得更多所需要了解的细节。

！ 注意事项

这一点极为重要值得反复强调：忍住跳过步骤 2 的诱惑！在步骤 2 中掌握足够的信息，可以确保被评估数据质量的数据与业务需求和要解决的数据质量问题紧密关联。否则，项目将经历多次提取数据和返工的风险后，才能获取与业务问题相关的实际数据。对信息环境的了解也有助于解释数据质量和业务影响评估的结果，它将帮助分析数据质量根本原因，便于更好地制定合适的预防和控制机制。另外，与业务影响评估相比，数据质量评估阶段分析信息环境通常会更深入。

步骤 2.1 理解相关需求与约束

业务收益和背景

需求分为内部需求和外部需求。内部需求通常是业务成功所必需的或带有强制性需求的，比如流程、安全性或技术需求。外部需求则是企业所需遵循的政策，如安全、法律或政策监管需求。由于数据必须符合所有内外部需求，因此在项目中尽快理解内外部需求非常重要。

约束定义了那些我们禁止或者限制做的事情。考虑到这些，经常需要在这个步骤中发现更多的事项。这些禁止或者限制做的事情可以清晰地整理成需求，也就是说，必须有一些手段来确保不做这些事情。

❞ 经典语录

"以终为始。"

——史蒂芬·R·柯维的《高效能人士的七个习惯》

方法

1. 明确需求与约束所需的详细程度

"在我们的项目的这一节点上，我们需要知道哪些相关的需求和约束，以便高效地步入其余项目步骤、解决业务需求、实现项目目标。"详细程度的示例如图 4.2.3 所示。

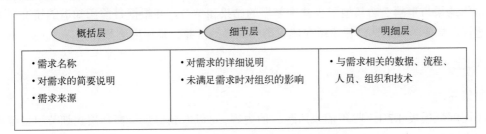

图 4.2.3　需求与约束的各层级细节示例

2. 收集需求并确定约束

确保"需求和约束"步骤的成果囊括了项目范围内的业务问题、相关数据以及所需遵循的数据规范。该项工作需要考虑以下领域内容：业务、用户、功能、技术、法律、监管、合规性、合约、行业、内部政策、可访问性、安全、隐私、数据保护。它们的适用范围可能会在组织内、国家甚至整个国际领域。

例如，《通用数据保护条例》（GDPR）虽然是由欧盟（EU）起草并通过的，但它适用于全球所有收集欧盟人员相关数据的组织。在美国，《加利福尼亚州消费者隐私法案》（CCPA）规定了加州消费者的隐私权政策，并规定了企业必须遵守的具体标准。许多国家已经通过了个人身份信息保护（PII）相关法律。您需要联系组织的财务、法律或其他专业部门，以寻求这方面的帮助。

在项目中对数据进行质量评估时，需要明确相关限制，如谁可以访问和查看数据的约束。参考模板 4.2.1 的示例输出和模板，可以用该模板作为获取相关需求的第 1 步，参考表 4.2.2，可以使用数据质量维度的角度来收集更详细的数据质量需求。

模板 4.2.1　收集需求						
需求	来源	类型	相关信息/数据	相关流程	相关组织/人员	不满足需求时的影响
为运输产品而获取的信息必须正式说明，变更必须处于正式的变更控制之下	现行药品生产管理规范（CGMP）法规[①]	合规性	客户产品运输	订单输入返回管理召回管理	客户销售运输和物流	病人健康公司声誉财务处罚

① 现行药品生产规范（CGMP）是确保人类药物质量的主要监管标准，由美国食品药物监督管理局（FDA）进行监管。CGMP 提供了保证药品制造流程和设施的正确设计、监督和控制机制的系统。遵守 CGMP 法规要求药品制造商充分控制生产操作，从而确保了药品的特性、强度、质量和纯度。资料来源：美国食品药品监督管理局（2018 年）。

3．分析、综合、建议、记录并根据学到的关于需求和约束的知识采取行动

其他相关帮助，请参见第 6 章 其他技巧和工具中的同名部分。

查看相同信息、相同组织的各种需求，这些需求最终将需要转化为详细的数据规范，并在组织内落地执行，确保数据质量工作长治久安。这项工作可以在步骤 2.2 理解相关数据与数据规范或在步骤 3 评估数据质量时执行。

请将结果与步骤 2 的其他子步骤中掌握的结果相结合，并根据目前所知道的情况提出初步的建议。如果时机成熟，建议现在就采取相关行动，并记录相应结果。

示例输出及模板

收集需求

下面解释模板 4.2.1 收集需求所包含的内容。可以看到信息从概括层到细节层直至明细层。因为数据合规性至关重要，所以这里收集的信息必须转化为特定需求，以确保数据本身的合规性或者数据质量支持业务流程的合规性。

模板里标题下的第一行提供了一个来自生物技术公司的例子。寻找已经内置在上述法规中的与数据质量相关的控制措施，并认识到它们可能不被称为"数据质量"。需要补充其他需要的数据，以保证数据质量。

需求——对需求的简要描述。

需求来源——提供信息和来源，如特定法律或内部政策。

需求类型——参考以下通用领域：业务、用户、功能、技术、法律、监管、合规、合约、行业、内部政策、可访问性、安全、隐私、数据保护。它们的适用范围可能会是组织内、国家甚至整个国际领域。您的场景可能存在其他类型的需求，可以讨论一种合适的方法进行分类。

相关信息/数据——为合规而必须提供的信息，或必须合规的信息本身（如果相关合规需求中规定了信息）。可以从实用的角度，自行决定从更高的信息级别还是更详细的数据级别开始。

相关流程——该需求所适用或已经存在的合规流程。这些流程涵盖数据和信息的使用、获取、创建、收集或维护。您可能在某个时间节点决定扩展到影响信息 POSMAD（Plan 计划、Obtain 获取、Store and Share 存储和共享、Maintain 维护、Apply 应用、Dispose 处置或退役）全生命周期的流程。

相关组织/人员——受需求影响的组织、团队、部门等。

不满足需求时的影响——不满足需求时的结果有法律诉讼、罚款风险等。尽可能具象化目前已知的内容，在需要对资源和时间进行权衡或存在相互冲突的需求时，这些信息将会促进决策的制定。

使用数据质量维度来收集需求

无论使用何种项目方法，每个系统实施项目都需要收集需求。这种工作通常关注用户在界面或高层级数据流方面需要看到的内容，但通常不涉及信息本身的质量。数据质量需求也可以在任何项目开始收集其他需求时同步进行。

十步法实战中显示了与模板 4.2.1 中不同的需求收集方法。

在本示例中，使用步骤 3 评估数据质量中描述的相同数据质量维度来挖掘数据质量需求。随后，在步骤 3 中评估数据质量时，将使用这些需求作为比较的基点。如果发现数据质量无法接受，则应进行数据清洗和必要的改进工作。如果改进的列表很长，可能必须进行优先级排序，并提出具体措施，或者通过额外的数据质量项目来实现。

 十步法实战

收集数据质量要求指南

背景。Mehmet Orun 是一家大型生命科学公司的首席数据架构师和数据服务负责人。作为与业务和 **IT** 团队合作的一部分，他建议同事们如何收集数据质量需求，便于研究创新解决方案，同时寻求提高交付质量、效率和有效性。

在以下场景中，**Mehmet** 分享了项目团队需要做出集成技术决策的经验。业务代表知道他们需要从企业资源规划（**ERP**）系统中获得什么，并且有许多技术选项。他访谈了在项目中代表业务的各类人员，即在工作中使用信息的知识工作者。**Mehmet** 并没有将重点放在技术上，而是使用信息生命周期概念和数据质量要求来推动此事。随后，他根据具体的业务用途对接口（批量、实时等）提出建议。

需求收集会议。Mehmet 为他提问的人提供了背景。听起来像这样：

利用当今的技术，我们有许多不同的数据交换选项。我们可以实时或定时交换信息。即使对于实时交换，我们也可以选择在信息可用时立即接收信息（发布和订阅），也可以选择何时检索信息，并有一个即时的周转时间（请求响应）。

为了实现正确的接口并维护跨系统数据质量，我们需要了解业务用户将如何使用信息，包括应用程序的间接用户（如管理人员）（注："发布"和"订阅"是技术术语，不是对话的一部分，在此仅仅为读者提供技术视角）。

然后，**Mehmet** 借用信息生命周期概念，通过询问以下三个问题来理解信息的使用方式：

- 您是否需要在应用程序中更改此信息？为什么？
- 是否需要将此更改发送回 **ERP**？为什么/为什么不？
- "让我们谈谈您的信息需求……"

他使用选定的数据质量维度来了解用户如何感知数据质量需求以及低质量数据可能产生的影响。

表 **4.2.2** 概述了他是如何处理这一讨论的，并为其他想要使用相同方法的人提供了指导。请注意，讨论维度的顺序和使用的词语对读者来说是可以理解的（这与步骤 3 评估数据质量中的措辞、完整列表和顺序不同）。

表 4.2.2 收集数据质量维度和需求		
对话	数据质量维度	样例
这些信息必须是最新的吗？ 您会在数据生成后多久访问它？ 是否需要一个特殊延迟	及时性	我们需要知道新员工什么时候入职，以便于在当天为他们创建所需账户
为了进行决策/执行事务，哪些数据元素必须准确无误	准确性	供应商税务 ID 和账单地址必须准确，才能进行交易。 供应商少数股东身份信息的准确性，对于完成交易是非必需的，但在每个季度的财务报告中这一信息必须是最新的，需要将其作为单独的及时性/准确性要求进行跟踪
是否有数据必须匹配的其他系统或数据源？ 它们必须多久与其他财务系统同步一次？ 是否有外部触发因素	一致性和同步性	财务和销售组织可能会使用不同的系统来跟踪它们的资本支出。需要有一个预报时间表去驱动和满足双方数据一致性的需求
数据全集中有多少必须是可用的/可访问的？ 划分全集中的子集的标准是什么	覆盖度	在销售人员自动化系统中，必须存储多少名执业处方医生的信息？所有的肿瘤学家、免疫学家等吗
是否接受数据重复？如果不能，但很可能出现重复数据，那么解决重复数据的时间窗口期是多少	重复性	不能接受数据重复。是否可以实时识别现有记录，以避免创建重复数据
有哪些必须要执行和维护数据规范？有什么政策或法规要求这样做	数据规范	FDA CGMPs（美国食品药物监督管理局，现行药品生产规范）要求对所有设计文件进行预实施的文件归档和正式的变更控制

Mehmet 建议了以下获取数据质量要求的最佳实践：

● 对想要达到的目标做一个简短的描述，并准备好举例。这将帮助面谈或研讨会进行得更顺利。

● 使用业务术语获取业务实体层面的要求（如采购订单）。概念模型将有效地支持这一工作，并允许查看依赖关系，以确保数据要求的完整。

● 在项目内部和项目之间统一术语并贯彻使用，包括数据质量维度。

● 按照业务实体和数据质量维度来收集约束需求，并将收集结果进行比较，以确保之间没有冲突。例如，关于及时性，某人可能希望实体在一个工作日内更新，并且不希望超过每 4 小时更改一次，但是另一个人可能希望它实时更新。

● 您有一个需要解决的要求冲突。如果您在业务实体级别收集要求时没有使用统一术语，那么您将依靠运气或更努力地工作来检测到该冲突。

● 尽可能清晰地获取约束需求。在约束需求阶段越具体，设计和测试解决方案就越容易。

● 使用业务影响确定需求测试的优先级别。部分约束需求不能自动测试，并且需要特殊协作。例如，许多项目只测试接口是否正常工作，但不测试它们的时机（及时性数据质量维度）。

这是一个如何运用维度概念而不是全面评估的绝佳案例，需要做的是收集约束需求、讨论维度，便于被受访者能够理解并参与讨论。

步骤 2.2 理解相关数据与数据规范

业务收益和环境

在此步骤中，将确定项目范围内与业务问题相关的数据和数据规范。数据和信息可以通过常见的业务术语、应用程序界面或 Web 应用程序显示的名称整理出高度概括的内容。然后可以将其划分为数据主题域或对象，并进一步细分为字段名、事实、属性、列或数据元。如果要在步骤 3 中评估数据内容的质量，则需要详细数据字段级别。如果在步骤 4 中进行业务影响评估，则无须详细到数据字段级别。

数据规范是十步法中使用的一个术语，包括任何为数据和信息提供语境、结构和含义的信息和文档。数据规范为数据和信息的制作、构建、生产、评估、使用及管理提供所需信息。本书主要介绍元数据、数据标准、参考数据、数据模型和业务规则的数据规范。在项目中还会涉及一些诸如"分类法"的其他数据规范，有关这些内容的更多细节，请参见第 3 章 关键概念。

为了确保高质量的数据，还必须管理和理解数据规范，这些数据规范提供了信息去制作、构建、使用、管理或提供所需的信息。在以下情况下需要使用数据规范：

- 在构建新的应用程序和设计新的流程时（从一开始就帮助确保数据质量）。
- 修改应用程序或流程时（确保考虑数据质量）。
- 作为评估数据质量时的参考依据，便于知道高质量数据的标准。

此步骤与步骤 2.3 理解相关技术 密切相关，因此可能需要同时完成这两个步骤。

方法

1. 明确数据和数据规范所需的详细程度

在项目的这一节点上，我们需要了解哪些相关的数据和数据规范，以便高效地执行其余步骤、解决业务需求、实现项目目标？有关数据的详细程度的示例，请参见图 4.2.4。

| 概括层 → | 细节层 → | 明细层 |

业务术语	数据主题域或对象	字段、事实、属性、列、数据元素
供应商信息	供应商公司名称	公司名称部门
	供应商联系人姓名	称谓 姓名 敬语
	供应商联系信息	供应商联系电子邮件
	供应商邮寄地址	小区名称、街道、地址、城市、州/省、邮政编码、国家

图 4.2.4 数据的各层级细节示例

2. 确定关键数据元素（CDE）

在步骤 1 中，项目范围内的信息通常只在概括层体现。现在是时候深入理解构成信息的数据了，并迅速聚焦到常说的关键数据元素（CDE）或重要数据元素。CDE 是对组织最重要、影响最大的一类数据。这是您在项目范围内最需要弄明白的重要数据。

尽快深入了解 CDE。可以在步骤 4.9　排名和优先级排序中找到一种能够有效识别 CDE 的技巧。该技巧使用业务流程作为语境来确定哪些是最重要的数据要素。如果在衡量某个数据元素，可以问问自己：“如果这个数据字段缺失或不正确，将对 XYZ 业务流程产生什么影响”？然后使用步骤 1 中确定的业务流程进行梳理。这些排名为 A（或 1 或高）的数据元素意味着如果数据缺失或者不正确，将导致业务流程完全失败，遭受无法接受的财产损失或是存在不可接受的合规、法律或其他风险。以上这些都是关键数据元素。

为了节省时间，可以与熟悉数据流程并使用数据的一小部分人进行优先级排序的讨论，获得他们的 CDE 清单，并与利益相关方达成共识。在确定结果后，记录并告知相关团队成员和其他利益相关方。接下来可以使用 CDE 来指导项目具体工作，如只收集与 CDE 相关联的数据规范。为了后续表述方便，编者将使用 CDE 来表示您已经明确在数据质量评估项目范围内的所有数据。

请参见最佳实践，这可以让读者更快地了解 CDE 相关问题。要注意：在评估 CDE 数据质量时，应该避免进入“局部视角”，至少在初次整理数据时应该如此，以避免导致“管中窥豹，只见一斑”。例如，在初次查阅内容时，您可能会觉得同一记录中的其他字段没那么重要，但也需要查看（至少在第一次查看这一内容时），它们提供了上下文语境来帮助理解 CDE，并完善进一步获取数据的选择标准。

🎯 **最佳实践**

识别关键数据元素（CDE）为了快速识别关键数据元素，**DQR** 咨询公司的 **Melissa Gentile** 提出了以下问题以供思考：

● 这些信息（数据以及基于该数据创建的任何信息）是否出现在高管的报告中或是发送到组织外部？

● 这些数据及数据集是否会影响客户决策？

● 这些信息是否符合监管要求？

上述问题是否有答案？如果没有，请尽快确认，这些都是关键数据元素。

对于每个关键数据元素，我们都需要知道它是如何创建的？它的业务含义是什么？它在逻辑和物理存储在哪里？谁使用它？它出现在什么报告里？如果它发生错误了，应该如何修复它？

（作者注：十步法将辅助回答这些问题）。

---

3. 连接关键数据元素和业务术语

业务使用的术语必须与要评估质量的实际数据相关联，这一点至关重要。业务术语与如何应用信息以及业务如何看待和思考信息密切相关。但是业务术语并不一定与数据库中的列名或应用程序中的字段名称相同。需要将二者建立连接关系，以确保所评估的都是业务最关心的数据。例如，需要标识清楚关键数据元素相关数据所存储的数据库、表、字段的位置。业务术语是业务所使用的语言，所以必须使用业务语言来确保用户理解项目中包含的内容。

如果对业务比较熟悉，可以从项目范围内的业务术语或数据主题域（相关数据分组）开始，逐步深入到数据存储位置的详细信息。反之亦然，如果对数据存储的字段等信息更熟悉，则可以从这些内容开始，并将它们回溯到业务术语。具体的手段有阅读相关文档和报告、查看系统界面或根据需要进行面谈，以确保业务术语和数据字段的映射。

参见模板 4.2.2 详细数据列表。这些信息记录的格式和位置通常难以被项目团队成员获取和理解。整理详细数据列表的目标是对计划评估的数据有一个清晰的了解，便于项目团队其他成员参考使用。如果此信息已清晰地整理好，则无须重复工作。可以从现在已知的内容开始此步骤，并随着进度不断丰富即可。

模板 4.2.2 详细数据列表

应用程序/系统/数据存储

业务术语	表	字段名称	数据类型	字段大小/长度	描述	强制、可选、有条件的[1]	数据域[2]	格式	其他

[1] 如果有条件，需要备注应添加数据的约束条件。
[2] 有效值的列表。这可能包含一个可以很容易地找到这些值的表或文件名。

4. 在每个要评估的数据存储中记录对应的关键数据元素，并在它们之间建立映射关系

如果当前数据质量评估工作需要对同一数据在不同数据存储的情况进行检查，则意味着要评估数据质量维度中的一致性和同步性（步骤 3.6）。

为每个数据存储中的关键数据元素创建一个详细的数据列表，并进行映射。映射表表明了该数据在数据存储中的位置，以及相同数据在另一个数据存储中的位置。这是在步骤 3 中制订数据获取和评估计划时所需使用的重要信息。请参见上面的数据映射模板（模板 4.2.3）。

模板 4.2.3 数据映射

业务术语	应用/系统/数据存储 1				应用/系统/数据存储 2				备注
	表	字段名称	描述	其他信息	表	字段名称	描述	其他信息	其他[1]

[1] 在评估数据质量和初始转换规则时发现的差异点和其他信息。

这是从一个应用程序中的字段名到该应用程序的底层数据库、到另一个应用程序中的字段名、到其底层数据存储的映射过程。此时，"映射"就是信息生命周期的一个子集。这个场景通常被叫作"血缘"。

从源到目标的映射是数据迁移和集成项目中的典型活动，如将数据从老旧系统中迁移到新的应用系统。类似的映射工作通常在"源到目标映射"（STM）工作中，作为其中一部分执行。避免重复劳动，找到并使用任何已经存在的 STM。要知道，大部分 STM 都是基于字段名生成的，因此可以通过剖析数据获得信息从而提高 STM 的质量。步骤 3.3　数据完整性基础原则中介绍了这一点。此时，只需使用现有映射，并在了解更多信息后持续更新即可。

5．收集 CDE 的相关数据规范

有一个好的数据建模师是非常重要的，在数据建模时如此，在收集各种数据规范时也一样。必须找到一个好的数据建模师参与项目中，充分利用他的专业知识。

表 4.2.3　收集数据规范 突出显示了有助于了解项目范围内数据相关元数据、数据标准、参考数据、数据模型、业务规则和实际用途等信息。

表 4.2.3　收集数据规范	
数据规范	要收集的信息
元数据	● 数据库/数据存储。 ● 表名和说明。 ● 字段名和描述。 ● 日期类型。 ● 字段长度。 ● 定义。 ● 有效性指标（例如，格式——指定的形式、样式或模式）。 ● 该字段是否被系统和任何相关的参考表进行验证。 ● 该字段是否由系统生成。 ● 数据域/有效值（也叫作参考数据）以及哪里可以找到被确认的值列表。 ● 数据字段是必填的/必需的、可选的或有条件的，以及添加数据时的条件
数据标准	● 表和字段名称的命名规范。 ● 数据录入规则——录入数据时应遵循的规则（包括可接受的缩写、大小写（大写、小写、大小写混合）、标点符号等）。 ● 公司使用的或被要求遵守的外部标准
参考数据	● 数据域——允许的值域。 ● 包含有效值的参考表表名。 ● 值的描述。 ● 值域和格式规范
数据模型	● 评估数据的数据模型，包括主键和外键。 ● 基数性——某个实体类的多少个实例可以与另一个实体类的实例相关（零个、一个或多个实例）。 ● 可选性——如果某个实体存在一个实例，对于另一个相关实体实例的存在是否是必需的。 ● 该字段是必填的、可选的还是有限制条件的（条件已记录）。 ● 与项目范围相关的更高级别的信息体系架构方案
业务规则	● 该字段是业务（可以由或不由技术强制执行）要求必填的、可选的还是有条件的（条件已归档记录）。当业务需要数据但技术没有或者不能强制执行规则时，经常会发现数据质量问题。

（续）

数据规范	要收集的信息
业务规则	● 关于在整个 POSMAD 生命周期中，应该如何以及何时处理实例（记录）或特定数据字段的显式或隐式声明语句。 ● 归档的业务规则和依赖关系——管理业务操作和建立数据完整性规则的条件（例如，出现主要状态变化的情况，以及一条记录在被获取/创建、维护/更新或删除记录时，相应数据行为的状态）
实际用途	● 当创建或更新记录时，技术需要数据，但业务部门缺少足够可用信息，此时往往会发现数据质量问题。 ● 常见业务用途或"实际"用途的情况：例如，系统需要记录物理地址，但在创建记录时不知道物理地址，则通常会在字段中放置一个点号"."。这样，知识工作者能顺利填写记录，在技术上也满足了系统对字段值域的要求。但是，这种行为会为需要该地址的下游系统带来数据质量问题
其他知识和经验	● 如果评估中明确应包含或不应包含某一特定领域，请记录这一点及其原因

数据规范通常与特定的物理应用程序或系统密切相关。需要确认所使用和存储数据对应的系统、应用程序和数据存储。该步骤与步骤 2.3　理解相关技术密切相关。另外，具有数据目录功能的工具在发现数据所在的确切位置时非常有用。

了解数据模型。图 4.2.5 显示了一个语境模型的示例，该模型对于提供要评估质量的数据的概述非常有用。即使在概括层，它也提供了关于范围内数据和关系的有用信息。其他更详细的数据模型可以用于显示系统范围、依赖于数据的业务流程和业务规则。不同层次的数据模型见第 3 章中的表 3.6　数据模型对比。当与用户沟通业务时，则需要对详细模型进行简化。至少您需要了解高度概括的数据关系。

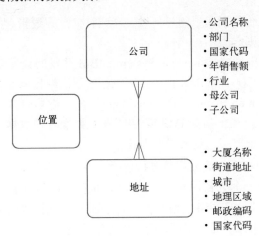

- 一个公司可以有一个或多个地址。
- 一个地址可以与一个或多个公司关联。
- 位置是一个公司的物理位置。
- 位置解析公司和地址。
- 位置名称应与公司名称不一致。

图 4.2.5　语境模型

这是您必须对所需信息的详细程度做出准确判断的另一个场景。现有的数据模型可以提供帮助，但如果没有数据模型，那么建议列表中第一项应该是"开发一个数据模型"。

有时会有现成的文档清楚地记录了各类数据规范，并且很容易获得。其他时候则需要进行研究，整理、发现数据规范。此时可以按以下内容进行整理：

- 使用具有数据目录、数据治理、数据血缘、业务流程建模或工作流管理功能的工具。小提示：各制品可能散落在文件或网络共享中。
- 应用程序文档或用户指南。
- 由主题专家或数据管理专员保存的电子表格和图表文件。
- 没有记录下来，但存储在主题专家和用户头脑里的各类业务规则等知识。
- 其他了解这些数据的人还包括业务分析师、数据分析师、数据建模师、开发人员、数据库管理员（DBA）等。
- 步骤 2.1 理解相关需求与约束中收集的需求和约束，输入这些需求可以创建规范，例如与这些需求相关的元数据和业务规则。
- 数据模型、数据字典、元数据库或业务术语表。
- 嵌入在接口和 ETL 转换过程中的规范。
- 在 JSON 文本、XML 文件中或以其他方式存储在 NoSQL 文档或键/值对中的规范。
- 根据最可能的提取方法，优选最能代表数据分布的其他来源。
- 业务系统中用于字段级元数据分布的关系型数据库字典或数据目录。
- 数据库管理系统内的架构信息。例如，在业务系统数据库中，可以提取主键、外键和其他引用约束信息。
- 嵌入在业务系统数据库中的任何触发器或存储过程逻辑，以寻找正在强制执行的数据过滤和校验规则。
- IMS（Information Management System，IBM 开发的数据管理系统）中的程序规范块（PSB），由此可以了解 IMS 正在强制执行的层次结构以及所定义的逻辑数据结构。
- COBOL（Common Business Oriented Language，最早的高级编程语言之一）复制本或 PL/1 引用文件，列出访问 IMS 或 VSAM 数据源时的数据（注：编程语言 COBOL 的死亡已经被宣布多年，但它仍在继续存在）。

6. 根据了解到的数据和数据规范进行分析、综合、建议、记录并采取行动

如果尚未开始系统性地跟踪结果，那么请立刻执行。相关帮助请参见第 6 章 其他技巧和工具中的分析、综合、建议、记录并根据结果采取行动一节，记录对数据质量的任何潜在影响或目前已确定的业务影响。例如，是否了解任何可能影响数据质量并应在数据质量评估期间进行检查的实际用途？对于要评估的数据，您预计是否有与许可或访问权限相关的问题？

示例输出及模板

详细的数据列表

使用模板 4.2.2 详细数据列表的格式作为起点记录 CDE，使得项目团队便捷参考使用。

这一模板可以将与特定技术相关的业务术语和 CDE 相结合。

数据映射

如果您要在多个应用程序或数据库中评估数据，或者在另一个项目创建"源到目标映射"的部分，请使用模板 4.2.3 作为映射数据的起点。

收集数据规范

表 4.2.3 包含了关于与范围内数据相关的元数据、数据标准、参考数据、数据模型和业务规则的有用信息。

步骤 2.3 理解相关技术

业务收益和环境

技术的使用范围很广，包括存储、共享或操作数据的表格、应用程序、数据库、文件、程序、代码或媒介，涉及所使用的流程、人和组织。技术既包括高科技（如数据存储），也包括传统技术（如纸质文件）。更多关于技术的信息可以在步骤 2.2 理解相关数据与数据规范的流程中找到。

数据库管理系统（DBMS）是一个存储、组织和管理数据的软件系统。市面上常见的有七种类型的 DBMS 和数据库，下面将讨论其中的几种。

关系型数据库，现在来看较为传统，但在 1970 年，当 Edgar Frank "Ted" Codd 发表了开创性的论文 "A Relational Model of Data for Large Shared Data Banks" 时，这是一个革命性的理念。它描述了一种存储数据和处理大型数据库的新方法，"用简单的话来说，他的关系型数据库解决方案提供了一种数据独立性，允许用户访问信息而无须掌握数据库物理结构的细节"（IBM, n.d.）。

在 1974—1977 年，出现了两种主要的关系型数据库系统原型：Ingres 和 System R。在从 Ted Codd 那里学习了关系模型之后，Don Chamberlin 和 Raymond Boyce 发明了 SQL（结构化查询语言）。到 1980 年，它是查询关系型数据库使用最广泛的计算机语言——直到今天仍然如此。即使出现了 NoSQL 数据库（不限于 SQL，后续将详细讨论），尽管有人预测它们即将消亡，关系型数据库的使用范围仍然很广泛。

NoSQL 技术通常分为四类：键/值存储、图存储、列存储和文档存储。数据湖在某种程度上已经成为大数据技术的同义词，而数据仓库则是关系型数据库。最近，两者的结合被称为"湖仓一体"（data lakehouse）。关于数据管理技术类型的讨论可以在第 3 章 关键概念的数据模型中找到。要获得 NoSQL 数据库的详细概述，请参阅 Mohammad Altarade 的 "NoSQL 数据库权威指南"（Altarade, n.d.）。如果项目包含大数据，那么必须对管理大数据的非关系型技术有一定的了解。

不要忘记其他数据库管理系统，如 IMS（最早的数据库管理系统之一）。1965 年，IBM 和北美航空开发了一个自动化系统来跟踪 NASA（美国国家航空和航天局）阿波罗太空计划中使用的数百万个零件和材料。1966 年，卡特彼勒推土机公司加入了他们，共同设计和开发了一个系统，即 ICS，它是 IMS 的前身。该系统于 1968 年安装在美国宇航局，为 1969 年人类首次登月做出了贡献。两年后，ICS 重新启动，升级为 IMS，并在商业上使用。

本书的一些读者可能从未听说过 IMS，但它今天仍在使用，而且是大规模地使用。根据 2017 年的一篇文章，超过 95%的财富 1000 强公司在不同程度上使用 IMS。"现如今，关系型数据库是一头老黄牛，与新潮的 NoSQL 数据库竞争日益激烈。IMS 则像一个前朝遗老，它是关系型数据库发明之前的时代遗物——关系型数据库直到 1970 年才被发明。然而，它似乎是负责所有重要事务的数据库系统。"（Two-Bit History，2017 年）

介绍这段简短的历史只是为了强调一点：在寻求高质量数据的过程中，很可能会遇到各种技术。同时也提醒人们，不要因为技术已经过时、事物不再是热点而忽视它们。在数据的整个生命周期中接触到数据的任何技术都可能影响数据质量，并且必须在项目中考虑到这些技术，如数据库管理系统、迁移数据的网络和专门用于管理数据质量的工具。参见第 6 章中的数据质量管理工具。

技术环境和工具正在迅速变化，因此不要妄图掌握每一个工具的所有细节。与技术伙伴合作，了解整个信息生命周期中用于范围内数据的技术就够了。在步骤 3 中了解可用于评估数据质量的工具，并在步骤 7、8、9 中了解改进和监测数据时使用的工具。

话虽如此，没有任何技术可以独自解决数据质量问题。所以不要被误导，以为技术是我们获得高质量数据唯一需要关注的。编者希望读者从信息质量框架和十步法中所学到的东西之中，可以清楚地看到还有许多其他影响数据质量的因素，这些都必须加以管理，并得到解决。

另一方面，尽管反复强调单靠工具并不能解决数据质量问题，但是正确的工具在正确的情况下用于正确的目的是非常重要的。

方法

1. 考虑本步骤所需的详细程度

在项目的这一节点上，需要了解相关技术到什么细节，才能最有效地执行其余步骤、解决业务需求、实现项目目标？如图 4.2.6 所示，了解技术的详细程度示例。

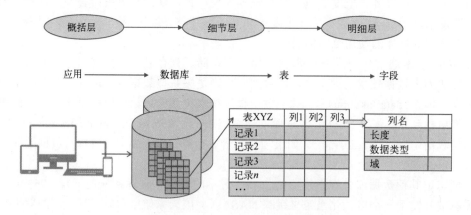

图 4.2.6　关系型技术各层级细节示例

如果准备进行数据质量评估，通常需要了解数据字段层面的相关技术。如果准备进行业务影响评估，了解用户通过特定的应用程序访问哪些信息就足以继续进行。使用"适度原则"来指导您的决策，即使用哪种技术和每种技术的详细程度对您的项目来说是必要的。

2.　收集与项目范围内数据相关的技术和工具信息

从步骤 1 的高阶技术开始，识别应用程序、数据存储、工具、技术和业务事件（手动或自动地），它们可以创建、修改或使用项目范围内的数据。完全定义所有的技术不在本书的范围之内，所以要与 IT 伙伴合作，了解足够的技术来支持项目目标的实现。利用现有的文档，并与技术专家（如开发人员、技术数据管理专员或 DBA）合作，以提供信息或验证所收集的信息。寻找其他应该作为利益相关方或团队成员从技术方面参与项目的人。包括在步骤 7～9 中改进数据和监督控制措施时将使用的工具。

对于每一项技术，需要记录软件的名称（企业使用的通用名称，如果是第三方产品，则记录供应商使用的"产品注册名称"）、使用的版本、应用程序所有者、负责支持该技术的团队、平台、该技术是在企业内部还是在云端、在项目中回答问题的联系人等。

参见第 6 章中的数据质量管理工具，表 6.3 和表 6.4 列出了各种工具的功能。使用它们作为指导，以确定内部可用的功能与项目所需的功能之间是否存在差距（清洗、预防、控制措施和持续监测）。

以下是在确定哪些技术与项目有关时的其他考量：

静态数据。静态数据指的是被存储和处于静止状态的数据。值得注意的是，本书中使用的数据存储是指使用任何技术创建、获得、持有和使用的任何数据集。数据存储可以在任何地方。数据存储可以很大，也可以很小。数据存储可以在企业内部，即在企业自己的计算机和服务器上运行的软件；也可以在云端，即托管在供应商的服务器上，由企业通过网络浏览器访问的软件。

各种各样的技术被用于数据存储。数据存储的例子有 SQL 关系型数据库中的表、完整的 RDBMS（关系型数据库管理系统）、电子表格、以逗号分隔的文件、XML 文档、文本文件、文件库、数据仓库、层级数据库（LDAP、IMS）或各种 NoSQL 非关系型数据库。

动态数据。当数据在各种数据存储之间移动时，它被称为动态数据。移动、转换和交换数据的能力对互操作性至关重要，互操作性是指不同的技术、工具和设备以协调的方式连接和通信的能力。此时需要考虑网络、信息传递技术或与共享数据有关的接口。欲了解更多信息，请参阅 April Reeve 的《管理动态数据》（2013 年）一书。

数据接口是为了促进数据的移动、交换，并根据需要对数据进行转换，以便将其结合起来而编写的一种应用程序。ETL（Extract-Transform-Load）是一个数据进行提取-转换-加载的流程，即从源系统中获得（提取）数据，改变（转换）数据，使之与目标或目的地系统兼容，然后放入目标系统（加载）。这与下面讨论的用户界面（UI）不一样。

"源到目标映射"（STM）提供了将数据从源头转移到目的地的信息以及所需的转换逻辑。映射的质量以及程序和 ETL 工具中对应代码对数据转换的质量影响很大。任何时候数据被转换，对数据质量产生负面影响的机会都会增加。

动态数据要考虑的其他技术涉及在大批量文件中移动数据的时间和结构，与多个、独立的实时事务数据的移动不同。

应用数据。应用数据是指用于商业交易、分析和决策的数据。这些可以发生在微观层面（例如，一个银行出纳员完成了一笔存款），一直到宏观层面（一个高管制定战略和政策）。应用数据是数据变得有价值的地方——信息生命周期的应用阶段。

用户通过用户界面（UI）访问数据。用户界面是一个广义的术语，它将用户与一个特定的技术联系起来。图形用户界面（GUI）是用户界面的一个主要类型。例如，用户界面可以是用户创建记录的应用程序的屏幕或移动设备上的触摸屏。用户界面的设计会影响到数据的质量，并且应该支持数据的收集和信息的使用。

在收集数据时，用户界面的外观和底层代码会影响其是否容易被理解和访问、可以输入的字段中值的限制以及对衍生数据的计算。当使用数据时，例如当返回查询结果或报告被展示时，其结果的格式应确保用户能够正确地理解。为了防止数据质量问题，需要与 UI 团队合作，共同设计新的应用程序界面。如果发现 UI 是数据质量问题的根源之一，则要更新 UI。

结构化数据。通常被认为是"传统"的数据，很容易被组织成一种固定的格式，比如具有传统数据模型的关系型数据库。例如，主数据、商业应用中的事务数据以及整合到数据仓库的数据。电子表格中的数据也可以被认为是结构化数据。结构化数据可能包含非结构化数据的字段，如自由格式的文本字段，可以不受约束地输入任何内容。

非结构化数据。复杂的数据，如文本、业务文件、演示文稿、博客、社交媒体帖子、图像、音频和视频文件。NoSQL 非关系型数据库的发展赋予了其管理大量非结构化数据的能力，这些数据在关系型数据库中难以收集、存储和组织。

半结构化数据。同时具有结构化和非结构化数据元素的数据。内容本身是非结构化的，但有一些属性（如标签）使其更容易组织和查找。例如，数字照片本身是非结构化的，但是有日期、时间和地理位置的标签。

对于什么是结构化数据和半结构化数据，并不是所有人都有统一的理解。有些人认为电子邮件是非结构化数据，而另一些人则指出，虽然信息本身是非结构化的，但电子邮件也包含结构化的数据，如电子邮件地址和发送电子邮件的日期/时间戳。

本地部署与云计算。在最高层次上，本地部署是将数据托管在其防火墙后的服务器上所安装的软件上的。对于云计算，数据被托管在第三方服务器上。两者之间在成本、安全、控制机制、合规性以及如何部署方面存在差异。

云计算还有一个公有和私有的区别。私有云服务不与任何其他组织共享。公有云服务在不同的客户之间共享计算服务，每个客户的数据和应用都被隔离起来，不被其他云客户发现。此外，私有云可以是托管的（由第三方云供应商提供）或内部的（由组织本身管理和维护）。混合云是本地、公共和私有云的混合部署模式。我们为什么要关心这些问题？因为谁对数据负责可以影响数据的质量。当然，项目团队可能会接触到，也有可能接触不到。如果发现数据质量问题，或许能解决，或许问题可能更复杂需要升级。这都取决于数据的存储方式和位置。

POSMAD 信息生命周期和 CRUD。那些有 IT 背景的人可能熟悉四种数据操作，即 CRUD（Create、Read、Update、Delete，创建、读取、更新和删除）。CRUD 表示四种基本数据操作，也就是说，数据在技术层面如何被处理。许多 IT 资源都与 CRUD 的角度相关。当与他们一起工作并研究整个 POSMAD 生命周期所使用的技术时，使用他们熟悉的术语来讨论会有极大帮助。也可以利用这个机会让他们了解 POSMAD 对信息生命周期的看法。表 4.2.4 将 POSMAD 信息生命周期的六个阶段映射到四个数据操作（CRUD）。

表 4.2.4　将 POSMAD 信息生命周期映射到 CRUD 数据操作		
POSMAD 阶段	定义和示例	CRUD 数据操作
计划	准备好使用信息资源。 确定目标、计划信息架构、模型数据和流程、开发标准、设计流程、组织等	CRUD 不包括计划
获取	获取这些数据或信息。 采购数据，创建记录	创建：生成一个记录或属性
存储与共享	保存数据并使其可供使用。 以电子方式或硬拷贝的形式保存有关资源的信息，并通过分发方法提供给您使用	CRUD 不包括存储和共享
维护	确保资源继续正常工作。 更新、更改、操作、标准化、清理或转换数据；匹配和合并记录等	更新：修改或更改现有数据
应用	使用信息和数据来实现目标。 检索数据；使用信息。包括所有的信息使用情况，如完成事务、编写报告、做出管理决策、运行自动化流程等	读取：访问数据
处置（退役）	当该资源不再使用时，请丢弃该资源。 存档信息；删除数据或归档	删除：删除现有数据

从数据质量的角度来看，在整个生命周期中，技术对数据所做的任何事情都会影响质量的好坏——从技术的规划（是否代表了业务视角）到获取、创建、加载存储和共享维护、更新访问和使用处理、归档。例如，如果在用户更改记录的维护阶段发现了一个问题，那么调查可能的技术原因的起点就是 UI 和应用程序的更新程序。如果您要进行业务影响评估，请查看有多少程序与 CRUD 的读取阶段相关。这可以让您了解信息是如何应用的。

展望未来。提前获取在步骤 3 中进行的数据质量评估的类型。组织中已经有哪些工具可以帮助进行数据质量评估？是否能够利用它们，谁必须给予许可？是否预计需要购买任何工具来帮助评估？如果是，购买的成本和准备时间是多少？对于任何工具，需要什么样的培训才能在项目中有效使用它们？

什么技术与范围内的数据规范相关？元数据、数据标准、参考数据、数据模型和业务规则存储在哪里？它们是如何被提供使用的？

3．理解技术与数据、流程、人/组织等其他关键组成部分之间的相互作用

根据需要创建映射。参见步骤2.2　理解相关数据与数据规范，其模板也适用于此。

- 模板4.2.2　详细数据列表，汇集了用户所看到的业务术语和关键数据元素（CDE），以及它们所存储的具体技术。
- 模板4.2.3　数据映射，可以了解相同数据在多个系统中的存储情况。

4．分析、综合、建议、记录，并根据您所学到的技术采取行动

请参阅第6章　其他技巧和工具中的分析、综合、建议、记录并根据结果采取行动一节来获得更多帮助。通过了解技术，获取对业务或数据质量的任何影响因素。是否了解到现实世界中的IT工具和操作可能会影响数据的质量，并应在数据质量评估期间进行检查？是否预估到将要评估的数据在权限和访问方面有任何问题？有什么初步建议？现在是否是对它们采取行动的正确时机？

> **关键概念**
>
> 　　**数据质量的原则是技术中立，但技术却影响着数据的质量。**数据可以有数据提供方、操作方和使用方。理想情况下，一个数据项应该只有一个来源，但在某些情况下，数据项不可避免地会有多个潜在的来源，数据项可以被存储在多个地方——尽管在过去的35年或更长时间里，这通常被认为是糟糕的数据库设计。不受控制的冗余破坏了数据质量的可靠性和可信度。
>
> 　　一个数据项可以被多个应用程序、多个进程和多个人使用。事实上，驻留在数据流中的数据项（动态数据）在它们静止和供业务用户使用之前应该被监控质量。
>
> 　　从文化的角度来看，许多埋头苦干的技术专家往往远离且并不了解数据质量的需求。在组织上，他们往往很难接触到那些使用数据的用户。此外，如果他们对数据质量"知其然不知其所以然"，他们甚至可能不知道应该询问哪些问题。
>
> ——Michael Scofield，工商管理硕士，Loma Linda 大学助理教授

示例输出及模板

POSMAD 和 **CRUD** 的示例输出及模板

表4.2.4显示了使用POSMAD的信息生命周期阶段，因为它们适用于4个基本的数据操作（数据如何在技术中被处理），通常被称为CRUD——创建、读取、更新、删除。

步骤 2.4　理解相关流程

业务收益和环境

流程是指涉及数据或信息的功能、活动、行动、任务及程序的总称。这些可以是业务流程、数据管理流程、公司外部的流程；它们包括触发响应或改变数据状态的事件。功能是核

心的、高层级的领域，描述了要达成的事情，如销售、营销、财务、生产、潜在客户开发、供应商管理等。其他描述如何完成的细节可称为流程、活动、行动、任务或程序，如创建购买订单的详细说明。有时，职能部门或流程使用的名称与组织架构类似。流程通常与人相关，所以可以把这一步和步骤 2.5　理解相关人员和组织一起做。

在做数据质量评估计划的时候，您可以关注 POSMAD 信息生命周期的部分或所有阶段，因为数据的质量会受到六个阶段（计划、获取、存储与共享、维护、应用和处置（退役））中任何一个阶段的影响。

在准备进行业务影响评估时，聚焦于应用阶段——那些以任何理由使用数据的流程。例如，数据可能被用来完成一项交易或者以报告的形式来支持决策。数据也可能被一个自动程序使用，如资金转移，在付款到期日从客户的账户中提取资金。有些人可能认为这是信息技术的应用，确实如此，但它也是一个业务所依赖的流程。如果业务影响评估包括成本，那么 POSMAD 的任何阶段都可以包括在内，因为这六个阶段的所有活动都有成本。

方法

1. 考虑此步骤所需的详细程度

在项目的这一节点上，我们需要了解相关流程的哪些内容，才能高效进行其他项目步骤、解决业务需求、实现项目目标？与数据、技术和人员/组织一样，流程也有不同的细节程度。如图 4.2.7 所示，这是一个显示流程详细程度的示例。您需要确定对解决范围内的业务需求最适合的细节详细程度。

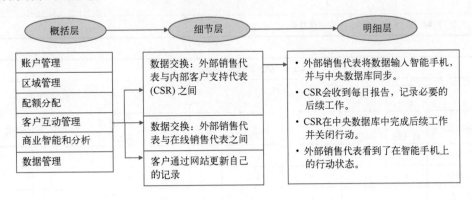

图 4.2.7　流程的各层级细节示例

2. 在合适的详细程度上确定范围内的流程

从步骤 1 的高阶业务职能或流程开始。职能与流程是一种相对的关系，职能是更高层次的，流程是更详细的。在一个项目中被称为功能的东西在另一个项目中可能是一个流程。确定哪种级别的流程细节在此时对项目最有帮助。寻找那些在业务流程管理（Business Process Management，BPM）或工作流程管理方面有经验的人。

3. 理解相关业务流程与数据、技术和人员/组织等其他关键组成部分之间的相互作用

交互矩阵是显示关键部分之间关系的一种方式。下面的表格展示了数据和流程不同详细程度的关系。使用业务流程的术语和定义以及被企业认可和使用的数据或信息。

- 表 4.2.5　交互矩阵：数据-关键业务流程
- 表 4.2.6　交互矩阵：业务功能-数据
- 表 4.2.7　交互矩阵：流程-数据

表 4.2.5　交互矩阵：数据-关键业务流程

	关键业务流程 (KBP)				
	报价到收款	采购到支付	生产	产品生命周期	财务
主数据					
商品	●	●	●	▶	●
客户	▶				●
价目表	●	▶		●	▶
供应商		▶	●	●	●
…					
事务数据					
销售订单	▶				
应收账款发票	▶		●		●
…					

●=流程使用该数据，▶=流程创建并使用该数据

表 4.2.6　交互矩阵：业务功能-数据

业务功能	销售人员	名称和地址				客户档案			
	销售人员代码	联系人姓名	小组	街道地址	邮编	行业代码	职位级别代码	部门/职能代码	产品类别
账户管理	×	×	×	×	×	×	×	×	×
区域管理	×	×	×	×	×				
配额分配	×	×	×			×			
市场分析/决策支持	×	×			×	×	×	×	×
潜在客户开发	×	×	×		×	×	×	×	×
交易管理	×	×	×		×	×	×	×	×
数据管理	×	×	×	×	×	×	×	×	×

×=使用这些信息的业务功能

表 4.2.7 交互矩阵：流程–数据

功能：账户管理

流程	销售人员 销售人员代码	名称和地址 联系人姓名	小组	街道	城市	...	客户档案 行业代码	职位级别代码	部门/职能代码	...	系统代码 更改原因代码	删除原因代码	...
销售代表添加/更新客户	OM	OM	OM	OM	OM	OM	OM	OM	OM		OM	OM	
呼叫中心的变更	OM	OM	OM	OM	OM	OM	OM	OM	OM		OM	OM	
来自销售事件的数据		O	O	O	O			O	O				
地域范围分配	OMA	OMA	OMA	OMA									

O＝数据在该流程中获取/创建

M＝数据在该流程中维护/更新

A＝数据在该流程中应用/使用

注：如果需要，可以进一步详细说明交互矩阵中的活动。例如，可以将"获取"指定为 C＝通过应用程序接口手动创建，L＝从外部源加载。

如果资源有限，这些交互矩阵可以用于确定评估数据的优先级，也就是说，应该首先评估那些应用于最多的流程的数据。这些模板，可以作为您开展自己工作的起点。它们指出了哪些流程会为与数据相关的决策提供输入。

在分析时，要寻找跨行和跨列的相似性和差异性模式。例如，在表 4.2.7 中，有四个流程获得数据，但只有三个流程维护它们。由于来自销售活动的数据只导致记录的增加，所以有可能会产生重复的数据。检查所有获取和维护数据的流程是否相似，是否使用相同的标准。

4．分析、综合、建议、记录，并根据您所学到的流程采取行动

请参阅第 6 章 其他技巧和工具中的分析、综合、建议、记录并根据结果采取行动一节，以获得更多帮助。获取从分析业务流程中学到的经验教训、对业务的影响、对数据质量或价值的潜在影响，以及从分析过程中获得的初步建议。与此同时，是否有与流程相关的额外行动同步进行？

🔑 **关键概念**

输出经验知识。请注意，步骤 2 分析信息环境中任何一个子步骤的实际输出可能与所示的交互矩阵的例子格式不同。输出并不是一个真正的矩阵；输出是关于流程和相关数据的知识、它们如何互动以及这种互动如何影响数据质量。输出可以采取矩阵、图表或文本解释的形式。所用的形式应能加强理解，重要的是完成这个步骤或子步骤后的经验知识。

示例输出及模板

交互矩阵：数据-关键业务流程

如果一开始就妄图深入了解整个组织的所有数据，那么必然会陷入数据泥潭。此时，应该采取自顶向下的方式，逐层细化，见表 4.2.5，它列出了由组织的业务部门开发并认可的关键业务流程（KBP）。符号"●"表示 KBP 使用该数据。符号"▶"表示 KBP 除了使用数据外，还创建了数据，意味着其他 KBP 不能创建相同的数据。注：这是在评估数据质量或研究信息生命周期时需要验证的内容。使用矩阵作为指导，看看在哪些地方深入细化研究是有意义的。例如，很容易看到，如果您只关注价格表数据，就没有必要查看制造关键业务流程（除非您快速检查以确认表是否正确创建）。如果您关心的是物项（Item），那就需要更多的时间来详细说明，因为它跨越了所有关键业务流程，且被所有的关键业务流程所使用。如果时间有限，该项的检查优先级别应该设为最高。

交互矩阵：业务功能-数据

在表 4.2.6 中，"×"表示哪些业务职能部门使用了上面各栏中列出的信息。见表 4.2.6 中的职位级别代码列，有一些职能部分使用了该代码。这些代码的来源是什么？所有的代码都有明确的定义吗？并且对它们的使用是一致的吗？所有使用该代码的职能部门是否对其有输入或有能力要求或修改代码？表 4.2.7 进一步详细说明了"账户管理"这一功能。

交互矩阵：流程-数据

表 4.2.7 是表 4.2.6 的延展，详细介绍了账户管理功能。注意此处只使用了 POSMAD 的三个阶段（获取、维护和应用）。从表 4.2.7 很容易看出，有几个流程获取、创建和维护、更新相同的数据。如果在步骤 3 的数据质量评估显示了相同数据的差异，那么可以使用该矩阵来细化下一步需要研究的具体过程。看看这些差异是否可以追溯到创建数据的某个过程，顺便找出在过程中妨碍一致性的具体因素，并探索促进一致性的具体措施。

步骤 2.5   理解相关人员和组织

业务收益和环境

人员和组织指的是组织及其分支机构，如业务单位、部门、团队、角色、职责以及在流程中影响或使用数据的个人。这包括管理和支持数据的人和使用（应用）数据的人。那些使用信息的人被称为知识工作者、信息客户、信息消费者，或者简单地称为用户。

这个步骤的目的是了解人员和组织，因为他们影响信息的质量和价值。与步骤 2 中的其他步骤一样，从概括层开始，根据需要逐层细化。大多数时候，在小组、团队、部门层面上了解组织可能已经足够，此时必须了解其角色、头衔和工作职责。有时候，还需要了解履行相关职责的个人以及相关联系方式。流程是由人员和组织执行的，所以可以把本步骤和步骤 2.4   理解相关流程同步执行。

方法

1. 考虑此步骤所需的详细程度

在项目的这一节点，我们需要确认：了解相关人员和组织的哪些情况，才能高效进入其余环节、解决业务需求、实现项目目标？关于人员与组织的详细程度示例如图 4.2.8 所示。

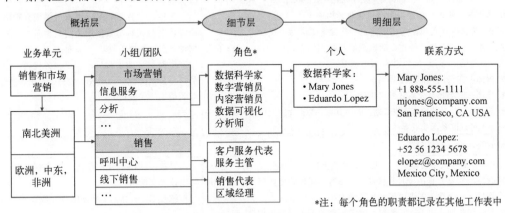

图 4.2.8　人员与组织的各层级细节示例

2. 在选定的详细程度上确定范围内的人员和组织

以步骤 1 中项目范围内的人员和组织为起点，从概括层开始收集信息，根据需要逐层细化（业务单元、小组/团队、角色、个人或联系方式）。

使用现有的文件，如组织结构图和职位描述。如果您在步骤 1 中进行了利益相关方分析，就利用其分析结果。如果没有，请参考步骤 10　全程沟通、管理以及互动参与中的识别利益相关方和进行利益相关方分析的模板和说明。

运用信息生命周期的思维来发现适用于项目的角色。参考表 4.2.8 中的 POSMAD 阶段以及相关的工作角色和职位示例，以识别组织中影响数据质量的相关角色。意识到部分角色会对数据质量产生影响，将会指引项目组找到那些以各种方式影响数据的人，并将其纳入项目组共同开展工作。

表 4.2.8　POSMAD 阶段与相关的工作角色和职位	
一般角色信息	职位示例[①]
POSMAD 阶段：计划	
在计划时包括数据质量视角： ● 优先事项和预算，其中应包括通过资金和其他资源对数据质量活动的支持。 ● 任何包含数据内容的项目、项目集或操作流程，例如，创建新的和完善现有的业务流程，开发或购买在其生命周期内影响数据的技术。 一般的规划角色包括： ● 决定是否以及如何将数据质量活动纳入计划的管理人员。 ● 参与收集需求和设计流程及技术（系统、应用、数据库等）的人，这些流程和技术在整个生命周期中影响着信息	高管和董事会成员；高、中级项目集和项目经理。 　数据分析师、业务分析师、主题专家、企业架构师、数据建模师、开发人员、DBA（数据库管理员）、业务数据管理专员、技术数据管家、敏捷教练

（续）

一般角色信息	职位示例[①]
POSMAD 阶段：获取	
来源。信息的源头，可以是： ● 公司外部，例如，客户是他自己的信息的来源。 ● 公司内部，例如，工程师是特定产品的信息来源。 ● 非人的，例如，测量实物产品获取其物理尺寸。 如果主要来源不可用，可使用商定的次要来源作为替代。 **生产者。**那些获取、创建、获取或购买数据的人，作为他们工作角色和执行过程的一部分。一个生产者可以是： ● 内部：在公司内部产生数据。 ● 外部：数据是在公司之外产生的。 ● 录入者：从其他地方接收数据，并将其输入数据库或应用程序。 一个人可以既是源头又是生产者	一个组织使用的数据来源包括客户、投保人、地址数据的第三方供应商、一个国家的邮政机构。 一个组织内几乎任何人都有可能成为数据生产者。有些人有与数据相关的具体职责（如数据输入员、数据管理员）。其他的人在日常工作中产生数据（如采购员、客户服务代表、接待员、办公室经理、代理人、股东、护士、医生、教职员工、调度员）
POSMAD 阶段：存储与共享	
技术是存储和共享的重点；那些开发和支持以下技术的人： ● 存储与共享数据的硬件、软件、网络等。通过确定如何向用户提供数据（安全性、同步性等）来影响数据。 ● 代码和查询，用于访问数据、维护所需数据集以符合规定。 ● 确保信息以电子方式保存并通过某种分发方式提供使用的人。 注：技术可以是传统技术，如文件柜中的硬拷贝表格和应用程序，以及邮件等分发方式	高科技：DBA、开发人员、IT 支持、运营、其他技术支持。 传统技术：打字员、行政助理、收发室文员
POSMAD 阶段：维护	
更新、改变、操作、转换、标准化、验证、核实、增强或增加数据的人，以及清洗、转换、去重、链接、匹配、合并或合并记录的人	生产数据的人往往也会维护数据。参见"POSMAD 阶段：获取"中的职位示例
POSMAD 阶段：应用	
那些工作职责的一部分便是将信息用于实现目标或在执行流程中的人员。例如，那些完成交易、撰写报告，并根据这些报告中的信息做出管理决策的人，以及那些依靠数据来运行他们的自动化流程的人。 一般术语：知识工作者、信息客户、信息消费者、用户等。多重角色：用户既可以获取也可以维护数据。 ● 采购员为公司采购用品和材料，并创建一个供应商主数据记录（角色：内部数据生产者）。 ● 采购员使用该主数据记录来创建采购订单（角色：作为知识工作者使用主数据信息来购买产品，作为数据生产者创建采购订单）。 质量差距：获取数据的人可能与使用数据的人不同，可能不了解用户的要求，这往往会导致数据质量问题	客户服务代表、代理人、投保人、业务分析师、数据分析师、经理、主管、项目经理、执行官、数据科学家、报表开发工程师。 他们可以来自公司内部（员工），也可以来自外部（承包商、顾问、其他业务伙伴）
POSMAD 阶段：处置（退役）	
删除或归档数据及信息的人。 信息的归档、存储和以后的检索会影响数据的质量	任何获取、维护或使用数据的角色都可能有删除数据的权限。 与归档有关的专门角色包括记录管理员、档案管理员、变革管理专家、DBA、第三方非现场记录存储供应商、基于云的归档供应商

① 组织中使用的典型职位，尽管认为有些角色并不会影响数据质量。

如果准备进行数据质量评估，POSMAD 阶段中的任何角色都可能被包括在内，这取决于项目目前处于哪个阶段。如果准备进行业务影响评估，重点要关注使用数据和信息的人，也就是关注应用阶段。例如，那些完成交易、创建报告、根据报告做出决定或使用自动流程输出的人。如果业务影响评估包括成本，那么 POSMAD 任何一个阶段的角色都可以被包括在内，因为这 6 个阶段的所有活动都有成本。

3．理解相关人员同组织与数据、流程和技术的其他关键组成部分之间的交互

交互矩阵是显示各种角色如何影响每个数据主题领域或字段的一种方式。参见示例输出及模板部分的表 4.2.9，这是一个角色与数据交互矩阵的例子。对于人员/组织轴和数据轴的详细程度，请使用您的最佳判断。

4．分析、综合、建议、记录，并根据您了解到的有关人员和组织的信息采取行动

请参阅第 6 章 其他技巧和工具中的分析、综合、建议、记录并根据结果采取行动一节，以获得更多帮助。在结果跟踪表中记录所学到的教训、对数据质量和业务的潜在影响、潜在的根本原因和初步建议。此时是否有与人和组织有关的额外行动必须执行？例如，是否找到了您希望咨询的专家，将其作为项目成员之一？尝试将他们和他们的经理纳入项目团队中。

 最佳实践

识别盟友和倡导者。在进行步骤 **2** 工作的时候，要留意那些对数据质量观点持友好态度并且关心项目范围内的业务需求和项目目标的人。他们可能正在遭受数据质量问题的困扰，而项目团队可能帮助解决他们的问题。识别盟友和倡导者，他们可以为项目提供信息，并在某些情况下可以提供额外的资金和人员支持。

示例输出及模板

POSMAD 与角色和职位

使用表 4.2.8 作为输入，确定那些在整个信息生命周期中影响数据质量的人。确定谁应该作为核心或扩展团队成员参与项目，谁可以提供输出，谁应该被告知进展情况。

角色-数据的交互矩阵

表 4.2.9 是一个例子，说明了如何显示角色之间的互动以及这些角色对具体数据的影响。在分析的时候，要看不同行和列是否有相似和差异。例如，一个项目组知道许多部门可以应用或使用数据，但他们认为只有一个部门可以创建或更新它们。通过这个示例，团队发现其他部门的人实际上也有能力创建和更新数据。他们可以立即看到对数据质量的影响，即在各部门之间没有一致的数据录入标准。初始建议有审视组织，以确定创建和更新能力分布在各个部门是否合适或者是否应该集中在一个地方。至少，所有创建和更新数据的团队应该接受同样的培训，便于统一标准。

企业角色	联系人姓名	网站名称	小组	部门	地址	电话	职称	简介
销售代表	O M A	O M A	O M A	O M A	O M A	O M A	O M A	O M A
地区经理	O M A	O M A	O M A	O M A	O M A	A	O M A	O M A
客户服务代表	O M A	O M A	O M A	O M A	O M A	O M A	O M	
订单协调员	O M A	O M A	O M A	O M A	O M A	O M A		
报价协调员	O M A	O M A	O M A	O M A	O M A	O M A	O M	
收集协调员	A	A	A		A			
商务中心邮件收发室		A	A		A			
在线技术支持	O M A	O M A	O M A	O M A	O M A	O M A	O M A	O M A
销售财务		A	A		A	A		
数据管理团队	O M A	O M A	O M A	O M A	O M A	O M A	O M A	O M A

表 4.2.9　交互矩阵：角色-数据

角色：O=获取/创建数据，M=维护/更新数据，A=应用/使用数据

步骤 2.6　理解相关信息的生命周期

业务收益和环境

此活动将描述从计划、创建到处置（或 POSMAD 的部分环节）的信息生命周期。本活动的目标是汇集在步骤 2 的其他子步骤中所获取的关于数据、流程、人员/组织和技术的知识来表现和总结生命周期。专注于适用于您的业务问题的 POSMAD 阶段——计划、获取、存储与共享、维护、应用和处置（退役）。如需相关背景资料或复习，请参阅第 3 章　关键概念中的信息生命周期部分。

信息生命周期可以通过以下方式，在不同详细程度上展示。

- 在团队会议上可以参考高度概括的语境关系图，以指导整个项目所需做的工作，并确保项目团队清楚地知道工作所在阶段。
- 查看数据目前是如何流动的，即"现状（As-Is）"视图。这是用于步骤 3　评估数据质量时，明确生命周期路径节点的输入。它构成了数据获取和评估计划的基础，见第 6 章　其他技巧和工具中的设计数据获取和评估计划。
- 通过数据质量评估凸显了生命周期中出现的问题后，可以通过回溯整个生命周期，以辅助确定根本原因的位置。
- 在流程中显示可能对数据质量产生不利影响的空白、重复工作、不必要的复杂性、意外的问题领域以及低效，并为步骤 5　确定根本原因提供输入。
- 从业务影响的角度来看，这些差距、复杂性和低效率也可能使组织面临风险。从价值的角度来看，生命周期可以显示信息的应用和使用位置。所有这些都为步骤 4　评估业务影响提供了输入。

- 根据从项目中学到的知识，可以更改或改进生命周期的"现状（As-Is）"视图，以显示"未来（To-Be）"视图，这将产生高质量的数据，防止质量问题，并提高信息的价值。"未来"视图可以成为在步骤 7 预防未来数据错误中实施过程改进的基础。
- 进一步确定和改进所需的关键控制活动，这将表明哪些地方可以简化和标准化，哪些地方可以最大限度地减少复杂性和冗余（最大限度地降低成本和风险），最大限度地利用信息（最大限度地增加价值）。
- 确定是否对范围内的数据、流程、人员/组织和技术进行适当说明。

关键概念

应用阶段=价值。 一个组织只有在 POSMAD 信息生命周期的应用阶段（即信息被检索和使用时），才能从信息中获得价值。对于管理数据和信息并使其可被使用，所有其他的阶段都是重要和必要的，但只有应用阶段的活动才能提供真正的价值。

方法

1. 确定信息生命周期的范围和细节级别

在项目的这一节点上，我们需要了解信息生命周期的哪些方面，才能最有效地进行其他项目步骤、解决业务需求、实现项目目标？

确定为了解过程和识别问题领域而需要达到的详细程度。生命周期可能是一个简单且高度概括的流程图，只显示关键信息便于理解整个生命周期。但它在某些阶段会非常详细，以便于显示每一个行动和决策点。如果您不确定哪个详细程度最合适，就从概括层开始，以后根据需要再不断细化。综上所述，最好的做法是在项目范围内，先勾勒出高度概括的信息生命周期轮廓，然后再开始步骤 2 的其他工作。勾勒出的轮廓为步骤 2 的其他工作提供了明确的界限和指导。另外，即使已经有信息生命周期的细化内容，将其置入高度概括层的生命周期语境中也是有帮助的。

每个数据存储、数据集、数据字段都有自己的生命周期，它们相互交叉，相互作用，并相互影响。可以在生命周期一个领域进行概括性的研究，而在另一个领域进行更详细的研究。图 4.2.9 所示是一个数据湖内概括性研究信息生命周期的例子，更多细节见示例输出及模板部分。

2. 收集/修改现有的信息生命周期或创建一个新的信息生命周期

利用现有的文档作为信息生命周期的输入。学会在各种方式（架构、语境图、数据流图）中识别信息生命周期，不管它是否标明了信息生命周期，都可以按原样使用或修改以适应项目的需要。

确定说明和记录生命周期的方法，并成功使用各种描述生命周期的方法。详情、模板和示例见第 6 章 其他技巧和工具中的信息生命周期方法。具体使用方法将受到生命周期的详细程度和范围的影响。

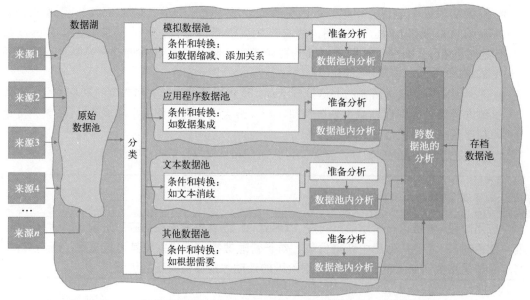

《基于数据湖架构：设计数据湖，避免垃圾倾倒场》，作者：BillInmon（2016年，技术出版物）

图 4.2.9　数据湖中的信息生命周期示例

信息生命周期可以使用 Visio 或 PowerPoint 等工具或其他图表工具来创建，当然也可以用其他传统的手段。笔者喜欢使用白板、便条纸和记号笔。首先决定要使用的方法（泳道图、SIPOC流程图、表格等）。将生命周期的步骤写在便条上，移动它们，直到对顺序感到满意为止。在完成数据、流程、人/组织和技术的次级步骤时，添加不同颜色的标记来表示决策点或了解到的相关细节。使用马克笔来画出步骤之间的流程和依赖关系。随着讨论的深入，很容易擦掉和重新画线，并将便笺纸移开。此时需要对工作结果进行留存，比如拍张照片，以后再用信息化工具进行记录、整理。使用类似的方法对生命周期进行记录和可视化，能够增强对生命周期的理解。对于异地办公的团队，可以利用远程会议工具中的功能应用此技巧。

使用带"数据血缘"功能的工具可以自动挖掘出复杂的生命周期。当然，无论是自动还是手动的方式，必须深入了解生命周期。

在其他步骤中会持续获取更多信息，同时，信息生命周期也需要随之不断更新。想了解一个组织的信息生命周期的演变，请参见本步骤最后示例输出及模板中的十步法实战。

3. 分析、综合、建议、记录，并根据所掌握的信息生命周期采取行动

请参阅第 6 章　其他技巧和工具中的分析、综合、建议、记录并根据结果采取行动一节，以获得更多帮助。在分析过程中，使用前面的业务收益和环境部分的要点来拓宽思路。

注意各种业务操作之间的交错，这些是有可能出错的地方，可以影响数据的质量。例如，生命周期可能会显示不止一个团队在维护相同的数据。了解这一点很重要，因为可以让组织确定这种组织模式是否合适。如果必须如此，那么希望这两个小组在数据输入、更新等方面接受相同的培训，确保相互不冲突。如果组织模式、角色或职责需要改变，生命周期可以帮

助组织明确可能的替代方案，并作为一个概括层的检查表，以确保在部门重组或职责的重新分配中，考虑到了所有流程。

在定期审查时，信息生命周期可以提供一个系统性的方法来检测相关变化。生命周期可以用来回答以下问题：

- 流程是否有变化？
- 是否有任务发生变化？
- 时间上是否有变化？
- 角色是否改变了？
- 担任这些角色的人是否有变化？
- 技术是否改变了？
- 数据要求是否有变化？
- 这些变化对信息的质量有什么影响？

在结果跟踪表中记录经验教训、对数据质量和业务的潜在影响、潜在的根本原因以及初步建议。另外，需要判断此时是否需要完成与信息生命周期相关的额外行动。在完成质量或价值评估后，建议回到这个步骤，以创建和实施一个更有效的信息生命周期。

4．在整个项目中继续使用已经掌握的关于信息生命周期和信息环境的其他要素的知识

此前所掌握的对信息环境中所有元素的了解为以下方面提供输入：

步骤 1　确定业务需求与方法。尽管之前已经完成此步骤，但在其他步骤中可能会出现关于信息环境的额外信息，这需要再次审查和调整范围内的业务需求、数据质量问题、项目重点、方法、计划和目标。

步骤 2　分析信息环境。这一步已经完成，但同样，可能有来自其他步骤的额外信息，可能促使您审查和调整信息环境的某些元素。

步骤 3　评估数据质量。确定哪些地方的数据应该被获取并评估其数据质量。

步骤 4　评估业务影响。了解信息生命周期中哪些环节影响了成本和营收，作为业务影响评估的输入。

步骤 5　确定根本原因。按需使用信息生命周期来跟踪和追溯根本原因的所在位置。

步骤 6　制订数据质量提升计划。

步骤 7　预防未来数据错误。

步骤 8　纠正当前数据错误。作为对生命周期中预防措施和控制措施应落实到位，并进行数据修正。

步骤 9　监督控制机制。确定在信息生命周期的哪些地方应该对控制措施进行监测，同时为持续监控本身制定信息生命周期。

步骤 10　全程沟通、管理以及互动参与。了解人们在信息生命周期中的参与情况以及他们所做的工作，作为输入，来更好地与他们进行沟通和合作。

示例输出及模板

关于其他的例子和相关信息，请参见第 6 章　其他技巧和工具中的信息生命周期方法。

示例——数据湖中的信息生命周期

图 4.2.9 显示了数据湖内的概括性信息生命周期。这张图描述了 Bill.Inmon 的书《数据湖架构》（2016 年）中所述管理良好的数据湖。有些人说这张图实现了数据架构的可视化，这

也是事实。使用生命周期思维可以看透任何数据架构，并发现概括信息生命周期的元素。

步骤 2 可以从一个现有的、完整记录的架构开始，就是在最后确定项目边界时所用的含有数据湖的架构。此外，也可以研究和记录信息生命周期，并在概括层进行理解。因此，图 4.2.9 是步骤 2 完成后的最终结果，而不是初始模板。但无论从哪里开始，像这样一个高度概括的视图可以展示很多内容，如各种数据从生产端到使用端之间经过每个阶段的具体信息，这些可以用来进行深度分析和讨论。

可以使用这种视图来讨论：在哪个环节进行数据质量评估是合理的？在信息生命周期的哪个环节出现了问题？是否需要评估每个数据源的数据质量？

若是如此，那就去深入分析每个数据源。这些都是重要的决策依据，会影响到需要了解的项目范围内的数据和数据规范、流程、技术以及人/组织等信息。以上内容的答案也会影响步骤 3 中数据质量评估所需的时间和资源。因此，一个视图有助于团队深度探讨相关问题。

 十步法实战

信息生命周期的演变

组织概述。 中央银行或储备银行履行非商业银行承担的职能，他们的职责因国家而异，但通常包括：通过制定和实施货币政策来鼓励经济增长、保护国家的货币价值、管理利率并维持价格稳定。世界上有数百家中央银行，本案例来自其中一家。

业务需求。 中央银行的关键资产之一是其掌握的信息。之前的评估强调了哪些业务问题可以通过数据管理来解决，同时引发了一个范围广泛的数据质量（DQ）评估项目，对发现的数据质量问题，这个数据质量评估项目提供了一些建议。

统计部门被纳入整体数据质量评估中，为银行决策提供数据输入。该部门从银行内部和外部各种行业来源收集数据，如汽车、保险、养老基金等。统计部门对以上数据进行分析，并向制定货币政策的委员会提供决策建议。该委员会参考这些意见和建议并最终决定如何调整利率。这些高质量研究和统计数据将有助于制定最恰当的货币政策。

项目背景。 信息管理（IM）团队聘请了一位数据质量专家，以处理数据质量评估中的各种建议。虽然数据质量评估已经在整个银行进行，但信息管理部门是一个小团队，所以他们必须优先考虑产生最大价值的部门，并从那里开始具体工作。数据质量专家被指派与统计部门合作，并通过该部门负责对接的业务数据管理专员开展工作。

使用"十步法"和数据血缘。 数据质量专家使用了"十步法"中的部分步骤来解决数据质量问题。其中，许多工作就是在第 2 步　分析信息环境中完成的。这个例子的重点是信息生命周期，在他们的组织中被称为数据生命周期或血缘。

用这位数据质量专家的话说："将数据血缘可视化，可以看到信息的来源、流动和全景图，这一点特别重要。在与业务数据管理专员沟通时，信息生命周期往往是从一张纸上写写画画开始的，然后再将这些讨论的结果整理到 PPT 中，以便与其他人分享。这是一个良好的开始，但效率较低，不能持久。所以需要一种系统工具提升效率，让一个人就能把业务流程、用例、数据流、数据模型等可视化。此外，术语也需要严格定义清楚，并且使用该工具将定义好的术语自动链接到任何所需的地方。"

如图 **4.2.10** 所示，查看信息生命周期的三个版本。这里无须读者仔细阅读，只是为了说明信息生命周期从草稿到 Excel 到可视化展示的演变。我们发现 Excel 并不能很好地实现可视化，所以在找到更好的工具之前，我们使用了 PPT。

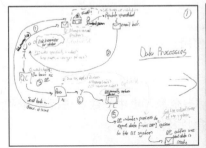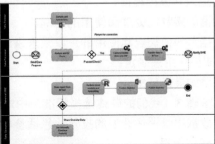

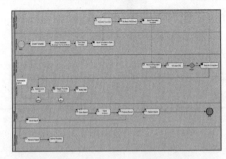

图 4.2.10　信息生命周期的演变

业务收益。通过了解信息环境，特别是数据血缘，统计部门现在可以：

- 查看最终的分析报告里面有哪些数据及其组成部分。一旦发现有些数据没有被使用，那么可以停止收集工作，节省数据提供者和统计部门的时间。另外，还可以发现正在收集的数据中哪些可能是重复的。
- 将统计部门所需的数据与银行其他合规所需的数据联系起来。
- 考虑购买数据，并研究这是否是一个更具成本收益的选择。

Danette 注：确定项目最佳信息生命周期在不同详细程度的展现形式前，您应该对信息生命周期的持续发展和改变做好准备。一旦在一个项目中了解了应该从哪里获得信息生命周期的输入、使用哪种工具和方法，在之后的项目中，信息生命周期的开发速度就能加快。

　十步法实战

从步骤 **2**　分析信息环境中获取的经验

一个数据质量改进项目团队总结了他们在步骤 2 中学到的内容，以及他们是如何使用的。

我们研究、了解并记录了：

- 项目范围内的信息生命周期。
- 数据所处的每个环境的描述。
- 涉及的技术，包括各种第三方供应商的工具，以及当数据在生命周期中流动时，在哪里对其进行转换？
- 数据的接收、处理和使用的时间。
- 数据是如何被实际使用的，以及未来的使用计划。

这些知识被用来确定：

- 项目的最终范围。
- 在步骤 3（我们的最终选择标准）中对哪些信息环境中的数据进行质量评估。
- 对数据质量评估计划的投入，包括参与角色及任务分工。
    - 获取数据。
    - 对数据进行剖析，分析要使用哪些工具。
    - 确定其余步骤工作，如根本原因、预防和纠正。
- 绘制一些在整个项目中参考的视图。
    - 对管理部门：用以解释并持续支撑项目范围内的交付成果。
    - 对项目团队：用以跟踪各种项目活动的开展情况。

步骤 2 小结

在步骤 1 中，本书提供了一些关于数据和数据规范、流程、技术、人和组织以及信息生命周期的知识。在步骤 2 中，本书根据需要，深入研究更多的细节，以一定顺序梳理出需要进一步收集的信息盲点。本步骤以全新的、相互联系的方式看待以上所有知识，便于项目团队参照执行，并继续做出提升数据质量的最佳决策。

本书提供了确定相关内容以及"适当详细"程度的指导原则，并鼓励遵循"适度原则"。如果遵循这些原则，就能帮助项目团队避免处于"不知所措"的境地，使项目集中在正确的方向，并持续正向发展。

在每个子步骤结尾，本书都整合了其他步骤的结果，并根据每个节点上掌握的情况提出初步建议。项目团队看到这些建议，就可以决定目前需要立刻做什么，或者留待以后再做。本书鼓励项目团队把发现的问题记录下来，这样就可以把重要的知识作为其他步骤的输入，从而避免重新发现问题的重复工作。参照本步骤的建议，项目团队可以为信息生命周期创建视图，这些视图可以用于工作推进中，保持项目组的正确工作方向。

如果尚未进行以上操作，花点时间来组织想法、文件，并记录相关结果。书中反复提到的都是必须执行的重点工作！现在，已经做好进入步骤 3　评估数据质量和步骤 4　评估业务影响的准备了。

沟通、管理和参与

在本步骤中有效地与人合作和管理项目的相关建议：

- 根据在步骤 2.5　理解相关人员和组织中所掌握的内容，完善利益相关方名单，并相应地更新沟通计划。
- 与利益相关方和团队成员合作：
  - 提供定期的状态报告。
  - 倾听并解决相关建议和问题。
  - 提供本步骤中所了解的最新情况，如可能影响范围、进度或资源的潜在问题。
  - 根据本步骤中了解到的情况，对即将进行的项目工作、团队参与或个人参与情况的潜在影响及变化，设置相应的预期。
- 跟踪问题和行动事项，确保及时完成可交付成果。
- 确保为项目后续步骤提供资源和支持。

检查点

步骤 2　分析信息环境检查点

如何判断我们已经准备好进入下一步骤？使用以下准则来帮助确定本步骤的完备性，以及是否已为下一步骤做好准备：

- 是否理解并记录了信息环境的适用要素，并达到适当的详细程度，以帮助最有效地执行其余项目步骤？
- 对于步骤 3 中的数据质量评估，是否做好了以下准备：
  - 是否已经充分理解了数据，以至于确保数据质量评估时，囊括应该需要评估的数据？
  - 对于要进行质量评估的数据，其需求和约束、详细的数据列表和映射以及数据规范是否已经最终确定？
  - 是否已经识别了数据的权限和访问方面的任何问题？
  - 是否有工具可以用来进行评估，还是必须购买工具？
  - 是否已经识别了培训需求？
- 对于步骤 4 中的业务影响评估，是否做好了以下准备：
  - 业务需求和信息环境是否得到充分理解和相互关联，以确保在业务影响评估时，集中评估正确的领域？
- 是否已经识别评估所需资源并获得了保障？
- 这个步骤的结果是否被记录下来了？包括经验、教训和观察结果、已知或潜在的问题、已知或可能的业务影响、潜在的根本原因、预防和纠正的初步建议。
- 沟通计划是否已经更新，本步骤的必要沟通是否已经完成？

步骤 3 评估数据质量

步骤 3 在十步法流程中的当前位置如图 4.3.1 所示。

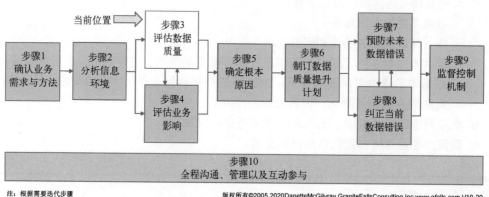

图 4.3.1 步骤 3 评估数据质量"当前位置"图示

步骤 3 简介

在解决数据质量问题时通常考虑的唯一一事情就是评估数据的质量。希望您已经了解，之前做的每一件事都是能做好这一步的必要条件，随后的所有工作（确定根本原因、通过预防和改正进行提升、通过监督控制措施来保持数据质量）都是实施这一步的理由。换句话说，进行数据质量评估并不是终点——它是最终获得准确的高质量数据的一种措施，从而支持与客户、产品、服务、战略、目标、问题和机会相关的业务需求。

可以通过浏览表 4.3.1 步骤总结表来了解该步骤的工作。第 3 章 关键概念已介绍了数据质量维度概念（十步法流程使用的维度）以及选择维度指南。表 4.3.2 中列出了这些维度清单及定义，以便于快速参考。

	表 4.3.1 步骤 3 评估数据质量的步骤总结表
目标	● 评估和评价适用于业务需求、数据质量问题和项目目标维度的数据质量
目的	● 确定数据质量错误的类型和程度。 ● 确认或反驳有关数据质量的意见

输入	● 来自于以下步骤的输出、知识和产出物：
	  ○ 步骤 1。根据需要，基于项目迄今所了解的情况（业务需求、数据质量问题、项目范围、计划或目标）进行更新。
	  ○ 步骤 2。信息环境分析。
	  ○ 步骤 4。是否在启动数据质量评估之前需要进行业务影响分析。
	● 当前的项目状态、利益相关方分析、沟通和参与计划

（续）

技巧与工具	● 适用于要评估的数据质量维度的技巧和工具（参见每个数据质量维度的子步骤）。 ● 参见第 6 章　其他技巧和工具： 　○ 设计数据获取和评估计划。 　○ 开展调研。 　○ 数据质量管理工具。 　○ 跟踪问题和行动项（在整个项目中使用和更新）。 　○ 分析、整合、建议、记录并根据结果采取行动（在整个项目中使用和更新）
输出	● 针对选择的每个数据质量评估完成的结果进行记录，并对所有维度结果进行整合。 ● 记录的经验知识、未发现的问题、可能的根本原因和初步的建议。 ● 对于步骤 1~2 的输出，根据数据质量评估结果进行更新。 ● 记录的数据收集和评估计划，供将来参考和使用。 ● 根据数据质量评估获得的经验知识，本步中采取的、可能完成的行动任务。 ● 本步需要完成的项目沟通和协作活动。 ● 基于反馈和数据质量结果的更新状态、利益相关方分析、沟通和参与计划。 ● 就项目的下一步达成协议——团队能否直接进入步骤 5　确定根本原因，或是否需要先完成发现的特定数据质量问题的业务影响分析
沟通、管理和参与	● 确保交付成果及时完成；跟踪问题和行动任务项。 ● 与项目资助者、利益相关方、管理人员和团队成员进行合作，以便： 　○ 合作实施数据质量评估。 　○ 消除障碍，解决问题和管理变革。 　○ 保持适当参与（承担责任、负责、提供建议、仅知情）。 ● 沟通状态、评估结果、可能的影响和初步建议；获得反馈并完成需要的后续工作。 ● 基于数据质量评估的经验教训： 　○ 调整项目范围、目标、资源或时间计划。 　○ 管理对所有参与者的期望。 　○ 预估为实施和接受可能的质量改进所需要的变更管理。 ● 确保为项目随后步骤实施提供资源和支持
检查点	● 对于每个选定的数据质量维度，是否完成了评估并分析了结果？ ● 如果进行了多项评估，是否整合了所有评估的结果？ ● 是否讨论和记录了以下内容？ 　○ 经验知识和观察。 　○ 已知/潜在问题。 　○ 已知/可能的业务影响。 　○ 可能的根本原因。 　○ 预防、纠正和监测的初步建议。 ● 如果项目有变更，发起人、利益相关方和团队成员是否最终商定一致？例如，如果下一步需要增加团队成员，成员是否已经确认并承诺？项目资金是否继续？ ● 此步骤是否完成了需要的人员沟通、管理和参与活动？计划是否更新？ ● 是否已记录此步中未完成的任务项，并指定了责任人和完成日期

子步骤	数据质量维度的名称和定义
	表 4.3.2 十步法流程的数据质量维度
3.1	**对相关性与信任度的认知。** 使用信息且（或）创建、维护和处置数据的人员的主观看法，包括：相关性，哪些数据对他们最有价值、最重要；信任度，他们对满足其需求的数据质量的信心
3.2	**数据规范。** 数据规范是任何为数据提供上下文语境、结构及含义的信息和文档。数据规范为数据和信息的制作、构建、生产、评估、使用及管理提供所需信息。规范示例包括元数据、数据标准、参考数据、数据模型和业务规则。如果没有数据规范或数据规范不完整、质量不高，就难以产生高质量的数据，也更难测量、理解和管理数据内容的质量
3.3	**数据完整性基础原则。** 数据的存在性（完备性/填充率）、有效性、结构、内容等基本特征
3.4	**准确性。** 数据内容与权威参考源相比的正确性，该权威参考源经协商一致且可访问
3.5	**唯一性和数据去重。** 系统中或跨系统及数据存储的数据（字段、记录或数据集）（正面）或不必要的重复（负面）
3.6	**一致性和同步性。** 当数据被存储或使用在不同的数据存储、应用程序和系统中时，这些数据的等价程度
3.7	**及时性。** 数据和信息为当前最新，并可以按照规定在预期的时间范围内使用
3.8	**可访问性。** 指授权用户查看、修改、使用或使用其他方式处理数据和信息的能力
3.9	**安全性和隐私性。** 安全是保护数据和信息资产免遭未经授权的访问、使用、披露、扰乱、修改或破坏的能力。对个人而言，**隐私**是对个人数据如何收集和使用的某种控制能力。对于组织而言，是指满足人们希望如何收集、共享和使用其数据的能力
3.10	**展示质量。** 数据信息的格式、表现和呈现，用以支持对其收集与使用
3.11	**数据覆盖度。** 与数据全集或关注的总体相比，可用数据的全面性情况
3.12	**数据衰变度。** 数据的负面变化率
3.13	**可用性和效用性。** 数据生成预期的业务事务、结果或用途，或按设想的方式使用
3.14	**其他相关数据质量维度。** 组织认为对定义、测量、改进、监视和管理数据和信息非常重要的其他特征、方面和特点

　　每个维度对应一个子步骤。对子步骤进行编号是为了便于参考引用，不是必须按照编号顺序来完成评估工作。结合要解决的业务需求和数据质量问题，选择合适的质量维度进行评估。维度可能随项目的差异发生变化。每个子步骤包含三个主要部分：业务收益和环境、方法和示例输出及模板，它们为评估特定维度的数据质量提供了翔实的说明。

　　除了少数例外情况，数据质量的目的不应视作要实现"零缺陷"或完美的数据状态。实现这种高水平的质量需要成本，且可能需要漫长的时间。更具成本效益的是选择一种平衡的、基于风险的方法，根据业务影响和风险来定义数据质量改进的需求和投资。需要时，使用步骤 4 的业务影响技巧，会帮助做出这些决策。

数据质量评估的收益是步骤 1 确定的业务需求和数据质量问题的具体证据。步骤 2 分析信息环境获得的经验知识是本步骤的输入。

数据质量评估结果提供了数据质量问题的本质、量级和位置的画像。这些知识有助于在确定根本原因（步骤 5）、制定改进计划（步骤 6）、预防未来数据错误（步骤 7），以及纠正当前数据错误（步骤 8）工作中选择聚焦点。如果是首次评估数据质量，评估将设置质量基线，用于对将来质量工作进展进行比较。本步骤获得的经验知识也会在监督控制措施（步骤 9）进行检测数据质量问题时派上用途。

如果跳过了步骤 2，请再思考一下！项目团队的反馈一再证实了，在开始进行数据质量评估之前，进行充分的信息环境分析是必要的。分析工作从概括层开始，只有在需要时才深入更多细节。评估前获得的这些背景知识会使评估工作效率更高。如果没有开展步骤 2 的任何工作，就决定启动步骤 3，那么仍然需要确定被评估的确切数据。丰富的背景知识有助于解释和分析数据质量评估的结果。虽然可在步骤 3 中完成信息环境分析工作，但通常效率更低。

> **❞❞ 经典语录**
>
> "一个准确的测量值得一千个专家意见。"
>
> ——格雷斯·霍珀（1906—1992 年），海军上将，美国海军。

数据质量维度如何分类

在十步法中，根据评估维度使用的技术或方法，对数据质量维度进行大致分类。这样分类可以在估计数据质量工作所需的时间、费用、工具和人力资源时获得输入，从而有助于更好界定项目范围和规划项目。按这种方法区分数据质量维度，有助于：将维度与业务需求相匹配，并按照优先级确定评估的维度和它们的评估顺序；了解能从每个数据质量维度的评估中获得什么经验知识（或教训）；在受限的时间和资源下更好地定义和管理项目计划的活动顺序。

注：还有其他方法来对数据质量维度进行分类。如需更多维度分类信息，请参见 Dan Myers 关于数据质量维度研究汇编（Myers，n.d.）。Dan 还整理了一个称为数据质量一致性维度的清单。编者从这些内容中受益良多。由于本书是将维度想法付诸行动，所以依据上述理由在十步法中对维度进行了分类。

步骤 3 流程

步骤 3 的总体方法简单明了，参阅图 4.3.2 所示的步骤 3 的流程。第一针对特定场景选择最有帮助的维度；第二，设计数据获取和评估计划；第三，评估选定维度的数据质量；第四，如果进行多项评估，整合所有评估结果，提出建议，并采取行动！这个高阶流程适用于评估所有数据质量维度。为了避免在每个子步骤中重复，在此进行流程解释。

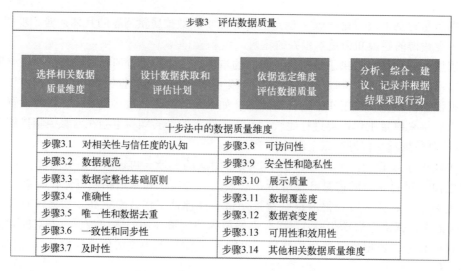

图 4.3.2 步骤 3 评估数据质量的流程图

选择相关数据质量维度——要熟悉各种数据质量维度，以及完成每个维度评估需要的内容。选择对每个项目最有意义的维度很重要，但可能很难知道从哪里开始。选择评估维度时，请参阅第 3 章 关键概念中的数据质量维度一节的建议。从步骤 1 确认业务需求与方法开始，快速回顾业务需求和项目目标。确保业务需求、可用的资源等没有变化。如果有变化，请按需修改项目的重点、范围与目标并选择满足新场景下的数据质量维度。要确保告知所有参与人员发生的变化，并获得他们的支持。

设计数据获取和评估计划——数据获取是指访问被评估数据的方式（例如，将数据提取到普通文件，再加载到安全数据库中进行测试或直接连接到报表数据库）。评估计划是如何评估数据质量的方法建议。为选择的每个维度设计数据收集和评估计划。参阅第 6 章 其他技巧和工具同名小节中有关设计数据获取和评估计划的详细内容。

参阅第 6 章中的数据质量管理工具一节，了解获取、分析数据和报告结果时要使用的工具和技术说明，要利用步骤 2.2 理解相关数据与数据规范和步骤 2.3 理解相关技术中学到经验知识。

要制定并记录获取和评估数据的任务顺序，确保相关人员了解并同意其工作责任。切记人员中要包括完成这些工作成员的领导。数据获取和评估计划的简单或复杂程度将因项目而异。使用"恰好足够"的时间来充分利用资源，确保正确的人员在正确的时间从正确的数据存储中收集和评估相关数据。

依据选定维度评估数据质量——本步中每个质量维度都有一个单独子步骤，包括了评估该维度的详细信息。依照针对项目范围内每个数据质量维度的具体说明和示例，实施数据获取和制订评估计划，并完成评估。

分析、综合、建议、记录并根据结果采取行动——分析每个数据质量评估的结果，并整合所有评估结果。使用在步骤 2 分析信息环境中学到的知识来帮助解释结果，了解可能导致已发现问题的原因。根据掌握的知识提出初步建议，建议可以是有关应该纠正哪些数据、各种防止数据质量错误重复发生的控制措施、应监测的特定业务规则或数据质量规则以及一般控制措施。将这些内容都记录在册，确保保留下每步积累的知识和见解，供下一步使用。根据建议，择机采取行动。适用于所有维度的一般说明和模板，参阅第 6 章　其他技巧和工具中分析、综合、建议、记录并根据结果采取行动一节中的内容。

最佳实践

选择数据质量维度的最终标准。为了最终确定要评估哪些数据质量维度，有以下两个问题：

- **应该评估这些数据吗？** 只有在预计评估结果能提供可付诸行动的信息，且与业务需求、数据质量问题和项目目标相关时，才会花时间进行测试。
- **能评估这些数据吗？** 检查数据的这个质量维度是否有可能或可行？有时可能无法评估数据的质量，或者评估数据质量的成本令人望而却步。

只有在对这两个问题的回答都是"肯定"时，才能评估这些维度！如果任何一个问题的答案是"不"，那么就不要评估那个维度——它将浪费时间和金钱。

步骤 **3.1**　对相关性与信任度的认知

业务收益和环境

人们常说，感知就是现实。如果用户认为数据质量差，那么他们就不太可能使用组织的数据源，或者他们将建立自己的电子表格或数据库来管理其数据。这导致了重复和不一致数据的"表格集市"的泛滥，并且它们往往都缺少适当的访问和安全控制措施。

感知性质量维度通过向数据和信息使用者或管理者进行正式的调查（个人访谈、小组研讨会、在线调查等），来收集他们的意见。在与用户接触时，询问有关信息的价值、相关性、业务影响和对数据质量的信任/信心等问题，都是合适的、有意义的。

由于可能出于数据质量或业务影响两个视角启动进行用户调查，因此步骤 3.1 的数据质量维度和步骤 4.7 的业务影响技巧都包括它。

这个维度或技术最好作为评估选项列明在数据质量和业务影响清单中。无论是作为数据质量维度还是作为业务影响技巧，其定义都是相同的。

定义

对相关性与信任度的认知（数据质量维度）。使用信息或创建、维护和处置数据的人员的主观看法，包括：相关性，哪些数据对他们最有价值，最重要；信任度，他们对满足其需求的数据质量的信心。

方法

方法部分提供了应用于数据质量维度和业务影响技巧的对相关性与信任度的认知，可以在步骤 4.7 中找到相关说明。

示例输出及模板

步骤 4.7 中可以找到示例输出及模板一节，其中的示例可以应用于数据质量维度和业务影响技巧的对相关性与信任度的认知。

步骤 3.2　数据规范

业务收益和环境

如果不同时管理数据规范，就不能保证数据的质量。数据规范可以提供制造、构建、生产、评估或使用数据和信息所需的信息，包括提供数据的上下文、结构和意义的任何信息和文档资料。本书关注的数据规范是元数据、数据标准、参考数据、数据模型和业务规则。（注：还有其他一些数据规范也会影响数据质量，如数据分类、本体和层次。它们超出了本书可能涵盖的范围。如果它们也适用于项目范围内的数据，请使用其他资源。）

如果没有数据规范或数据规范不完整、质量不高，就很难测量和理解数据内容的质量。数据规范方面的问题往往是导致低质量数据的原因。有关本主题的更多信息，参阅第 3 章　关键概念中的数据规范一节。

定义

数据规范（数据质量维度）。 数据规范是任何为数据提供上下文语境、结构及含义的信息和文档。数据规范为数据和信息的制作、构建、生产、评估、使用及管理提供所需信息。规范示例包括元数据、数据标准、参考数据、数据模型和业务规则。

数据规范提供：

- 用于分析数据质量的上下文。
- 比较数据质量评估结果的标准。
- 手工输入数据、更新数据、设计数据加载程序、开发应用程序等的说明。

如果没有在步骤 2.2　理解相关数据与数据规范收集适用于 CDE 的数据规范，至少，本步是完成这件工作的另一次机会。这些数据规范会在进行其他数据质量维度评估时使用。

此外，可能需要评估规范内容或这些规范文档的质量。此步工作可能很简单，只需确保识别了相关的参考数据，并作为数据完整性基础原则评估工作的一部分被提取出来；或者，它可能是深层次表达的业务规则，用来对 ERP 实施项目中迁移的数据进行测试。

注：用于评估像主数据和事务数据等其他数据内容的相同技术和流程，也可用于评估许多数据规范。例如，元数据存储库只是另一个可以评估质量的数据存储库。元数据有自己的

信息生命周期，需要进行管理以确保质量。元数据可以使用步骤 3.3　数据完整性基础原则的技术进行剖析，并使用步骤 3.5 检查是否有重复。

方法

1. 收集需要的数据规范

本步骤与步骤 2.2　理解相关数据与数据规范密切相关，使用它的说明和输出结果作为工作的起点。如果以前没有收集已有的数据规范，那么现在开始收集。

如果规范为纸质文件，那么将收集哪些规范？由谁什么时候去收集？这些规范的副本将存放在哪里，以便项目团队可以使用它们？

如果规范是电子文件，是否需要登录才能访问？由谁负责审批访问权限？成员自己访问规范，还是需要让其他人帮忙访问？文件形式的规范是否可以复制到项目的共享驱动器中？

列出数据规范清单，并对需要但丢失或没有记录的规范做上标记。

2. 完成对数据质量的快速评价，以确定是否需要进行深入评估

使用模板 4.3.1　数据规范质量——快速评价和示例输出和模板一节中的说明，它们提供了一种方法，能快速确定数据规范的质量，并决定是否需要对它们进行更深入的数据质量评估。

快速评价结果是定性的，如对规范质量（或缺乏规范）的意见，以及如何影响数据质量。例如，元数据存储库可能是可用的，但是已经知道大多数定义字段都是空白的，或者数据规范记录在放置于书架的某个活页夹纸质文件中，并且已经十年没有更新。对于这两种情况，都可以假设：

- 规范内容已过时或不存在，需要创建/更新。这将延长项目时间，并应体现在项目计划中。
- 检查质量时会发现数据内容（而不是规范）不一致，这说明数据规范的质量较低。
- 对于使用的规范，需要用纸质材料以外的方式提供，以便于查阅。如果是这种情况，可以在结果文档中包括这些初始建议，以便稍后解决。

3. 如果需要，对规范进行深入的数据质量评估

应用其他数据质量维度——记住，保存规范的数据存储库（如元数据存储或业务术语表）也是数据存储，用于评估主数据和事务数据的相同技术和流程也可以用于许多数据规范的评估。可以对元数据存储库使用数据剖析技术来获取数据规范的完整性基本知识，如完备性、填充率和有效性。使用表 4.3.3 作为评估的输入。

确定用于比较的参考源——这使用了评估准确性数据质量维度的思想。是否会将数据库内的数据规范与组织级单元或企业级数据规范，或与外部参考源进行比较？例如，可以使用 ISO（国际标准化组织）代码作为某些数据域值的参考源。

如果不存在明确的企业级标准，可从某些业务使用的通用数据库中查找。例如，是否存在多个业务组使用的区域性或全球性数据存储库，可以被视为命名标准或有效代码清单的参考源？

确定由谁进行评估——合适的评估者是来自业务部门内的内部审计师、数据管理人员或数据质量专业人员，这些部门的数据正在接受评估。评估者也可以来自业务部门外。评估者不能对被评估的规范有既得利益，例如，评估者不应该是数据业务定义的制定者。

如果数据录入标准多年未曾更新、数据录入者不易获取标准文件，或者发现团队间的数据录入标准存在冲突，就可能导致数据输入不一致。在评估数据本身的质量过程中，应该寻找这些不一致预见的蛛丝马迹。可能的话尽量化结果，例如报告符合标准的规范百分比或已有规范与预期规范的百分比。

4. 根据需要创建或更新技术规范

如果规范不存在，那么具体需要编写或建立哪些规范？由谁负责创建或更新，截止时间是什么时候？编写规范的方法是什么？再次使用表 4.3.3，用它作为在建立或更新规范时应该包含内容的输入，确保所有参与建立规范的成员都按照标准一致地编写规范。

进行工作的质量-检查，以确保新的或更新的规范符合预期。此项操作不能延后，因为规范提供了与其他数据质量评估比较结果所需的质量水平。既要尽可能快地完成工作，又要确保建立/更新的规范本身是高质量的。

5. 跟踪进度

跟踪评估、建立和更新数据规范的进度。确保工作按计划进行。对与 CDE 相关的数据规范严格执行此步骤。

实际上可能需要通过一个组织级工作任务来收集数据规范，确保它们被保存、管理和易用。这些需求的必要性，要在本步建议中列出。但是，不要让没有组织级元数据存储库的事实阻止持续推进项目。收集、创建、更新项目需要的数据规范，并在启动独立元数据存储库项目时将它们用作准备材料。

6. 分析、整合、提出建议和记录结果

有关更多详细内容，参阅第 6 章　其他技巧和工具中的同名部分。结果中要突出强调可能希望在其他数据质量维度中进行测试以证明或否定假设的数据规范,记录关键的观察结果、经验知识、发现的问题和积极的发现，以及对业务或数据质量已知的或可能的影响，记录潜在的根本原因和初步建议。

记住，结果要包括为保持项目持续推进而必须采取的下一步骤，本步骤中学到的经验知识是否会影响项目时间表、资源需求或交付成果？如果有影响，如何处理？是否已经进行了沟通？决定何时基于本步骤或其他步骤的结果采取行动。

> ❞ **经典语录**
>
> "除非您能定义什么是对的，否则您无法判断什么是对的。"
>
> —— JackE.Olson《数据质量：准确性维度》（2003 年）

示例输出及模板

数据的规范性质量——快速评价

至少需要适用于项目范围内关键数据元素（CDE）的数据规范。是否可以按现状使用这些规范及其文档，或者因对其存疑而必须在进行其他数据质量评估之前消除疑虑，两者之间要做出选择。使用模板 4.3.1 来协助做出以下决策。

- 明确哪些数据需要规范。它们是项目范围内的数据，是支持业务需求的最重要的数据，可能是步骤 2.2 确定的关键数据元素（CDE）。
- 模板第一列是项目范围内数据需要的规范类型，列出规范文档的名称或其存放位置。例如，业务术语表或元数据存储库名称，数据目录、数据治理或数据建模工具，数据管理员维护的电子表格，摆放在客户服务代表案头的纸质手册标题，应用程序联机帮助，或咨询主题专家。
- 对列出的每个规范文档，收集它的基本信息。
- 对于列出的每个规范文档，查看模板表格中间部分的快速评估总结，并在中间列给出整体回答："基于下面的快速评估问题，认为该规范的质量是否足以用于其他数据质量评估？"在很好、未知或不可接受三者之间，选择一个结论。
- 根据表最后部分的快速评估结论和行动，确定下一步的工作任务。例如，是否需要访谈主题专家来建立数据规范？这些知识记录、保存在哪里以便于他人访问？这需要额外工作，应纳入到项目计划中。
- 记录做出的结论和假设。如果在达成协议之前进行了深入讨论，收集包括或排除某个事项的原因。

快速评估就是要"快"。不要在答案上耗费太多精力。如果恰当的人员参与了讨论，显然应给出恰当的结论。但如果存在强烈的分歧，那么结论默认为"未知"，要进行深入调查。

数据规范质量——在评估、制定和更新时的输入

相比快速评估，要更详细地查阅数据规范质量时，可使用表 4.3.3。该表不仅包括规范应该考虑的方方面面，还为下面的工作提供了一个良好开端：

- 评估数据规范的质量，首先要确定高质量的规范应具备哪些条件。
- 建立或更新数据规范，要把创建高质量的规范作为指导和培训工作的一部分。

模板 4.3.1　数据规范质量——快速评估		
快速评估总结		
数据规范类型	结论：很好、未知、不可接受 基于下面的快速评估问题，是否认为规范的质量足够好，可用于其他数据质量评估？	下一步
元数据		
无文档——咨询玛丽·琼斯		
文档 2		
数据标准		
文档 1		
其他文档		
参考数据		

（续）

快速评估总结		
数据规范类型	结论：很好、未知、不可接受 基于下面的快速评估问题，是否认为规范的质量足够好，可用于其他数据质量评估？	下一步
表 XYZ 中的 ISO 国家代码		
其他文档		
数据模型		
文档 1		
其他文档		
业务规则		
文档 1		
其他文档		

基本信息

对于每类规范和每种文档，需收集：

- 规范类型（元数据、数据标准、参考数据、数据模型、业务规则）。
- 文档名称。
- 文档的简要描述和用途。
- 文档的位置（正本和副本）。
- 文档类型（应用程序中的在线帮助、案头的纸质手册、数据建模软件等）

快速评估问题

快速评估的问题：

- 谁享有所有权并负责更新文档？
- 目前谁使用文档，是用于既定目的还是其他目的？
- 谁应该使用文档，是用于既定目的还是其他目的？
- 那些需要参阅文档的人是否知道其可用？
- 这些文档是否易于访问？
- 文档是否容易理解？
- 文档如何更新？例如，文件每月从外部发送过来、直接连接外部资源并实时更新、业务数据管理员负责更新。
- 谁决定何时更新规范？例如，用户通知数据管理员，业务数据管理员将新规范提交给数据治理委员会来最终批准。
- 文档应多久更新一次？最后一次更新是什么时间？
- 数据规范文档版本是否与应用程序使用的版本一致？是否有一致同步的历史记录

快速评价结论和行动

基于以上问题，认为规范/文档的质量是否好到可以用于其他数据质量评估？确定数据规范的质量是否为：

- **很好**。规范的质量好到足以在项目的其余部分使用，因此要确保项目团队可以使用它们，并延续到其他数据质量评估。
- **未知**。不了解规范或规范不清楚，进行其他数据质量评估之前，需要进行深入评估。使用表 4.3.3 来进一步评估数据规范的质量：
  - 本次只针对关键数据元素（CDE）。
  - 添加到项目建议中——评估其他数据规范的质量。
- **不可接受**。现有规范质量很差，不足以使用，因此在进行其他评估之前需要更新规范，例如：
  - 本次只更新关键数据元素（CDE）的规范。
  - 添加到项目建议中——更新其他规范

表 4.3.3　数据规范质量——评估、制定和更新规范的输入

数据规范类型	评估现有规范的质量、创建或更新规范的输入
元数据	对于数据定义，请确保每个字段包含以下内容： ● 标题、标签或名称和完整、准确、可理解的描述。 ● 字段被标识为必填、可选或条件（附带条件）。 ● 别名或同义词。 ● 有效模式或格式。 ● 有效值清单（参见参考数据和数据标准）。 ● 用途示例是有帮助的。 确保每张表都有名称和说明描述。 定义虽不是元数据唯一要考虑的因素，但却是基本的起点。数据定义中包含哪些更多信息，参阅 Keith.Gordon 的《数据管理原则：促进信息共享》（第 2 版）（2013 年）第 5 章
数据标准	对于表和字段名称： ● 将实际的物理结构名称与命名约定进行比较。物理结构可以是数据库的表、视图、字段等。 ● 确保名称中使用的缩写都是公认的标准缩写。 ● 如果没有既定命名约定，则寻找名称内部和名称之间的一致性。 数据录入指南： ● 录入数据时应遵循的规则，如参考数据的使用、公认的缩写、大小写（大写、小写、混合）、标点符号等。 有效值清单： ● 由内部或外部权威源制定，这些也被称为参考数据
参考数据	● 审核有效值集合和值的定义。 ● 检查值是否包含高质量的定义（参阅元数据）。 ● 检查值清单是否只包含有效值。 ● 确定值清单是否完整（即，包括需要的所有值）。 ● 确定清单的值之间是否互斥（因此在选择赋值时不会出现困惑，且值的含义不会重叠）
数据模型	● 寻找清晰和可理解的名称和定义。 ● 检查数据模型，以确保实体和数据关系是一致的。 ● 识别数据模型的沟通和使用情况。 ● 确保数据模型中的命名结构（包括大小写和标点符号）与命名约定一致。 有关数据模型质量的深入研究，参阅史蒂文·霍伯曼的《数据模型记分卡：数据模型质量的应用行业标准》（2015 年）
业务规则	● 审核业务规则定义的准确性和完备性。 ● 查找创建、更新或删除数据示例/记录应遵循的规章制度。 ● 查找在整个 POSMAD 信息生命周期中应该如何、何时处理记录或数据字段的显式及隐式业务要求，如可能发生重大状态变化的位置以及因此应该如何处理数据的行为。相应的数据处理行为可以变成需求或数据质量规则。数据质量规则可以用来检查是否合规。 ● 例如，业务规则是："潜在客户在购买产品时将变为客户。" 在线订单代表的处理行为是："当潜在客户变为客户时，请将客户指示标志更改为 A（用于活跃客户）。"在测试数据是否遵守业务规则时，可以制定一个数据质量规则："客户指示标志为 A 的记录还必须有一个关联的订单记录。"或"客户指示标志为 P（对于潜在客户）的记录不能有关联的订单记录。"寻找自动更改标志的机会，这将有助于强制执行业务规则。如果流程已经自动化，立即测试该规则，以确保程序能够正常工作

步骤 3.3 数据完整性基础原则

业务收益和环境

数据完整性基础原则关注数据的存在性、有效性、结构、内容和其他基本特征。评估数据完整性基础原则的技术被称为数据剖析。本书使用数据完整性基础原则作为一个综合术语，它包括完备性/填充率、有效性、值清单和值频率分布、模式、范围、最大值和最小值以及引用完整性等数据基本特征。如果没有有关数据的任何信息，就需要知道能从这个数据质量维度评估中了解到数据的哪些信息。大多数其他质量维度都是建立在数据完整性基础原则评估获得的数据知识基础上。由于必须了解数据的基础信息，所以下面将在这个维度上花更多的时间。

这个数据质量维度通过使用一种称为数据剖析的技术来揭示数据的结构、内容和质量。这些工具可用来进行数据概要分析，但仍在发展变化，而且将来可能会有另一个不同名称的技术来取代数据剖析这一术语。然而，无论工具功能叫什么，总是需要了解数据的基本信息，因此，这个维度被称为数据完整性基础原则，而不是数据剖析。

定义
数据完整性基础原则（数据质量维度之一）。数据的存在性（完备性/填充率）、有效性、结构、内容等基本特征。

💬 经典语录
谈到数据时，不管是购买、出售、移动、转换、整合还是依据它生成报告，必须了解数据的真正含义以及它的行为方式。
——迈克尔·斯科菲尔德，工商管理硕士，洛玛琳达大学助理教授

典型的剖析功能

数据剖析会从不同的角度查看数据。图4.3.3列出了数据剖析工具提供的三个基本视图。注意，特定的数据剖析功能、术语和结果会因使用工具不同而有差异，图中的列是指数据字段、元素或属性。

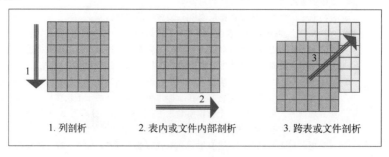

1. 列剖析　　2. 表内或文件内部剖析　　3. 跨表或文件剖析

图 4.3.3　典型的剖析功能

1. 列剖析

调查数据集当中的所有记录时，分析记录的每一列。列剖析将提供如完备性/填充率、数据类型、大小/长度、唯一值清单和值频率分布、模式以及最大和最小范围等结果。这种分析也可称作数据域分析或内容分析，能够发现真实的元数据和内容质量问题，验证数据是否符合预期，进行实际数据与目标需求间的比较。

2. 表内或文件内剖析

发现表或文件中的数据元素/列/字段/属性间的关系，能够发现实际的数据结构、数据间函数依赖关系、主键和数据结构质量问题，还可以测试用户期望的数据依赖关系。它也被称作依赖关系剖析。

3. 跨表或文件剖析

比较表或文件之间的数据，确定重叠或相同数值集、识别重复值或标识外键。剖析结果可以帮助数据建模师建立第三范式的数据模型。该模型消除了不必要的数据冗余，可用于在操作数据存储或数据仓库等环境中设计数据临时区，来实施数据从源数据库向目标数据库的迁移和转换。如果使用正确，跨表或跨文件剖析功能可以非常强大。

同样的原则也适用于剖析 NoSQL 数据库中的大数据，其主要的差异在 3. 跨表或文件剖析，检查外键关系和数据冗余的技术。尽管 NoSQL 数据库本质上不维护数据表间的外键关系，但通过键"连接"文件的能力仍然存在。然而，NOSQL 的整个思路是将所有数据结构变平，以便更快速地处理数据，也就是说，将数据去范式化，实际上就是建立数据冗余。

关系数据库的重点是通过将实体信息的单个示例存储在单独表中来实现数据冗余最小化。例如，员工数据库有一个员工主表，表内每行（员工记录）将（通过外键）引用一个包含有关员工部门信息的独立表。在处理员工表时，可以使用 SQL 自动将两个表中的信息连接在一起。在大数据处理过程中，可以选择将这些部门信息都保存在单个员工记录中。因此，如果有几个员工在同一个部门，那么部门信息（名称、位置、账单代码等）会在每条员工记录中重复存在。

在分析剖析结果时，了解底层数据结构很重要。

数据剖析工具

具有数据剖析功能的工具可以查看数据，但通常不会修改数据。可以使用业务数据剖析工具、报表编制程序、统计分析工具或使用 SQL 语言编写查询脚本来剖析数据。有些开源软件可以用来剖析数据。如果以前从未使用过数据剖析工具，开源工具对初始者很有用。大多数开源工具都有免费的基本功能，更强大的功能可以购买实现。传统的剖析工具是针对关系数据库，但大多数工具现在也都能用于剖析 NoSQL 数据库中的大数据。其他工具中也内置数据剖析功能，如集成工具。

有时，开发人员或其他喜欢写查询代码的人会不屑于使用商业数据剖析工具。然而，对于大规模或持续进行的质量工作，在合理的时间内不可能编写出一个剖析程序，用来实现运行大量查询需求、展示结果并存储结果，以供将来使用等功能。这些功能都是现有剖析工具的基本功能，因而应该使用专业的剖析工具。

开发人员的技能可以用来填补剖析工具无法自动完成的功能，比如深度检查业务规则或数据间关系。一些高级数据剖析工作可以在剖析工具中完成，但需要人参与使用剖析结果；有时还需要剖析工具之外的其他工作。这些工作是对数据和业务深层知识更有效的利用，但更希望看到项目成员花时间对剖析结果进行分析和采取行动，而不是编写查询脚本来获取剖析结果。

如果为数据质量工作构建业务案例，可以编写一些查询脚本，使实际数据质量错误可视。但是，如果建立了要监测的数据质量基线、数据质量活动是大规模集成项目的一部分，或者正在认真地实施正在进行的数据质量行动计划（项目集），强烈建议购买具有数据剖析功能的工具。

🔑 关键概念

机器学习、人工智能和数据剖析。机器学习能用在支持数据剖析的强大工具中。然而，机器学习和人工智能并不能取代人的分析和行动。

机器学习的两个主要分类是有监督学习和无监督学习。监督学习与数据质量管理中涉及的分析活动有许多相似之处。简单地说，监督学习算法从人类标记的训练示例数据集（包括输入和输出）中产生推断规则。无监督学习算法通过识别数据中的模式和结构，从输入的数据集中推断出结构和规则。有了足够大的相当好且同质的数据集，无监督机器学习可以推断和推算业务规则，但任何错误或错误规则都可能导致更快、大规模的错误发生。

无论识别模式和推断规则的算法多么复杂，"人工智能"都无法理解上下文。例如，应用于涉及美国个人信息的无监督数据集的机器学习可能会识别出社会安全号码的数据模式，但这种模式识别算法会在涉及来自多个国家的同样社会保险号码的数据集中立即崩溃，因为其他国家使用不同的数据格式。除非机器学习过程（由人类）意识到其他国家还有其他与社会安全号码相同的模式，否则它很可能不会识别出错误。

需要人的洞察力来理解从数据集（无监督学习）的模式中提炼的规则是促进一致性的期望业务规则，还是暴露数据集的质量问题或导致低质量结果的业务规则问题的危险信号。监督学习也需要人的洞察力，因为算法优化可能不会为业务需求带来最佳的结果。无论如何应用这个过程，是使用人工学习还是机器学习，对于理解组织数据的含义和结构，主题专家是必要的。

——凯瑟琳·奥基夫博士，卡斯特桥培训和研究主任

数据剖析的用途和益处

在查看数据内容本身时，使用数据剖析技术的数据完整性基础原则应该是被评估的第一个数据质量维度。数据剖析可用于评估任何数据集，来洞察三种类型的数据质量项目中的任何一种：专注于数据质量的改进项目，其他项目中的数据质量活动，以及数据质量步骤、活动或技术的临时使用。

大多数其他维度都建立在从这个维度中获得的数据知识之上。例如，即使最高优先级的工作是识别重复记录，但为了从匹配算法获得有效结果，字段、列或数据元素级别的填充率和有效性必须很高。使用数据剖析技术会使任何字段级别的问题可视化。

数据剖析是提取-转换-加载（ETL）过程和工具的补充，因为与传统方法相比，剖析结果有助于在更短的时间内创建更好的源到目标映射。传统方法仅是依靠没有实际内容的数据字段标题。创建正确的源到目标映射是使用数据剖析工具的一个很好的理由。在数据映射以及编写转换和加载数据代码之前，理解源数据的基础知识是任何将数据从源迁移到目标的项目所包含的最重要的数据质量活动之一。

将数据质量活动融合到其他项目时，表 4.3.4 通过数据剖析了解数据 特别有用。表 4.3.4 的第一列列出了通过数据剖析学到的内容，第二列列出了了解这些信息的作用以及如何使用它。

表 4.3.4 通过数据剖析了解数据	
了解掌握了什么	益处——按以下方式使用信息
是否存在任何数据质量问题，对项目的范围、时间计划、资源和项目的成功构成风险？ 我们正在把工作聚焦于真正需要的地方吗	数据剖析首先提供了数据质量问题的量级和位置。了解了这一点，就有信心把时间花在真正需要关注的领域。同样，也就有信心不用在哪些领域浪费时间
对于将要提取或移动的数据（记录和数据字段），是否有正确的选择标准	首次剖析数据时，使用宽泛的选择标准——这时对数据还一无所知（不清楚不知道什么）。剖析工作掀开了主题专家可能不了解的数据，对应该或不应该迁移数据（包括字段和记录）的良好决策提供了可视性。一旦剖析了数据，就有了更好的输入来细化或确认最终的数据选择标准。拥有正确的数据选择标准可以确保所有相关的记录和数据字段都被选择并加载到目标系统中
源数据和新目标系统的需求之间是否存在差距	数据剖析强调了源数据内容和目标系统需求间的差异，随后就能决定哪些活动最能缩小这些差距：创建数据、清理数据、转换数据或购买数据。 缩小差距有助于以更少的拒绝次数和在更短的时间内正确地加载数据。有高质量的数据有助于确保业务连续性，并减少业务上线后出现问题
有什么数据？缺少哪些数据	数据剖析快速评估了存在哪些记录及始终填充哪些字段，随后将其与期望或需求进行比较。 确定缺失数据对业务和特定用途的影响，确定是否需要创建或购买数据来补充缺失数据
需要创建哪些数据	剖析发现是否存在数据缺失。如果创建数据来填补数据缺失，则在创建数据后，剖析新创建的数据，以确保它正确创建并满足目标要求
哪些数据需要清洗	清洗数据是缩小源数据和目标需求间差距的一种选项。应用剖析结果来确定是在源端清洗数据，还是在信息生命周期的其他节点清洗数据
哪些数据需要转换	转换数据是缩小源数据和目标需求间差距的一种选项。使用剖析结果可以得到更准确和更全面的转换规则
需要购买哪些数据？从外部数据源已购买或正在考虑购买的数据的质量怎么样？外部数据真的能满足需求吗	剖析结果对确定哪些外部数据源具有质量更好的数据、哪些最适合目标系统需求提供输入。与外部供应商合作，进行概念验证和评估其数据的质量；与采购团队合作，在合同和服务水平协议中包括对供应商数据质量的标准。 一旦采购了数据，在接收数据和加载到公司数据库之前可通过数据剖析来检查外部数据质量
有没有一种源到目标映射方法可以做得更好、更快	数据剖析显示数据字段的内容，以及字段标题名称和内容之间是否存在不一致。与只查看数据字段标题名称的传统映射方法相比，这些剖析信息可以在更短的时间内生成更好的源到目标映射。 如果没有数据内容的可视性，通常在测试阶段才会发现不正确的映射。在大多数项目中，数据源到目标的映射都很常见，因此，任何能助力项目更快、更准确地完成映射的工作都是非常有益的

（续）

了解掌握了什么	益处——按以下方式使用信息
源系统中是否有在目标系统中不需要的数据	一旦数据内容可视，目标系统可能就不需要某些数据了。如果迁移数据时，能够识别不需要迁移的数据就会减少数据量，从而节省提取数据、测试负载完成和最终转向投产的时间
是否选择了正确的记录系统	如果有多个系统可以从中提取相同数据，那么数据剖析将为选择使用哪个系统或数据源决策提供输入
是否有任何不需要变化就可以直接使用的数据	如果数据的质量满足需要，就是有好消息，就可以对数据充满信心，不必担心发生会影响项目的意外
如何能更好地控制测试数据	应用程序功能测试失败时，通常会花费大量时间来调查最终导致测试数据出现问题的原因，而不是调查软件功能。 通过剖析测试中使用的数据来管理不确定变化。了解了测试数据的质量和内容，就会减少查找错误的时间，而更多地关注应用程序功能需求
还有可以使用数据剖析结果的其他方法吗	● 建立或验证数据模型。好的数据建模师使用剖析工具，可以创建新的数据模型，来支持将数据迁移到新应用程序，并显示已有目标数据模型和要移动的源数据之间的结构差异。 ● 比较、分析和理解源、目标和过渡数据存储（如文件、数据缓冲区）。剖析源、目标和过渡数据存储系统中数据，显示系统中数据状态，突出数据间差异及量级，并指出在何处关注数据的清洗、纠正、转换或同步。 ● 支持持续的数据质量监测。剖析结果奠定了持续改进质量的基础，通常可以使用同一剖析工具来定期监测数据质量。 ● 识别业务流程改进机会。错误的数据意味着可以改进创建数据的业务流程。正确的流程改进将有助于预防低质量的数据。 ● 帮助记录以前未知的业务和数据质量规则

表 4.3.4 中，有什么是经理或项目经理不希望在项目中尽快知道的吗？换句话说，任何项目的经理或项目经理都想尽快知道第一栏中问题的答案。数据剖析是回答这些问题最好的起步。

这些答案将影响需要的资源、时间表、成本，甚至可能影响项目范围，避免增加返工风险，浪费时间，以及由令人不愉快的数据质量意外对进度和资源产生负面影响。相反，使用数据剖析可以通过了解数据、做出明智决定和采取有效行动来增加成功的机会，因而会决定项目的成败。当然，可能还需要其他的数据质量维度，但使用数据剖析技术的数据完整性基础原则应该是第一位的。

总之，通过数据剖析来了解数据，就可以：

● 制订一个现实的项目计划。

● 保持项目进度，避免在项目后期由于数据质量差而出现意外。

● 有更多成功的测试负载。

● 降低项目后期设计变更的风险。

● 更好地利用资源。

● 避免返工。

● 集中精力于真正需要的地方——已经发现问题的量级和位置，从而可以将时间和精力花在真正需要关注的领域，也安然对待不必费神之处。

- 确保结果信息将允许企业做出正确的决策，并对数据采取有效的行动。

方法

1. 完成数据收集和评估计划

如果评估多个数据质量维度，可能早已制订了总体数据收集和评估计划。如果是这样，确认该数据完整性基础原则收集和评估计划的细节。如果没有，现在就创建并确定该计划。更多细节参阅第 6 章中设计数据获取和评估计划一节。最终确定获取哪些数据以及如何收集时，使用该节中模板 6.2　数据获取计划作为决策指南。

记录收集和评估数据的流程。与相关人员沟通，确保所有人都清楚其职责和时间要求。

2. 按计划收集数据

收集数据集的所有字段通常比只抽取出步骤 1 中确定的 CDE 更容易。在分析被确认为最重要的数据时，附加的数据字段可以为其提供重要的上下文。

3. 按计划剖析数据

使用最能满足需求的工具。如果必须购买剖析工具，应该在项目计划中进行说明，从而可在需要时使用该工具。从工具供应商获得有关要使用工具的培训，并应用来自厂商的最佳实践。

如果编写自己的查询脚本，参阅下面的表 4.3.5 中对数据进行的检查类型。根据所使用的工具，剖析数据的人员可能与分析剖析结果的人员不同。

表 4.3.5　数据完整性基础原则——数据质量检查、样本分析和措施	
记录数	正在评估的数据集中的记录总数

- 比较记录的总数与预期数。调查丢失记录的原因，以及是否有比预期更多的记录。
- 确认所需要的记录和选择标准。重新收集数据，并再次剖析数据集。

完备性/填充率	包含值的字段计数（#）和百分比（%）度量

完备性或填充率仅基于值的存在性。需要进行额外检查来确定值是否有效。

为了解释结果，必须知道哪些字段是必需（强制性）、可选的或有条件的。如果需要该字段（应用程序需要、业务需要或者如果它是主键），则填充率应为 100%。

如果必需字段填充率低于 100%，请调查以下原因：

- 如果业务需要该字段，但应用程序并没有要求该字段，查看是否可以修改该应用程序以对该字段提出要求。如果无法修改，请记录数据输入要求，并培训入数据的人员，使其了解应该录入什么及其原因。在这种情况下，应该密切监测数据的质量。
- 如果业务不需要某字段，但应用程序确实需要它，则预计会看到数据质量问题。如果数据不重要或不了解录入的数据，通常录入无含义数据，以满足技术需要字段有值的要求。
- 检查数据库强制执行非空约束的可行性，该约束可用于强制执行业务逻辑。非空（Not Null）表示关系数据库表的某字段，每条记录都必须包含一个值——它不能保留为空。空（Null）表示没有值——而不是零或空格，表示这个字段没有存储值。

在两个不同层级检查完备性/填充率：

- 对于单个列或字段，确定该字段中是否存在数据（例如，80%的员工记录在部门字段有代码值）。
- 对于一组数据，确定完成特定基本流程需要的一个字段集的填充率。例如，在美国，邮件需要街道地址或邮政信箱以及城市、州和邮政编码。确定全部所需字段都有值的记录数量和百分比（例如，75%的患者拥有所需的完整记录，以确保邮件传递流程）

（续）

空值	按计数（#）和百分比（%）表示的空字段度量（即，字段为空，因为字段不包含任何内容）

空表示没有值——而不是零或空格，这表示没有存储值。空值是完备性或填充率的对立面。同样，完备性/填充率的分析也适用于这里，但是从相反的角度来看待

内容	与列名、字段名称或标签相匹配的实际数据内容

比较列名或字段名称与实际数据内容。

字段是否包含预期的数据（例如，电话号码字段是否真的包含电话号码，或者这些数字实际上表示政府发布的个人身份标识符）

有效性	字段中的值符合规则、指南或标准

针对每个字段，定义并记录"有效的"含义；有效性的构成将因字段而异。

有效性指标包括格式或模式、域值、有效代码、类型（如字母或数字）、依赖关系、最大和最小范围、是否符合业务规则或数据输入标准。

例如，记录是否包含了英国邮政编码的有效格式？所有记录是否包含业务在系统代码表中定义的有效代码？如果字段为数值型，则实际字段内容中是否有字符？日期字段中的日期是否在所需的范围内？

明确日期格式。09/05/2020 是指 2020 年 9 月 5 日还是 2020 年 5 月 9 日？

有效性测试可能与完备性/填充率一起报告（例如，英国邮政编码字段的填充率为 95%；在有值的记录中，90%符合表示有效英国邮政编码的模式）

唯一值	字段的不同值或唯一值的清单

- 审核值列表，确保值是有效或允许的。有效值集也可以被称为数据域或域值集。
- 检查对比该字段中不同值的数量和该字段有效值的数量。
- 如果可行，比较记录中字段的实际值清单与期望的有效值清单。
- 期望的有效值可能来自参考表的值清单、受管理的代码清单、企业所遵循的外部标准或咨询主题专家。
- 如果不存在批准的有效值清单，请使用数据剖析结果清单作为字段的初始有效值清单。
- 寻找默认值，例如，如果没有输入电话号码，应用程序会自动将一个值插入空白字段，如"999-999-9999"。有时认为任何具有默认值的字段都等同于未填充，因为它没有提供任何有意义的信息。记录默认值。
- 寻找具有重复含义的值（例如，相同公司名称的不同缩写：ABC INC、ABC-inc、abc、co.）。
- 如果变更了有效值清单，记录值之间的映射关系（原代码 Y 现在是=代码 3），并使用需要变更的值更新记录。
- 唯一值清单适用于能够对唯一值进行管理的那些字段（例如，它不能很好地适合于使用自由形式文本的字段或名称）

频率分布	按计数（#）和百分比（%）度量的字段中不同或唯一值的分布率

- 按分布排序。根据数值频率进行分布处理，查看最高和最低的计数值。
- 对于频率较低的值，考虑删除它们，并更换为另一个较常使用的可比值。
- 研究发现的常量。常量是对所有记录都有相同值的字段，可能表示该字段从未使用或不再使用。
- 确定值的分布是符合预期（例如，如果查看跨国的订单记录，国家代码值的频率分布是否与对其销售百分比的预期一致）。
- 查找在分析信息环境时了解到的、正在被业务普遍使用的异常值。例如，记录创建者不知道字段的含义但又是必填项时，在字段中输入一个点号（.）来完成添加记录动作，此时，可统计字段中点号（.）的数量。
- 统计默认值或错误值的频率分布，如电话号码字段中的"999-999-9999"或名称字段中的"Mickey Mouse"。
- 使用频率分布来确定关系数据库中的候选主键。"100%唯一"或"接近 100%"可能是候选键——仍然要检查是否脏数据。
- 如果出现分布低段占比的异常值，则具有相等值的字段可能相关。许多空值或零（0）可能会造成问题。
- 分布中段占比的异值可能是纯业务数据，这需由其他字段来决定。
- 单值字段（即，所有记录始终具有相同值的字段）可能是未用属性或常量属性。确定它是否应该在数据库中占用空间，考虑建一个常量表

（续）

时间	按计数（#）和百分比（%）度量的关键日期字段或日期范围的频率分布

一种与日期字段或日期范围相关的频率分布，例如，20%的记录在过去 0~12 个月内更新；25%在过去 13~24 个月内更新等。或者根据创建日期，50%的记录是去年创建的。

也可用于向以下两个数据质量维度模拟或提供输入：及时性（数据满足时效的程度）和数据衰减（数据的负面变化率）

模式	按计数（#）和百分比（%）度量的值的单一模式或格式

- 有效或预期模式的构成样式，模式将依字段而异。
- 查找非期望模式，例如，只有少数有效的美国邮政编码模式：nnnnn、nnnnn-nnnn、nnnnnnnnn、nnnnnnnnn。如果不是这些模式，则存在数据质量问题，需要调查。
- 查找标识（ID）字段的相同模式。
- 可能会认为模式是一种有效性检查

值的范围	上限（最大）和下限（最小）所示的值边界

- 查找超出预期或记录范围的值。
- 值区间顶部或底部的任何值都可能表明数据质量问题，例如，名称字段中的"ZZZZZ"，识别号字段中的"111-111"或"999-999"。

查看关键日期字段的最大值和最小值，如判断未结算发票或采购订单的日期是否符合业务准则，示例有"不应该存在距今日超过六个月的未结算采购订单"。

- 可能会将值的范围作为有效性检查

精度	值的细节级别、特殊性或粒度

- 对于数值数据，确定小数点右侧的位数是否达到所需的精度级别。
- 确定日期/时间字段是否在需要的精度水平。精度到年是否足够，是需要月、天、年，还是需要到十分之一秒的时间？
- 确定代码或分类系统是否在业务需要的数据收集级别或精度。例如，美国、加拿大和墨西哥使用北美工业分类系统（NAICS）来按行业对企业进行分类。它是一个有三个级别的六位代码。是所有记录都包含一个完整的 6 位代码，还是有些记录包含一个不太精确的 4 位或 2 位代码？企业的工作需要什么程度的精度？
- 可能会认为精度是一种有效性检查

数据类型	值可使用的数据类型，例如字母数字字符的字符串；整数；带小数点的浮点数；逻辑值布尔；BLOB（二进制大对象）作为单个实体存储的二进制数据集合，用于存储数据文件，如图像、视频或其他多媒体对象；CLOB（字符大对象）为具有超大小限制的字符串数据，等等

- 计算机编程中的数据类型限制了字段可以获取的值，定义了可以对数据执行的操作，以及如何存储该类型的值。
- 剖析工具可以显示记录的数据类型（或每个元数据的预期数据类型），并与从实际数据内容推断出的数据类型进行比较，寻找预期和实际之间的差异。
- 查找在数据迁移和集成时需要解决的源数据类型和目标数据类型间的差异。
- 数据建模时，建模工具可以显示数据类型和模型中可使用的备选数据类型的示例。
- 可能会考虑对数据类型进行有效性检查

尺寸或长度	该字段中数据的长度

- 查找实际数据大小和预期数据大小间的差异。
- 寻找数量较大的长度完全相同的记录，这可能表明该字段数据在加载时被截取。
- 如果源数据的字段长度大于将数据迁移的目标系统所允许的长度，则一些数据将由于截取而丢失。确定超过目标长度的源记录的数量和百分比：
  - 如果超过长度的记录数量较小，可以手工更新记录。
  - 如果超过长度的记录数量较大，则需要了解在迁移和加载时截取数据对业务的影响。研究能自动化这类复杂更新的工具。
- 可能会认为大小是一种有效性检查

（续）

参照完整性	关系中数据的一致性；对相关字段的合理性测试

- 关系数据库的参照完整性具有特定含义，通过外键和主键强制执行参照完整性。
- 这里使用参照完整性来识别相关字段间的关系。使用参照完整性思维来强调能用数据质量检查理解的数据关系。
- 查看记录内或跨记录的数据一致性（例如，订单日期必须始终在发货日期之前）。
- 审查业务规则，以理解关系并寻找一致性。例如，如果参与人记录代码是 C（用于联系人），则业务需要此人的某些信息，因此某些字段应该包含特定值；如果参与人记录代码是 O（用于组织），则业务需要（与个人）不同的信息，因此其他字段应该有其他值。
- 寻找其他依赖项。一个字段值的格式相对于另一个字段值而言是正确的（例如，美国的地址中包括有效格式的邮政编码）。
- 寻找计算值。根据输入字段和公式，存储的计算值是正确的（例如，销售项总额等于销售项价格乘以销售项数量）。
- 查找日期，如当前日期、出生日期和相应的年龄，例如，必须是 18 岁及以上才能申请，但日期表明该人只有 2 岁。
- 这些类型的检查与业务规则的一致性密切相关

一致性和同步性	各种数据存储、应用程序和系统中存储或使用的数据的等价性

- 剖析整个信息生命周期不同数据存储中的相同记录，比较剖析结果间的差异。
- 通常是基于精确的字符串匹配。有些工具会比较并显示不同表或字段中不同数值间的重叠，可用维恩图来可视化这个关系。维恩图显示了不同组之间有多少共同点。例如，主记录数据集的一个字段中显示 100 个唯一值，相关的参照表中显示 60 个唯一值。100 个唯一值中有 45 个也在参照表中。因此，主记录有 55 个值不在参照表中，而且参照表中有 15 个值不被任何主记录使用。这就说明了一个问题，即参照表中没有的值是如何进入主记录的，特别针对如果创建或更新记录时是从下拉列表中选择允许值的场景。使用参照表中的值和主记录中的值验证下拉列表中的值。
- 步骤 3.6 中进一步详细描述了称为"一致性和同步性"的单独数据质量维度，它有助于规划剖析、比较和分析每个数据存储需要的额外时间和资源。在实际评估时，按照最佳的协同工作方式，可将这两个维度（数据完整性基础原则、一致性与同步性）一起进行评估

唯一性和去重	确定是否存在不需要的重复

这与同名的数据质量维度不同，后者使用其他工具和技术来对重复数据进行深入评估。这里是通过标准数据剖析显示重复或冗余的快速视图。例如：

- 查看数据字段中的唯一值清单，查看重复的值和含义。参见此表中的"唯一值"内容。
- 一些剖析工具可能包括使用"模糊匹配"突出重复数据的功能，其中各种算法识别非精确匹配。单独工具会常使用其他更复杂的技术来进行深度匹配和重复数据删除。
- 如果剖析 NoSQL 数据存储，应意识到数据的"扁平化"是为了更快地处理，但会产生数据冗余。例如，该部门中员工的部门信息都会在每个员工记录中重复出现。这是预期的冗余，而不是不需要的重复。
- 了解所使用的数据剖析工具中匹配的类型和限制

业务规则	确定数据值是否表示符合业务规则。业务规则是权威原则或指南，描述业务交互，为生成的数据行为和完整性建立操作规则

- 思考业务规则和结果数据应该是什么很有帮助，随之，可以阐明要检查是否符合遵从性的数据质量规则。使用业务规则视角可以帮助发现在其他方面可能被忽略的重要数据质量检查。有关业务规则的更多信息，请参阅第 3 章。这些检查可以通过在数据剖析工具的内部或外部编写查询脚本来完成。
- 确定未嵌入到数据结构中的业务和数据规则是否有应用程序逻辑强制执行。这通常是针对具有自身规则的数据子集进行的。例如，可能有不同的参与方类型（组织、联系人等），使用特定的规则要求某种类型下有些列为空，而其他列需要赋值填充。
- 有的人认为符合业务规则是有效性

4．分析和记录结果

参阅第 6 章中的分析、综合、建议、记录并根据结果采取行动一节来了解有价值的细节。

如果使用自动化工具，则可以快速剖析所有字段。将分析重点放在最关键的数据上，同时意识到不关键的数据仍然可以提供关键数据的上下文，或有助于更好地理解最关心的数据。

您可能会听到这样的声明，利用人工智能/机器学习的工具剖析（甚至可能是为了更新/

纠正）大量数据是不需要进行人工干预的。不要轻信供应商，通过分析一份剖析结果样本来验证上述声明，确保结果是有效的。

分析剖析结果并确定应采取什么行动时，再次参阅表 4.3.5。与主题专家、数据专家和技术专家一起解释剖析结果中看到的内容。

记录查看每个数据字段时发现的内容。现在就开始问，为什么这些数据看起来是这样的。实施额外的数据剖析或编写其他查询脚本，来回答出现的其他问题，包括对数据意见的确认或不确认。记录分析过程中发现的任何可能对业务产生的影响。记录潜在的根本原因，在步骤 5 深入分析根本原因时使用它们。

制定初步建议，以解决纠正数据时发现的问题、防止未来数据错误和应该监测的数据控制措施等。

在时机成熟时采取行动。例如，发现的数据错误是需要立即实施纠正行动，还是需要评估额外的数据质量维度，等待它们的评估结果出来后再一起实施所有纠正行动更好？

5. 分享评估结果并获得反馈

在共享结果时，考虑如何分类和报告各种数据质量检查。例如，有效内容的认定会因字段而异。有效性可以通过有效模式、精度级别或代码是否符合有效值清单等来表示。例如，是在有效性标签下报告全部内容，还是单独提交精度的内容？

如果使用数据剖析工具，思考工具如何报告、标记和分类剖析结果。以一种对组织有意义的方式来报告和显示结果。一旦设置了基线，这些数据质量检查最终可能成为定期运行的数据质量规则和度量，以监控数据质量的状态（步骤 9 中）。

示例输出及模板

测试数据完整性基础原则

表 4.3.5 提供了数据质量检查的清单，以及在分析结果和可能采取行动时的注意事项。灰色行内容是每个检查的标题和定义。

将自己编写的查询脚本作为编写及分析查询结果的指南。对于任何不符合期望或需求的数据质量检查，下一个问题是"为什么或如何会发生这种情况？"然后以此展开调查。数据质量检查可为比较第三方数据剖析工具提供的功能提供输入。

> **！ 注意事项**
>
> **数据剖析并不等同于数据质量管理！** 尽管强调数据剖析，尽管它很有用且重要，但数据剖析并不等于数据质量管理。数据剖析本身并不能保证高质量的数据。数据剖析是一种达到目的的手段，而不是达到目的本身。数据剖析的目的是了解数据，以便能够做出有关数据的明智决策，并采取有效的行动。两者的差异就在于如何处理数据剖析发现的关键信息。
>
> 切记，数据剖析并不是数据质量管理的唯一考虑因素。例如，如果担心数据重复或准确性，则会有不同的数据质量维度，它们使用不同的技术、工具和方法来评估。但是，数据剖析是数据质量工作的最佳起始点。

步骤 3.4　准确性

业务收益和环境

人们很容易将"数据质量"一词与"准确性"联系起来。很显然，数据质量的目标应该是产生正确的数据。有些人通常使用准确性作为数据质量的同义词，但二者是不一样的。为了评估和管理数据质量，区分准确性维度和其他数据质量维度是很重要的，特别是数据完整性基础原则。对数据完整性基础原则的评估告诉我们，它是数据剖析技术的完整性、有效性、结构和内容的基本测量标准。数据的准确性告诉了我们数据内容的正确性。这就需要将数据及它所代表的数据——与权威的参考来源进行比较。以下是通过使用数据剖析技术评估数据完整性基础原则所学到的知识与在准确性评估中所学到的知识相比较的例子。

- 数据剖析显示，数据集中的每项记录在"零件来源"字段中包含 M（制造）或 B（购买）的有效代码，以及每个代码的记录数量和百分比。这些都是数据质量的基本要素，也是需要了解的重要内容。然而，为了评估准确性，我们必须有一个权威的参考来源来进行比较。在这种情况下，它可以是一份设计文档，或者是工程人员或采购人员，他们非常了解项目，可以确定分配给每个零件的代码反映它实际上是在内部制造的（M）还是外部购买的（B）。

- 对客户记录的数据剖析显示，邮政编码实际上在邮政编码字段中，并且它们符合指示有效邮政编码的可接受模式。您还可以检查每个城市、地理区域和邮政编码是否创建了一个有效的组合。但是只有客户或次要的权威来源（如邮政服务列表），才能告诉我们一个特定的邮政编码是否是该特定客户的正确邮政编码——同样，这是准确的。

- 数据剖析显示库存数据库中现有产品数量的值，并确认它是正确的数据类型。但是，只有通过完成人工计数或扫描货架上的产品，并将该数字与库存系统中的记录进行比较，您才能知道数据库中的库存数量是否准确地反映了手头的库存。

 定义

准确性（数据质量维度之一）。与商定的和可访问的权威参考来源相比，数据内容的准确性。

请参见图 4.3.4 的决策流程说明，为了评估准确性，您必须能够识别、访问并同意一个权威的参考来源，并有能力进行准确性评估。准确性需要一个商定的且权威的参考来源，并对其数据进行比较。这种比较的形式可以是调研（如打电话给客户或发送电子邮件的问卷）或检查（如将数据库中的库存数量与货架上的实际库存进行比较）。

有时不可能访问数据所代表的真实世界对象，在这种情况下，可以将其精心选择的替代品用作权威的参考来源。同样重要的是，项目中的团队成员和利益相关方之间需要就适当的权威参考来源达成一致，否则您可能会对评估结果产生不信任。

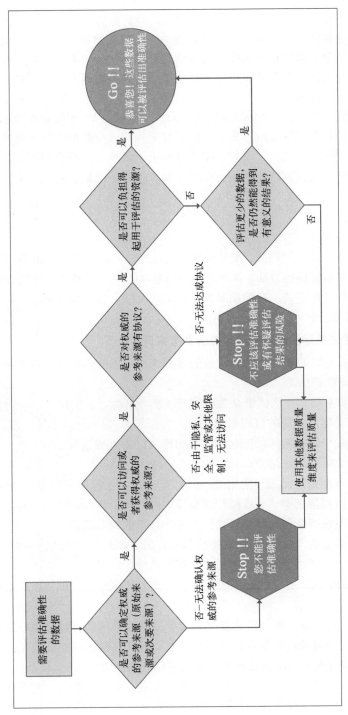

图 4.3.4 确定进行准确性评估的能力

有时，准确性评估的全部或部分可以自动化，但更多情况下，它是手动的、耗时的过程，因此更昂贵。在这种情况下，确定是否可以评估更少数量的记录或更少的数据字段但仍然可以得到有意义的结果。除非您对图中的所有问题都能回答是，否则您不能或不应该评估准确性。您仍然可以使用其他数据质量维度来评估质量，这些将很有帮助，但它们不会像定义的那样告诉您数据是否准确。

为什么要这样强调这些区别呢？这是因为对"准确性"一词的普遍使用的误解，而且评估准确性可能比评估其他维度成本更高。最好尽早知道您是否能够或应该真正评估准确性。数据专业人员必须知道他们将从每种类型的评估中得到什么，不会得到什么。他们也有责任确保其他人理解他们会得到什么和不会得到什么。这对于准确性特别重要，这样就不会有误解了。

方法

准确性评估有三个主要部分：准备评估、执行评估、评分和分析结果。在下面的说明中，调研一词被用来表示评估的方法。调研工具是指要问的问题或要进行比较的问题。您会看到，许多说明都与准备工作有关。在前期准备上花费的时间会帮助确保顺利评估，并避免在通常是成本高昂的评估过程中出现返工或错误。

1. 验证待评估数据的准确性和权威的参考来源

使用图 4.3.4 来讨论和确认一个权威的参考来源可以被确定、访问和商定。此外，请确保有能力进行准确性评估。

识别确定。识别确定什么或谁是数据的权威参考来源。示例：

- 客户可能是客户信息的权威参考来源。
- 扫描或在线申请的简历可能包含人事招聘信息的权威数据。
- 管理联系人可以验证站点信息。
- 产品本身可能是产品描述的来源。或者，一个产品工程师可以是一个权威的次要来源。
- 手动计算或扫描货架、仓库或配送仓库中的产品，以验证产品库存。
- 上游订单系统可能包含有关传递到仓库的订单的权威数据。
- 一个普遍接受的"黄金副本"（受控和验证的版本）可以作为一个权威的参考来源。
- 公认的行业标准，如邓白氏，公司名称和等级。

有可能对记录中的所有字段使用相同的引用源。其他时候，可以根据数据字段使用不同的参考来源。

访问。权威参考来源（原始或次要）是否可用且可访问？可能没有办法证实过去收集到的数据。另一个问题可能是限制直接联系客户来验证其在数据库中的信息的法规。是否有任何限制（如隐私或安全）会阻止访问数据源以进行准确性比较？

同意。团队成员是否同意参考资料的来源？在进一步研究之前，利益相关方是否需要就来源问题达成一致？如果没有达成协议，您就会对评估结果产生不信任。不信任意味着您会冒着人们不采取必要行动的风险，然后花在准确性评估上的钱就会被浪费掉。

承担得起。您知道可以检查其准确性的记录的数量吗？由于确定准确性的费用时，评估通常是对记录进行抽样，而使用分析工具可以检查所有的记录。与统计人员合作，以确保您有一个有效的样本和必须验证其准确性的记录数量。如果在样本中发现了准确性方面的问题，那么此时业务就可以确定所有数据的准确性更新是否值得他们的花费。是否已经有可以利用的业务流程？例如，进行盘点是一个常见的业务流程。您是否可以参与或使用标准库存过程的结果来显示准确性水平？

调整并完成。如果需要，通过评估更少的记录或更少的数据字段来调整范围。确定将评估哪些记录和字段的准确性及其参考来源的文件。您可以决定不进行准确性评估。

2．确定评估的方法

使用工具来获取评估的结果，但有时评估本身不能由自动工具来执行。请参见第 6 章　其他技巧和工具中的开展调研以获得帮助。

调查和检验方法的例子包括：

- **互联网调研**。
- **邮件调研**。
- **手动比较**。
- **电话调研**。
- **物体的物理检查**。
- **自动化比较**。

在最终确定评估方法时，应考虑以下因素：

- **文化**。在您所处的环境中，什么是可以接受的？
- **响应**。从权威来源获得输入的最佳方式是什么？用什么方法可以提高回复率呢？
- **计划**。您需要多快得到回复？例如，邮件调研或电话调研的周转时间将比互联网调研要慢。
- **约束条件**。是否有任何法律要求限制您使用特定的评估方法？
- **成本**。各种评估方法的成本是多少？

3．制定调研工具、调研场景、记录处理、更新原因和评分指南

根据调研工具和要评估的数据类型，使用以下方法来确定如何跟踪进展并了解评估是如何进行的。无论是手动或自动评估准确性，这些都适用：

调研工具。调研工具是用于评估准确性的一组问题，无论是通过询问被调研者，让被调研者独立完成它们，还是通过手动检查参考资料来源。

- 对于电话调研，开发一组问题和脚本，以从受访者获得答案。
- 对于电子邮件或网站调研，开发由受访者填写和提交的问卷。
- 对于手动比较，请决定将使用哪些表单来获取结果以及如何显示来自数据库的数据，以便于与源代码进行比较。
- 确定问题是否应该有预定义的答案选择。例如，产品问题可能对应于数据库中的一个产品表。如果是这样，请确保您的选项列表与数据库中的有效引用相匹配，并且该列表和相应的代码都是正确且完整的。

调研场景。调研场景是测量员在整个调研期间可能遇到的情况。客户调研的一个例子包括"无法联系到客户""联系到客户但客户拒绝参与"；"客户开始调研但未完成"和"客户完成调研"。

记录处置。确定如何在整个调研过程中跟踪每个记录的状态。分配一个对应于每个状态的代码。例如，如果测量员能够验证记录中每个数据元素的状态，则该记录的处理将被"完全检查"。其他记录处置包括"部分检查"或"未检查""联系人未定位""拒绝"等。只有那些"完全检查"的记录才会得到准确性评分。跟踪所有的记录处置类型可以产生额外的重要质量度量。

更新原因。更新原因解释为什么组织持有的数据与参考来源提供的数据不同。更新后的数据会以某种方式（手动或自动）进行获取，并与原始数据（手动或自动）进行比较。在进行检查或进行调研时，会注意到更新的原因。您可能希望跟踪要进行精度比较的每个字段的更新原因。例如，更新的原因可能是：

- **正确**。不需要更新，参考资料来源所提供的信息与数据库中所包含的信息相同。
- **不完整**。数据库中的信息为空白，参考来源提供了缺失的信息。
- **错误**。所提供的信息与数据库中的信息不同。
- **格式**。信息的内容正确，但格式不正确。
- **不适用**。该信息未通过源代码进行验证。

评分指南。评分量化了准确性评估的结果。评分指南是确定更新原因是否正确的规则。每个字段的准确性比较将被评为正确或不正确。对完成调研或检验后的调研或检验结果采用评分指南。为了对准确性结果进行评分，请遵循以下步骤：

- **对数据进行优先级和权重排序**。确定哪些数据是最重要的，并分配一个相对于其他数据元素（如低、中、高或1、2、3）的值排序。
- **创建评分指南**。评分指南是决定要分配给每个更新原因的评分规则。例如，更新原因代码为"正确""空白"或"格式"的字段得分为1，而更新原因代码为"错误"的字段得分为0。在评分完成时确定记录是1还是0。这些分数被放入评分机制中（如电子表格）来计算准确性统计数据。
- **创建一个评分机制**。这可能是一个基于评估来计算数据元素、记录级别和总体准确性统计数据的电子表格。

4. 制定调研或检查流程

调研或检查流程是用于将数据与参考来源进行比较和获取结果的标准过程。决定：

- **整体工艺流程**。如果要发送调研，确定在哪里以及如何分发、返回和处理。如果准确性评估涉及检查，请确定何时和如何进行检查。确保调研的所有细节已最终确定并形成下来。
- **整体时间**。考虑可能影响时间的关键依赖关系。例如，数据库中的数据应该在尽可能接近评估开始的时间内提取。

5. 编制报告和报告流程结果

事先明确报告需求，以确保在调研或检查期间收集到正确的信息，并能在后端随时获取。报告应包括如何从数据库中提取数据和格式化数据，以及对进行检查或调研的人可以提供什么形式的信息。至少，确保每个记录的输出显示每个数据字段的前后情况。输出应考虑每个记录评估的状态；例如，它应描述每个记录处置状态的记录数量和百分比——完全检查、部分检查、无比较依据等。模拟这些报告，以确保对所报告信息的内容和格式达成一致。完成报告。

6．提取适当的记录和字段以进行评估

验证所提取的数据是否符合选择标准，并且样本是否是随机的，是否具有总体的代表性。有关其他帮助，请参见第 6 章中的设计数据获取和评估计划。

7．对参与评估的人进行培训

如果由多个人进行，评估必须进行一致的评估，以确保正确的结果。

8．从头到尾进行检验或调研过程

根据需要，对流程、调研工具、调研场景、记录处置、更新原因、评分指南、报告和培训进行更改。

9．执行调研

在进行准确性评估时，请完成以下内容：

确保正在使用最新的数据。如果在准备工作和评估开始之间经过的时间过长，则重新获取要评估的数据。

收集结果。在整个调研期间，按照程序收集评估结果。在测量仪器中检查或进行测量时，获取正确的值。但是不要对实际数据源执行更新，除非这些更新可以在单独的字段中完成。在研究根本原因时所需的重要背景和信息可能会丢失。分别获取更新，并在稍后进行更正。

监督整个调研期间的评估进展情况。这将允许确认工作是否按时完成，是否正确和一致。尽早发现问题是很重要的。如果需要，停止并调整测量仪器，向测量员提供额外的培训，等等。

知道何时停止调研。当已完成（完全检查）记录的数量达到要求时，停止评估。

10．分析、综合、提出建议和记录结果。在时机成熟时，要对结果采取行动

在调研完成后，请完成以下项目。

根据评分指南对调研进行评分。获得最终报告。评分是指评估数据库中最初的内容与在评估过程中发现的内容之间的差异，给予一个分数，并计算准确性水平。

- 将此比较程序作为评估过程的一部分自动进行。如果没有，它将被手动完成。
- 选择一个客观的第三方来进行评分。
- 准备材料并记录评分过程，以便始终一致地进行。
- 只有经过"完全检查"的分数记录，即那些在调研中的每个问题都被询问并与现有记录进行比较的记录。
- 将数据库中的内容与评估或调研结果进行比较，并为每个数据元素分配评分。

分析调研结果。查看数据字段和记录级别的准确性。还要看看样本的总体准确性。分析记录处置-统计数据，即每个处置的记录数量和百分比。其他注意事项如下。

- 准确率是多少？如果有准确度的目标，请将实际结果与它们进行比较。
- 结果与期望相比如何？有什么惊喜吗？
- 准确性结果是否因国家、地理区域或其他对贵公司有意义的类别而有所不同？
- 在评估过程中，是否了解到什么东西提供了足够的影响信息，以确定是否值得定期监测准确性？您认为这只是一次评估吗？您学到了能改变这个计划准确性的知识吗？
- 如何处理对被发现不准确的记录的更正？谁会在什么时候这样做？

- 如何防止创建不准确的记录？您对其根源有什么想法吗？
- 查看与其他数据质量评估相关的准确性结果（如果有的话）。
- 根据分析，针对应采取的行动提出初步建议。
- 文档结果及其分析。

请参见第 6 章中的分析、综合、建议、记录并根据结果采取行动。

示例输出及模板

 十步法实战

准确度评估

　　一个数据质量团队对其客户主数据库中的客户信息进行了准确性评估。权威的参考来源是客户本身。他们将通过电话联系客户。准备工作的一部分包括开发一个脚本，并得到负责客户所在地区的销售经理的批准。销售代表被告知了这项调研，这样如果客户问他们为什么要打电话来，他们就不会感到意外。

　　一家电话营销公司被雇佣来给客户打电话，向客户确认信息。如果无法使用该电话号码联系到客户，则会有寻找替代电话号码的程序。尽管如此，从评估中得出的一个令人惊讶的结果是，他们有 **36%** 的联系人无法找到。该项目的赞助商同时也是客户数据库的所有者，她本可以试图隐藏这个坏消息。但她直言不讳地分享了调研结果，并说："如果我们不分享调研结果，什么都不会得到解决。"这是一个很好的例子，说明了我们愿意谈论在数据质量项目中可能出现的问题所需要的勇气。也有一个好消息。经过完全验证的记录准确率很高，这意味着客户记录中的所有数据字段都经过了客户验证。

　　该项目说明了准确性评估的成本、时间和重要的交流内容。这种类型的调研工作良好，并提供了有价值的见解，这影响了为提高客户管理员的质量而采取的数据质量行动。然而，在今天的环境下，我对重复这个调研非常谨慎，因为很多客户会怀疑电话调研的客户的真实性。这就是为什么必须仔细确定权威的参考来源，并考虑到任何隐私、安全、监管或其他因素，这些因素可能会阻止您使用特定的参考来源，甚至是进行准确性评估的能力。另一种选择是找到一个可以满足的次要来源。

　　话虽如此，在写第 2 版的时候，我收到了一封来自一个协会的电子邮件，他想让我购买他们的邮件列表。电子邮件称，这些记录"由我们的营销人员通过电话更新……每个记录都经过电话验证……所有联系人信息都在过去 10 天内得到保证和更新。"同样，数据质量的艺术要求您判断哪些产品最适合您的业务需求和环境。

步骤 3.5　　唯一性和数据去重

业务收益和环境

　　重复的记录会导致更高的成本。示例如下。

- 重复的病人记录会使人们的健康和生命处于危险之中。
- 相同名称和不同地址的重复供应商记录使得很难确保付款发送到正确的地址。
- 重复的客户记录会产生根据不正确信息做出决定的风险。例如，当客户的信用限额发生变化时，该限额可以在一个记录上更新，但不会在其他记录上更新。如果正在使用多个记录以及多个信用限额，则可能会在不知情的情况下超过该客户的信用限额，从而使企业面临不必要的信用风险。
- 将多个设备（手机、平板计算机、笔记本计算机）与一个消费者连接起来的能力下降，从而无法获得个性化营销所需的洞察力。
- 重复记录占用存储空间，占用处理时间。

感谢阿肯色大学信息质量主席、实体分辨率和信息质量（ERIQ）研究中心主任 John Talburt 博士，感谢他在更新这一步骤方面的帮助和专业知识。

定义

唯一性和数据去重（数据质量维度之一）。存在于系统或数据存储内或跨数据存储内的数据（字段、记录或数据集）的唯一性（正）或不需要的重复（负）。

唯一性和数据去重的目标

这个数据质量维度的目标是识别唯一的数据，也就是说，存在一个且只有一个版本的数据字段、记录或数据集，它没有副本。另一种说法是识别和解决不必要的数据重复。实体解析是用于相同思想的另一个术语，其中实体是现实世界的对象、人、地点或事物，解析是识别代表相同真实世界实体的记录的过程。有关更多细节，请参阅 John Talburt 的书《实体解决方案和信息质量》（2011 年）。

在 John 的术语中，引用相同的真实世界对象的记录被称为"等价的记录"，但在这里，将使用"重复的记录"来表示同样的东西。主数据管理（MDM）活动主要是关于创建一个单一的系统来识别描述特定主实体（如客户或产品）的重复（等效的）记录。MDM 系统为每个主实体分配一个唯一标识符，当这些标识符流到组织中的其他操作系统时，这些标识符被附加到记录中。这样，在组织的一个地方的重复记录就有一致和准确的识别。此外，MDM 系统分配给每个记录的实体标识符使下游系统更容易识别和处理特定进程的重复记录。这超出了这个数据质量维度所涵盖的内容，但这里包含的内容是作为任何关注重复记录的项目的有用输入。MDM 和大数据课题参考 Talburt 和 Zhou 的大数据的实体信息生命周期：主数据管理和信息集成（2015 年）。

一般程序

识别重复项并通过创建无重复记录，通常是使用以此为目的的工具来完成的。我曾参与了一个项目，其中所有项目都是针对一个小数据集手动完成的，但这不是常态。尽管工具将完成这个数据质量维度，但对基本概念、术语和过程的基本理解是有帮助的。

我将解释假设一个工具被使用的整个过程，针对数据集里的记录来回答这个问题：多个记录是否代表相同或不同的现实世界对象？这涉及三个基本过程：准备数据、定义唯一性、解析重复。首先，让我们讨论与这三个过程相关的基本术语。

记录匹配：具有高度相似性的记录。例如，对于几个共享属性具有相同或相似值的记录，如"Johnson"和"Johnston"的姓氏属性。匹配（相似性）是用于识别表示相同真实世界对象的记录的主要工具，如表示相同客户、员工、供应商、患者、设施或产品的多个记录。假设两个记录之间的相似性越大，它们是重复的可能性就越大，也就是说，它们代表同一个实体。相反，假设它们的相似性越小，它们重复的可能性就越小。然而，相似性度量只给出了这些记录是重复的可能性或概率。不同的客户可能也适用于非常相似的记录。例如，"比尔·史密斯，橡树街 123 号"和"威廉·史密斯，橡树街 123 号"非常相似，可能是住在同一个地址的父子。将需要一个代际后缀属性值（Jr.或 Sr.）或年龄属性值来进行区分。此外，"简·史密斯，榆树街 345 号"和"简·爱，松树街 678 号"也可能是同一个病人，但他在婚后搬到了另一个地址。如上所述，我使用术语等效记录来指代重复的记录，而不是类似的记录。在某些情况下，术语匹配记录被用来指代重复的记录。一组匹配的记录被称为匹配集或集群。更多信息请稍后匹配。

记录链接：将相同的标识符分配给两个或多个记录，以指示和保持一个重要的关系，同时保持单个记录分开的过程。例如，"控股"是银行经常用来理解不同客户之间关系的链接概念。与一个特定家庭相关联的所有记录都与一个公共标识符相链接。例如，一个拥有新支票账户的年轻人可能与他的父母有联系，他们可能在银行有很多账户。链接还被用于识别在同一公司有多个投资账户的家庭，因此每个家庭只发送一个隐私通知，从而节省了打印和邮寄成本（是的，邮寄仍然会发生），并保护我们的环境。但是，记录链接最常见的意思是将重复的（等价的）记录链接在一起。在某些情况下，重复的记录在链接后被保留，从而创建了所谓的"集群"或"匹配集"。在其他情况下，来自单个链接记录的信息将被"合并"到单个记录（无重复记录）中，而其他重复的记录将被从系统中"清除"（删除）。后一种情况通常被称为"合并-清除"过程。

融合/合并/去重复：处理重复记录的过程的同义词。可以使用不同的方法，例如：选择一条记录作为"主"，并从重复记录中将附加信息合并到其中；从各种重复记录中选择最佳数据，从而构建一个新的"最佳品种"记录。

等效记录：引用相同真实实体的记录，如客户或产品。虽然这通常是术语"重复记录"的含义，但在某些情况下，重复可以指一个记录的精确副本。使用三个不同的术语有助于清楚地区分以下三种情况：引用同一对象的两个记录（等效记录）、两个具有高度相似性的记录（匹配的记录）和两个记录是彼此的精确副本（重复记录）。"匹配"一词有时被用来指这三种情况中的任何一种，所以理解每个作者的定义是很重要的。

实体解析/记录匹配/记录链接/记录重复数据删除：这些术语经常可以互换使用，但在技术上却有所不同。实体解析是确定两个记录是否相等（即是否重复记录）的过程。而记录匹配是完成实体解析最常用的技术。新的人工智能（AI）方法，如机器学习（ML），正在成为传统的确定性和概率匹配技术的替代品。虽然一个实体解析系统确实将链接其确定为等价的记录，但链接可能是出于实体解析以外的其他原因。此外，从纯粹的技术角度来看，记录链接被定义为发生在两个不同的文件或数据集之间，而不是在数据集中。例如，将同一患者的记录链接到 A 医院的数据库和 B 医院的数据库之间，同时假设（可能是乐观地）在两个数据库中没有重复的患者记录。

请注意，这些术语的使用方式并不总是一致的。例如，有些人只使用实体解析表示进行匹配，同时使用重复数据删除表示匹配和合并。请确保您的项目团队和提供工具的供应商使用相同的词来表示相同的东西，并且每个参与的人都对过程有共同的理解。

准备数据

这也可以被称为"了解数据，并根据需要做好准备"。有许多方法来识别副本，有些工具使用原数据确定匹配，另一些工具首先对数据进行标准化。

标准化是一个通用术语，用来表示正在修改数据以遵守规则和准则，如修改为类似的格式或已批准的值。标准化还可以包括解析。解析是将多值字段分离为单个片段的能力，如将字符串或自由形式的文本字段分离到它们的组件部分、有意义的模式或属性中，并将这些部分移动到标记清晰和不同的字段中。例如，在自由格式的文本字段中从产品描述中分离出产品属性。

无论采用哪种方法，记录中的数据质量越好，匹配结果就越好。对数据了解得越多，就越能够定制标准化例程，并匹配工具所使用的算法。分析是理解数据的好方法。有关了解数据的更多信息，请参见步骤 3.3　数据完整性基础原则。

在我职业生涯早期的一个项目中，我们必须确定哪些字段的组合表示一个独特的记录。这被配置到工具中，并运行匹配例程。人工审查显示匹配结果不佳。"调整算法→运行的例行→审查"的循环持续了几个星期，但结果仍然不可接受。就在这个时候，我们决定全面分析这些数据。我们发现，其中一个用来表示唯一记录的字段（我们"知道"有 100% 的填充率），实际上只有 20% 的记录中有值。难怪我们不能得到很好的匹配结果！了解数据是值得的。

事后看来，另一个项目建议将标准化数据与原始数据字段保存在一个单独的字段中。标准化的数据被用于帮助进行匹配。如果团队对标准化例程进行了调整，那么数据就可以使用更新后的算法进行重新标准化。如果没有原始数据，那么就不可能这样做了。

定义唯一性

确定企业如何查看唯一性并记录这些规则。企业如何确定一个记录是否是另一记录的副本？什么样的数据元素组合构成了一个唯一的记录？两个记录之间的相似性（匹配阈值）是多少，这些记录才能被视为重复？请参考对数据模型的回顾步骤 2.2　理解相关数据与数据规范。例如，客户、收货和开票地址的唯一组合是否构成了一个唯一的记录？数据库中是否应该只出现一个特定的客户名称？从技术的角度来看，在 NoSQL 数据库中被认为是可接受的冗余，在关系数据库中是不可接受的。

大多数系统使用两种匹配类型确定性（布尔值）或概率（评分）中的一种。在确定性方法中，建立了描述不同属性值组合的一致性和不一致的规则。例如，一个匹配规则可能要求名字一致、姓氏一致和出生日期一致。然而，另一个问题可能要求名字一致、出生日期一致、电话号码一致。对于姓氏可能发生更改的情况，需要使用第二条规则。对于其他情况，还可以添加其他规则。

有一种误解，认为"确定性"需要一个精确的匹配，但这是错误的。确定性规则可以在属性级别上允许所谓的"模糊"匹配。例如，名字统一可能意味着两个名字完全相同，或者它们是彼此的共同昵称。确定性仅表示规则已满足（真）或不满足（假）。因此，确定性规则有时被称为布尔规则。

另一种常见的匹配技术称为概率匹配。在该方法中，对相应的属性值进行了比较。如果值一致，则为比较分配一个数值，称为一致权重。如果值不一致，则为比较分配一个不一致权重，通常小于一致权重。为了获得匹配分数，将每个属性比较的分配权重相加。如果总分高于给定的阈值，则认为这些记录是匹配的记录（重复的），否则就认为它们不匹配。因此，这种技术也被称为"评分规则"。

评分方法有几个优点。

1）通过设置一个较高的阈值，匹配将更精确，以牺牲假负/假阴为代价，产生更少的假正/假阳。反之亦然，一个较低的阈值将减少负误识别，同时潜在地增加正误识别。如图 4.3.5 所示。

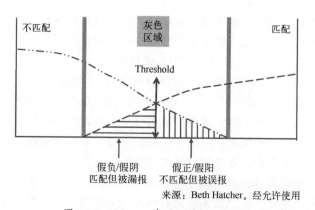

来源：Beth Hatcher。经允许使用

图 4.3.5　匹配——负误识别和正误识别

2）得分接近阈值、略低于或略高于的记录对，很容易被识别为属于灰色区域，如图 4.3.6 所示，并自动搁置进行人工检查，有时称为"文书审查"或"补救"。

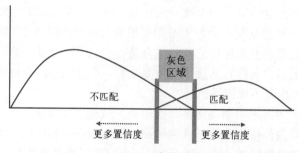

来源：Beth Hatcher。经许可使用

图 4.3.6　匹配结果——匹配、不匹配和灰色区域

3）协议和不一致的权重可以在值级别上分配，而不仅仅是在属性级别上分配。例如，除了为一般的名字赋予协议权重之外，还可以为特定的名字（如"JOHN"）生成协议权重。因为"JOHN"在大多数美国人口中是如此常见（常用）的名字，它应该被赋予比一般的名字更低的协议权重。这是因为两个共享名字为"JOHN"的记录（对于同一个人）的等价性要低于两个共享不太常见的记录。当基于特定值的频率以这种方式分配权重时，那么匹配的评分技术将成为真正的概率匹配。

测试唯一性的级别如下：

记录级别。数据库对于一个特定客户应该只存在一条记录。对于位置的唯一性，可能需要查看各个地址字段的组合形式；对于人员的唯一性，可能需要查看姓名、地址字段以及人群信息的组合形式。

字段级别。例如，电话号码通常应该是唯一的，除非您评估的是站点电话号码，因为该站点的所有联系人都用一个中心号码。识别号应为唯一的。基于精确字符串匹配的简单字段级唯一性可以使用数据剖析工具来完成。如果您需要更复杂的算法，请使用实体解析或记录链接工具。例如，用于数据分析的 Python 编程语言有一个非常丰富的记录链接工具包，可以用于实现匹配规则。

以下是与识别匹配项相关的概念和术语。

- **匹配**。数据集中的两个或多个记录已被确定为等价的，也就是说，使用在工具中实现的业务规则/算法，表示相同的事物。
- **不匹配**。数据集中没有其他记录代表相同的事物，也就是说，使用在工具中实现的业务规则/算法，该记录被识别为唯一的（非等价的）。
- **假负/假阴**。记录被归类为不匹配（不等），但它们应该是匹配（不等）的。也就是说，它们是错过的匹配。
- **假正/假阳**。记录被错误地分类为匹配项（等效项）。它们实际上是不匹配的（不相等的）。

当通过工具运行记录时，结果将显示那些不匹配的记录和那些匹配的记录。总有一个"灰色"区域重叠，这意味着不清楚记录是匹配还是不匹配。离灰色区域越远（朝任意方向），就越确信匹配是真正的匹配，而不匹配是真正的不匹配（见图 4.3.5）。但同样，这只是一种基于相似性水平的置信度或可能性。虽然大多数假正/假阳和假负/假阴将发生在灰色区域，但在高置信区域仍然可能存在误差。

仔细查看图 4.3.6 所示的灰色区域。在检查细节时，您可以看到假负/假阴（遗漏的匹配）和假正/假阳（不匹配错误地归类为匹配）结果之间的区别。阈值线是指两个对象足够相似，可以被认为是潜在的重复点。可以对阈值进行调整。

设定门槛是一种平衡的行为，既是一门科学，也是一门艺术。下面列出了几种权衡利弊的方法。

- 将阈值移动到左边可以使匹配最大化，但增加不正确匹配（假负/假阴）的风险，同时减少错过匹配的风险（假正/假阳）。
- 向右移动阈值会增加错过匹配的数量（假负/假阴），同时最小化错误匹配的数量（假正/假阳）。

- 如果业务不想错过真正的匹配，它必须看到更多的错误匹配（假负/假阴）。

- 更重要的是假负/假阴更少还是假正/假阳更少？其中一个方面对您的业务和流程有什么影响？

- 考虑合并记录。合并不应该合并的记录或不合并应该合并的记录是否有更大的风险？这个决定将根据应用程序的类型而有所不同。例如，大多数金融系统更喜欢假负/假阴，而不是假正/假阳。银行宁愿解释为什么它不知道一个客户同时有住房贷款和汽车贷款，而不是解释为什么它从错误的客户的账户中扣除钱。此外，大多数安全和执法应用程序更喜欢假正/假阳，而不是假负/假阴。它们宁愿停止并验证几个实际上拥有访问权的人的身份，也不愿让一个没有访问权的坏人进入该系统。也许最困难的是医疗保健。例如，在医生用于诊断和治疗的医疗记录上，可能存在与假正/假阳和假负/假阴相关的重大不良事件。很多时候，一旦一个记录被合并，它就不能轻易地解除合并。

解析重复项

如果匹配的目标是识别相关的记录并将它们链接起来，那么实际上将不会合并任何记录，因此此步骤将不适用。确保建立了适当的链接。参见由赫尔佐格、舒乌伦和温克勒出版的《数据质量和记录链接技术》（2007 年）。

解析重复项意味着匹配的记录集需要成为一条记录。如前所述，这可以通过以下方法来实现：选择一条记录作为"主记录"，并从重复记录中合并附加信息；选择哪个数据源为每个字段提供最佳数据，并从各种重复记录中构建一个新的"最佳品种"记录。

仔细规划合并过程：

- 识别将受到记录合并影响的所有系统。这些系统是否有任何必须加以考虑的变化？如果打开的事务性记录（如发票或销售订单）仍然与之关联，是否可以删除或更改主记录？如果没有，将如何处理该记录（例如，标记重复的主记录，使其不再被使用，然后在所有相关的事务记录被关闭后删除它）？无论采取什么方法，都要确保在项目计划中包含用于这些活动的时间和资源。

- 在整个项目中保持对旧标识符到新标识符的完整交叉引用，并保留以备将来参考。一个运营团队在项目结束后的几个月内使用了在项目期间创建的交叉引用。

工具

认识到一些工具可能在一个工具中结合了剖析、标准化、匹配和合并的功能。

数据剖析工具可以提供一些高层面的唯一性检查（通常基于精确的字符串匹配）。它可以很容易地显示一个标识字段中的所有记录是否都是唯一的。任何比这更严格的操作通常都需要一个专门的工具。

执行匹配和合并的第三方工具有时被简单地称为数据清理工具，除了识别重复项之外，它们还包括其他功能。有关更多信息，请参见第 6 章中的数据质量管理工具。在获取数据时，一些用于删除记录的相同功能可以构建到前端，例如在创建一个新记录之前通过应用程序接口搜索现有记录。

自动化的匹配和合并算法已经存在很多年了。通常,这些算法针对数据集运行,首先人工检查,一旦感觉结果会呈现出合理的匹配关系,就进行自动化处理,然后使用该工具来合并这些记录并创建留存记录。然后再次人工检查,并在输出的合并结果可被接受的前提下进行自动化处理。另一种可选的方式是,对匹配的过程进行检测并自动化处理,但合并的过程始终由人工处理。随着机器学习和人工智能的出现,并被应用于删除重复数据,更多的过程已经被自动化处理。

方法

1. 陈述数据质量维度的预期目标

要明确期待的结果。例如,有一家公司在较高的概览层面对重复情况进行了评估,以便提供输入来决定哪个应用系统是特定的数据的参考来源。这是一次性的评估工作,持续了大概一个月。另一个项目中,多个数据源新创建了同一个客户的主数据,这些客户主数据记录将要迁移到一个新的平台中。这需要数月的工作以及大量使用工具来匹配、合并记录。另一个项目中,项目目标是发现记录之间的关系与连接,但并不合并记录。然而,如果目标是首先查看重复率,然后再确定这一领域是否需要进一步行动,那么可能就不会首先去解决重复问题。目标影响了投入时间的长短,以及哪些相关人应该参与其中。

2. 确定要用于查找和解析匹配项的工具

您很可能使用第三方工具或内部开发的工具查找和解析匹配项。了解业务如何查看重复项数据、如何在数据模型中保存数据,与特定工具如何识别重复项密切相关。

3. 分析并准备好要匹配的数据

大多数工具都带有开箱即用的算法,但它们需要根据特定的数据进行调整。您需要把业务需求转换为工具所需的规则和算法。例如,您可能必须做出决定,如哪些字段组合表示唯一的记录,将比较哪些字段,以及匹配标准、标准化规则、重复数据删除算法、权重和阈值。预期要进行几轮测试,使标准化和匹配例程达到可接受的水平。

准备数据和跨语言进行匹配时有可能会遇到困难。在像瑞士等使用多种语言的国家,数据中包含多种语言,可能很难通过编程方式看到使用了什么语言来对数据进行标准化。您必须为不同的语言和地址格式使用不同的算法和阈值。

您还必须处理数据输入的方式以及执行数据输入的人之间存在的差异。

确保有足够的时间进行分析活动。当准备好执行匹配时,分析对于获得成功的结果至关重要。

4. 设计数据获取计划和识别、解决重复数据的过程

请参见第 6 章中的设计数据获取和评估计划,包括以下内容。

- 了解底层算法的方法、过程和所选工具使用的术语。
- 感兴趣的人群和相关选择标准(包括业务和技术)是什么?
- 谁将提取数据,需要什么样的输出格式?
- 谁将通过工具运行数据?何时运行?
- 流程是否只识别匹配项,或者记录也会通过合并/生存流程?

- 在进行下一步工作之前，将在什么时候审查结果？
- 谁将分析结果并分享它们？
- 将收集哪些度量，需要进行什么报告？
- 使用该工具需要进行哪些培训？

5. 获取数据

根据计划提取、访问或获取数据。

6. 识别匹配项并分析结果

运行该工具以发现潜在的重复项或匹配项。审查结果，根据需要修改参数，如调整标准化例程、阈值级别和匹配算法。标记显示为重复项但可以按原样保留的记录。

7. 解决重复项

确定重复项后，以下是通过合并过程解析重复项的选项。

- **手动合并。** 由一个人使用标准的应用接口来完成手动合并重复项的应用程序，或通过一个能够手动合并记录的第三方工具。关于手动合并的规则应该被测试和记录下来。培训所有合并记录的人。作为标准进程的一部分，大量的记录不太可能被手动合并。
- **自动合并。** 通过该工具运行匹配的记录并分析结果，根据需要进行调整。查看→调整→重复，直到得到满足记录，将记录正确合并。只有这样，合并记录的过程才会被完全自动化。
- **手动和自动合并结合。** 大多数记录使用自动合并，更复杂的记录则手动进行合并。例如，属于前面讨论的"灰色区域"的记录可能总是需要手动处理。确保资源计划能够及时处理这些问题，请明确什么将是自动合并或手动合并的标准，以及匹配集将如何被分类为其中一种或另一种。此外，手动合并是有帮助的，同时获得了如何自动化合并过程的经验。
- **非合并（虚拟合并）系统。** 将重复记录合并到留存的记录中主要是有限且昂贵的存储方式造成的遗留问题。随着低成本存储和大数据工具的出现，保留重复记录的每个匹配集（集群）是可行的。虽然它具有存储成本，但这种方法还提供了许多其他优势。①它在每个记录中保留了属性值的唯一变化。例如，以前的客户地址、姓名变化和电话号码。通常这些变化可能很重要，但是当创建合并（留存）记录时，这些记录的属性是固定的，属性的数量也是有限的，因此以上那些变化就丢失了。②它更容易从一个正误识别（过度合并）错误中恢复。因为原始记录仍然很完整，所以可以对它们进行排序（重新链接）并正确地重新聚集。③为所有的应用程序创建一个单一的"黄金记录"并不总是有效的。一个应用程序可能想要最好的账单地址，另一个应用程序可能想要最好的邮寄地址，还有一个应用程序可能想要最好的冬季或夏季居住地址。创建业务规则来分析同一客户的所有历史记录有时是比尝试预测和为所有这些突发事件创建特殊字段更好的方法。④在某些法规下，数据治理需要更多的透明度，以及数据从源代码在系统中移动到最终产品时跟踪数据沿袭的能力。合并和合并数据会降低这种透明度。这种非合并方法的极端情况有时被称为数据湖。在对数据进行任何操作之前，它要求将所有源信息以其原始形式保存在一个大型数据库（湖）中。因为数据只在从湖中读取时进行转换，它有时被称为"读转换"，而传统的"写转换"，数据首先经过 ETL（提取、转换、加载）过程。由于这个原因，它有时被称为 ELT（提取、加载、转换），即在转换它之前先加载到数据湖中。

对于任何选项，请进行交叉引用和审计跟踪。确保知道如何以及是否可以取消已合并的记录。

8. 分析、综合、建议、记录并根据结果采取行动

请参见第 6 章中的同名章节，记住重复数据删除工作的目标。请考虑以下问题：

- 发现了什么级别的重复？重复是否因国家、地理区域、产品线或其他对您的组织有意义的类别而有所不同？
- 重复的级别是否显著？这些重复项对业务的影响是什么？在评估期间了解到的信息是否足够，以确定是否值得继续处理重复的问题？
- 将如何处理重复记录的解决方案？如果合并主记录，与之相关的开放事务记录是否存在任何问题？记录的合并将如何影响其他下游流程？
- 如何才能防止重复？在未来的步骤中，应该记录哪些潜在的根本原因以及预防和纠正重复项的初步建议？
- 如果这是一个初步评估，您是否考虑好未来如何处理匹配和合并？

工具和流程可以内置到生产流程中，以防止未来的数据错误（步骤 7 预防未来数据错误），或用于纠正当前的数据错误（步骤 8 纠正当前数据错误）。它们也可用于正在实施的控制措施（步骤 9 监督控制机制）。

9. 全程沟通、管理以及互动参与

如果这一步需要的时间有几周长，这一点就尤为重要。和利益相关方沟通，让他们知道进展情况，并随时告之面临的任何障碍，提醒他们为什么处理重复项很重要。与那些为匹配规则和审查结果提供输入的人合作。与可能正在运行该工具或从后端支持该工具的工具供应商和技术合作伙伴保持联系。确保在整个过程中尽早通知合并重复记录所影响的所有利益相关方。

示例输出及模板

 十步法实战

使用数据质量维度改进报告

特别项目管理员菲尔·约翰斯顿成功使用十步法开展工作，改进了报告，以下是他的介绍：

几个月前，我的主管让我和一个同事检查一些新的部门报告和仪表盘，并确保数据质量（但没有具体说明如何做）。我们部门创建了一些新的报告，以便在我们部门以外的机构内部进行外部测试。最初的反馈表明，在分享这些报告之前需要更谨慎的审查，才能确保数据质量。

> 我使用了十步法来开展工作，特别是步骤 3 评估数据质量，使用了各种数据质量维度，包括演示质量、数据规范、重复、一致性和同步。这种方法展示了严谨性，受到了队友（尤其是我的主管）的欢迎。
>
> 我们在术语的清晰性、与其他数据的一致性以及在陈述上的准确性方面得到了很大的改进。我的主管希望将这个模型或类似的模型应用到我们正在进行的数据治理计划的其他方面。上周，在我的年度绩效评估中，由于这项工作做得很成功，我得到了满意的评价。

步骤 3.6 一致性和同步性

业务收益和环境

一致性指的是，如果相同的数据在组织的不同地方存储和使用，那么数据应该是相等的——也就是说，相同的数据应该代表相同的事物，并且在概念上是平等的。它表示数据具有相等的值和意义，或者在本质上是相同的。同步是使数据相等的过程。

当数据存储在多个地方时，它被认为是冗余的。详细记录中的冗余是否必需，通常在步骤 3.5 唯一性和数据去重中确定。在评估一致性和同步性时，当您了解每个数据存储周围的信息生命周期和环境时，可能会发现，有些数据存储是不必要的冗余，而有些是必需的。在这一步中，应该进行深入研究，以解决不必要的冗余。

 定义

一致性和同步性（数据质量维度之一）。 存储或在各种数据存储、应用程序和系统中使用的数据的等价性。

例如，您的公司制造一些零件用于制造产品，并购买其他零件。制造的零件在第一个数据库中被表示为 M。在另一个数据库中，制造的零件被编码为 44。从第一个数据库中移动的值为 M 的任何制造零件记录都应该存储在值为 44 的第二个数据库中。如果是这样的，则数据是等价的，并且仍然是一致的。如果不是这样的，则数据是不同的，也是不一致的。

另一个一致但不直接相等的例子是一个系统显示医学专业为乳腺癌，而另一个系统显示医学专业为肿瘤学。它们不是相等的，但它们是一致的。

一致性和同步性很重要，因为相同的数据通常存储在同一公司的许多不同的地方。对数据的任何使用都应该基于那些具有相同含义的数据。关于同一主题的管理报告会有不同的结果并不少见。这使得管理层处于一个"不舒服"的位置，即不知道公司正在发生的事情的"真相"，使有效决策变得困难。

在步骤 3.3 数据完整性基础原则中使用的数据剖析技术，在这里也针对每个数据存储结果的一致性比较。完备性和有效性的度量与一致性和同步性特别相关。此维度是与数据完整性基础原则分开调用的，因此您可以更好地规划和协调跨多个数据集调查所需的额外资源。分析和比较的每个数据存储都会增加时间，并且可能需要不同的人来获取和分析数据。

方法

1．确定要为保持一致性而进行比较的数据存储

使用在步骤 2　分析信息环境中了解到的关于信息生命周期、数据和技术的内容。请创建一个视图来显示存储数据的各个位置，这将有助于制订数据获取和评估计划。

2．标识每个感兴趣的字段在每个数据存储中的详细信息

这是生成存储在每个数据存储中的相同数据的详细映射。请参见步骤 2.2　理解相关数据与数据规范。

3．制订数据获取和评估计划

请参见第 6 章　其他技巧和工具中关于本主题的内容。制订计划尤其重要，因为您将从多个数据存储中获取数据。明确要捕获和评估的记录的数量（选择标准）。从第一个数据存储中获取数据记录，并从每个数据存储中选择相应的记录，因为这些数据记录贯穿信息生命周期，因此时间至关重要。可以获取感兴趣的总体获取完整记录，但可以只比较这些记录中数据字段的一个子集。

如果还关心两个数据存储之间时间的影响，可能需要将此与步骤 3.7　及时性一起做。

4．按计划获取数据

从第一个数据存储中获取数据，并从每个附加数据存储中选择相应的记录。

5．根据计划进行数据评估和分析

使用步骤 3.3　数据完整性基础原则中的数据剖析技术来对抗每个附加数据存储中的数据。比较数据存储区之间的结果。比较可以手动进行，也可以使用自定义代码通过编程方式进行。可以利用用于比较的现有程序或第三方工具。

确定一个数据存储是否是其他数据存储与之同步的权威参考源。您可以将每个数据存储与权威数据源进行比较，并将数据存储与信息生命周期中数据源之前的数据存储进行比较。要意识到，您可能看到的是完备性和有效性，而不是准确性。

请注意这些差异以及这些差异在信息生命周期中发生的位置。如果数据在概念上是相等的（例如，在同一记录的不同数据存储中使用不同的代码，但代码意味着相同的东西），但数据是不同的（例如，不同数据存储中同一记录中的代码意味着不同的东西），则理解并记录这种区别。查看数据存储区之间同步的技术过程，以了解数据为何不同。查看业务流程、人员/组织和技术，看看这些流程是如何产生这些差异的。

通过比较后产生的结果以及了解到的关于每个数据存储周围的信息生命周期和环境的信息，来确定是否需要使用冗余的数据存储。

6．综合、提出建议、记录并根据结果采取行动

有关更多详细信息，请参见第 6 章　其他技巧和工具中的同名部分。

将来自此维度的结果与来自可能已评估的其他维度的结果进行比较。根据您现在所知道的情况提出初步的建议。如果冗余是不必要和不需要的，请突出显示。记录经验教训，如对业务的潜在影响和可能的根本原因。在时机合适的时候采取行动。

7．分享结果

确定谁需要听取比较的结果，如其他核心团队成员、扩展团队成员、项目经理、赞助商、其他利益相关方以及评估数据的数据存储的所有者。确保沟通是在适当的细节程度上进行，并关注到观众的利益，获得反馈，如他们对结果的反应。听众的反应是意料之中的还是意料之外的？概述初步的建议和可能的实施时间。为项目中的下一步获得必要的支持。

示例输出及模板

 十步法实战

一致性和同步性

背景：该公司的销售代表是获取客户信息的主要途径之一。这些客户信息最终通过各种流程进入客户主数据库，并在事务和报告系统中使用。项目团队查看了高级信息生命周期（步骤 2　分析信息环境的输出），以确认存储数据的所有系统。由于资源的限制，他们无法评估当时每个系统的一致性。

焦点：团队决定将重点放在信息生命周期的前端，并评估客户主数据库和使用客户数据的事务系统——服务和修复应用程序（SRA）之间的一致性。

查询，"覆盖"标志：项目团队特别关注所谓的"覆盖"标志。当电话销售代表创建服务订单时，SRA 允许他们覆盖从客户主数据库中提取的数据。该团队想要了解那些将覆盖标志设置为 yes(Y) 的记录的差异的大小，以及数据中差异的性质。

获取数据：项目团队从覆盖标志设置为 Y 的 SRA 中提取记录，然后从客户主数据库中提取关联的记录。在进行比较时，客户主数据库被视为记录系统。项目团队使用数据剖析工具来分析每个数据集，然后对它们进行等价性比较。

方法（随机抽样和人工比较）：对于某些数据元素（如公司名称和地址），比较是人工进行的。此外，该团队希望进一步细分结果，看看在 SRA 的国家之间是否存在显著差异。从每个国家的人口概况中随机抽取一个人口样本进行人工比较。

有关包含及时性维度的此示例的延续，请参见步骤 3.7　及时性。

结果：模板 4.3.2 是用于报告人工比较的一致性结果的模板。

模板 4.3.2　一致性结果			
摘要：国家 1 的一致性[①]			
	计数（#）	百分比（%）	
来自服务和维修应用程序的已关闭订单总数			
带有覆盖标志=Y 的订单			
变更订单分析	覆盖的数量	%覆盖类型	%占记录总数
主要：公司名称和地址已完全更改			
主要：地址属性已更改；表示不同的物理位置或不同的站点			
轻微或无变化			

			（续）
摘要：国家 1 的一致性[①]			
影响：35%的订单对公司名称或地址都有重大变更。该数据被认为是最新的，但在维修订单关闭时就会丢失，并且没有反映在客户主数据库中			
摘要：维修地址的一致性	国家 1	国家 2	国家 3
第一季度的服务订单总数			
带有覆盖标志的服务订单总数			
样本大小			
公司名称、地址已完全更改			
地址属性已更改			
覆盖标志，但不更改名称或地址			
SRA 编号不在客户主数据库中			

① 每个被审查的国家都有一份一致性报告。

步骤 3.7　及时性

业务收益和环境

数据值会随着时间的推移而变化，在真实对象发生变化和表示它的数据在数据库中更新并准备好使用之间总是存在一个差距（无论是大是小），这个差距被称为信息浮动。信息浮动有两种：手动浮动（某个事物首次被电子方式记录的时间）和电子浮动（事物第一次被电子捕获到它被移动或复制到各种数据库的时间）。该评估检查信息整个生命周期的时间，并显示数据是否最新及时并可以满足业务需求。正如 Tom Redman 所指出的，"及时性与货币有关——数据是最新的、是及时的，通常是信息链的结果"（2001 年，第 227 页）。延迟，即数据包从一个节点移动到另一个节点之间的时间间隔或延迟，是与及时性相关的另一个词。

评估及时性可能非常详细，如示例输出及模板中的示例。在其他时候，仅仅是及时性的想法就可能会促使我们采取行动。

定义

及时性（数据质量维度之一）。数据和信息是最新的，可以在指定的和在预期的时间范围内使用。

方法

1. 确认作用范围内的信息生命周期

回顾步骤 2.6　理解相关信息的生命周期中开发的信息生命周期，必要时进行更新。有关示例，请参见十步法实战标注框。

2. 制订数据收集和评估计划，以评估及时性

请参见第 6 章　其他技巧和工具中关于本主题的部分。

需要与步骤 3.6 一致性和同步性一起评估及时性。

确定要评估信息生命周期的哪些阶段的及时性。理想情况下，您可以看到完整的生命周期，但您可能只需要关注一部分。如果可能，从源头开始并继续前进。

确定测量每个步骤之间信息流通的过程。与您的信息技术组一起了解各种数据存储的更新时间和加载时间表。看看这是否可以自动完成。如果不可以，则手动记录文档。如有必要，让数据生产者记录在评估期间已知的特定数据发生的日期和时间。

与统计学家一起确定要追踪有效样本的记录数量。与技术合作伙伴合作，确定如何在信息生命周期的第一个点获取随机记录样本并向前追踪。

3. 根据计划获取数据并评估及时性

选择一个随机的记录样本来跟踪整个信息的生命周期。

确定每个记录在流程中的步骤之间所花费的时间。记录流程中每个步骤的开始时间、停止时间和运行时间。一定要考虑到地理位置和时区。

4. 分析、综合、推荐、记录和处理结果

有关更多详细信息，请参见第 6 章 其他技巧和工具中的同名部分。

什么是及时性需求？在生命周期中的每个点上，什么时候需要提供这些信息？流程和职责是否及时完成？如果没有，为什么不？可以改变什么来确保及时性？

记录调查结果和建议的行动，包括经验教训、对业务的可能影响以及潜在的根本原因。

示例输出及模板

 十步法实战

及时性

基本情况。继续步骤 3.6 一致性和同步性中的例子。对一致性的评估已经完成。接下来，业务希望了解数据在信息生命周期中移动时事件的时间，对数据的及时性进行评估。该过程在数据更改时开始，并持续几个步骤，直到信息可以在服务和修复应用程序（SRA）中使用。

需求。客户信息的变更必须反映在客户主数据库中，并在变更后的 24 小时内供业务部门使用。所有销售代表应在美国太平洋时间每天（周一至周五）晚上 6 点前将他们的个人数据库与中央数据库同步。

表 4.3.6 显示了通过该过程跟踪一条记录的结果。表 4.3.7 显示了对所有记录的输出进行编译和分析后的结果。

表 4.3.6 跟踪和记录及时性				
信息生命周期过程	日期	时间	历时	备注
客户更改位置	未知	未知		
公司通过电子邮件通知销售代表发生变更	3 月 5 日，星期一	8:00am		
销售代表阅读电子邮件	3 月 5 日，星期一	11:30am	3.5 小时	
销售代表更新个人手持设备	3 月 5 日，星期一	6:00pm	6.5 小时	

（续）

信息生命周期过程	日期	时间	历时	备注
销售代表将数据与中心客户主数据库进行同步	3 月 9 日，星期五	8:00pm	98 小时（4 天 2 小时）	
客户主数据库批处理开始	3 月 12 日，星期一	8:00pm	72 小时（3 天）	同步错过了周五处理[①]。记录直到周一晚上才开始处理
事务系统的更新（批处理完成时）	3 月 12 日，星期一	11:00pm	3 小时	
服务和维修应用（SRA）[②]				
总计			183 小时	

注：所有时间为美国太平洋标准时间
① 客户主数据库每天（星期一至星期五）晚上 8 点开始批处理。当处理完成时（大约 3 个小时），这些更改可用于事务性系统。
② 追踪各种交易和报告用途（例如，销售代表接听客户电话和创建服务订单）的时间此时被确定超出范围。

表 4.3.7　及时性结果和初步建议

跟踪的记录数量：

关联的销售代表数量：

及时性评估时间：

	平均	高	低
从销售代表知道的客户变更到事务性和报告系统可用的更改的时间长度			
销售代表完成同步的时间	35 分钟	90 分钟	15 分钟
每月的销售代表同步个人数据库与客户主数据库的次数	2	4	0

发现	可疑的根本原因	初始建议
从销售代表了解变化到数据可以被公司其他人员使用之间，出现的延迟比预期的要长	见下文	评估在更改延迟时对事务性数据的业务使用的影响，以确定是否应执行建议
大多数销售代表很少每月同步数据库超过两次	销售代表通常会在一天结束时将个人数据库与中央客户主数据库进行同步——通常是在美国太平洋时间下午 6:30 之后。技术问题常常会阻止代表完成同步。IT 服务台在下午 7 点后不打开。在需要时不提供任何技术帮助	调查和纠正防止同步发生的技术问题的原因。有没有办法简化同步过程
周五晚上的同步更新经常错过周五的批处理，因此将更新的可用性延迟到周一晚上	每日批处理从晚上 8 点开始。大多数销售代表要在那之后才会同步他们的数据库	签入客户主数据库的更新计划。处理计划是否有任何更改，更适合销售代表的同步时间
新的销售代表每月同步的数据库少于一次	新的销售代表不知道如何完成同步	在同步过程中培训销售代表
一些销售代表根本不同步他们的数据库	销售代表不知道一旦他们的数据离开了他们的个人数据库，它会发生什么。人们对中央数据库存在不信任	在最终确定建议之前，我们是否需要调查一些销售代表来了解他们的不信任？ 记录和教授销售代表如何使用他们的客户数据。 与销售经理合作，设计出同步数据库的激励措施

步骤 3.8 可访问性

业务收益和环境

作为数据质量维度，可访问性是指控制授权用户如何查看、修改、使用或以其他方式处理数据和信息的能力。它通常被概括为使正确的个人能够在正确的时间、正确的情况下访问正确的资源。该术语可以指学科、工具集、流程、实践或组合。可访问性管理（AM）有时称为可访问性控制、身份和可访问性管理（IAM）或身份和可访问性治理（IAG）。

谁定义了合适的个人、合适的资源、合适的时间和合适的环境？这些都是业务决策，需要在启用访问与保护敏感数据和信息之间取得平衡。大多数组织都有高级策略，这些策略定义了可访问性原则，并明确了应该如何做出决策。然后，业务和合规团队创建特定的业务规则或需求，为授权用户类型定义对资源类型的访问。技术团队参与将这些业务需求转化为控制，以管理系统的授权用户如何访问通过用户界面提供的数据和信息。

可访问性这个数据质量维度也会影响其他维度。例如，如果必须使用数据的人员没有获得必要的访问权限，则不能认为数据是可用的和可处理的。参见步骤 3.13 可用性和效用性。

感谢世界银行集团高级合规官 Gwen Thomas 在本节的写作方面提供的帮助和专业知识。

定义

可访问性（数据质量维度之一）。 控制授权用户如何查看、修改、使用或以其他方式处理数据和信息的能力。

与管理可访问性权限的其他团队的关系

典型的访问权限管理功能，如图 4.3.7 所示。如果您的项目解决了可访问性这个数据质量维度，那么您的数据质量团队应该与他们密切合作。

与其他数据质量维度合作的数据质量团队学习如何将原则转化为业务需求、技术或流程控制。虽然这些团队可能永远不会从事与可访问性相关的项目，但同一组业务利益相关方通常会定义多种类型的需求。因此，研讨会可以揭示数据质量需求和用户通过系统用户界面访问数据和信息的需求。这有助于那些收集或解释数据质量需求的人了解可访问性管理背后的基本概念。

可访问性管理团队经常与管理特权用户相关风险的信息安全（InfoSec）团队合作。这类用户包括数据库管理员和其他工作需要特殊访问级别的用户，通常绕过系统控制并通过后端技术访问数据。为此类用户管理风险的活动称为特权可访问性管理（PAM）。

InfoSec 团队还管理与不需要或未经授权的用户相关的风险。员工安全培训通常包括假冒授权用户（"网络钓鱼者"）要求提供数据或登录凭证的用例。数据质量团队在与利益相关方合作时加强安全良好实践是一种很好的做法。

保护数据和信息免受未经授权的用户（"黑客"）入侵系统的影响也是 InfoSec 团队的职责。有关详细信息，请参阅步骤 3.9 安全性和隐私性。

了解可访问性需求

了解可访问性管理需求涉及了解用户、他们在不同条件下被授予的访问类型、他们被授予访问权限的数据以及该数据访问权限的粒度。图 4.3.8 所示为如何对可能试图访问 IT 系统中存储或处理数据的人进行分类。

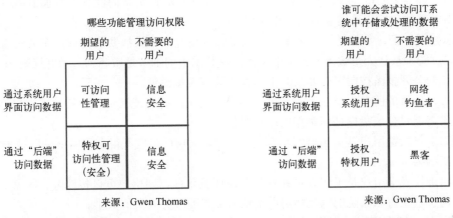

| 图 4.3.7 典型的访问权限管理功能 | 图 4.3.8 数据用户分类 |

对数据用户进行分类。 出于可访问性管理需求的目的，可以将用户分类为角色或类型。"期望用户"与"不受欢迎的用户"是一种简单的分类形式。可以有多种方法对所需用户进行细分，每种方法都有自己的需求。例如，员工与非员工、在职与非在职、经理与非经理、零售客户与批发客户。通常，用户的分类涉及在两个以上的选项之间进行选择：示例是按用户的国家、雇主、职业、工作分类、项目、工作地点、任务、团队成员或他们所扮演的角色。在这种情况下，可访问性需求可能会从作为参考数据或主数据而收集和维护的数据集中提取这些值。这些数据集的质量是可访问性管理团队经常做出的假设。作为可访问性评估的一部分，检查这些数据集的质量是值得的。

分类行动和指南。 可访问性需求规定了授权人员可以对数据或信息做什么。通常，高级原则将包括"使用"或"查看"等词，这些词在实践中需要更精确的定义。充实的可访问性需求可能会回答以下问题：用户是否可以仅在屏幕上查看数据，或者是否可以打印副本？一天的时间或一周中的某一天重要吗？使用这些数据是否意味着个人可以与队友分享？如果项目成员不是员工呢？如果任何人都可以编辑数据，这种类型的用户是否可以编辑它？

数据分类。 就像对用户进行分类一样，有很多方法可以对数据进行分类。它可以根据功能、主题领域、工作流中的状态或其他标准进行分类。请参阅以下需求中嵌入的数据类型示例（下画线）。标有星号（*）的术语是指可能作为参考数据存在的数据，并且具有必须考虑到可访问性需求的唯一值（如哪个班次）。

- 医生可以修改自己患者的**记录**。
- 护士可以查看所在单元所有患者的**病历表**。
- 技师可以查看分配给他的患者的**处方时间表**，但只能在轮班期间*，并使用其所在单位的设备*。
- 医院工作人员无法从个人设备访问**患者记录***。
- 在任何交通枢纽*通过安全程序*时，必须关闭并锁定保存**公司数据**的官方设备。

良好的定义对于将可访问性需求转化为可操作的控制至关重要。在上面的例子中，所有加粗的术语都需要明确定义。良好的数据质量实践包括验证可访问性管理需求中使用的定义是否与用于其他数据质量维度的定义相匹配。

汇总数据。汇总数据是指从多个记录或来源收集并汇编成摘要的信息。在某些情况下，汇总数据可能不被认为是敏感的，但汇总到汇总数据中的细节是敏感的。示例规则如下。

- 我们公开披露按国家而非按城市部署的医务人员数量。
- 每月部署的医务人员总数不敏感，但个别员工的姓名或其他标识符被视为严格保密，不得通过仪表盘向任何类型的用户提供。
- 如果仪表盘用户是员工但不具有统计员角色，则仪表盘不得允许向下钻取过去的城市级摘要。
- 如果仪表盘用户是工作人员并且具有统计员角色，则用户可以按地区、国家、城市、医院甚至每家医院的隔离病房向下钻取部署的医务人员的数量。

从上面的示例规则中，我们可以推断出详细的医院级数据存储在仪表盘的数据源中。仪表盘功能允许以最详细的级别向某些用户显示数据，或者将数据汇总到其他用户的汇总摘要中。

可访问性级别。现在想象一下，医生获得了一张允许进入医院的钥匙卡。钥匙卡授予什么访问权限？它只是让医生进入大楼吗？还是既可以打开大楼又可以解锁病人楼层的入口？是不是也可以打开隔离病房的另一把锁？钥匙卡能打开隔离病房的药柜吗？

如果钥匙卡只授权医生进入大楼，我们可以说钥匙卡只提供"粗粒度的访问"。如果它使医生也能够进入病人楼层，我们可以说它授权"中等粒度的访问"。并且，如果它授权医生进入隔离病房，甚至可打开药柜，我们可以说钥匙卡提供了"细粒度的访问"。

数据的可访问性需求可以类似地解决粗粒度、中等粒度或细粒度的访问权限。具有粗粒度数据访问的 IT 系统遵循"全有或全无"模式，每个授权的系统用户都可以查看系统内的所有数据。如果系统采用中等粒度的数据访问，则可以进行一些分段，用户可能有权访问某些系统模块，但不能访问其他系统模块。如果 IT 系统采用细粒度的数据访问，那么详细的规则会强制访问选定的数据，它可能是数据库中的指定记录（"我的患者"，但不是"所有患者"），还可能是数据库中某些类型的数据（"处方信息"而不是"账单信息"），这可能意味着只有记录中的某些字段是可见的（"处方名称"而不是"处方价格"）。

在将"刚好够用"原则应用于可访问性管理需求时，就所需的可访问性级别达成一致非常重要。毕竟，一张只有课程粒度访问权限的钥匙卡可以免费分发给所有专业的医生。此外，可能需要数百条业务规则来指定区分科室类型的个性化细粒度访问，以及根据医生的专业和其他因素映射这些科室中锁定的房间。

🔑　**关键概念**

"领导的期望正朝着**细粒度的访问**方向发展。此功能允许组织与员工共享更多数据，同时保护敏感信息。擅长收集数据质量需求的员工对于可访问性管理程序来说是非常宝贵的。"

——**Gwen Thomas**，世界银行集团高级合规官

方法

1．确定可访问性管理团队是否是数据质量项目的利益相关方

在开展项目以提高一组数据的数据质量时，请确定可访问性需求是否适用于该数据。如果适用，则应将可访问性管理团队作为利益相关方包括在内。

2．确定可访问性问题是否影响感知数据质量

有时，信息消费者无权访问受质量控制的黄金数据源。相反，他们正在访问应用了不同控件的副本。当修复程序可以访问更好的数据源时，数据消费者可能会察觉到数据质量问题。

3．共享数据定义

许多数据质量和数据治理团队在制定具有可操作性的定义方面拥有丰富的专业知识和经验。考虑可访问性管理团队是否了解标准化术语，以及如何在可访问性管理项目中利用这些术语。这是一个很好的场合去使用那些在步骤 2.2　理解相关数据与数据规范或步骤 3.2数据规范中发现的元数据和其他数据规范。

4．共享可访问性需求的标准

许多组织考虑在更新 IT 系统时，从中粒度访问转移到细粒度访问。然而，技术资源可能没有接受过编写精确且可操作的访问业务需求的培训。如果这项技能是您的数据质量团队的优势，请考虑与技术团队分享您的专业知识和标准。

5．以简洁的格式共享可访问性需求

对于任何类型的项目，项目经理可以使用一个矩阵显示谁对项目中的什么任务负有什么类型的职责。此类矩阵将个人（或角色或业务单元）放在一个轴上，将任务放在另一个轴上，并在网格框中指定职责。职责矩阵示例如图 4.3.9 所示。

任务　　　　　角色	收集需求	执行差距分析	提出解决方案	构建解决方案
数据所有者	**提供**	*验证*	**核准**	**采纳**
分析员	**收集**	*执行*	**同意**	**测试**
技术团队	**复查**	*撰稿*	**建议**	**开发**
标准字体 = 角色，斜体 = 任务，粗体 = 职责				
				来源：Gwen Thomas

图 4.3.9　职责矩阵示例

类似的矩阵可用于简明地收集和显示访问权限。注：在任何职责矩阵或访问权限矩阵中使用的所有术语都应仔细明确定义（例如，提供、收集、数据所有者、进行差距分析）。

6. 分析、综合、建议、记录并根据结果采取行动

有关详细信息，请参阅第 6 章　其他技巧和工具中的同名部分。

数据质量团队可能无法评估当前访问权限是否符合此步骤中定义的访问需求。他们可能要与可访问性管理或安全团队分享他们的调查成果，然后由可访问性管理或安全团队根据这些成果采取行动。

示例输出及模板

可访问性权限矩阵可以处理粗粒度、中等粒度或细粒度的访问权限。它们对于可视化需求中的潜在差距也很有用。有关可访问性控制需求的示例，如图 4.3.10 和图 4.3.11 所示。角色列在左侧，每一行代表一个角色，列代表要访问的数据。交互矩阵表示允许的访问类型。图 4.3.10 显示了差距（粗体）。图 4.3.11 显示了相同的矩阵，其中包含可访问性需求以及底部的相应控件。

数据　　角色	医生笔记	患者图表	处方时间表	病历	持有单位数据的官方设备
医生	可以修改，但仅限于自己的患者	**需要规则**	**需要规则**	必须防止医生从个人设备访问患者记录。**内科医生是否需要例外**	在任何交通枢纽运行安全程序时必须关闭电源并锁定
护士	**需要规则**	可以查看，但仅适用于护士负责病房的患者	**需要规则**	必须防止从个人设备访问	
技术员	**需要规则**	**需要规则**	可以查看，但仅限分配给技术员的患者，并且仅在技术员轮班期间，只能通过单元设备查看	必须防止从个人设备访问	

来源：Gwen Thomas

图 4.3.10　可访问性需求示例——注明差距

角色＼数据	医生笔记	患者图表	处方时间表	病历	持有单位数据的官方设备
医生	可以修改，但仅限于自己的患者 ①	**需要规则**	**需要规则**	必须防止医生从个人设备访问患者记录。**内科医生是否需要例外**	在任何交通枢纽运行安全程序时必须关闭电源并锁定 ⑤
护士	**需要规则**	可以查看，但仅适用于护士负责病房的患者 ②	**需要规则**	必须防止从个人设备访问 ④	
技术员	**需要规则**	**需要规则**	可以查看，但仅限分配给技术员的患者，并且仅在技术员轮班期间，只能通过单位设备查看 ③	必须防止从个人设备访问 ④	

控制机制注释：
① 依赖于医生登录的医生ID与病历中的医生ID的匹配
② 依赖于将护士轮班记录中的病房ID与病历中的病房ID相匹配
③ 依赖于来自多个记录的多个数据点
④ 依靠识别单位设备的技术
⑤ 取决于用户行为的过程控制

来源：Gwen Thomas

图 4.3.11　可访问性需求示例——注明差距及相应控件

步骤 3.9　安全性和隐私性

业务收益和环境

安全性和隐私性是不同的，但又是相关的，因此在这个数据质量维度上是相互关联的。隐私性包括安全性，是实施组织和技术控制的常见领域之一。隐私性和安全性十分关注个人数据（任何与个人相关的数据，可以直接或间接识别它们）和个人识别信息（PII）。但是隐私性和安全性可以包括与人无关或识别他们的其他数据。

 定义

安全性和隐私性（数据质量维度之一）。安全性是保护数据和信息资产免遭未经授权的访问、使用、披露、中断、修改或破坏的能力。隐私性是对如何收集和使用个人数据的某种控制能力。对于一个组织来说，它是遵从人们希望他们的数据如何被收集、共享和使用的能力。

数据保护是一个比安全和隐私更广泛的概念。它着眼于最大限度地减少因误用或滥用数据而给人们带来的风险和伤害。例如，自动处理数据会将用户列入观察名单，并导致用户的某些权利受到限制，直到解决了数据质量问题。数据保护包括对隐私权（独处权/数据使用控制权），以及其他权利和自由的保护。

感谢 Castlebridge 的 Daragh O Brien 和 Katherine O'Keefe 在这一步骤中提供的帮助和专业知识。

安全性和隐私性通常需要专业知识来保护。两个维度不可互相代替。数据专业人员通常没有能力保护您的组织免受内部或外部的恶意网络攻击。数据专业人员通常能够很好地评估谁对数据具有何种类型的访问权限，并设置安全级别，如由于机密性、敏感性或法律义务而导致的公共访问与受限访问。请注意，可访问性的数据质量维度（步骤 3.8）的重点是授权用户的访问。安全性还包括可访问性，但它侧重于未经授权的访问。

数据专业人员应在其组织中找到信息安全团队和负责隐私（如法律）的人员并与之合作，以确保为他们所关注的数据提供适当的安全和隐私保护措施，且他们了解他们管理的数据必须遵守的安全和隐私要求。

该数据质量维度还可能包含敏感数据的数据类别。有关定义和示例，请参见第 3 章 关键概念中的表 3.5。

机密性、完整性和可用性，通常被认为是信息安全的关键组成部分。在这种情况下，机密性通常被理解为限制访问数据的业务和政策，完整性是数据可信和准确的保证，可用性是授权人员访问信息的保证。

然而，在数据保护的背景下，机密性是需要考虑的众多问题之一，数据保护和隐私的重点应放在数据处理的目的，而不是数据的保密程度。同样，信息安全中完整性的概念可能与数据质量专业人员理解的不同。对于信息安全专业人员来说，完整性意味着数据在其生命周期内没有被更改或删除，因此它是一致的、准确的和可信的。因此，它涵盖了本书中讨论的多个数据质量维度，包括数据完整性基础原则。从数据保护和隐私的角度来看，准确性和一致性等维度也很重要。

信息安全环境下的可用性重点在于管理必要的硬件和基础架构，以确保及时获得信息访问授权，并确保数据及时从停机或数据访问中断中恢复。这也是数据保护中的一个重要考虑因素，例如，由于银行的 IT 系统处于离线状态而无法访问其银行账户，但是，如果使用不包含本周客户购买订单的备份来修复系统中断，从信息安全角度来看，该备份是可用的，但它不符合及时性和可用性方面的数据质量阈值。

方法

1. 定义业务需求和方法

在世界各地，数据保护法要求组织为特定目的处理数据，并避免将其用于其他目的。因此，十步法中的"定义业务需求和方法"步骤用于明确定义所提议的数据处理的目标是什么，以及对组织和将要处理数据的人员的目标好处是什么。

阐述这个想法遵循一个简单的问题陈述，类似于十步法中描述的：

- 我们希望进行此数据处理……
- 因此我们可以执行此过程……
- 因此，我们可以为组织提供这些好处。
- 因此，我们可以为正在处理其数据的人员提供这些好处。

如果有其他利益相关方将从处理的结果中受益，他们也应该被视为该问题陈述的一部分。

定义业务需求是一个迭代过程，在数据保护/隐私影响评估过程中可能会多次重新访问，因为组织提出的初始处理声明通常可以包含多个子流程，这些子流程可能会呈现不同的数据保护、隐私、安全或道德问题或风险。例如，在数据分析过程中，可能有一些目标可以在不处理可识别个人数据或 PII 数据的情况下实现，但其他目标可能会给隐私或其他权利带来严重风险。

此外，此定义的第二个目的是确保时间或其他资源不会投入到组织未经过适当考虑的提议处理中。这是 W. Edwards Deming 评论的推论"如果您不能将您所做的事情描述为一个过程，那么您就不知道自己在做什么。"

2. 分析信息环境

由于数据保护、隐私和伦理要求我们将头脑从数据中抽离出来，并考虑使用该数据的过程以及该处理将产生的结果，因此需要从更广泛的角度考虑信息环境。

法律：您计划进行的处理以及它将提供的结果的法律依据是什么？您有没有任何法律理由不能做这些事情？这意味着数据管理人员需要尽早向法律部门或隐私办公室的同事解释他们的数据规划，以便正确理解相关的法律环境。

流程和人员：谁是这个流程的参与者？他们在数据方面的角色和责任是什么？是否有任何功能要外包？参与者之间如何交接数据（如文件传输、访问共享数据库或附加到电子邮件的电子表格）？可能影响流程的对结果至关重要的数据质量特征是什么？这些只是在评估过程环境以及相关人员和组织时需要考虑的一些问题。如果处理将以新的方式使用新技术或现有技术，这一点就尤其重要。

这些问题的答案有助于确定此流程环境中可能出现的问题和风险。例如，如果流程要求将数据传输给另一个国家的供应商，这可能会导致数据保护问题或额外的法律要求，以确保遵守数据保护和隐私法。

数据：在这种情况下评估信息环境的数据方面时，请考虑以下因素。

- 正在处理什么类型的数据？是否有任何数据属于可能需要更高标准维护的受保护数据类别？是否存在任何数据链接或合并的资料，使个人能够在涉及隐私和数据保护的资料中被挑出？
- 这些数据需要保存多长时间才能实现流程的目标？组织是否有其他相关目的可能需要这些数据（如合规性）？
- 该数据的相关数据质量特征是什么？它需要有多精确（例如，您需要完整的出生日期，还是一个月/年的组合就足够了）？您是否有足够的数据覆盖度或数据完备性来满足流程的目标？如何纠正已查明的数据中的错误，以避免对其数据正在处理的人的权利和自由造成影响？

- 您是否打算处理任何对于已确定的业务需求或目的而言不必要的数据？能否用较少的数据（与数据覆盖度相反）实现目标？是否有必要处理能够直接或间接识别个人的数据，以实现流程目标？

这不是一份详尽的考虑因素清单，项目或计划的具体情况可能需要提出其他问题。例如，如果正在实施机器学习过程，您可能需要考虑用于开发机器学习模型的训练数据的质量、数量或偏差，会导致所实施算法的偏差或错误，这可能会对个人的风险产生影响。面部识别准确度带来的挑战，尤其是不同种族群体的面部识别准确度，就是一个很好的例子。

社会：因为数据保护、隐私和数据伦理问题需要考虑其数据可能被处理的人群的担忧或期望，因此重要的是对拟议处理的社会方面的评估。

- 处理过程是否提出任何可能成为媒体讨论主题的问题？这些问题是否可能在您提议的处理过程中出现？
- 处理过程可能对人员产生的影响是什么？由于处理的结果，他们可能会被阻止做什么或被拒绝访问什么？
- 组织的内部数据管理文化或成熟度如何？在实施处理个人数据的新流程或技术时，您现有的数据管理成熟度可能会使涉及数据的人员权利或自由面临风险。

执行此步骤中可以使用媒介评论、调查或焦点小组的方式。目的是确定处理过程中可能出现的任何道德问题，并确保涉及的个人的利益和权利得到适当考虑。这符合安大略省前隐私专员 Ann Cavoukian 博士提出的隐私设计理念中的"以用户为中心的设计"原则，以及 Michelle Dennedy 等人开发的隐私工程方法思想（参见 Cavoukian，2011 年，Dennedy 等人，2014 年）。

3. 评估数据保护/隐私/伦理和业务影响的质量

此步骤的目标是审查信息环境，从个人角度确定其对数据保护和隐私的总体影响，以及其对业务目标的影响。

需要考虑的问题包括数据处理的必要性和相称性、外部利益相关方对数据处理中固有的潜在问题和风险的看法，以及执行数据处理流程的任何法律障碍。需要判断是否存在任何需要审查业务需求范围和方法的"阻碍因素"，以解决已识别的关键问题。

该评估可能需要收集更多关于处理实现方式的信息，需要为解决已确定的问题而改变实现业务目标的拟定方法，或者需要为确保有足够的明确性而审查处理的法律依据。应当不断重复这一迭代审查过程，直到对拟定的方法、可能出现的问题和风险都有足够的明确性，且关注点业已确定。

4. 分析、综合、提出建议并记录结果，在适当的时候根据结果采取行动

对消除阻碍因素后，对仍然存在的数据保护、隐私或安全风险进行根本原因分析（参见第 5 步）非常重要。这可以识别出风险触发因素，从而可以定义和实施正确的缓解措施和控制措施。

根据根本原因分析的结果，需要制订补救或改进计划（参见第 6 步），以实施适当的缓解和控制措施。该计划可能需要解决组织处理的数据中的现有问题，或者可能需要采取额外步骤来减轻分析中确定的潜在未来问题和风险。该计划还需要确定需要采取的预防性、检测性和反应性控制措施，以确保组织能够正确管理已识别的数据保护、隐私和安全风险。

标准的根本原因分析和数据质量管理技术，如 5 个为什么分析法（步骤 5.1），被用于该过程的这一阶段。

在此背景下，调整后的十步法的一个关键部分是在处理规模、数据性质以及数据处理过程对个人存在严重影响的背景下，对拟议的改进计划和缓解措施进行成本/收益分析（步骤 4.11）。如果缓解措施的成本与风险水平不成比例（步骤 4.6），则可以重新审视提出的业务需求和方法，以确定是否可以进一步发展计划，在组织目标和个人权利之间找到适当的"双赢"平衡。

最后，需要将这些建议传达给项目团队，以实施对流程的变更或引入新流程，从而在项目规划和执行中采用正确的实施范围和要求。在项目的生命周期中，如果范围、方法、功能或供应商发生变化，可能需要重新审视此项评估。

示例输出及模板

 十步法实战

Castlebridge 十步法数据保护/隐私影响评估（DPIA）

Castlebridge 提供将信息作为资产管理相关的服务。这包括战略规划、评估和审查、咨询和培训。他们非常重视数据隐私和保护，并在他们所谓的"企业信息管理道德"方面处于领先地位，这是将道德原则和实践应用于信息管理和治理的学科。见 **https://castlebridge.ie**。

Castlebridge 创始人兼董事总经理 **Daragh O Brien** 讲述了他们是如何使用十步法的：

大约七年前，我们开始使用十步法的"分支内容"来帮助客户建立数据保护/隐私影响评估（DPIA）的结构，并让他们摆脱"模板和勾选框"的思维方式。在与我们合作的一个组织中，他们有一个包含 37 个选项卡的 Excel 电子表格来记录数据隐私对项目的影响。可能需要这种复杂性，但是当您处理人们经常难以理解的数据管理和治理工作时，它最终是行不通的。

我们的观点是，信息和流程结果的利益相关方的经验是质量的最终仲裁者，并且数据保护和隐私考虑是数据的另一个质量特征（或至少是数据的管理方式）。

进行数据保护或数据隐私影响评估的最大挑战之一是让组织摆脱"解决方案主义者"的心态，并设计实际应用隐私。该过程经常被视为对已经采用的技术或过程方法的肯定。十步法框架的演变使我们能够首先让组织中的人员简单地定义他们想做什么，为什么要做，以及他们想为组织和他们正在处理数据的人员带来的好处。这就是十步法的"确认业务需求与方法"的起点。然后，我们将拟议系统或流程中的处理活动不断迭代细化为不同且离散的子流程，每个子流程可能有不同的数据保护/隐私挑战或需要解决的需求。

如图 **4.3.12**（**Castlebridge** 的改编）所示，十步法流程提供了一个结构，用于在拟定数据保护影响、隐私问题或拟议处理的道德影响评估过程中构建和提出关键问题。

Castlebridge 与客户一起使用这个十步法的例子包括分析远程患者监测应用程序。该项目涉及我们检查使用智能手机应用程序、脉搏血氧仪和医院仪表盘对患者实施远程监控所涉及的处理活动，这将使临床医生能够监控在家中患者记录的临床观察结果。在分析业务需求和方法时，发现至少需要考虑 **10** 个子流程。

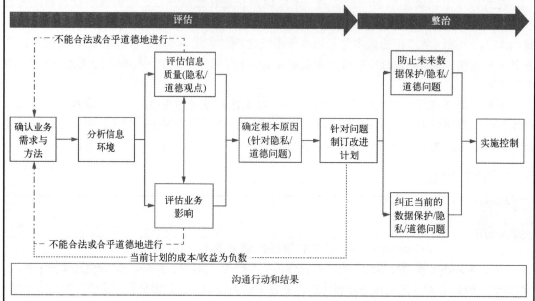

基于Katherlne O' Keefe和Daragh O Brien在道德数据
信息管理(KoganPage, 2018年)中的图

图 4.3.12　Castlebridge 的数据保护/隐私/伦理影响评估（DPIA）十步法

这些过程中的每一个都有不同的信息环境考虑因素，从使用分析来支持推送通知，到使用第三方快递员向患者分发脉搏血氧仪，再到为应用程序用户（包括医院环境中的临床医生和家中的患者）提供客户支持的基础。评估了无法将低风险患者转移出医院进行监测的数据保护问题和对医疗保健系统的影响，并确定了关键问题和风险。

基于对问题的客观评估和对根本原因的评估，制订了明确的补救措施计划，以便与产品路线图保持一致，从而在应用程序发布生命周期中解决弱点。一些已确定的问题与数据和技术有关，而另一些则与流程和治理有关。

该方法的另一个应用是评估远程皮肤温度测量系统，以便在锁定后的情况下控制感染。这是 **Castlebridge** 的一个研究项目，旨在从数据保护和隐私角度"快速启动"对此类技术利弊的评估。其业务需求是防止疾病在工作场所传播，该方法被定义为使用红外线扫描仪测量皮肤温度。

分析表明，各组织有可能会根据质量非常差的数据做出影响员工或客户的重大决策，而这些数据对于要达到目的来说可能不是可靠的来源。这些决策将决定之后采取的流程或行动。然而，数据质量问题意味着无法确定目标是否能够实现。我们根据这项研究制作的摘要指导报告可在 Castlebridge 网站 www.castlebridge.ie/resources-category/guidance 上找到。

步骤 3.10　展示质量

业务收益和环境

展示质量是指数据和信息的外观以及它们的格式和显示方式，例如在应用程序屏幕和用户界面（UI）、报告和仪表盘上显示数据。视觉布局应该是功能性的、易于使用的，并在创建时考虑到用户的感受。在以下情况下，展示质量会影响数据和信息的质量：收集数据和信息，使用数据和信息。

在收集数据时，无论是电子版还是硬拷贝版，界面都应该直观易懂，并且问题应该易于理解。如果在回答问题时有可供选择的选项列表，则选项应明确定义并互斥，即每个选项应具有不同的含义，且不与其他选项重叠。

使用数据时，报告格式或用户界面的格式有助于用户正确解释和理解所呈现的信息。数据可视化是目前流行的一个术语。有一个专门致力于用户界面设计的专业。我不希望这个数据质量维度会取代它。但正如数据质量透视图可以增强 UI 设计师的工作一样，展示质量透视图也可以增强数据专业人员的工作。要防止数据质量问题，请在设计新应用程序时与 UI 团队合作，如果发现 UI 是数据质量问题的根本原因之一，请更新 UI。从评估的角度来看，该维度的评估速度通常比其他维度更快。

 定义

> **展示质量（数据质量维度之一）。** 数据和信息的格式、外观和显示支持其收集和使用。

下拉列表中的选项列表似乎是一个简单的想法，但它会产生很大的影响。例如，在我写这一部分内容的时候，我发现了一份关于我正在研究的另一个主题的免费报告。在下载报告之前，我必须提供我的姓名、地址并回答问题。这很好，因为我得到了一些有价值的东西，并给了他们一些有价值的东西作为回报。问题开始于第一个选项列表，其中没有一个适用于我。我选择了一些听起来很接近的选项，这导致了另一组选项，但再一次，没有一个适用。当我选择完第三个下拉列表的选项后，弹出了推荐订阅页面。我对其中任何一个都没有丝毫兴趣。我确实下载了这份报告，这是我最初的目标。不到一个小时，我就收到了一封电子邮件，建议做一些与推荐订阅内容非常相似的事情。再说一遍，我对这些不感兴趣。作为一名消费者，我很不满意，因为我可能会收到更多我不感兴趣的电子邮件，而且我也没有收到任何可能有用的东西。发送电子邮件的公司也不满意（尽管他们可能意识不到这一点）。为什么？

因为他们掌握的关于我的信息是错误的，所以无论他们发送多少封电子邮件，他们都没有机会从我那里得到任何积极的回应。这都是因为展示质量问题。

方法

1．准备展示质量评估

选择要评估展示质量的数据和信息。例如，如果数据剖析表明某些数据存在质量问题，并且已知有多个收集场所，则该数据将成为展示质量评估的候选数据。如果用户抱怨仪表盘的可用性，那么这也是另一种选择。如果一个应用程序开发项目正在进行中，那么您可以跳过评估部分并与 UI 团队一起从头开始设计 UI。如果界面已经开发，但尚未最终确定，那么评估可能是有用的第一步。

确定是否从收集和使用的角度进行评估。确定并收集使用范围内各种数据媒介。一些 UI 既可以是收集点，也可以是使用点。请参阅 POSMAD 获取阶段（用于收集）和应用阶段（用于使用）中涉及的活动和人员的信息生命周期。

 定义

媒介是呈现信息的各种方式，包括（但不限于）用户指南、调查、表格和报告——无论是电子版还是硬拷贝、仪表盘、应用程序屏幕和用户界面。

可以评估单个介质，也可以比较收集或使用相同信息的多个媒介。例如，您可能希望比较客户提供自己信息的所有方式，媒介可能是电子邮件、在线 Web 调查问卷以及在面对面客户研讨会期间完成的硬拷贝回复表。请参见表 4.3.8。

表 4.3.8　展示质量——收集数据媒介的对比

数据字段：员工人数

媒介类型	电子邮件（名称和日期）	在线调查问卷（名称和日期）	现场研讨会回复表（日期）
负责媒介的团队	营销	营销	销售
具体问题	您的公司有多大	您的公司有多少员工	员工数量
可能的答案	1	1～100	1～10
	2～10	101～1000	11～100
	11～50	1001～10 000	101～1000
	51～100	10 001～100 000	
	101～500	>100 000	
	501～1000		
分析	● 电子邮件中的问题令人困惑——不清楚"大"是指员工人数。 ● 不同媒介的答案范围差异很大。与用户核实：这些范围是否正确且对业务有帮助？标准化所有媒介的答案范围是否有意义？ ● 数据库是否允许不同的答案范围		

确认评估展示质量过程的一致性，并决定由谁来执行。可以是一个人审查四种类型的媒介，或者需要一个小团队审查几种媒介。确保所有执行评估的人员都经过培训，并且他们和他们的经理理解并支持评估活动。这一过程可能包括从数据质量团队中指派人员直接与 UI 设计人员协作。

2. 按照规划评估展示质量

始终考虑谁使用媒介、他们的目的以及对他们有意义的展示方式。了解用户的观点——如何应用信息（其目的）以及使用的背景（使用它的时间和地点以及会发生什么）。采访用户，了解媒介的使用效果如何——什么有效，什么会导致问题。

比较各种媒介中的信息，以确定信息的收集是否一致以及对质量的影响。寻找不一致、错误或引发误解的设计。使用以下列表作为起点，制定您自己的问题集和评估展示质量的标准。

1）收集数据和信息：

- 表格设计是否易于使用？
- 问题表述得清楚吗？受访者是否理解所问的内容？
- 是否有多余的问题？
- 该字段是否必须/是否必须完成该问题/是否必须回答该问题？如果是，被访者是否具备正确回答问题的知识？
- 问题或字段的回答选项是否有限？
  - 是否提供了选项，如屏幕上的下拉列表或硬拷贝上带有复选框的列表？
  - 选项是否完整——它们是否涵盖了所有可能的选项？
  - 选项是否相互排斥——是否只有一个适用选项？
  - 这些是正确的选择吗？
  - 有默认值吗？如果使用不当，这个看似无害的问题可能会对数据质量造成严重破坏。并不是说不要使用默认值，而是要考虑它们的使用位置以及默认值的设置。
- 表达是否需要可能引入错误的解释？
- 是否有完整的流程说明？
- 字段标签是否清晰一致？标签需要定义吗？如果需要，标签是如何提供的（例如，当鼠标悬停在标签上时，通过弹出窗口提供）？
- 如果用户有疑问，是否有人可以联系解答？

2）使用报告或仪表盘等信息：

- 报告或屏幕标题是否简洁并能代表内容？
- 如果使用表格，列标题和行标题是否简洁并能代表内容？
- 有没有比表格中的文字和数字更能表达信息的图形？
- 图形是否是有意义的比较而非无意义的比较？
- 颜色、分辨率、字体样式和大小是否有利于可读性和美观？
- 是否包括最后更新日期和信息来源？

● 如果用户有问题，是否有人可以联系？
● 参见第 6 章中的可视化和展示部分的其他想法和资源。

3. 记录结果和建议行动

这一项内容包括所了解的经验、对业务的可能影响、可疑的根本原因和初步建议。例如，可能想与负责每个媒介的联系人会面，讨论其区别、确定所需的变更，以及确保数据库能支持所需。

与那些在调查设计或 UI 设计方面具有专业知识的人合作，以提高展示质量。

参见第 6 章中关于提出建议和记录结果的部分。

示例输出及模板

比较展示质量

通过数据剖析和根本原因分析，一家公司确定部分数据质量问题是由于收集客户信息的方法不同，特别是公司收入、员工数量、部门、职位级别等信息的收集。各种媒介都提出了问题，并以不同的方式提供了可能的回应。没有回答和提出问题的标准化过程，表 4.3.8 给出了一个例子。数据收集方式的不一致导致了数据输入方式的问题以及以后能够使用数据的问题。

在一个项目中，发现导致许多数据质量问题的根本原因在于收集客户信息的各种方法。分析表明，同一个问题经常以不同的方式提出，并有不同的回答选项。有时候，问题是不清楚的。客户不知道该回答什么，因此提供了不准确的信息。在这种情况下，该项目可以：提高问题的清晰度、内容和措辞，以便客户能够理解如何回答每个问题；标准化问题，以确保数据收集和使用的一致性和有效性；获取改变各种形式、网站等的支持。与其他建议相比，该建议被评为具有重大影响但实施成本相当低。这不可能在几天内完成，但可以通过一个小型项目团队在数周内完成。

步骤 3.11 数据覆盖度

业务收益和环境

数据覆盖度是指可用数据相对于总数据域或感兴趣人群的全面性。换句话说，数据存储如何能很好地捕捉感兴趣的人的总体，并将其反映到业务上。覆盖度还适用于确定感兴趣的人群以及在获取数据以评估、纠正和监控数据时要包含的数据的选择标准。请参阅第 6 章中的设计数据获取和评估规划。

如果担心数据存储实际上并不代表企业感兴趣的人群，则此维度很有用。例如，某数据库应包含北美和南美的所有客户，但有人担心该数据库实际上只反映了该公司来自这些地区的部分客户。此示例中的覆盖度是数据库中实际获取的客户与应包含在其中的所有客户总数相比的百分比。

定义

数据覆盖度（数据质量维度之一）。 与总数据域或感兴趣的人群相比，可用数据的全面性。

方法

1．因关系到业务需求，请在工程项目的背景中定义覆盖度、数据总体和目标

以下是在特定项目中，对覆盖度和数据总体的定义示例：

覆盖度——对客户数据库中所收集的已安装设备的活跃百分比估计。

● 数据总体：某产品亚太地区的客户总体。

● 目标：确定所评估的数据库在多大程度上获取并反映了该地区的客户总体。

● 业务需求：此信息用于一般营销决策、支持产品问题所需的人员数量，以及个性化营销规划是否可以根据现有信息推进，或者是否需要额外的数据收集。

覆盖度——估计客户数据库中收集的所有地点的百分比。

● 数据总体：购买公司产品的特定战略客户的所有美国站点。

● 目标：评估在客户数据库中实际获取了多少美国站点，并记录获取数据的过程。

● 业务需求：战略客户经理需要有关站点数量和状态的准确信息，以便将客户和站点分配给各个销售人员，作为组织区域管理流程的一部分。如果有关站点的信息不完整或已更改，那么这将影响分配给哪些销售人员的特定账户。

2．估计数据总体的大小

比如，假设想确定在一个地区内每条生产线的市场（客户量或产品安装量）。如果能在此获取所有客户或产品安装的信息，这可给确定数据库的规模提供参考。可以通过查看过去几年的订单和产品运送情况来确定客户的数量。

3．测量数据库总体的规模

对反映兴趣总体的记录进行统计。

4．计算覆盖度

将执行第 3 步获得的记录总数与第 2 步估计的数据总体相除，并将答案乘以 100，以此提供数据库的覆盖度百分比。

5．分析结果

确定覆盖度是否足以满足业务需求。覆盖度有可能会大于 100%，这表明问题与一个非常低的数字（如只有 25%）一样严重。具体来说，覆盖度大于 100%反映了其他数据质量问题，如重复记录。

6．分析、综合、建议、记录并根据结果采取行动

有关获取信息和报告结果的模板，请参见示例。记录评估结果、经验教训、对业务的可能影响、建议的根本原因和初步建议。在适当的时候分享结果并采取行动。

示例输出及模板

模板 4.3.3 提供了一个表格，用于报告两个群体的覆盖度评估结果，在这种情况下是客户和安装的产品。请注意，在综合结果后，可以对每个人群进行单独的分析和建议，并为两者提供额外的建议。

模板 4.3.3 覆盖度评估结果		
覆盖度评估目标		
业务需求		
	客户	已安装的产品
数据存储名称		
数据存储描述		
感兴趣的总人口描述		
估计的感兴趣总人口（数量或计数）		
实际感兴趣的人口（记录数）		
覆盖度百分比		
分析和建议	…	…
总结和建议	…	

步骤 3.12　数据衰变度

业务收益和环境

数据衰变度是指数据的负变化率，它也被称为数据风化，是高优先数据衰变度的一个有用的测量标准，受系统控制以外事件结果的变化支配。重点关注快速变化且对组织至关重要的高优先级数据。数据衰变度可帮助确定是否应安装机械装置来监控更新频率并将更改通知利益相关方，以及是否应培训员工如何更新数据。高可靠性的易变数据比具有低衰变率的不太重要的数据需要更频繁的更新。

如果已知基本数据会因系统或组织控制之外的事件而快速衰减，那么请快速采取行动，找到解决方案。确定如何意识到现实世界中的变化。制定流程，以便在组织内尽快更新数据，并尽可能接近现实世界的变化。

定义

数据衰变度（数据质量维度之一）。数据的负变化率。

该步骤对实际数据衰变测量的关注，要少于对可能导致衰变的环境以及通常哪些数据可能衰变得最快的关注。将该步骤与对"哪些数据是最重要的"的了解结合起来，您就可以将更多的精力放在数据质量的预防、提高、纠正方面，而通常只需较少的时间进行评估。

方法

1. 快速检查您的环境中是否存在导致数据衰变的一般过程，以及已知数据是否会快速衰变

Arkady Maydanchik 在其著作《数据质量评估》中介绍了 13 类导致数据问题的过程（2007年，第 7 页）。5 个导致数据衰变的进程如下。

- 未被发现的更改。
- 系统升级。
- 使用新的数据。
- 专业知识缺失。
- 过程自动化。

如果在您的环境中发现这些进程，就可以确定您的数据正在衰减。

2. 寻找与感兴趣的数据相关的一般衰变度

如果需要实际的数据衰变度，请使用已经在别处获取的数据。示例如下。

外部来源：查找与您感兴趣的高优先级数据相关的政府或行业统计数据。做一个快速的互联网搜索。例如，如果您关心地址更改，您所在国家/地区的邮政服务是否会发布有关地址更改的速率？

另一个外部来源示例，涉及员工流动率的统计数据是可能导致组织中员工数据衰变的指标。美国劳工统计局开展了一项职位空缺和劳动力流动调查（JOLTS）计划。其中一项统计数据与离职有关，该离职被定义为"当月所有不在工资单名单中的员工"。它们还为该术语提供了完整的定义，包含什么和不包含什么。根据一份 JOLTS 表，年总离职率从 2015 年的 42.3%到 2019 年的 45.0% 不等。该比率的高低取决于该国的行业和地区（美国劳工统计局，2020年，表 16）。从数据质量的角度来看，离职意味着一个人每次离开一个组织时，他们在公司内的地位都会发生变化，联系信息也可能会发生变化。如果有关该人的数据未更新以反映这些变化，则数据已衰变。

其他数据质量评估：参考统计数据，包括从以前的数据评估随时间发生的变化。按记录或字段创建日期和更新日期可以为分析提供有用的输入。您可以将来自这些字段的数据作为数据完整性基础原则、准确性、一致性和同步性或及时性评估的一部分。按有用的日期范围分类。如果您进行了准确性调查，请使用数据样本和评估结果来确保准确性（示例请参见图 4.3.13）

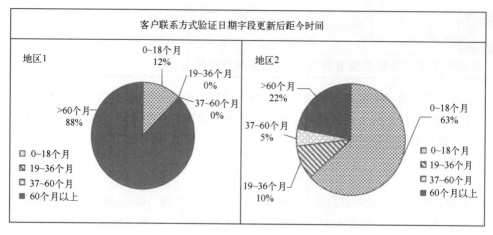

图 4.3.13   利用客户联系方式的验证日期字段来分析数据衰变

虽然数据衰变关注数据的负变化率，但也要从数据创建的角度考虑变化率。除了分析上次数据更新日期，还应同时分析数据创建日期。

其他内部当前跟踪和报告流程：例如，一个营销团队每四个月对经销商进行一次调查，以更新经销商资料、联系人姓名和职位信息以及销售的产品。负责调查的供应商在数据输入期间确定联系人姓名是否已添加、删除或修改，或者是否未更改。此信息用于查看经销商数据的百分比变化（数据衰变）。

3．如果需要，确定实际的数据衰变度

如果一般结果不足以用于制订计划和实施改进（即有人不相信他们的组织与统计数据相似），那么可以进行更彻底的评估。

4．分析、综合、建议并记录结果，在适当的时候根据结果采取行动

有关详细信息，请参阅第 6 章　其他技巧和工具中的同名部分。如果您在查看创建日期，请查看创建新记录的速率是不是超出您的预期？您是否安排了查看处理创建速率这一问题的人员？是否因为找不到现有记录而创建了新记录？如果是这样，重复记录是否在增加？包括经验教训、对业务的可能影响、建议的根本原因和初步建议。

示例输出及模板

客户联系有效日期

图 4.3.13 所示比较了两个地区对同一应用程序中客户数据的更新结果。该应用程序有一个名为客户联系有效日期的字段。该字段应在客户信息管理者联系客户并验证信息时进行更新。通过查看该字段，可以做一些关于客户数据衰变度的假设。

根据实际数据，在地区 1 中，88%的记录在超过 60 个月（5 年）内未与客户核实，只有 12% 的记录在过去 18 个月内得到核实。地区 1 似乎在 5 年多以前就有过联系活动，但直到分析前 18 个月内才再次与客户联系，这种努力一直处于停滞状态。

地区 2 中，22%的记录超过 5 年没有更新，63%的记录在过去的 18 个月内进行了更新。

根据此示例，如果您只有时间评估一个地区的客户记录质量，那么应该如何下手呢？在没有任何其他信息的情况下，我会将重点放在地区 1，因为他们 88% 的记录已超过 5 年没有与客户验证过，客户记录与客户验证的时间间隔越长，数据质量就越可能下降。

作为评估的一部分，发现另一个起作用的因素（数字没有显示）。客户联系验证日期必须手动更新。这与标准更新日期不同，标准更新日期在进行任何更改时都会自动更新。客户联系验证日期字段不容易访问。众所周知，实际上有时会联系到客户，但日期并未更新。这产生了一项建议，即更改用户屏幕（展示质量）以使客户联系验证日期字段可供联系客户随时使用。

步骤 3.13　可用性和效用性

业务收益和环境

存在可供使用的数据和信息。它们被用于业务流程一部分的交易和记录中。对它们进行分析，并在报告和仪表盘中呈现以传达信息。即使已经正确地定义了业务需求并准备了数据，数据的使用也必须产生预期的结果，否则我们仍然没有高质量的数据。

能否正确生成发票？可以完成销售订单吗？可以生成实验室订单吗？可以发起保险索赔吗？构建物料清单时是否可以正确使用物料主记录？当数据用于其他流程时（如报表、仪表盘和交易），最终结果是否满足它们的需求？报告是否包含预期信息？如果答案是否定的（尽管我们已经尽力确保数据可以使用），并且如果信息消费者或自动化流程难以检索、理解、解释、使用或维护数据，则意味着数据未达到其目的。因此，数据不具备所需的质量。

 定义

可用性和效用性（数据质量维度之一）。 数据产生预期的业务交易、结果或用途。

此维度是数据质量的最终检查点。这种类型的评估可以作为测试的一部分包括在 SDLC 中，通常是用户验收测试。那些开发需求、创建转换规则和清理源数据的人需要与那些测试数据可用性的人一起参与，这些数据是他们帮助清理或创建的。如果业务流程不能令人满意地完成，那么所做的任何数据质量工作都是不好的。

以下内容与可用性和效用性密切相关。

此维度可以扩展为以下几项：

- **可访问性。** 人们必须有必要的访问权限来完成他们负责的工作。如果您认为缺乏访问权限会对易用性产生不利影响，请包括步骤 3.8。例如，这个人应该有通过 UI 的写访问权限，但只有读访问权限，因此无法完成事务。或者某人无权访问特定报告。这是可用性问题的潜在根本原因。
- **创建和维护。** 创建和维护数据通常与使用数据时使用相同的用户界面（UI）和流程。在查看它们时，寻找使用、创建和维护者之间的联系，以及进行改进它们的机会。
- **易于使用、创建或维护。** 使用、创建或更新数据的难易程度如何？可以做些什么来使

流程对用户更加友好？这方面的困难会影响效用性。例如，

- ○ 一组人需要几天时间才能整理出一份看似简单的报告。
- ○ 创建产品主记录的过程有很多步骤，以至于一个记录没有错误的可能性很小。
- ○ 更新客户联系偏好的过程非常耗时，以至于许多销售人员会跳过这一步，这会导致不受欢迎的电子邮件和不满意的客户。

方法

1. 是否与项目测试团队或软件质量保证团队合作

争取他们的支持，这个数据质量维度不能孤立地完成，确保团队及其经理对这项协作持开放态度。

与测试团队合作，了解他们的测试过程，并确定数据团队如何融入其中。它可能是让数据团队的人参加测试并观察。它可以在测试数据的人员和创建、清理或转换数据的数据团队之间建立一个反馈循环。在测试过程中，为了成功完成事务而更改数据的情况并不罕见。然而，这一事实并不总是适用于负责数据的人员，因此他们可以从测试期间发生的事情中学习，并对数据或需求进行适当的更改。一旦数据团队意识到问题，最常见的两个原因如下。

- 数据未按照创建、转换和清理规范或要求进行更改。数据团队应该找出原因并确保正确地重新创建、转换或清理数据，然后交给测试团队进行另一轮测试。
- 根据规范/要求更改数据，但规范/要求存在错误。数据团队应更新规范，并确保根据新要求重新创建、转换或清理数据，然后交给测试团队重新测试。

为了避免上述问题，一旦数据按照要求进行了创建、转换或清理，就可以在测试之前快速分析数据集，以确保数据满足要求。应在数据更改后和测试前的每个测试周期中对其进行分析。

需要快速采取行动，因为这是测试周期的一部分，通常时间有限。进行测试循环并不罕见，但时间表不允许对测试结果采取行动。使用您最好的说服技巧来避免这种情况，并确保有时间修复数据本身或需求。如果没有，那么一旦应用程序上线，测试团队遇到的所有麻烦都将成倍地增加到每个用户身上。在这里，一盎司的预防真的值得一磅的治疗。

一旦测试团队看到了关注一个项目的数据质量的好处，尝试将其作为所有测试的标准部分——一个出色的数据质量控制措施包括在步骤 7 和步骤 9 中。软件质量保证小组估计，由于数据质量差，该团队的整体测试时间增加了 1/3。此外，由于数据质量差，软件测试周期中增加了一周的后期制作测试。

2. 评估流程是否易于使用、创建或维护

利用您在信息生命周期中学到的任何知识，收集流程文档，采访那些使用、创建或维护其使用的流程和工具的数据人。更理想的是，让他们向您展示他们的流程。您应该花时间了解他们的工作方式以及与 UI 的交互。

寻找文档中所说的应该发生的事情与实际执行过程的方式之间的差异。分析记录在案的

流程中的低效、返工和重复任务。与用户、创作者和主要参与者合作，开发更高效的流程。

确保将任何建议的改进向前推进到步骤 6，以包括在改进计划中，并在步骤 7、8 或 9 中实施。如果可以立即进行改进，并且您确信这些更改不会对其他领域产生不利影响，请立即开始，没有必要等待。

利用您对已评估的其他数据质量维度的了解，以进一步了解发现问题的位置。

3．分析、综合、提出建议并记录结果。在适当的时候根据结果采取行动

与其他维度一样，分析结果并与其他评估的结果进行综合。记录经验教训、潜在的业务影响和根本原因，以及预防和纠正建议。

示例输出及模板

应用多个维度时

作为多个数据质量维度之间关系的一个示例，请考虑这样一种情况，即销售代表是客户信息的来源。数据进入中央客户主数据库的唯一方法是同步数据库和代表的终端设备。众所周知，许多销售代表不想分享他们的客户信息。接下来的问题是，"为什么销售代表不想共享他们的信息？"以下答案可以帮助我们了解更多信息，这将引导我们了解各种数据质量维度。

- 当数据从中央数据库返回时，我的客户信息已更改。现在我失去了关于我的客户的重要信息（我的销售、佣金和生计的基础），我无法以应有的方式照顾我的客户（可用性和效用性）。
- 我不信任中央数据库。我知道数据以某种方式更新和转换，但我不知道为什么（对相关性与信任度的认知）。
- 在我的终端设备和中央客户数据库之间完成同步过程太难了（易于使用、创建和维护）。
- 这是否会影响实际进入中央数据库的信息以及产生问题的严重程度（覆盖度）？

拥有数据质量维度列表有助于团队确定哪些方面可能会影响数据质量。团队可以决定与更多的销售代表交谈，以了解问题的普遍程度，并在调查或采访中询问有关可用性、易用性和信任的问题。

或者，也许数据质量团队首先对覆盖度进行了评估，可用性、易用性和信任度是缺乏覆盖度的潜在原因。从这里他们可以确定有足够的信息来确定根本原因；或者确定他们对问题的了解不足，无法知道它是否普遍存在，并且他们需要进行了解更多信息。

步骤 3.14　其他相关数据质量维度

业务收益和环境

尽管在前面的步骤中已经提供了许多数据质量维度，但这些数据质量维度尚未包含在前面的维度中，这些内容将有助于评估您的项目。例如：

- 在一家公司金融集团内，主要关注的是系统之间的账目核对。有些人可以称之为完备性，但"对账"一词对他们来说更为明确，并且具体到他们的上下文中。您可以决定进行一项称为"对账"的单独评估，或在另一项评估中使用不同的措辞，以使结果与财务组更相关。
- 已完成重复评估。您发现，用户创建重复项是因为创建新记录比查找现有记录更容易。这是研究评估易用性、创建性和可维护性过程的一个原因，可作为可用性和效用性的潜在相关因素包含在步骤 3.13 中的。

> **定义**
>
> **其他相关数据质量维度。** 数据和信息的其他特征，这些特征对于您的组织定义、衡量、改进、监控和管理非常重要。

如果选择了附加的数据质量维度，请记住在整个十步法流程的上下文中使用它。您仍然需要将业务需求与要评估的数据联系起来。您仍然需要充分了解信息环境，以便在分析评估结果时提供洞察力，并确保在确定根本原因、防止未来的数据错误、纠正当前错误和监督控制措施时使用这些结果。

方法

这些说明将取决于要评估的附加数据质量维度。

示例输出及模板

输出将取决于要评估的额外数据质量维度。

步骤 3 小结

恭喜！您已完成数据质量评估（或已了解它们以准备评估）。您可能已经完成了一项快速评估或在较长时间内评估了多个数据质量维度。无论采用哪种方式，完成此步骤都是您项目中的一个重要里程碑。您在评估期间学到的所有内容都为后续步骤提供了基础。

请记住，即使不进行逐步详细的评估，您也可以使用数据质量维度的概念。例如，请参见步骤 2.1　理解相关数据与数据规范，以了解如何在需求收集中使用数据质量维度的概念。

步骤 3 要求沟通和参与，以确保团队成员、经理、项目资助者和其他利益相关方了解工作，听取结果和初步建议，并有机会提供反馈。您的工作是教导其他人，让他们清楚地了解从每次评估中学到了什么或没有学到什么，以及因此应该或不应该采取的行动。不要误导利益相关方！

沟通、管理和参与

在此步骤中有效开展合作和管理项目的建议如下。

- 确保及时完成交付；跟踪问题和行动项目。
- 与项目资助者、利益相关方、管理层和团队成员合作，以：
    ○ 在进行数据质量评估时进行合作。
    ○ 消除障碍、解决问题和管理变革。
    ○ 保持适当的参与（有说明义务，承担责任，提供意见，只通知）。
- 交流状态、评估结果、可能的影响和初步建议；获得反馈并完成所需的跟进。
- 基于数据质量评估的经验：
    ○ 调整项目范围、目标、资源或时间表。
    ○ 管理所有相关人员的期望。
    ○ 预测实施和接受可能的改进所需的变更管理。
- 确保为项目中即将执行的步骤提供资源和支持。

 检查点

检查点步骤 3　评估数据质量

如何判断我是否准备好进入下一步？使用以下指南帮助确定此步骤的完备性以及下一步的准备情况。

- 对于每个选定的数据质量维度，是否已完成评估并分析结果？
- 如果进行多项评估，是否综合了所有评估的结果？
- 是否讨论并记录了以下内容：经验教训和观察结果，已知/潜在问题，已知/可能的业务影响，可能的根本原因，预防、纠正和监控的初步建议？
- 如果项目有变更，是否由发起人、利益相关方和团队成员最终确定并达成一致？例如，如果下一步需要额外的人员，他们是否已被确定并承诺？资金是否仍在继续？
- 在此步骤中与人员沟通、管理和参与的活动是否已完成？计划更新了吗？
- 是否已将此步骤中未完成的操作项目与指定的所有者和截止日期一起记录？

步骤 4　评估业务影响

步骤 4 在十步法流程中的位置如图 4.4.1 所示。

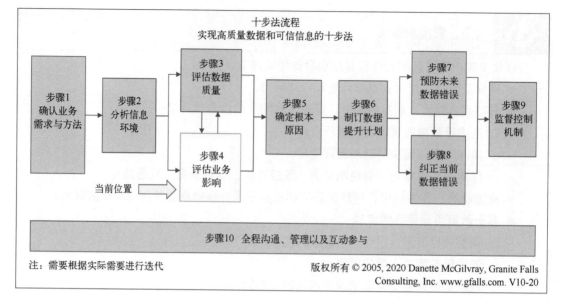

图 4.4.1　步骤 4　评估业务影响"当前位置"图示

步骤 4 简介

让我们把目光从数据质量本身移步到数据质量的价值。在脑海中想象以下场景：您拥有一张桌子、一把椅子和一台笔记本计算机，您的笔记本计算机中保留了您所在组织的客户、产品、供应商的基本数据和近两年内所有的交易数据，且您并没有保留任何备份。突然着火了，您的时间只够抢救一件物品，您会选择哪一个？桌子？椅子？还是那个保存您仅有唯一副本的重要信息的笔记本计算机？当我抛出这个问题的时候，大家通常都沉默不语，表情仿佛在说："那是多么愚蠢的问题，答案是显而易见的"。为什么去抢救留有唯一重要信息的笔记本计算机是大家的共同选择？因为我们可以很容易地更换桌子或椅子，而在大多数情况下，信息是不可替代的。如果我的组织机构在过去的 40 年里一直在收集跟踪污染物水平的水的样本，以辅助水源治理的工作。当这些信息丢失且在别处无法查找到时，我们无法做信息替换。

如果凭直觉知道要抢救信息是因为它最有价值，那么为什么当寻求时间、金钱和人员去管理数据和信息时会持续受阻呢？

当一个数据质量问题被识别出来时，"那又怎样？""为什么？"等问题接踵而来。"这个数据质量问题对组织会造成什么样的影响？对团队呢？对个人呢？""为什么这很重要？""投资的回报是什么？"在我职业生涯的初期，当别人提出这些问题时，我的内心感到刺痛，心想："难道他们不了解数据质量有多重要么？这是显而易见的！为什么我需要花费时间去回答他们的问题？我应该我把所有的时间都用在数据质量的工作上。"值得庆幸的是，在某一刻我突然醍醐灌顶，我意识到高管们应该问这些问题，他们的工作就是要对大量的资源请求做分类排序。那么……如果这些提问都是该问的，高管们也在各司其职，我的工作是什么？我的工作就是能够回答这些问题！现在听起来可能不是什么问题，但这种认识对我产生了很大的影响。我不再抗拒回答他们的问题，我反而可以将我的精力花费在如何回答他们的问题上。

曾经，"那又怎样？""为什么？"等问题非常难回答。但本书为您提供了帮助。此步骤中提供了多种技巧，被称为"业务影响技巧"，来辅助我们回答上述问题。如果必要的话，也请回顾一下第 3 章　关键概念中的业务影响技巧。参见表 4.4.1 和表 4.4.2，了解本步骤中"业务影响技巧"所包含的清单与定义。此外，对于每一个"业务影响技巧"，本步骤中都配有一个子步骤来做详细说明（步骤 4.1～4.12）。

表 4.4.1　步骤 4　评估业务影响的步骤总结表	
目标	使用适当的技巧评估业务影响
目的	在项目中的任何时间、任何步骤： ● 回答如下问题，"为什么数据质量如此重要""数据质量对组织、团队、个人有什么影响"。 ● 当看到、听到或感受到阻力时，比如听到反对声音或者听到言语上的支持但看不到行动时，及时处理解决。 ● 为数据质量提升建立业务案例。 ● 确定数据质量项目的适当投资。 ● 获得管理层的支持。 ● 激发团队成员和其他人员参与项目的积极性。 ● 明确工作的优先级
输入	● 输出、学习和工具来自： 　○ 步骤 1——根据项目现阶段所了解的情况按需更新业务需求、数据质量问题、项目范围、计划或目标。 　○ 步骤 2——分析信息环境。 　○ 步骤 3——特别是当业务影响将基于数据质量评估期间所发现的具体问题时。 ● 任何其他已知情况，导致需要评估业务影响。 ● 项目现状、利益相关方分析、沟通和参与计划
技术与工具	● 适用于业务影响技巧的技巧和工具。 　○ 请参见子步骤中的详细信息，每个子步骤对应一个业务影响技巧。 ● 参见第 6 章　其他技巧和工具。 　○ 制订数据获取和评估计划。 　○ 开展调查工作。 　○ 数据质量管理工具。 　○ 跟踪问题和操作项（在整个项目过程中使用并更新）。 　○ 分析、综合、建议、记录并根据结果采取行动（在整个项目过程中使用并更新）
输出	● 记录每一个完成的业务影响评估结果，并综合所有结果（定量或定性的）。 ● 记录经验教训、发现的问题、可能的根本原因和初步建议。 ● 步骤 1 和步骤 2 中的工具，根据业务影响结果按需更新。 ● 记录数据获取和评估计划，供将来参考和使用。 ● 根据在业务影响中的所学，可在此步骤采取的相关行动。 ● 完成项目时所需的沟通和参与活动。 ● 基于反馈和业务影响结果最新状态、利益相关方分析、沟通和参与计划。 ● 根据业务影响评估在项目中开展的时间和地点，对项目下一步骤达成的一致意见

（续）

沟通、管理和参与	● 在进行业务影响评估时，帮助团队成员协同。 ● 与项目资助者和利益相关方合作，消除障碍并解决问题。 ● 跟踪问题和行动项，保障成果的及时交付。 ● 确保项目资助者、团队成员、管理层以及其他技术和利益相关方的参与： 　○ 在业务影响评估期间适当参与（部分人员深度参与，部分人员提供输入，其他人仅作为知情者）。 　○ 基于对业务影响的洞察，通告结果和初步建议。 　○ 有做出反应和给予反馈的机会。 　○ 了解项目范围、时间线和资源的变化，并知悉未来规划。 ● 根据业务影响评估获得的洞察： 　○ 调整项目范围、目标、资源或时间线。 　○ 管理利益相关方和团队成员的预期。 　○ 预期要进行变革管理，以确保潜在的未来改进提升措施被实施和采纳。 ● 确保项目后续步骤获得资源和支持
检查点	● 每个所选的业务影响技巧的评估是否都已完成？ ● 如果使用了多种业务影响技巧，其结果是否被综合并记录？ ● 这一步骤的结果是否有记录？ 　○ 所获经验及观察结果。 　○ 已知、潜在的问题。 　○ 已知、有可能的业务影响。 　○ 潜在的根本原因。 　○ 对于预防、修正和监督控制机制的初步建议。 　○ 在此步骤中未完成的但需要进行的操作或后续工作。 ● 如果项目有变更，它们是否由项目资助者、利益相关方和团队成员最终确定并达成一致？例如，下一步是否需要额外的人员？如果是，他们是否已确认并承担义务了？资金是否持续投入？ ● 沟通和参与计划是否保持最新？它们包括变革管理吗？ ● 在这一阶段是否完成了必要的沟通、管理及参与的工作

表 4.4.2　十步法中的业务影响技巧

　　业务影响技巧是一种定性或定量的方法，用于确定数据质量对组织的影响，这些影响可以是高质量数据带来的积极影响，也可以是低质量数据带来的不利影响。用以下技巧来评估业务影响的指导说明，在步骤 4　评估业务影响中呈现：

步骤	业务影响技巧的名称及定义
4.1	**轶事范例**。收集低质量数据的负面影响、高质量数据的正面影响的例子
4.2	**连点成线**。阐述业务需求和其支撑数据之间的联系
4.3	**用途**。对数据当前或未来用途编制清单
4.4	**业务影响的 5 个"为什么"**。通过问 5 次"为什么"，了解数据质量对业务的实质影响
4.5	**流程影响**。阐述数据质量对业务流程的影响
4.6	**风险分析**。识别低质量数据可能产生的不利影响，评估其发生的可能性和严重程度，并确定减轻风险的方法
4.7	**对相关性与信任度的认知**。那些使用信息或创建、维护和处置数据的主观意见：重要性——哪些数据对他们来说最有价值、最重要；信任度——他们对数据质量能满足其需求的置信度
4.8	**收益与成本矩阵**。评估并分析问题收益与成本间的关系、建议或改进措施
4.9	**排名和优先级排序**。针对缺失和错误数据对具体业务流程的影响程度划分等级
4.10	**低质量数据成本**。量化低质量数据带来的损失及对收益的影响

（续）

步骤	业务影响技巧的名称及定义
4.11	**成本收益分析和投资回报率（ROI）。** 通过深入评估，将投资于数据质量的预期成本与潜在收益进行比较，其中可能会涉及投资回报率（ROI）计算
4.12	**其他相关业务影响技巧。** 其他被认为对组织而言重要的、定性或定量的方法，来识别数据质量对业务的重要性

 定义

业务影响技巧是一种定性或定量的评估方法，用于评估数据质量对某一组织的影响。

尽管这些技巧是在"十步法"的步骤 4 中呈现，但在您自己的项目中，如有需要，在任何步骤中都可以随时随地地使用这些技巧。

- 回答以下问题，例如："为什么我需要关心数据质量（或者您的项目），他们为什么这么重要？"对于组织、团队、个人而言，数据质量高低的区别在哪里？
- 要合理应对阻力，当看到、听到或感受到阻力时，例如"有比数据更值得投资的地方！"等反对声，或听到言语上的支持但看不到行动。
- 构建数据质量提升的业务案例。
- 确保对数据质量工作的适当投资。
- 激发团队成员和其他人员参与项目的积极性。
- 明确工作的优先级。

一些技巧有助于确定工作的优先次序。比如：如果我以优先级 1～10 来判断某件事情，1 为最高级，10 为最低级，判断依据为对业务影响的程度，优先级为 1 的项目对业务影响的程度高于优先级为 10 的项目。因为资源的有限性，我们想要去做的事情远比我们拥有的资源多，包括时间、金钱以及其他资源，所以数据专家们必须具备良好的优先级判断的能力去应对他们的工作。

当您正着手将数据质量的工作融入敏捷开发或 SDLC（系统开发生命周期），如果您听到言语上的支持但看不到实际行动，可以在步骤 4 中选择某一技巧作为辅助。如果您在一个数据质量专项改进项目中使用"数据质量十步法"，以下展示了业务影响技巧将提供帮助的典型场景：

- 在步骤 1 中，当识别业务需求和其优先级，聚焦项目重点，并为您的项目寻找资金和支持时。
- 在完成步骤 2 并识别出其他的数据质量问题后，要确认在步骤 3 中应深入数据质量评估的重点时。
- 在步骤 3 中完成数据质量评估的深入分析，要确定所发现的问题中哪些足够重要并需要进入步骤 5 开展根本原因分析时。
- 在完成步骤 5 中的根本原因分析，并获得一系列关于质量问题的预防、整改、监督控制措施等具体建议后，要确定哪些步骤是最重要的并需要在步骤 6、7、8 和 9 中落实时。
- 当您在项目期间任何时间或任何地点看到、听到、感觉到阻力时。

最重要的业务影响往往来自信息的应用方式，因为这才是信息价值的体现。然而，影响也可以在信息生命周期的其他阶段表现出来，比如修正数据导致成本增加（维护阶段）带来的影响，或者因为没有进行归档而增加存储数据运营成本（处置阶段）的影响。

使用这些技巧可以评估业务影响，不仅只是对数据质量项目集，还包括对项目和运营流程。详见第 2 章中的数据行动三角。

利用已获得的关于业务影响的认知，帮助建立数据质量改进的业务案例，从管理部门获得数据质量工作的支持，确定工作的优先级，激励团队成员参与项目，并确定对信息资源的适当投资。

有些业务影响技巧是定量的，而有些则是定性的。相对来说，有些花费时间较少，也不太复杂，而有些则需要花费较多的时间，也会更复杂。不管时间多么有限，您都可以做一些与业务影响有关的事情。

这里介绍的许多技巧都可以组合使用或单独使用。在评估业务影响时，选择在特定情况下最合适的技巧。值得注意的是，关注于数据质量上的技巧，在揭示数据治理、元数据、数据标准等的业务影响时，它们也同样有效。

对每个业务影响技巧做编号是为了便于参考，而不是因为它们必须按照某种特定的顺序进行。每个业务影响技巧都有一个子步骤。每个子步骤包含三个主要部分，分别提供了帮助您完成评估的详细信息：业务收益和环境、方法以及示例输出及模板。

步骤 4 流程图

步骤 4 的总体方法是简单易懂的：第一，确定对特定场景最有帮助的技巧；第二，制订评估计划；第三，利用所选择的技巧评估业务影响；第四，如果完成了多个评估，请将已完成的评估结果进行综合，并提出建议和采取行动。步骤 4 的流程图如图 4.4.2 所示。高阶的流程流适用于所有业务影响技巧，在这里阐述仅为了避免在后续每个子步骤中重复阐述。

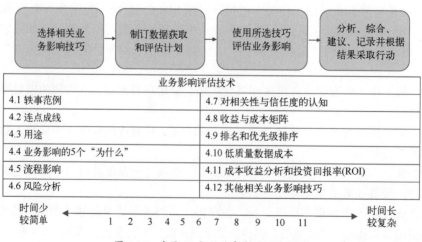

图 4.4.2　步骤 4　评估业务影响的流程图

选择相关业务影响技巧。

业务影响技巧按照评估所需的相对时间和精力排序。每个技巧都被置于一个连续轴中（见图 4.4.2），从花费更少时间且不太复杂的技巧（最左处起始点 1 开始），到花费更多时间且更复杂的技巧（到最右侧的终点 11 结束）。最后一项技巧 4.12 其他相关业务影响技巧并没有统计在连续轴中，因为人们可以在任何时间、任何地点根据时间和技术的复杂程度，去使用其他的技巧。

请注意，所有技巧都被证明是有效的，图 4.4.2 所示的连续轴显示的是相对付出的精力，而非结果，即使没有完成完整的成本收益分析，您也可以了解业务影响：简单不一定意味着较少的有效结果，更复杂也不一定意味着更多的有效结果，这些技巧都是可以单独使用或组合使用的。

熟悉每一种技巧、技巧需求及难易程度，以保证在有需要时，根据所处的环境和数据问题选择相应技巧，做出最准确的决策。此外，有关技巧选择时的更多注意事项，请参阅第 3 章中的业务影响技巧部分。

制订数据获取和评估计划。 这一步骤通常比规划数据质量评估更简单。如果您选择了多种技巧的结合，那这里就是检查规划是否适当的检查点。例如，如果仅仅是作为收集轶事范例，那么完全可以跳过此步骤，因为只涉及一个技巧，不涉及数据获取，而且在步骤 4.1 轶事范例中可以做相关规划。如果您正执行步骤 4.10 低质量数据成本，并且计算需要访问存储数据中的数据内容，那么考虑数据获取和评估是至关重要的。同样，如果使用多种技巧，花足够的时间来计划是非常值得的，因为您可以更有效地使用这些技巧。

如果已有数据质量的评估结果（如数据质量的具体问题、程度、位置），那么请将其用作数据获取和评估计划的输入。

使用所选技巧评估业务影响。 使用子步骤（步骤 4.1～4.12）中所给说明完成选定技巧的业务影响评估。

分析、综合、建议、记录并根据结果采取行动。 分析所用技巧的结果。整合来自多个业务影响评估的结果，并将该结果与其他数据质量评估得出的潜在业务影响进行比较。

根据所获结果形成初步建议。数据质量问题的影响其实远比想象的要大。采用这些评估结果来确定后续步骤（如，必要的沟通、业务操作需求、对项目范围、时间和所需资源的调整、评估问题原因或实施改进措施的优先级）。

记录这一切，以保留每个步骤中的知识和理解，并在下一步骤中使用，在适当的时候采取行动。想了解更多信息，请参阅第 6 章 其他技巧和工具。

🎯 **最佳实践**

业务影响关注点视情况而变。 注意业务影响对于不同的人员和组织的意义，以及他们是否希望看到以下结果：

- 增加收益（数据质量工作将增加销售量）。
- 节约成本（数据质量工作将节省××美元的成本）。

- 运营效率（数据质量工作将减少 **2** 天的生产时间周期）。
- 人员总数（数据质量工作将节省××个人员）。
- 风险（数据质量工作将降低某种风险）。
- 其他数据质量业务影响可能引起的担忧。

尽可能用对那些您需要获取他们支持的人员或对组织来说最有意义的方式来表述业务影响。详见步骤 10　全程沟通、管理以及互动参与。

步骤 **4.1**　轶事范例

业务收益和环境

收集轶事范例是评估业务影响最简单、成本最低的方法，但产生的效果较好。利用这些轶事范例，加之优秀的故事讲解能力和沟通技巧，让听众将自己的经历与事例相关联，进而激发对主题的兴趣，也让数据质量这一概念变得更加具象。即使没有定量数据，轶事范例仍然很有用。通过轶事范例可以吸引管理层的兴趣，使得他们更愿意深入地讨论数据质量和相关项目。

 定义

轶事范例（业务影响技巧）。 收集劣质数据带来负面影响、以及优质数据带来正面影响的案例。

方法

1.收集轶事范例

轶事范例对于企业初步了解数据质量影响、解决当前紧急问题很有用。在收集轶事范例时，应及时做记录并保存。当您听说企业因为数据质量出现问题时，请开展相关调查并找出何人、何事、何时、何地以及何因。轶事范例对未来的沟通很有用。

从外部新闻网站和所在行业中收集案例或故事，以及某特定公司的实际案例。

构建一个收集轶事范例的模板，以便短时间内可以在重要的会议或演示文稿中使用。模板 4.4.1　信息轶事范例收集模板可以帮助达到此目的，参见示例输出和模板部分。模板 4.4.2 展示了模板使用的示例。注意：此模板只是为收集结果，不用作结果的最终展示。此模板用于收集的内容，以生动的讲故事形式来阐明核心观点，并引起每一位观众的共鸣。

2.尽可能具体详尽

在收集轶事范例时应关注以下问题：

关键业务决策。 做出这些决策需要哪些信息？如果信息错误会发生什么？这对业务有什么影响？

关键流程或关键业务流。 执行这些流程需要哪些必要信息？如果信息有误会发生什么？

对直接交易、对其他流程、对汇报、对已根据报告做出的决策等有何影响？

不正确的数据和信息。如果发生特定数据错误（如决策失误、对客户的影响、销售损失、返工增加、数据更正），会产生什么影响？

主数据。哪些流程或交易依赖于主数据（例如，客户、供应商、物料主文件、物料清单）的完整性？如果主数据错误，会产生什么样的后果？其他类别的数据是否也受到影响？

事务数据。如果事务记录错误，如采购订单或发票发生错误，会产生什么后果？

必填字段。用户如何获取数据？如果在记录创建时数据不可用会怎么样？如果只是为了满足系统对字段条目的要求而输入了错误数据，会怎么样？

3．尽可能地量化影响

尽可能快速量化轶事范例的内容。可以通过一些问题来量化影响，比如"这种情况多久发生一次？""有多少人受到影响？"

4．归纳影响

应审视孤立事件的影响是否适用于整个组织。

5．确定如何讲述这个故事

要有创造力。有关 Aera Energy 如何使用轶事范例来获得企业架构规划的资金支持的示例，请参阅示例输出及模板部分。

用轶事范例来支撑沟通的需求。举例来说，您有 30 秒或 3 分钟的时间去讲故事吗？观众应该听到什么？您想要强调的又是什么？详见步骤 10

🔑 关键概念

一位管理人员阐述了管理和投资决策经常基于真实的轶事范例而做出，并总结道："永远不要低估一个好故事的作用！"

另一位管理人员告诉我，许多重要的业务决策都是基于故事而做出的，这意味着故事让情况变得更为真实，也更容易发现关联性。收集和使用轶事范例是一种低成本方式，让我们获取构建故事的素材，同时以故事的形式揭示真实业务影响。

6．分析、综合、建议、记录并根据结果采取行动

记录轶事范例以及其来源和相关支持信息，包括定性和定量的影响。记录那些可以快速用数字和货币量化的有形影响。

任意轶事范例都可以作为其他业务影响技巧的起点，例如步骤 4.5 细化流程也是轶事范例适用情景的一部分，或者在步骤 4.10 低质量数据成本中更全面地量化影响时。其他建议参见第 6 章 其他技巧和工具中同名称的小节。

示例输出及模板

信息轶事范例收集模板

信息轶事范例收集模板（模板 4.4.1）是一种收集有关数据质量问题的简单方法。示例请参阅模板 4.4.2。在团队中使用该模板，让每个成员都可以及时了解在项目和日常工作中所出现的情况。注：仅将模板用作内容的收集，而非信息的展示，用模板中的内容来构建故事，并以能吸引观众的形式进行讲述。

模板 4.4.1　信息轶事范例收集模板	
标题：	
数据：	**人员/组织：**
流程：	**技术：**
情况说明：	
影响（尽可能量化）：	
行动建议、潜在根本原因、初步建议或后续步骤：	
提交人：	**日期：**
联系方式：	

模板 4.4.2　信息轶事范例收集示例：定价相关法律要求	
标题： 检验定价的法律要求	
数据： 政府合同定价	**人员/组织：** 采购员
流程： 采购	**技术：** ERP（ERP 系统）
情况说明：	
对于政府合同，公司有法律要求证明自合同到期以来过去十年的定价。历史定价记录是证明合规性的唯一途径。 在系统中，定价历史记录不会自动创建——查账索引是单层的，这就意味它只跟踪前一个变更。因此，在系统中，创建所需的定价历史纪录的唯一途径是创建一个新的价目表记录，而不是更改现有记录中的数据。 系统使用者（采购代理）很快就发现，现有的价格表记录更新起来非常便捷，而且比添加新的价目表记录要快得多，不需要技术编辑。除非他们知道添加价目表记录的原因，否则他们就会尽可能地走捷径（修改现有的记录），结果就是导致定价历史信息丢失或不完整，而不合规	
影响（尽可能量化）：	
当定价历史出现缺失或不完整时，公司无法按照法律要求来证明合同到期以来近 10 年的定价。如果不遵循此手动流程，法律合规性上将面临风险	
行动建议、潜在根本原因、初步建议或后续步骤：	
研究支持此要求的技术解决方案（对系统的修改）。例如，是否可以通过数据库层面的全面查账索引来生成完整的历史记录，从而解决问题？ 评估这种情况（修改现有的记录）发生的频率和问题的严重性。 通过培训解决这一问题。在培训用户时，除了让用户知道如何创建新的价目表记录，也一定要让用户知道为什么（要符合法律/合同性的规定）。 与法律部门核实不合规的处罚。	
提交人：	**日期：**
联系方式：	

　　本模板还可以在完成其他业务影响技巧后使用，用来凝练所了解的内容并提供总结内容，帮助运用相关结论讲述故事。

业务影响——使用轶事范例和对相关性与信任度的认知

下文描述了某企业使用轶事范例（步骤 4.1）和用户调研来加深他们对相关性和信任度的认知（步骤 4.7），从而评估业务影响的经历：

Aera 能源有限责任公司的信息质量流程经理 C. Lwanga Yonke 进行了讲述，Aera 能源有限责任公司是总部位于加利福尼亚州贝克斯菲尔德的石油公司。

史蒂文·斯皮瓦克（Steven Spewak）在他的《企业架构规划》中对较为泛化的信息系统进行了类比，其结论是大部分的信息系统都比较糟糕：这些系统往往只有一个建设意向，没有明确的规划和架构，这也导致了各组成部分之间连接松散、缺乏集成、缺乏关联性、彼此存在冗余。

Aera 企业架构规划（EAP）团队的成员利用 Spewak 的类比构建了一个企业架构的案例。Aera 还使用内部生成的数据来评估低质量信息带来的财务影响。

作为流程的一部分，EAP 团队对企业知识型员工在分析数据并做出创造价值的决策之前，花费在发现、清洗和格式化数据上的时间进行了评估，这个时间平均约占整个数据分析工作用时的 40% 之多。这一统计数据使得 Aera 的管理层决定实施企业架构规划——仅仅花费在每个员工不创造价值的时间上的工资就足以支付整个项目了。然而，更为实际的好处则是实施企业架构规划后，增加了知识型员工在数据分析和决策上的可用时间。

评估包括对资深工程师、科学家以及公司中其他的知识型员工的调查，而之所以选择他们是因为他们深受同事和公司领导的信任，而公司领导拥有 Aera 是否为企业架构实施和数据质量持续投入的最终决定权。

每个受访者都被问及：他们对 Aera 数据质量的看法；在将数据用于分析和决策之前，他们花费在查找、核对、纠正数据上的时间占比。EAP 团队还拍摄了被调查人员在工作环境中的照片。

这些故事和图片是以一种非常有创意的方式汇编和呈现的。想象一下，在演示时，每张幻灯片都包含一名知识型员工的照片、姓名、他对公司中数据质量的简要评价以及他花费在处理不良数据上的时间占比。在不同场合做这样的演示，会产生相同的影响：对于大多数管理人员来说，当得知他们最有价值的工程师和科学家将 40% 的时间都花在了处理不良数据、而非决策上，这足以说服他们做出重大变革。

凭借内部采访照片和调研结果，Aera 构建了令人印象深刻的业务影响故事，从而使一个历时五年、价值数百万美元的项目终获批准。接下来的企业架构实施（Enterprise Architecture Implementation，EAI）计划的核心是一个由全面数据质量流程支持的宏大的系统开发计划。在开展企业架构实施的八年中，Aera 根据应用架构中的定义，已经成功将数百个彼此孤立的遗留系统替换为庞大的应用系统。每个项目都包含标准化工作流程的具体方案，以避免未来的数据错误并纠正当前的数据错误。而花费在查找、清理和格式化数据上的时间也显著缩短。

另一个 Aera Energy 的案例，关于对知识型员工开展一项不同的调查，可参见步骤 4.7　对相关性与信任度的认知。

低质量数据的价格标签

此案例包含在轶事范例技巧中，以展示如何快速量化对数据质量影响的估计。模板 4.4.3 使用来自行业研究的数字和计算示例。当然，实际数字可能比这里的示例更小或更大。无论数字如何，这些都为讨论低质量数据提供了一个很好的起点，来引起关于低质量数据如何影响您的组织的讨论。请根据您的组织面临的现状做出有意义的选择。示例中第二列计算使用的百分比低于第一列中的研究百分比。建议在进行此类估算时尽量保守。

模板 4.4.3　低质量数据的价格标签			
公式	计算（保守的占比的示例）	低质量数据的影响评估（示例）	额外的问题/计算
收入：大部分公司的不良数据成本估计为收入的 15%～25%（SMR）			
收入×15%～25%	1 亿美元×15%=1500 万美元	在 2019 年，不良数据对我们组织的经济影响约为 1500 万美元	对于您的组织，处理不良数据的成本占比是多少？ 如果提升了数据质量、降低了不良数据的成本，节省下来的资金可以用来做什么
浪费的时间：高达 50%的知识型工作人员（使用信息和数据的人员）将过多的时间花费在处理低质量的数据上，如寻找所需数据、纠正错误数据、当出现不可信数据时从其他数据源收集并重新处理，以及处理由低质量数据而导致的错误结果			
知识型人员的数量（#） 处理低质量问题所花费的时间 知识型员工人数×50%。	小组耗费时间： 10 名小组成员×每周 40 小时×45%=每周 180 小时 组织耗费时间： 15 000 名员工×每周 40 小时×每周 45% = 270 000 小时	在小组中，每周由低质量数据所造成的时效浪费约为 180 小时。 对于全组织而言，每周低质量数据处理工作花费了约 270 000 小时	将结果推算到月、季度甚至年，也可采用人员工资计算。 对您的组织开展一个整体的计算。 如果可以减少时间上的浪费，团队或组织可以用这些时间做什么
已创建数据的错误：平均约有 47%新建的数据记录中，至少会出现一个较为严重（影响工作）的数据错误（HBR）			
# 每周新建的数据记录×47%	10 000×45% = 4500	每周约创建 10 000 条数据记录，其中约 4500 条记录存在较为严重的数据问题，对我们的业务产生不利影响	将结果推算到月、季度甚至年。具体来说，这些错误如何影响您的业务
对数据的信任度：16% 的管理人员完全信任他们用于做出重要决策的数据（SMR）			
管理者的数量×16%	5000 管理者×20%	在我们公司的 5000 名管理者中，仅有 1000 人完全信任他们用于决策的数据	在您的组织中，您认为百分比是多少？ 他们为什么不信任数据？ 这对决策的质量意味着什么

来源：

(SMR) = https://sloanreview.mit.edu/article/seizing-opportunity-in-data-quality/ by Thomas C. Redman (Nov 27, 2017)

(HBR)=https://hbr.org/2017/09/only-3-of-companies-data-meets-basic-quality-standards by TadhgNagle, Thomas C. Redman and David Sammon (Sept 11, 2017)

步骤 4.2 连点成线

业务收益和环境

在开始数据质量项目之前，一定要确保数据和质量问题与业务所关注重点相关联。我经常听到，"我花了 4 个月时间在数据质量评估上，而当我告知业务人员时，他们说'这和我有什么关系'"。因此最好采用这一技巧，在很短的时间内将相关数据与业务需求相关联。当然，在项目初期强化与他人的沟通、参与也有助于避免走上错误的道路。

在孩童时期，我们很多人都玩过连点成线游戏。例如图 4.4.3 所示的例子，如果一个孩子完成了左边的谜题以后，她会很惊讶地发现这原来是一个苹果，但作为成年人，这个谜题对于我们很简单，我们无须划线就能知道这是什么。那我们转而看看右边的谜题，是不是变得有些复杂。右边的谜题是什么呢？大多数人的答案是天鹅，也有少数人说是青蛙，因为看到了睡莲叶子。由此可见，即便有的事情对一些人来说是显而易见的，但不意味着对所有人都是（并且一些人，像那些关注到睡莲叶子的人，可能对他们给出的错误答案非常自信）。在复杂的业务环境中，将业务需求与数据连点成线是不易的，本项技巧可以帮助实现一点。

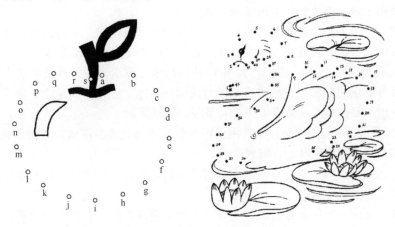

图 4.4.3 连点成线游戏

 定义

连点成线（业务影响技巧之一）。 一种业务影响技巧，描绘了业务需求与支持它们的数据之间的联系。

这种技巧在业务需求和支持它们的数据之间建立了联系。步骤 1 中，在深入项目之前，它可以很好地帮助发现或验证数据质量问题是否与业务关心的事情有关，或者哪些数据应该在关注的业务需求的范围内。

连点成线技巧可以在一个小时或更短的时间内完成，时效主要取决于所处场景和相关需求。了解连接点技巧将有助于用业务语言进行阐述，告诉别人为什么要关注您提出的项目。

这是了解哪些数据是需要做质量评估的第一步。

参考图 4.4.4 所示的对此技术的详细阐述。

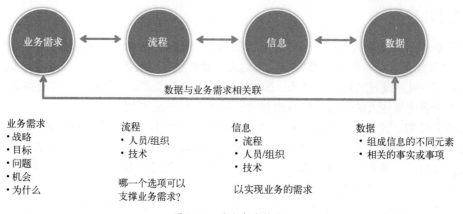

图 4.4.4　连点成线技巧

情况简述。首先，用简短语言明确需要讨论的情况（图中没有展示的内容）。

然后对适用于情况的内容，考虑以下几方面：

业务需求。业务的具体需求是什么？每个组织都有业务需求。业务需求可以与客户、产品、服务、战略、目标、问题或机会相关联，或与它们之间的组合相关联。

流程、人员/组织、技术。流程、人员/组织和技术支撑满足业务需求的能力。哪些业务流程是支持业务需求的？哪些人员或组织参与流程，并提供能力以满足业务需求？人员或组织在流程中使用了哪些技术（如应用程序、系统、数据库）？

信息。流程、人员/组织以及技术使用了哪些信息来满足业务需求？举例来说，报告、用户交互界面或是应用程序屏幕上有哪些信息？

数据。什么数据构成了信息？信息由数据的不同元素、事实或感兴趣的项目组成。这是区分数据和信息的少数差别之一。

如图 4.4.4 所示，一旦业务需求（左边）遵循了通往数据（右边）的路径，数据和业务需求之间就有了直接的联系。

在图 4.4.4 所示的 4 个关键节点中，任何一个都可以作为起点。例如，先查看数据，然后寻找与业务需求的关联性。请记住，数据质量的提升工作从不是单纯为了数据质量。必须明确数据质量是否存在、问题是否已被解决、数据质量问题会对业务造成什么样的影响等。或者，从数据切入（图 4.4.4 最右边）逆向开展工作：

- 用几句话描述数据质量问题，即当前面临的情况。
- 列出所关注的数据和信息。
- 哪种技术（即应用程序、系统、数据库）存储数据并使信息有效？哪些流程或人员/组织使用这些信息？
- 流程、人员/组织是如何使用信息的，为什么？这就引出了业务需求。

这一技巧在步骤 1　确认业务需求与方法中的使用效果较好，可以快速证实项目所考虑的数据质量问题是否与业务的需求相关。如果起始点在业务需求，需要确保所查看数据是否与业务需求相关。参见示例输出及模板中的例子。

方法

1．发起会话

这个方法适用于 3～5 人的小组。当然您也可以独立完成，无须花哨的工具，只需要一张白纸、白板或是在虚拟会议上，绘制四个关键节点。

2．完成连点成线的流程步骤

决定哪个"连接点"是您的起点。将四个节点中最熟悉的一个作为起始点，按某一方向开展工作，直至四个节点相连。

如果您在步骤 1 中使用本技巧，请记住您处于项目的初期阶段，此时不需要记录太多的细节，但需要明确展示数据与业务需求之间的关联性，这也是一种较为简单的体现业务影响的方式。使用本步骤中的连点成线技巧，通过业务需求以及与之相关联的数据、流程、人员/组织、科技等，进而明确项目的范围。

如有需要，本技巧也可以继续深入拓展，用于数据相关的任何事物，如元数据或是数据治理等。

3．连接、记录并使用结果

描述通过连点成线您了解了什么。注意，不要使用"数据语言"，而是使用非数据从业者也可以理解的业务语言。参见如何讲述结论的示例。

使用"电梯演讲"的方式，也就是说，如果有人询问在此项目中为什么数据质量非常重要时，您可以在 30 秒内完成阐述。这一技巧更适用于走廊浅谈或是演讲情景下，不是为了介绍关于业务影响已知的全部内容，而是为了迈出第一步，确定您是在正确的轨道上努力，让潜在的项目支持者、利益相关方快速了解为什么数据质量专项是有价值的。

示例输出及模板

连点成线技巧示例——零售

图 4.4.5 所示列举了一个在线零售公司使用连点成线技巧的示例。

- 情境：关注周转报告的准确性，周转报告每天生成两次，跟踪从收到订单至订单发货的时间。
- 首先关注的就是报告中的信息。
- 如何使用报告？周转报告是由系统 ABC 输出，运输部门的管理人员再对报告进行分析，及时调整运输流程。
- 运输部门管理人员、运输流程以及系统 ABC 支撑了什么业务需求？他们支撑了企业所承诺的"在收到订单的 24 小时之内发货"。当然，我们也可以做进一步阐述，为什么在 24 小时内发货是必要的？您会得到诸如"这可以帮助我们拉开与竞争对手的差距""这是我们客户的需求"等类似的答案。

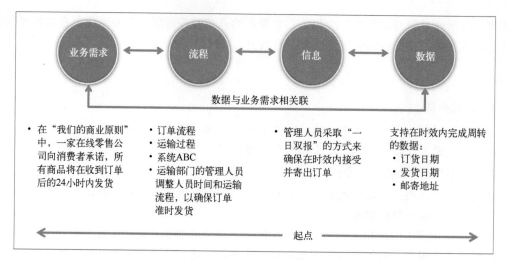

图 4.4.5　连点成线示例——零售业务

- 我们的连点成线序列中还缺少一个部分，那就是数据。在每日两次的周转日报中，应该记录订货日期、发货日期、邮寄地址等数据。

现在业务需求与数据之间已建立了关联性。为什么这是有帮助的？不必说"我们需要精准的报告"，您可以解释说"这家企业为支持 24 小时内发货而自豪，这是我们的竞争力所在，也是客户所信赖的。您可能不知道的是，我们的管理人员每天依据每日两次的周转报告来辅助了解产品是否均在 24 小时内完成了发货。报告中的这些信息是至关重要的，运输管理者们可以及时调整人员与流程。如果没有报告中的这些重要信息，我们无法确认是否真正履行了对客户的 24 小时承诺。"这要远比直接说"我们需要精准的报告"更有说服力，展现了数据与业务之间的联系，增加了听众回答"这是我之前没有意识到的。我们是否可以约个时间后续深入对此展开交流"的机会。

如果数据质量的问题是聚焦在发货日期上呢？有的人会质疑花大量资源关注于此的重要性。我们可以从数据着手，并贯彻业务需求。"每日两次的周转报告是帮助运输管理人员去监控发货流程的重要手段，因此报告中所涵盖的发货日期这一数据是必不可缺的。当无法保证报告中的数据是可信的，那我们也无法确定是否真正的履行了 24 小时内发货的承诺，进而破坏业务的基本原则。"会比直接说出"发货时期要保证是高质量的！"更容易理解。

上两段文字中都采用了两种对话方式，您能看出其中的区别吗？当然，这一技巧并不能回答所有关于业务影响的问题。但是，这一技巧确实是阐述业务影响最简单的方式之一，打破以往无人关注的情况，有效地展现出项目的价值。

连点成线技巧示例——元数据

有关使用连点成线技巧将元数据与业务需求连接起来的示例，如图 4.4.6 所示。

- **数据**。在本例中将从元数据作为起始点。对于这个企业，它们对企业元数据的定义就是被组织中超过两个部分所使用的任意数据。元数据的两个重要方面是它们的定义和具体完成的计算。

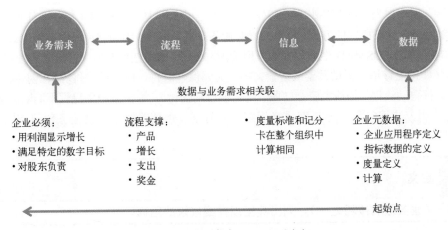

图 4.4.6 连点成线示例——元数据

- **信息。**用于度量和记分卡的数据，其计量方式在企业范围内需保持一致。
- **流程。**度量与记分卡在流程中使用，用于支撑生产、管理支出、奖金支付以及跟进企业的目标实现。
- **业务需求。**所有这些都是为了帮助管理人员理解企业是否在成长、企业盈利是否在增长以及企业是否实现了其他的量化目标。此信息同样需要向利益相关方准确汇报进展。

元数据现在与业务需求联系了在一起。当没有人在意元数据有多重要时，可以这样阐述"了解企业的利润是否增长，取决于度量与记分卡中的信息，其中包括了产品、增长、支出以及红利，而高质量的元数据可以帮助企业实现计算的一致性，并得出可信的结果向利益相关方汇报"。

🎯 **最佳实践**

要认识到业务语言与数据语言之间的区别。"我们需要高质量的账单数据"这并非业务语言。明确业务需求才是您需要高质量数据的原因："我们的客户抱怨说他们被多收了钱，并且额外的回访电话也增加了我们的时间成本和经济成本。之前也有证据证明，一些客户被少收了钱，导致了我们的收入损失。"不难看出业务语言与数据语言哪一个更有说服力。

混淆业务语言和数据语言是一个常见的错误，但它们的差别却很大。当业务的利益相关方被告知"需要高质量的数据"时，他们很少会采取行动。只有当他们看到数据如何支持业务需求时，您才有机会让他们支持最终会让他们受益的数据质量工作。

步骤 **4.3** 用途

业务收益和环境

另一种显示业务影响的简单方式就是列出当前信息是如何被使用的以及这些信息未来计划

如何被使用。用途作为一种业务影响技巧处于连续轴的左侧，是一种时间花费较少且复杂度较低的技巧。用途是一种低成本的方式，呈现数据对业务是有影响的，因为它可以以多种方式被应用。

当前应用来自 POSMAD 生命周期的应用阶段。应用阶段指任何对信息的检索和使用，例如，完成交易（如接受订单、提供发票或运输文档、关闭保险赔付、做预约安排等）、创建报表、做出决策、运行自动流程（如线上资金转账、信用卡自动支付）、为下游应用提供不间断的数据源。

其他应用方式请参见业务长期战略规划、当前年度规划路线图以及业务部门或团队的目的和目标。

定义
用途（业务影响技巧之一）。列出数据现在或未来的用途。

方法

1．列出项目范围内当前使用数据和信息情况的列表

参考生命周期的应用阶段。纳入信息的实际使用情况、使用信息的人员或组织以及访问数据的技术应用软件。

2．列出未来使用情况列表

查看业务计划和路线图，并与业务流程或技术应用软件的管理人员沟通。

3．尽可能量化使用情况

尽可能地量化数据当前的使用情况，如确定有多少人使用信息或技术应用软件或者它们被使用的次数。需要注意的是，使用者的数量并不是唯一需要考量的指标。

还记得步骤 2.3 理解相关技术中讨论的 CRUD 吗？与您的技术伙伴合作，了解在某一范围内有多少人员有数据权限，以及他们具体拥有什么权限（权限包括创建、修改、删除、查阅）？尤其要关注查询操作，它可以为了解数据应用程序使用情况提供线索。

4．分析、综合、建议、记录并根据结果采取行动

获取数据的使用情况，同时包括数据的来源以及支持资料、有形的和无形的影响、可以被量化的其他特征、积累的经验（您可能会发现惊喜）以及初步建议。

尽管在某种程度上，大部分的人都明白信息支撑着他们所从事的工作，但往往甚至一个简单的数据质量问题列表就可以令企业决策者吃惊。如果决策者正查看客户数据的使用方式列表（账户管理、销售代表分配、查询/交互历史记录、客户关系管理（CRM）、书面申请、直邮计划以及事件注册），那么争取解决已知数据质量问题的项目就只需要很少的额外推动了。

示例输出及模板

下面的十步法实战中阐述了两个不同的组织如何运用用途这一业务影响技巧。

十步法实战

业务影响技巧——用途

跨国公司

一家跨国公司专注于他们客户主数据。通过对部分人员的一次快速调查采访，发现了以下数据使用人员及用途：

当与本项目中的赞助商开展这个问题的讨论时，发现他已经知道当前是如何使用这些信息的。他指出，客户主数据是未来几年业务战略的基石，这也是客户主数据真正的价值所在。用途十分重要，值得对客户主数据质量项目进行投资。因此，数据未来的用途也在任何与项目业务影响有关的沟通中被包含。

水资源管理

某政府的水管理部门正在提升数据意识，发现没有数据这一重要资产，相关任务无法达成。他们想要沟通数据治理的重要性，以管理本区域的数据并得到对相关项目目标的持续支持。用途是他们使用的 4 项用于展现业务影响和数据价值的技巧之一（其他 3 项技术分别是轶事范例、业务影响的 5 个 "为什么" 以及流程影响）。这些快速评估帮助他们的沟通提供了素材，以提升认识并获得支持。以下示例展示了水质数据如何被用于：

- 模型校准。
- 满足报告要求。
- 执行持续性分析。
- 产出报告。
- 基于报告做决策。
- 运行自动化流程。
- 为另一个下游应用程序或使用提供持续的数据源。
- 遵守法律规定。
- 假设检验。

注：为每种方法提供一个示例通常很有帮助，如模型的示例。报告、自动化流程和下游应用程序等可以进一步被命名和列出。但是，即使有这个简短的列表，也是一种快速显示业务影响的方式。

步骤 4.4　业务影响的 5 个 "为什么"

业务收益和环境

5 个 "为什么" 是一种简单的技巧，可以用于个人、小组或是团队。这一技巧由丰田开发，最早被用于制造业中的根因分析（它将在步骤 5.1　根本原因的 5 个 "为什么" 中，被用作同样目的）。同样的理念在这里被运用，来获得真正的业务影响。从已知的数据质量问题出发，通过问 5 次 "为什么" 来确定业务影响。

定义

业务影响的 5 个 "为什么"（业务影响技巧之一）。通过问 5 次 "为什么" 以获得真实的数据质量对业务的影响。

有人曾问："一直被追问为什么，为什么，为什么，这难道不会感到恼火吗？"这可不是对一个 2 岁孩子父母的采访，"为什么草是绿色的？为什么天空是蓝色的？"其关键是将问题深入，问题不会总是聚焦在"为什么"，看还有可能会涉及"谁""什么""什么地方""什么时间""多久一次""怎么做"等。

此技巧可用于解决通用的数据质量问题，或是在步骤 3 中的数据质量评估期间发现的特定数据质量问题。

最佳实践
将这一技术和收集轶事范例结合起来（步骤 4.1）。一旦获得最后的"为什么"，则要收集关于具体情景的细节，以便更好地讲述故事。

方法

1. 陈述低质量数据相关的问题

该问题可能是在数据质量评估（步骤 3　评估数据质量）中发现的问题，或者还没有对具体数据进行评估的其他一些已知数据质量问题。

2. 准备采访

明确参与人员。如果充分了解正确背景，您可以通过自问 5 个为什么来完成相关工作。采访这一形式对于个人或是人员数量较少的小组效果较佳。安排好计划，向采访人员阐述清工作目标，确保参与人员具备相关背景条件，并明确参与意向。

3. 开始采访

在会议一开始的时候就确定会议的基本内容，让参与者感到放松。参见最佳实践标注框。确保每个人都知道将要研究的问题是什么，在笔记或白板上写明，以便所有人可以看到。让对话尽量简明，不必所有的问题都使用"为什么"一词，如果采用"什么？什么时间？哪里？谁？"等疑问词也能获得同样的结果。

最佳实践
确定合适的访谈基调。在一开始就尽量让受访者放松下来。您也不希望让回答问题的人觉得这是一次审讯。自然而然，当被提问时人们会琢磨"他们到底想要什么？如果我没有给出正确的答案怎么办？这个问题会如何发展？"等。要让受访者感到舒适以防止出现这些心理。例如： 　　下午好！感谢您愿意抽空参与采访。正如我在电子邮件中提到的，每周我们的商店有数以万计的产品出现未登记销售的情况。出现这一问题是因为销售在客户结款时并未扫描产品条码，是产品主数据的质量问题导致了这个问题的出现。 　　"我们需要更多的信息去了解为什么这个问题对公司很重要。我知道您在这方面有经验，我希望您能配合我们，提供一些帮助。那么我要开始问一些问题了，会涉及为什么、

谁、什么时间、什么地点之类的问题，希望您不要产生戒备心理。我们的答案是没有对错之分的，这只是一个调研，一切都是为了帮助我们了解这个数据质量问题对我们业务的实质影响。当然，如果您不知道答案的话，也没有关系，我们可以一起深入研究这个问题，您看可以吗？在我们正式开始前，您还有其他问题吗？"

　　最好可以给出一些背景，为什么您会坐在这里，帮助彼此放松，并享受整个过程。

　　4.分析、综合、建议、记录并根据结果采取行动

　　可参阅第 6 章获得更多建议。记录所获得的经验，同时包括数据来源和支持资料、有形的和无形的影响、可以被量化的其他特征、所了解的经验（有什么惊喜吗）以及初步建议。

示例输出及模板

　　下文给出了两个例子来介绍使用业务影响的 5 个"为什么"的结果。

　　注：这两个例子仅呈现结论。没有展示反复进行的对话、除了 5 个为什么外使用的疑问词句和其他帮助了解业务影响的讨论。

　　示例 1——薪酬报告质量

　　问题：有人抱怨报告中的来自数据仓库的信息质量。

　　问：为什么数据质量至关重要？

　　答：报告中将用到这些数据。

　　问：什么报告？

　　答：每周销售报告。

　　问：为什么每周销售报告至关重要？

　　答：将根据这些报告付给销售代表薪水。

　　问：为什么这很重要？

　　答：如果数据存在错误，某个成绩突出的销售代表可能被少付薪水，或者其他销售代表会被多付薪水。

　　问：为什么这很重要？

　　答：如果销售代表对他们的薪水不放心，他们会一遍又一遍地检查工资单，这些时间用到销售产品中去会更好。

　　从对销售代表影响的角度讨论低质量信息要比直接说"报表是错误的"有意义得多。

　　示例 2——错误的库存数据

　　问题：库存数据不正确。

　　问：为什么库存数据很重要？

　　答：库存数据用于库存报告。

　　问：为什么库存报告很重要？

　　答：采购使用库存报告。

　　问：采购如何使用库存报告？

　　答：采购根据库存报告决定购买细节，采购要决定订购（或不订购）制造所需零部件和原材料。

问：为什么采购过程的决策很重要？

答：如果库存数据存在错误，那么采购将无法在正确的时间采买。

零件和材料的缺乏会影响制造计划，进而推迟产品发往客户的时间，这将影响公司的收益和现金流。

再次强调，从糟糕的信息质量对货存、制造时间表和发货时间的影响角度讨论，远比直接说"报告信息是错误"更有意义也更有效。

步骤 4.5 流程影响

业务收益和环境

工作环境中隐藏着低质量数据。一旦它们已经成为业务流程中普遍存在部分，人们就很难意识到可以进行变革，将忽视低质量数据导致非必要且代价高昂的问题和苦恼。通过呈现低质量数据对流程的影响以及导致的损失，企业可以对先前不够明朗的改进问题做出有根据的决策。

这一技巧通常是在相关人员的协助下由一个工作人员独立完成，或者由一个熟悉业务流程的小团队完成。

定义

流程影响（业务影响技巧之一）指数据质量对业务流程的影响。

方法

1．对拥有高质量/低质量数据的业务流程进行分别概述

以步骤 2　分析信息环境获其他业务流程流中的信息生命周期作为起点，首先详细分析拥有高质量数据的业务流程，其次分析在同样的业务流程下使用低质量数据的结果。

请确认其中涵盖了处理不良数据时所需的额外支撑角色与行为，详情请见示例输出及模板部分。

2．分析拥有高质量数据和低质量数据业务流程的差异

通常，仅仅通过说明差异，就可以清楚地看出需要采取行动，并不总是需要将损失量化。记录任何对改进业务流程的建议。

3．按需量化影响

查看参与量化的流程中的步骤，使用示例输出及模板中的示例，调查和解决拒绝接受方面的问题花费了多少时间、谁为此负责以及其所花费的时间价值是多少。如需进一步深入计算，可将此技巧与步骤 4.10　低质量数据成本相结合。

4．提出建议并归档结果

确保在归档资料中涵盖帮助理解结果所需的支撑数据、任何有形的和无形的影响以及经济效益的量化影响。此外，对业务流程的初步改进建议也应包含在其中。

示例输出及模板

供应商主数据示例

背景。 在某家跨国企业中，所有的数据管家都应明确在未来一年内他们需要做哪些工作来提升责任范畴内所涉及的数据质量。在参与研讨会后，供应商侧的数据管家采取了流程影响这一技巧，针对高质量与低质量数据分别创建了两个信息生命周期的流程。

拥有高质量数据的流程。 图 4.4.7 所示，展现了供应商主记录从创建直至使用的全流程。流程中的一个重要的决策点就是菱形方块部分："是否通过供应商主记录的请求？"在之前的工作中，供应商侧的数据管家都知道递交申请后可能会因各种原因被驳回，包括信息不完整、信息错误、申请重复、不予批准、文件缺失、人员申请错误等。

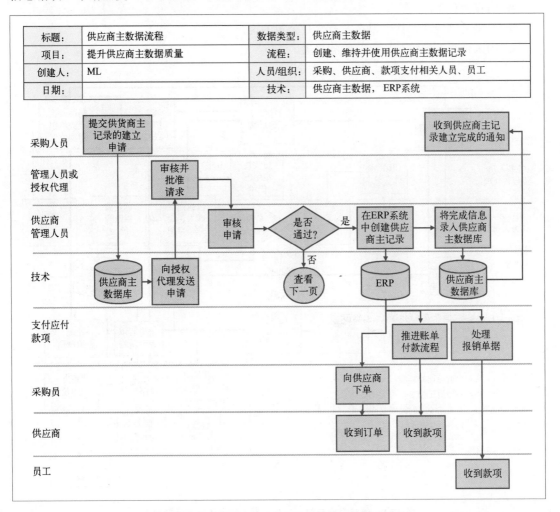

图 4.4.7　流程影响示例——供应商主记录（高质量数据）

而众所周知，其中有 75% 申请被拒绝的原因是信息错误或不完整，也就是由于低质量的数据。仔细察看标准流程，识别当前所处流程，就可以推断流程需要改进、提升的地方，当然这个可以是后续提升工作的建议，现阶段还是聚焦于高质量数据和低质量数据的当前流程。

拥有低质量数据的流程。图 4.4.8 所示，展现了供应商主数据记录从创建到使用的全流程记录，只是这次是针对低质量的数据（劣质数据），当被问到"是否通过供应商主记录的请求？"时得到的是否定的答案。当拒绝申请后将会导致如下影响：

- 推迟供应商的订购申请、支付流程、人员的报销等流程。
- 核心数据管理团队的重复性工作（拒绝申请、明确调查和解决方案、重新审核更新的申请）。
- 递交原始申请的人员的重复性工作（审查并重新提交申请）。
- 协助人员的重复性工作（审查和解决）。
- 沮丧的员工。
- 沮丧的供应商，其中很多人员也是公司的客户。
- 因未付款而导致对公司的服务损失。

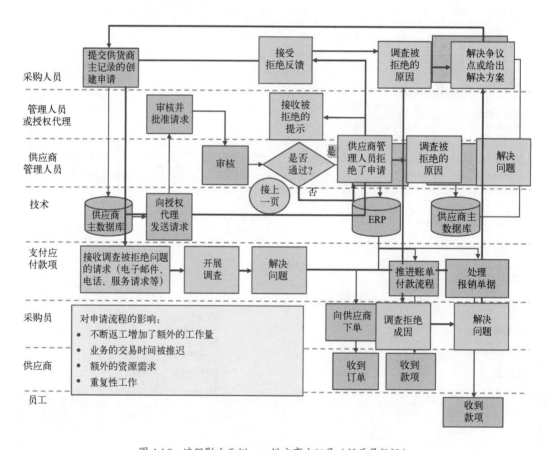

图 4.4.8　流程影响示例——供应商主记录（低质量数据）

图 4.4.7 和图 4.4.8 清晰地展示了高质量数据的标准流程以及低质量数据的标准流程，在低质量的数据流程中新增的角色和流程对多个标准流程的角色造成影响。

量化影响。 供应商侧的数据管家通过采访流程中的相关角色人员量化了部分影响。数据管家统计了任务完成时间、员工类型以及所获报酬，量化了一个月的投入成本，进而推算了未来一年的成本，详见表 4.4.3（数据均为虚构，仅用作说明）。

表 4.4.3　供应商主记录——低质量数据的返工成本						
A	B	C	D	E	F	G
由于信息不正确或不完整导致申请拒绝的返工成本	每次拒绝导致的时间消耗（小时）	每小时费用	每次拒绝成本（B×C）	每月收到拒绝的数量①	年度拒绝数量（E×12）	年度投入成本（D×F）
1 名美国员工（提交原始申请、审查、重新提交）	3	$50	$150	150	1800	$270 000
1 名美国雇员（协同支持/调查）	2	$50	$100	150	1800	$180 000
1 名其他国家员工（审核申请、拒绝审批）	2	$20	$40	150	1800	$72 000
因低质量数据申请被拒绝后返工所造成的人工成本年度统计						$522 000

注：以美元为单位。表中的数据仅作为样例帮助阐述最终结论
① 假设，每月收到"不通过"的申请总数是 200，其中 75% 的被拒绝请求是由于信息不正确或不完整

结果。 高质量数据和低质量数据之间的可视差异是非常引人注目的。足够引人注意的视觉冲击加上企业成本的量化评估，足以帮助企业数据管家得到项目的投入资金。即便不是所有的影响都是可以被量化的（如人员的负面情绪），但在结果呈现的时候也需要把未被量化的影响涵盖在内，这也是很重要的一部分。

步骤 4.6　风险分析

业务收益和环境

在牛津英语词典中，风险定义为"损失、伤害或其他不利或不希望的情况的可能性以及涉及这种可能性的机会或情况"（OED Online，2020 年）。

通常，风险被认为是家庭或工作场所面临的物理性威胁。而风险分析之所以被纳入业务影响分析技巧中，是因为低质量数据很有可能让组织受到伤害。风险分析评估了低质量数据可能造成的不利影响、发生的可能性、所造成的损害程度以及降低风险的方法。

定义

　　风险分析（业务影响技巧之一），识别低质量数据可能对组织所造成的不利影响，评估其发生的可能性，如果影响严重的话，需要进一步明确降低风险的方法。

在 1981 年《论风险的定量定义》一文中，Stanley Kaplan 和 B. John Garrick 指出了至今

仍在使用的关于风险的重要观点：风险既包括不确定性，也包括某种损失或损害。风险是主观的并且与风险评估的人关系密切，这也意味着，风险取决于一个人做了什么、知道什么、不知道什么。举例来说，如果一个人只是意识到了有风险存在，那么风险对于这个人来说是降低了的。风险可大可小，但绝对不可能完全为0。从本质上来说，风险分析涵盖了以下三个问题的答案：会发生什么，换句话说"可能会出什么问题"；发生这种情况的可能性有多大；如果真的发生了，会产生什么后果（Kaplan 和 Garrick，1981）。

分析风险这一业务影响技巧，可以应用于信息和数据的质量工作。它利用人员的经验，同时将问题量化，使风险等级可以辅助决策判断。

方法

1.为风险分析做准备

和其他有不止您一个人参与的活动一样，准备工作这个环节是成功的关键。明确那些需要被纳入风险分析考量的因素。会议可以采用线下会议或线上视频电话会议的形式。邀请参与者的同时，如有需要请通知他们的管理人员。确保参会人员到场参会并了解为什么他们会参会。

确定主持会议的人员，无论是线上会议还是线下会议，请安排好场地和技术设施。在会议开始之前，发放会议准备材料，对于会上要讨论的问题，列举事例通常很有帮助。没有人希望听众反馈一个空白模板或反馈一个您已经完成的工作。

有关业务影响评估规划的更多信息，请参阅第 6 章　其他技巧和工具中的数据获取和评估规划。

2.讨论并完成风险分析模板信息填写

使用下面的示例输出及模板中给出的建议及模板，并在风险评估中根据自身项目情况做调整。

3.完成、记录、提出建议并使用从这一步中学到的东西

完成、记录和行动分配是必要的。跟踪此步骤中的问题和行为。将本步骤所产生的结果，作为项目中合适位置的输入或作为十步法流程的输入。详细内容可见第 6 章　其他技巧和工具中的分析、综合、建议、记录并根据结果采取行动。

有关信息风险管理的详细研究，请参阅 Alexander Borek、Ajith K. Parlikad、Jela Webb 和 Philip Woodall 的《全面信息风险管理：数据和信息资产价值最大化》（2014 年）。

示例输出及模板

风险分析

使用模板 4.4.4　风险分析以及后面的说明来辅助风险分析的工作。当然，也要通过文档记录基本信息，如分析完成日期、参与人、地点、主持人等。在风险分析时，所使用的纵列可能会基于项目所处位置而有所不同，例如：

● 如果在步骤 1　确定业务需求与方法中，如果采取风险作为业务需求和数据质量的输入项的话，请使用第 1～5 列以及第 8 列。

- 如果是在步骤 5 确定根本原因或步骤 6 制订数据质量提升计划中，请使用第 1～8 列。
- 将第 2 列和第 3 列相乘以获得风险评分，并将结果放置于第 4 列。再通过参考图 4.4.9 的风险分值和风险等级图表，确定第 5 列的整体风险等级。

模板 4.4.4 风险分析							
1	2	3	4	5	6	7	8
我们会出什么问题	发生这种情况的可能性有多大	如果真的发生了会有什么后果	风险评分	风险等级	如何减轻或控制风险	降低风险后会有什么影响	最后决策和行动
识别哪些风险是危险的、风险的危险状态以及风险来源。会危害到谁或者什么	将风险转化为造成实质性损害的可能性。使用以下标准：5=几乎确定 4=非常可能 3=可能 2=不太可能 1=几乎不可能	损害的严重程度。使用以下标准：1=微不足道 2=轻微 3=中等 4=严重 5=灾难性的	将第 2 列与第 3 列相乘	采用风险评分和风险等级表确认风险所属等级	确定可以采取的行动（对策）以减少风险发生的机会或是减少潜在的损害。可能会有多种对策。指出已经采取了哪些措施来降低风险。请在相关风险下列出每一种对策	这些行动对风险的影响程度显著降低/一定程度上降低/微乎其微	作为输入项来决定步骤 1 中处理哪些业务需求和数据质量问题。在步骤 5 确定根本原因或步骤 6 制订数据质量提升计划中，列出为降低风险或放任风险而采取的行动和具体改进建议
1.							
2.							
...							

注：基于 Mansfield（2019 年），如何撰写业务计划（创业指南）。

风险分值表						
		后果				
		微不足道 (1)	轻微 (2)	中等 (3)	严重 (4)	灾难性的 (5)
可能性	几乎确定 (5)	5	10	15	20	25
	非常可能 (4)	4	8	12	16	20
	可能 (3)	3	6	9	12	15
	不太可能 (2)	2	4	6	8	10
	几乎不可能 (1)	1	2	3	4	5

风险等级表	
整体分值	风险等级
15以上	非常严重
9～14	高
5～8	中
4以下	低

《如何写商业计划（你的创业指南）》，西蒙·曼斯菲尔德，2019年

图 4.4.9 风险分值和风险等级图表

步骤 **4.7** 对相关性与信任度的认知

业务收益和环境

对相关性与信任度的认知适合采用较为正式的调研方式去收集数据及想法，如个人采访、小组讨论会、在线调研等。如果开展调研的初衷是为了了解哪些数据对数据使用或数据管理人员最重要、最有用、最有价值，那么调研将围绕这个目标开展工作。当您有机会与数据使用或数据管理人员接触时，您会了解他们对数据质量的信任程度和相关想法。

相关性和信任度在步骤 4.7 中作为一种业务影响技巧，在步骤 3.1 中作为一种数据质量的维度。但无论是作为数据质量的维度还是业务影响技巧，相关性和信任度的定义都是一致的。

> **定义**
>
> **对相关性与信任度的认知（业务影响技巧之一）。** 使用信息或创建、维护和处置数据的人的主观意见：相关性——哪些数据对用户是最重要也是最有价值的；信任度——用户对数据质量的信任程度。

根据项目所处位置，调研工作可以实现不同的目的，例如：

1）相关性——哪些数据对用户是最重要也是最有价值的，以便：

● 发现对用户造成影响的数据质量问题。

● 明确优先级，哪些问题应该是项目聚焦的重点。

● 决定哪些数据应该优先评估、管理和维护。

2）信任度——用户对数据质量可以满足需求的信任程度，以便：

● 了解低质量数据对于数据使用人员工作职责的影响，并利用这一点构建数据质量的业务案例。

● 了解用户对于数据的感受，并且将数据使用者对于数据质量的看法与其他数据质量评估的结果做比较。通过沟通可以了解人员感知与实际情况之间的差距。

作为项目完成后持续性管控的一部分，可以按每一年或每两年的频率开展关联性和可靠性的评估，类似于员工的满意度调查。将结果与随时间变化的趋势进行比较，以确定现阶段被管理的数据是否仍然与使用者相关联，以及防止数据质量问题的措施是否让数据的信任度增加。

方法

1．调研的准备工作

请参阅第 6 章　其他技巧和工具来辅助调研。在本步骤中调整并应用通用说明，以满足特定的目标。

明确调研目的——确定基于调研结果会做出哪些决策。需要问什么样的问题？需要了解到什么？信息颗粒度如何？调研结果到一般业务需求的级别就可以，还是需要到更为详细的层面？

调研可以通过以下方式进行：

- 用户如何查看报表或仪表盘上的信息。
- 应用程序或软件屏幕上的标签。
- 数据主题或对象的级别，例如，调查地址或地址类型（客户地址、送货地址、账单地址、患者地址、医院地址等）。
- 数据源的级别，例如，地址行 1、地址行 2、城市、州或省、邮政编码、国家（如前所述，通常会过于详细）。

明确调查对象。明确您要调研应用信息的人，还是管理（创建、更新、删除）数据的人。

如果不是所有的目标人员都能被调研到的话，请选择最有代表性的对象参与调研工作。记录受访者的姓名、职位名称、职能领域/业务领域/部门/团队以及组内同类角色的人数，确保调研的受访者拥有正确的知识和经验来回答问题。

请牢记参与调研的人以及他们如何使用这些数据。有些人对细节会比较敏感，对于不同的受众可能要开展不同的调研。例如：对从事数据录入或者使用字段级的数据人员的采访比使用数据以了解制定客户的销售代表和使用数据去完成各种各样汇报的高管更为详细。即使对于那些创建数据的人，在更高的层次上理解他们的感知可能比在细节层面上更有帮助。

选择调研方法并准备工具。调研的初衷、预期受访者、参与人员等都是设计调研工具时需收集的信息。为了能获得更有用的结果，请确保信息被清晰地呈现，并且受访者可以理解所提出的问题。数据质量维度——展示质量适用于此，详见步骤 3.10。

从受访者的角度思考为什么要做这个调研，以及如何使用调研的结果。

阐述受访者和受访者所代表的组织会收获的好处。请注意调研工作的保密性。

获取有助于分析调查结果的相关信息，如组织内受访者姓名、职位/头衔、职能/业务领域/团队。如果是通过面对面或电话的形式进行调研，则还需要记录日期、时间、地点、受访者、采访人员以及其他听众。

根据接受调研的人数，可以直接通过面对面或视频会议的方式进行采访。问一些可以被量化的问题，这有助于量化分析结果。此外，开放式的问题这往往会揭示很多重要的细节，更完整地展现大家所面临的挑战。

如果受访者的数量不开展直接采访，也可以通过电子邮件的形式完成调研。

您的调研中可能包含若干开放式的问题，而非一组都是结构化的问题，或对数据开展更深入的调研，并且需要构建更多结构。有关更高级和更详细的调研示例以及如何将调研结果用于优先级的判断可参考示例输出及模板。

概述调研的过程和时间节点。决定在项目的某一个时间节点开展调研工作。需要考虑到准备工作的所需时间或者何时需要有效的调研结果。明确如何开展以及何时开展调研：

- 通知并邀请受访者参与。
- 开展调研。

- 收集回复。
- 分析回复。
- 传达结果。

2．开展调研

按计划开展调研工作，并监控反馈答案和回复率。根据具体回复和回复率，在调研期间根据需要随时调整。当达到预期目标（如到了时间截止日期或是回复数量达到预期）时，停止调研工作。

3．归纳结果并付诸行动

更多细节可参见第 6 章 其他技巧和工具。分析结果。对于以前您不知道的数据质量和业务影响，您现在了解到了什么？明确了哪些行动计划？需要采取哪些新的行动？哪些行动是现在必须要做的，哪些是可以等待的？

如果在数据质量项目之前就开展了认知调研（参见下文中的示例输出及模板部分），请务必将认知调研的结果与其他评估调研的实际数据质量结果做比较。

- **如果对质量的感知很低，但实际质量很高。**通过沟通和解释说明来缩小感知和实际的差距，以帮助用户有信心使用数据。
- **如果对质量的认知很低，并且实际质量很低。**承认问题的存在，制订计划解决问题，并确定应采取哪些行动。
- **如果对质量的认知很高，而实际质量很低。**组织处于风险之中，需立即解决质量问题并确定应采取哪些行动。
- **如果质量认知高，实际质量高。**这是好消息！

分享结果时，不要只展示发现了什么，要留出时间来思考：用户的预期是什么？惊喜的点是什么？确保用户了解调研的结果和行为。在步骤 10 中可以了解更多有关与人沟通互动的灵感。在调研之前和分析之后，请咨询您的利益相关方，确定与谁互动：

- 项目负责人。
- 其他利益相关方，如可能会因调研结果被影响的应用软件或流程所有者。
- 项目组成员。
- 调查受访者。
- 调查受访者的主管。

一定要留好记录文档，以供未来参考，一些经验教训会在项目后期使用。

示例输出及模板

调研——发现业务需求和数据质量问题

如果调研的目标是发现关键业务需求或数据质量问题，以帮助明确数据质量项目的重点，则调研可能包括以下问题：

- 什么业务需求（与客户、产品、服务、战略、目标、问题、机会相关）对您或者团队、相关业务部门、整个组织最重要？

　　○　为什么这些很重要？

　　○　什么数据与业务需求相关联？

　　○　哪些流程、人员/组织以及技术与业务需求相关联？

● 请告诉我们因数据质量不足所导致问题的具体情况或痛点。

　　○　影响是什么？

　　○　什么数据与这种情况相关？

● 数据质量对您意味着什么？

● 从您的角度来看，在这个项目中需要解决的最重要的业务需求或是数据质量问题是什么？

调研——了解数据质量对业务的影响

为了从知识从业者的角度呈现数据质量的影响，Aera 能源有限责任公司的信息质量流程主管 C. Lwanga Yonke 对利益相关方进行了一项调查。该调查发送给了 60 多名知识型从业者（工程师、地球科学家、技术人员等），其中包括两个问题："①描述一个因为低质量信息导致不利影响的例子。如果可以的话，从操作角度描述所造成的影响，并对造成的损失用金钱量化；②同上，提供因为您有高质量信息而产生积极影响的例子。"

将收集到的轶事范例汇编成一份文件，并在全企业广泛分发传阅。所有的轶事范例都来自知识型员工——是最适合描述信息质量对他们执行公司工作流程能力的影响的人。

调研文件有以下几个用途：

● 有助于建立各种数据质量改进项目案例。

● 有助于巩固 Aera 在通用数据质量过程的支持度。

● 用于培训手册，向企业管理者展示如何量化低质量信息的成本和信息质量提升的投资回报。

可参阅步骤 4.1　轶事范例，了解如何使用类似调查的结果为 Aera 企业架构实施计划的审批和资金投入的另一个例子。

数据质量和业务影响的详细调研

模板 4.4.5 显示了一种结构化的方式来进行相关性和信任度的详细调研。

在调研表的顶部为受访者的信息。

在调查的主体部分有两种陈述用于收集受访者的意见：

● 这些信息对于完成我的工作很重要（表示相关性或价值）。

● 这些信息的质量是可靠的，适用于工作（表示对数据质量的感知）。

相关性、重要性、业务影响和价值在这里大致是同义词。信任、信心、质量和可靠性在此也大致是同义词。请选择对受访者最有意义的词。

请注意，开放式问题也包括在内。如果使用开放式问题，请确保有足够的空间让受访者输入他们的回答。

模板 4.4.5　对相关性与信任度的认知调查	
调查简介：	
姓名：	
职能/业务单元/团队：	

（续）

职位/职称:	
岗位职责简述:	

相关性或价值							
这些信息在我执行的工作中很重要:							
	非常同意	同意	中立/不确定	不同意	强烈反对	不适用——我不使用此信息	您怎么使用这个信息
客户姓名							
客户邮箱地址							
其他							

对质量的信任度							
这些信息的质量适用于本职工作:							
	非常同意	同意	中立/不确定	不同意	强烈反对	不适用——我不使用此信息	为什么/为什么不
客户姓名							
客户邮箱地址							
其他							

根据自身需求及目的对问题、数据以及颗粒度做调整，并采用受众较为适应的格式和调研方法。

明确答案的衡量标准。为调研答案的每一个选项定级，以帮助分析结果，如 1～5（5 是非常同意，1 是非常不同意）。请参阅第 6 章中的调研回答刻度的选项。

使用感知调查结果做优先级排序

当分析数据相关性/重要性/价值以及对数据质量的信任度/信心的调研结果时，请使用表 4.4.4 帮助确定哪些数据应作为输入项包含在数据质量项目中。

表 4.4.4 认知度分析——相关性与信任度						
对数据相关性/价值的看法			对数据/数据质量的信任程度			
这些数据对您的工作有多重要			在您看来，数据的质量如何			分析
低 1	中 2	高 3	低 1	中 2	高 3	根据反馈的认知所采取的行动
×			×			低重要性/低质量：不要在这些数据上花费时间
×				×		低重要性/中等质量：不要在这些数据上花费时间
×					×	低重要性/高质量：不要在这些数据上花费时间

（续）

这些数据对您的工作有多重要			在您看来，数据的质量如何			分析
低 1	中 2	高 3	低 1	中 2	高 3	根据反馈的认知所采取的行动
	×		×			中等重要性/低质量：如果数据与当前关键业务需求有关联性，则有可能在此数据上花费时间
	×			×		中等重要性/中等质量：如果数据与当前关键业务需求有关联性，则有可能在此数据上花费时间
	×				×	中等重要性/高质量：适合实际数据质量水平
		×	×			高重要性/低质量：如果数据与当前关键业务需求相关联，则作为数据质量项目中的最高优先级，并通过其他数据质量评估验证实际的数据质量
		×		×		高重要性/中等质量：如果数据与当前关键业务需求相关联，则作为数据质量项目中的最高优先级，并通过其他数据质量评估验证实际的数据质量
		×			×	高重要性/高质量：如果数据已被检验为高质量数据，则无须包含在数据质量改进项目中

步骤 4.8　收益与成本矩阵

业务收益和环境

收益与成本矩阵通过比较成本和收益进行评级和分析，从而对问题、建议、改进或机会做优先级的排序。

定义

收益与成本矩阵（业务影响技巧之一）。 对于问题、建议或提升措施，进行成本收益关系的评级分析的技巧。

收益与成本矩阵在十步法中可以用于多个步骤，可以用于审查并优先考虑备选方案，也可以为如下问题提供答案。

- 哪些问题或机会是我们数据质量项目的重点（步骤 1　确认业务需求与方法）？
- 我们应该评估哪些数据质量维度（步骤 3　评估数据质量）？
- 从数据质量评估中，了解到的哪些问题的影响程度足以继续做根本原因分析（步骤 5　确定根本原因）？
- 我们应该实施哪些改进建议——预防、整改、探查？（步骤 6　制订数据质量提升计划）
- 对于我们的数据质量计划（不是项目）来说，哪些特别重要的目标是明年要完成的，并且应该包含在我们的计划路线图中？

方法

1. 为确定收益与成本优先级排序的会议做好准备并确定参会者

收益与成本矩阵可以在与项目团队的定期会议中完成，但通常是在与众多利益相关方的推进会上完成的。选择一个中立的主持人来引导讨论，并设立一个抄写员做记录。邀请那些拥有所需背景（如项目团队成员、发起人、业务流程所有应用软件所有者、主题专家或者数据管家等）可以代表所在群体的人参加，应控制受邀人数。

2. 最后确定和定义要优先考虑的项目列表

列出并阐明每个要优先考虑的项目。明确要区分优先级的内容，为每个出席会议的人准备一份完整的要区分优先级的列项表和简短描述。每个参会者都应该有一份如图 4.4.10 所示收益与成本矩阵模板及清单，以便在开会期间参考、做笔记。

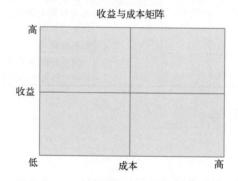

图 4.4.10　收益与成本矩阵模板及清单

3. 确定收益和成本的比例

定义收益与成本矩阵的坐标轴并明确优先级判定的尺度，换句话说，收益和成本各代表什么？

（1）收益示例

- 影响——如果建议得以实施，会给企业带来的正面影响。
- 预期的利润或节约成本。
- 回报——性能和特点。
- 提高客户满意度。
- 支持业务需求的特定项目。
- 报告可用性——缩短了从接收数据到将数据用于报告的时间。

- 简化业务或数据管理流程。
- 任何其他对公司有意义的收益定义。

（2）成本示例

- 实施改进建议的时间，例如，这一提升建议可以在多长时间内实施：低=1 个月，中=3 个月，高=6 个月或更长。
- 成本，相应的支出资金，这项建议需要多少资金才能得以实施：低=100 000 美元或更少，中=500 000 美元，高=1 000 000 美元或更多。
- 落实解决方案所需的特定技能、知识或经验。
- 任何其他对公司有意义的成本指标。

衡量标准可以是定性的（如从客户的视角），也可以是定量的（如量化某一周期内的影响）。当最终敲定收益与成本矩阵的衡量标准、术语、定义和事例都已确定时，请确保它们适用于被优先考虑的项目，并且对于做优先级决定的人有意义。

4. 在收益与成本矩阵中对每一个项目完成评分排序

使用会前最终敲定的信息。例如，如果客户满意度是重要的收益衡量标准，那么在排序时可能想问："第一条建议对客户满意度有什么影响（从低到高）？"

如果实施时间是成本的重要衡量标准，则会问："落实第一条建议需要多长时间（从低至高）？"在评估时可以考量多个标准，但要确保这一操作的可控性（尽量不要选择太多标准）。

评估工作可以由整个团队或个人完成。一种方式是让每个人快速写下他们的评分，然后在组内进行讨论。另一种方式是将各种选择置于矩阵上，可以看到并讨论不同的意见，最终在组内达成一致。此步骤的目标是快速地在团队中达成一致，以保证最终的排序可以直观地呈现在矩阵上。

这一方法并不意味着需要很多天去计算精确的数值。最有用的方法是"第一直觉"，主要是基于相关人员的知识与经验。一旦优先级列表确认，就可以根据需要对优先级较高的项目做更深入的计算。

5. 评估并确认最终优先级

讨论收益与成本矩阵中项目所在的位置，并根据每个象限内的定义做评估，参见示例输出及模板部分的图 4.4.11。如果评估的结果导致初始的优先级评定发生变化，需要在矩阵中对项目的最终位置达成一致。在这个阶段，项目之间经常会相互对比以获得最终的优先级。举例来说，几个项目可能都被放在了象限 2 中，但不可能将它们都实现。因此，哪些项目应具有更高的优先级？

抄写员应该记录用于确认最终优先级的所有假设和考量因素。不需要记录对话中的每一句话，但如果针对某一个项目有长时间的讨论或者分歧，请务必捕捉主要想法以及最终决定是如何达成的。通常，为了获得审批，需要将会议的结果报告给未参会的其他人。

6. 沟通并采用结果

具体来说，在确定项目的优先级后该做些什么，如何行动：

- 现在需要做什么？
- 什么还没做，什么不应该做？
- 什么是活动，什么是项目？
- 什么需要更多的计划？

分享最终优先级的结果，为最终决定收获反馈与支持。

示例输出及模板

收益与成本矩阵模板

图 4.4.10 所示为一个空白的收益与成本矩阵。如上所述，在项目中根据需求做调整，并准备优先级项目列表。

优先级排序表

使用模板 4.4.6 编写优先级项目列表。这些可能是：

- 数据质量问题列表，选择哪些应该是步骤 1　确认业务需求与方法中项目的关注点。
- 数据质量维度列表，选择哪些是应该在步骤 3　评估数据质量的评估维度。
- 在数据质量评估期间发现的问题列表，明确哪些影响要在步骤 5 中做根本原因分析。
- 具体改进建议的列表，决定哪些应在步骤 6 中做详细计划的概述，并在步骤 7、8 或 9 中落实。
- 数据质量计划的活动或目标列表，以决定哪些是计划中的最高优先级。
- 任何时候，您需要一个优先级选项列表时，考量收益和成本会提供帮助。

向参加会议的人提供要优先处理的项目（在前三列中列出），并在会议结束后，完成其余列以记录优先级排序的结果。

模板 4.4.6　收益与成本矩阵表单							
	要优先处理的项目		评级		产出		
序号	标题	简述	收益	成本	最终优先级	决策/假设的合理性	所有者
1							
2							
3							
...							

收益与成本矩阵——评估结果

一旦每个项目都获得了评分并放于矩阵上，就必须对结果做进一步的评估。图 4.4.11 所示为四个象限中每个象限的含义，请使用它来分析结果并帮助确定最终的优先级。

效益与成本——优先级的数据质量维度

通常，选择要评估的数据质量维度是很容易的，但是如果您很难决定在有限的资源范围内哪个维度是最好的，可以采用此方法。在表 4.4.5 中显示了某企业评估数据质量维度的示例。请注意，该矩阵被称为"回报矩阵"，术语"可能的投资回报"和"预期努力"分别是对收益和成本的定义。

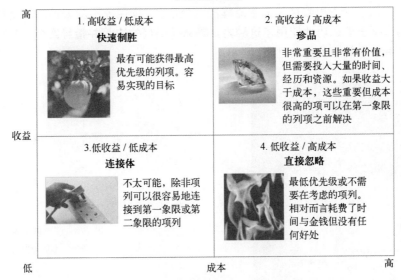

图 4.4.11 收益与成本矩阵——评估结果

表 4.4.5 收益与成本——数据质量维度优先级排序				
数据质量维度	从收益矩阵（低、中或高）		最终决定[①]	决策的理由/做出决策的假定
	可能的投资回报	预期努力		
数据规范	高	中	同意	● 一致认为投资回报率较高，但具体努力没有明确的预期。 ● 将仅仅评价已经归档和立即可用的标准。 ● 将评价数据域、业务规则和数据录入指南。 ● 不对数据模型细节或者表与数据字段的命名约定做评价
数据完整性基础原则	高	高	同意	● 可以使用剖析工具来帮助自动化工作。 ● 为两个地区剖析数据
准确性	高	高	同意	● 权威的参考源仍有待确定（例如，通过电话推销或其他方法直接联系）
一致性和同步性	高	中	不同意	● 没有足够的资源和时间。 ● 下一个项目考虑
及时性	高	中	不同意	● 没有足够的时间评判在两个系统中的两个地区的数据。 ● 考虑下一个地区

① 基于排名、讨论和回复的决定：是否将评估数据质量维度作为该项目的一部分？

十步法实战

收益与成本矩阵——一种方法，两家公司

图 **4.4.12** 所示为使用收益与成本矩阵的两个示例，即两家不同公司的简化优先级会话的输出。两个例子都成功地使用了这种方法来做出更好的决策并指导四个"非常重要"的建议。然后有一个简短的行动列表。

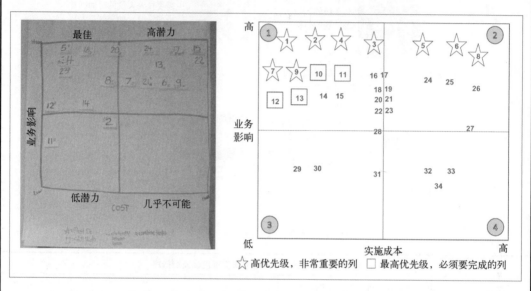

图 4.4.12 收益与成本矩阵——两个示例

示例 1，在图 **4.4.12** 中展示了如何使用收益与成本矩阵来确定数据质量规划在未来一年中的工作优先级。可以看到，图 **4.4.12** 中只是很简单地在白板上粘贴了带有编号的标签，每一张标签都代表了对应的建议编号。需要注意，本案例中纵坐标为业务影响而非收益。在初步确认优先级后，每个象限都被命名为：1=最佳，2=高潜力，3=低潜力，4=几乎不可能。在本次会议中所讨论出的结果将指导未来几年数据质量的规划。

示例 2，在图 **4.4.12** 的示例中展示了数据质量项目中 3 个具体建议的优先级。最终结论是有 **9** 个"必须要完成"的建议和 **4** 个"非常重要"的建议，从而有了一个更短的工作列表，团队和管理层就要落实的改进建议达成了共识。项目资助者在最初只计划要做数据清洗，但她被说服愿意尝试其他方法，从而更全面地看待数据质量。在项目结束的时候，项目资助者表示："非常感谢这个项目指导了我的投资决策，有 **44%** 的建议都是快速制胜的——低成本、高收益。这一方法帮我做了优先级的划分，让我知道钱都花在了哪里，而不是直接就开启了数据清洗项目。"

步骤 4.9 排名和优先级排序

业务收益和环境

很多时候，业务人员会被问到，"哪些数据对您的业务最重要？"通常获得的答案都是"我不知道。"实际上，业务人员是知道的，但我们提问的方式不对。排名和优先级排序调研是促进与业务人员对话的绝佳方式，提供上下文来帮助业务人员作答，上下文包括业务人员所参与的业务流程以及他们如何使用数据。优先级是基于特定数据丢失或不正确时业务流程的影响。相同数据的不同用途也会对应不同的优先级。对业务影响进行排序，并确认最好由那些实际使用数据的人或那些正在设计新的业务流程和实践以重新塑造数据使用的人来执行。

这种技巧适用于：

- 步骤 1 确认业务需求与方法，确定关键数据元素（CDE），这也是整体项目所关注的最重要的数据。
- 步骤 9 监督控制机制，为特定数据字段而设置数据质量目标输入。

 定义

排名和优先级排序（业务影响技巧之一）。 将缺失和不正确数据对具体业务流程的影响划分等级。

方法

1. 确定业务流程和需要划分优先级的信息使用情况

确定需要进行排序的业务重点、具体流程和资料是必须做的准备。重点关注使用和检索信息的业务流程。查阅信息生命周期 POSMAD 的应用阶段。排序可用于包含若干相关要素的特定信息或者数据的分组。示例：

- 向客户发送邮件（需要完整的姓名和地址信息）。
- 高价产品的销售，需要知道购买者的姓名、决策者、销售周期的状态等。
- 要建立一个 CRM 项目，除了用户的姓名和地址外，还必须知道包括客户行为特征的客户概况。
- 要向供应商付款，必须拥有完整且及时的发票信息。

2. 确定优先级划分将涉及哪些人

讨论会是最有效的确定排名的方法。根据业务流程和信息的用法，决定邀请哪些人来参加讨论会。确保代表各方利益的人参加进来，包括高级经理人员。

让那些拥有所需背景、支持所希望达成的目标，并为参加这一活动做好准备的人员参加。确定讨论和获取排序的方法。使用可以在需要的时候迅速变更排序的方法，该方法应该改进而不是阻碍区分优先级。会议应安排一位保持中立的主持人，以及抄写员和计时员。

3. 在排序会议中，就被排序的最终流程和信息达成一致

确保参会的人员已经了解要对什么进行排序、为什么进行排序的问题，并已经就这些问题达成了一致。向他们说明排序的流程，并对在所采用等级上的每一排序从业务中提供实例（见表 4.4.6）。例如，姓名中的一个错误称谓不会导致邮寄流程（即投送邮件的能力）的彻底失败，因此其排序结果可能是 C 或者 D。然而，一个错误的邮政编码将导致邮寄流程的彻底失败（即邮件不能被投送到目的地），因此其排序结果可以是 A。

表 4.4.6　示例——缺失或错误数据对业务流程的影响				
	排名			
业务流程	邮寄	报告	负责范围	
部门	市场	数据管理	销售	最终得分
销售号码	C	A	A	A
称谓	C	C	C	C
联系人	B	A	B	A
站点名称	C	A	A	A
科室（职能部门）	C	B	B	B
院系（部门）	B	B	B	B
地址	A	A	B	A
城市、州（省份）、邮编	A	A	A	A
邮箱	A	C	A	A

注：A = 流程完全失败或导致不可接受的财务、合规、法律或其他类似风险

B = 过程将受到阻碍，并导致重大经济后果

C = 对过程的影响可以忽略不计，产生的经济后果极小

N/A = not applicable = 不适用

4. 为每一个业务流程进行数据排序

在排序过程中，引导与会人员对每个流程讨论低质量数据的影响，通过询问："如果这些信息缺失或者错误，将对流程造成什么影响？"来讨论低质量数据的影响。这些问题可以适用于整个组织、特定部门或业务流程。应在会前确认使用的衡量标准：

A（或 1、高）= 流程完全失败或导致不可接受的财务、合规、法律及其他类似风险。

B（或 2、中）= 流程将受到阻碍，并将产生重大经济后果。

C（或 3、低）= 对过程的影响可忽略不计，产生的经济后果极小。

N/A = 不适用。

例如，如果"联系人姓名"缺失或不正确，对邮寄流程将会产生什么样的影响？对区域分配流程又会有什么影响？随着这些问题一一被解答，每个与会人员都会做出价值判断。审查每一条信息和每一个流程，并对开展讨论。

如果需要，请提出以下额外问题：

● 您会根据数据做出哪些决定？

- 这些决定在以下方面有什么影响？
  - 损失的收益？
  - 增加的成本？
  - 对应业务环境变更时间推迟？
  - 规章或法律经济风险？
  - 与客户、供货商以及其他各方的关系？
  - 公众危机和企业声望？
  - 业务流程停顿或者不可接受的拖延？
  - 严重的资源滥用？

实际上并不存在所谓"正确"的排序，排序依赖于数据的使用情况以及个人的观点。这一流程不需要深入分析，起初基于直觉的排序往往是正确的，也应当遵从这样的排序结果。

5. 如果需要，对收集和维护数据的能力进行排序

从收集和维护数据能力的角度对每一个数据元素进行排序：1=容易；2=中等；3=困难。如果收集数据和维护数据的能力看起来差别很大，那么就要分别对它们进行排序。如果完成了这一附加级别的排名，分析结果时的输入请参见表 4.4.7。

6. 确定最终排序并分析结果

不同参与人员的排序结果会有所不同，最终的排序是综合考虑所有流程后的结果。应注意数据使用者和数据维护/创建人员之间的排序差异。

7. 提出建议并记录结果

根据获取到的经验，并基于分析结果给出初步的建议。

🔑 关键概念

排序结果本身非常有用，其最大作用是实现平时不怎么接触的相同信息的使用者或数据质量的影响者之间的交流。一个成功的会议将增进信息质量相关各方、使用信息的各方之间的了解和协作。

示例输出及模板

一家全球高科技公司想了解低质量的客户数据对其流程的影响。来自每一团队（销售、市场和数据管理）的代表都参加某个集中会议。在进行这种交流会之前，需要就举行会议的原因向参加会议的每个代表说明，并确保他们为参加会议做好准备。为了排序，从每个领域中选择一个关键的业务流程：

- 市场营销部分选择邮寄流程（为了特定的事件、促销、订阅等）。
- 销售部分选择区域管理流程（为了维护每一区域内销售代表的管区分配）。
- 数据管理部分选择报表流程（为了做出企业决策，如账户列表以及区域分配）。

表 4.4.6 总结了讨论结果。该表中的最终排序原则为：如果一个流程将缺失或者错误数据的影响划分为 A，而另一个流程将其划分为 C，则最终综合排序结果为 A，而不是两者的

折中（B）。团队使用结果来决定评估哪些数据的质量。

如果根据收集和维护数据的能力做额外排序，请使用表 4.4.7 分析结果。

表 4.4.7　排序分析

非质量数据对业务流程的影响	收集/维护数据的能力	分析时的注意事项
A（或 1、高）=流程完全失败或导致不可接受的财务、合规、法律及其他类似风险	简单	数据对于业务流程非常重要且易于收集。这意味着业务实际上定期地使用、收集并维护数据
	中等	数据非常重要，但不易于收集和维护。这意味着存在数据质量问题的可能性，并存在改进管理数据流程的潜在需求
	困难	数据非常重要，但是收集和维护困难。这意味着存在数据质量问题的高可能性，并且存在流程改进需求的高可能性
B（或 2、中）=流程将受到阻碍，并将产生重大经济后果	简单	从某种程度上来说，数据对于业务是重要的，并且易于收集和维护。这意味着业务正在使用数据，并且实际上正在收集和维护数据
	中等	确定如果没有正确数据的后果是否足够严重，以至于需要为收集和维护数据做出额外的努力
	困难	确定如果没有正确数据的后果是否足够严重，以至于需要为收集和维护数据做出额外的努力
C（或 3、低）=对过程的影响可忽略不计，产生的经济后果极小	简单	只要收集/维护数据比较容易，可能需要继续这样做。似乎数据对于业务不能提供价值。作为已有的收集/维护关键数据流程的一部分，只有在收集/维护容易做到时才继续收集/维护数据
	中等	也许不需要再为收集/维护数据花费资源。似乎数据对于业务不能提供价值。然而，通过问：“如果可以更容易地获得数据，它们会更重要吗？”再一次确认。如果答案是肯定的，那么企业是否应该找到更好的途径来收集和维护数据？如果答案是否定的，那么为什么首先要为收集这些数据耗费资源
	困难	也许不需要再为收集/维护数据耗费资源，似乎数据对于业务不能提供价值。如果真的是这样，而数据比较难以收集/维护，那么为什么首先要花费资源收集这些数据？是否应该为存储和维护这些数据耗费资源？如果不是，那么这些数据是否可以被移除，或者向知识工作者发出警告，以便标明这些数据不可靠

步骤 4.10　低质量数据成本

业务效益和环境

低质量数据会在许多方面给企业造成损失，如浪费和返工、错失盈利的良机、丢失业务等。这一步骤对原本只有通过示例或观察才能了解的损失通过金额进行了量化。

定义

低质量数据成本（业务影响技巧之一），是对低质量数据导致的成本和收益损失的量化。

当您评估低质量数据的成本时，请考虑 POSMAD 信息生命周期。生命周期中每个阶段的行为都会有投入成本并影响着数据的质量。在本步骤中，会量化这些成本以及低质量的数据所造成的影响。其实数据真正的价值来自应用阶段（数据应用于何处），在本步骤中也将量化低质量的数据如何影响收益。

在步骤 4.1 轶事范例和步骤 4.5 流程影响中，给出了可以快速量化低质量数据产生的影响的示例。在本步骤中将会进行更深入的展示。

研究后文方法中所引用的表格和模板，以及示例输出及模板部分中的示例，说明了市场团队如何量化成本，以及对收益造成影响的低质量的地址数据。

另一个例子来自 Navient，Navient 量化了低质量数据的成本，根据实际数据质量度量计算了每月的成本代价，并且以"数据质量的价值"展现于业务仪表盘上。想了解更多相关信息请参阅第 6 章的度量部分。

方法

1. 确定低质量数据的关键指标和绩效指标

质量的关键指标是数据，如果数据出现错误则会对业务产生不利影响。绩效指标是指使数据的用途或者数据的使用过程，这些也为量化低质量数据的成本奠定了计算基础。

已经被确定的一个或多个关键数据元素（CDE）可以是关键指标，与这些关键数据元素相关的用途或者流程可以成为绩效衡量标准。此外，也可以从因低质量数据而感到困扰的特定用途或业务流程开始，确定作为关键指标的数据。确保关键指标和绩效指标与业务关系的内容相关联。

2. 定义或验证关键指标的信息生命周期

借助步骤 2 分析信息环境帮助识别成本行为，以及涉及关键指标的应用或流程，上述指标可作为绩效指标用于计算。

3. 明确包含在计算中的成本类型

明确对于组织来说最重要的成本类型，从而了解业务影响的评估重点。使用表 4.4.8 和表 4.4.9 作为一个起点，并选择对您的组织来说最有意义的词语。举例来说，合规部可能会关心监管风险，阐述适用于存在 GDPR 罚款风险的成本类型。

David Loshin（2001 年）提出了：硬影响，可以被衡量的影响；软影响，对于观察者显而易见却很难衡量的影响。他还进一步解释了对于运营、战术以及战略领域的影响。Loshin 还指出了低质量数据在其他 4 个方面的影响，即收益下降、成本增加、风险增加、信用度降低。表 4.4.8 概述了低质量数据导致的各种类型成本。

表 4.4.8 Loshin 的低质量数据成本类型	
类别	成本类型
硬影响——可以被衡量的影响	● 客户流失。 ● 错误检测的成本。 ● 错误修正的成本。 ● 错误预防的成本。 ● 与客户服务相关的成本。 ● 客户问题处理相关成本。 ● 操作中的时间延迟。 ● 处理延迟的成本

（续）

类别	成本类型
软影响——观察者明显但难以衡量的影响	● 决策困难。 ● 与企业范围和数据不一致相关的成本。 ● 组织的不信任。 ● 有效竞争能力下降。 ● 数据所有权冲突。 ● 员工满意度降低
各领域的影响	● 运营上的。 ● 战术上的。 ● 战略上的
收益下降	● 延迟/失去的收款。 ● 客户流失。 ● 错失机会。 ● 成本/数额增加
成本增加	● 检测和校正。 ● 预防。 ● 失去控制。 ● 废品和返工。 ● 罚款。 ● 超额支出。 ● 资源成本增加。 ● 系统延迟。 ● 工作时间增加。 ● 处理时间增加
风险增加	● 章程或法律法规风险。 ● 系统开发风险。 ● 信息集成风险。 ● 投资风险。 ● 健康风险。 ● 隐私风险。 ● 竞争风险。 ● 欺诈检测
信用度降低	● 组织信任问题。 ● 决策受损。 ● 可预测性降低。 ● 预测受损。 ● 管理报告不一致

来源：David Loshin，《企业知识管理：数据质屋方法》，（2001 年），p83–93，经授权使用。

表 4.4.9 列出了由 Larry English（1999 年）提供的低质量数据造成的三类成本：①流程失败成本，由于低质量信息使得流程无法正常完成；②信息废品和返工成本，废品指不合格的或者标记为错误的数据，返工则是指清洗有缺陷的数据；③失去或错过良机的成本，由于低信息质量而使得收益和利润没有实现。

非营利组织或政府机构对于收入的认识会与营利性组织不同，但依旧需要关注钱从哪里来、花了多少。因此这些成本类型依旧适用于非营利组织或政府机构。

表 4.4.9 English 的低质量数据费用类型

类别	费用类型
流程失败成本	● 不可挽回的成本。 ● 法律责任及其经济风险成本。 ● 不满意客户的恢复成本。
信息废品和返工成本	● 冗余数据处理及其支持成本。 ● 查找或者追踪缺失信息成本。 ● 返工成本。 ● 工作区成本以及下降的生产率。 ● 数据核实成本。 ● 软件重写成本。 ● 数据清洗和修正成本。 ● 数据清洗软件成本。 ● 决策困难
失去或错过良机的成本	● 失去的机会成本（如疏远和失去客户——客户选择在其他地方开展业务）。 ● 错失良机成本（如客户没有机会或者没有选择与该公司开展业务；因为一个客户不满意可能影响到错失可能的主顾）。 ● 股东价值损失（如会计数据错误）

来源： Larry P. English,《提高数据仓库和信息质量》,（Wiley，1999 年），p209-213，经授权使用。

4．计算已选择的成本

使用模板 4.4.7 计算直接成本以及示例输出及模板中的示例。

模板 4.4.7　计算直接成本	
质量关键指标	
事件	
日期	
编写人	

包括关键指标、性能测试方法、涉及的流程、统计生成的时间周期，以及其他和与结果的上下文相关的背景或者注意事项。注意所使用的时间周期（1 个月、1 个季度、1 年）。

这个模板还可以被用来计算非正常情况的成本，例如，由于某个给公司的公众形象造成损害的事件及其所带来的成本而错失的收益

1	2	3	4	5
成本类型	描述	每个案例的成本	单位时间周期内的案例数目	单位时间周期内总成本（第 3 列×第 4 列）
指定适应的类别，并为每一个类别确定： ● 时间 ● 资料 ● 人数 ● 其他				
共计				

注：改编自 Larry P. English，提升数据仓库和业务信息质量：降低成本和增加收益的方法，（John Wiley and Sons，1999 年）。有关计算非质量信息成本的详细过程，请参阅 English 先生的书中的第 7 章。更多详细信息也可以在 Larry P. English 的《信息质量应用》（Wiley，2009 年）中找到。

5. 计算对收益的影响

使用模板 4.4.8 错失的收益——邮寄事件示例以及示例输出及模板中的示例。

1	2	3	4	5	6	7	8	9	10	11	12
	来自市场统计	来自市场统计	来自市场统计	4/3	来自市场统计	6/3	6×5	来自营销统计	8×9	来自营销统计	10 + 11
邮寄事件	截止日期	邮寄数目总计	积极反馈的数目	积极反馈的百分比	退回的邮件数目	退回比例	错失机会的数目	每个反馈的平均收益	错失的收益总计	直接成本总计	错失的收益和直接成本总计
M1		100 000	10 000	10%	3000	3%	300	$250	$75 000		
M2											
...											
M10											
总计					退回邮件数目总计（第 6 列求和）		错失机会的数目总计（第 8 列求和）		损失收益总计（第 10 列求和）	直接成本总计（第 11 列求和）	错失收益和直接成本总计（第 12 列求和）

模板 4.4.8 错失的收益——邮寄事件示例

6. 归档结果并适时采取行动

请参阅第 6 章中的分析、综合、建议、记录并根据结果采取行动。

记录所做计算中的所有假定和公式。如果以后出现不同意见，可以更改假定，并重新计算数值。

示例输出及模板

成本计算

某一市场团队会将目录和其他宣传材料发送给客户。为了保证邮件可以在预期时间内寄到，高质量的邮寄地址是必要的。作为标准业务流程的一部分，该团队追踪了特定的邮寄事件、邮件类型（目录、信件、小册子等）、邮寄总数、退回邮件总数（未投递成功的邮件）以及积极的反馈。在这个示例中，地址数据的质量就是关键的指标，而绩效指标就是因低质量地址数据而导致的失效邮件。因低质量地址引起的其他流程问题也可以作为一个绩效指标。请注意，即便您的组织并不在意邮件，也可以通过这个示例了解如何量化成本。

以一个月内发送的 10 封邮件为例（M1-M10）。计算低质量的数据成本时，使用模板
4.4.7 创建电子表格，并将每一封邮件都记录在数据表中。进一步考量单次的邮寄成本，例
如设计和打印的费用（目录、小册子等）、邮寄成本、人力成本等。此外，如果某一个月的
邮寄行为可以代表每月平均水平，则可以通过将这一个月的成本乘以 12 来估算一年的成本
投入。汇总表中概述了所有的事件以及成本总额。在计算错失收益的时候也需要将成本总
额添至表格中。

计算错失的收益

模板 4.4.8 是一个基于邮寄实例的计算错失收益的示例。第一行标明了列号，第二行标
明了数据的来源或者计算公式。第 1～7 列均来自其市场统计的统计数据或简单计算后得出的
数据。

在第 8 列中包含了错失机会的总数，这也代表了一个已成共识的重要假设：那些因低
质量的地址导致最终没有收到邮件的客户，如果可以和其他客户一样收到邮件，会给予积
极的反馈。在邮件事件 1 中，由于低质量地址数据而错失了 300 个机会。在第 9 列中，每
个反馈的平均收益需要和众多销售人员及使用邮件的市场团队做进一步的研究。在第 10 列
中，计算了由于低质量地址数据而造成的损失收益总计。第 11 列是使用了模板 4.4.7 直接
成本模板从独立表格中引入成本。最后一行是计算了 6、8、10、11 和 12 列的总和。表格
中右下角的三个单元格以美元为单位，计算了由于低质量的地址数据而造成的收益和成本
影响。

本步骤中的信息有助于管理层更好地做资金决策，因为本步骤中直观地展现了高质量地
址数据的价值。

步骤 4.11　成本收益分析和投资回报率（ROI）

业务收益和环境

通常，成本收益分析是评估在给定时间范围内，新的投资或业务机会产生的收益是否能
超过其投入成本的手段。成本收益分析和投资回报率（ROI）是制定金融决策的标准管理方
法。收益分析也适用于数据质量（将投资数据质量的潜在收益与预期成本进行比较）。此外，
投资回报（ROI）将投资收益（或回报）与投资成本或金额进行比较，并且以投资金额的百
分比计算盈利。成本收益分析和投资回报率可用于确定单个项目（如项目或数据质量专项）
是否值得投资或做多个投资比较。

在涉及重大投资的时候，所处组织无论是考虑是否投资或是否继续投资之前，都可能需
要此类信息，而且信息质量提升方面的投资可能是很重大的，管理层有义务去确定资金的使
用方式，并需要权衡其投资选择。虽然，本项技术可能需要耗费较多的精力，但也有耗时较
短但依旧获得大型投资的数据质量项目的先例。个人或者小型团队也可以使用本项技术来权
衡它们可以控制的选择。

成本收益分析和 ROI 是一个相对来说较为复杂也较为耗时的业务影响技巧。

定义

成本收益分析和投资回报率（ROI）（业务影响技巧之一）。 通过深入评估，将投资于数据质量的预期成本与潜在收益进行比较。

方法

1. 查找并使用公司中使用的标准模板或者表单

使用所在组织的标准表格，可能表格并不叫"成本与收益"表格，但可能会以其他形式存在，例如"项目申请表"中要求提供相关成本与收益信息。使用他们熟悉的表格，让审批人员更容易理解您的申请。

2. 阐明申请目的

您可能是为整个数据质量项目申请项目资金，或者是为某具体实施项目申请资金，目的是预防数据质量问题、纠正数据、通过监测来发现数据质量问题。

3. 确定与数据质量投资相关的成本

包括人力资源、硬件、软件、许可、维护、支持成本、培训和差旅费用，并考虑是一次性还是常规性成本。您是否计算项目成本或持续运营成本？步骤 4.10　低质量数据成本可以提供帮助。如果所在组织担心风险，请移至步骤 4.6　风险分析。

4. 确定将会由该请求带来的潜在额外收益以及其他收益

具备确定高质量数据收益的能力是一项长期的挑战，提高数据质量采取的措施的价值以及低质量数据造成的损失是同一问题的正反两个方面。使用其他业务影响技巧的输出来呈现收益。再次强调，请参考步骤 4.10。

5. 评估不能被量化的收益和成本

尽管表单中可能没有涉及，在注释区域或者附注中应包含无法量化的收益和成本，例如客户满意度下降或员工士气低落。对于无法用金钱量化的收益，也可以量化使用范围内数据的用户数量、报告数量、业务流程数量等内容。大多数组织都需要定量的成本和收益，但即便如此，也要始终涵盖预期定性或软性的成本和收益。

6. 比较收益和成本

确定收益是否超过成本。考虑获得收益和成本产生的时间点。如果量化后成本高于收益，有没有降低成本并增加收益的办法，让这个资金申请更为实际？定性成本和收益是一样重要的吗？哪一个更重要？是定量更重要吗？如果最终的结果证明成本并不能带来收益，那么知道不去做不明智的投资也是很重要的。

7. 如果需要，计算投资回报率

投资回报或是投资回报率（ROI）是广泛用于评估和排列不同投资选项的关键财务指标之一，是损失或利润占投资总额的百分比，也可以用来评估独立投资的潜在回报。它是投资收益或损失相对于成本的比率。它也可以用来评估独立投资的潜在回报。

如果使用 ROI 计算，对于那些决定如何做资金分配的人（管理人员或委员会）很可能会有帮助。选择如何做资金和其他资源分配并与数据质量相关的人，可以使用 ROI 来辅助确定哪些数据质量项目或活动将会带来最佳的收益。

ROI 的计算是从投资收益中减去成本后将结果数字除以投资成本，再乘以 100，得到最终的投资回报率。计算 ROI 的公式为

$$投资回报率(ROI) = \frac{(投资收益 - 投资成本)}{投资成本} \times 100$$

适用于数据质量项目时：

投资 = 数据质量活动所需的资金数额（例如：用于整个数据质量项目，或者针对预防数据质量问题具体的提升方案、纠正数据或通过监测来发现数据质量问题）。

投资收益 = 数据质量活动中（对于项目、预防措施、纠正、监控等）获得的收益。

投资成本 = 实施数据质量活动的成本（运行项目、部署预防措施、进行数据更正、监督控制措施等）。

根据具体环境对收益和成本所包含的内容进行修正，可以关注成本的节约、利润的增加或者价值的增值。使用成本收益分析中的输入项来计算 ROI。

ROI 既可以是正的（总收入超过总支出），也可以是负的（总收入低于总支出）。显然，投资应该需要积极的回报。但如果计算结果显示 ROI 为负，这也是投资决策的重要考量因素。

8. 分享、交流和销售您的请求

仅仅是拥有积极的 ROI 可能还是不够充分，您的申请也在与其他资金和资源申请做竞争。投资人可能并不了解数据质量，或者说不了解为什么数据质量这么重要。请使用您最佳的沟通和演示技巧来讲述故事，吸引您的观众。

示例输出及模板

本步骤中没有涉及成本收益分析的模板，如前所述，应使用所在组织要求的成本收益统一表格，进而向管理层或委员会申请资金或项目批准。表格可能并不叫"成本与收益表"，可能以其他方式存在，例如"项目申请表"或"项目优先级表"，里面同时包含了成本和收益两个部分。如果不了解所在组织使用的是哪一份表格，询问经理涉及财务或者预算流程的某个人。

步骤 4.12 其他相关业务影响技巧

业务收益和环境

即使使用本步骤中所概述的业务影响技巧，依然有可能有您熟悉的或您组织使用过的其他技巧可以用于数据质量。

> **定义**
>
> **其他相关业务影响技巧，** 其他定性或定量的方法用于确定数据质量对业务的影响，需要您的组织去学习理解。

如果使用其他业务影响技巧，请仍依据十步法流程的上下文进行评估。这意味着仍然需要确保在步骤 4 中所做的工作适用于业务需求和项目目标，仍然需要准备数据获取和评估计划。在评估结束后，仍然需要进行根本原因分析、采取行动预防未来数据错误并纠正当前的错误。以下是本书中未详细说明的评估业务影响的其他方法：

数据债务。 John Ladley（2017，2020a）提出了数据债务这一概念，这也与技术债务的概念相关。在软件开发中，技术债务是指为了实现目标选择了一种简单/短期/有限/权宜之计（而非更好的、长期的解决方案）所产生的负面影响，以及这一决策所带来的隐含投入成本（额外返工等）。也并非所有的技术债务都是坏的，有些可以作为一种风险计算，由于没有制定更好、更稳定的方案，就算可以通过按需更改相关的成本来累积"利息"，也无法实现。这一理论同样适用于数据。对于数据质量，数据债务可以是修复数据问题所需的资金，也可以是组织所承担的低质量数据的代价，因为他们选择不去解决数据质量问题（通过预防、检测、修正）。从这个角度来说，其他业务影响技巧中所学到的知识可以作为数据债务或计算数据债务中的输入项。数据债务是我个人行为中所追求原则的示例，在很多层面上都适用："现在支付还是以后支付，如果选择以后支付，通常会支付的更多"。

数据治理的业务案例。 在第 2 版数据治理的第 5 章中，John Ladley 概述了数据治理业务案例，适用于数据治理的内容也适用于数据质量。需要注意的是，在他的章节中有一小段是关于数据质量问题的成本，回到本书中的步骤 4 并使用业务影响技巧去给予帮助。

业务驱动分析。 Irina Steenbeek 在 The Data Management Toolkit（2019 年）中提供了业务驱动因素分析的模板和说明，用于识别和评定开发数据管理工作的主要驱动因素和益处。这些也都可以应用于数据质量计划或项目。

信息资产估值。 Doug Laney 在 Infonomics（2018 年）中分享了如何价值化或货币化信息资产，这也适用于数据质量。

方法

该方法取决于所选择的其他业务影响技巧。

示例输出及模板

输出取决于所选的其他业务影响技巧。

步骤 4 小结

恭喜您！到此为止，评估业务影响是您项目的另一个重要的里程碑，您可能会多次使用这一步骤。本步骤也可以用于多种情景，例如需要：

- 回答如"为什么数据质量（或者说这个项目）很重要？""对于组织、团队、个人而言，数据质量的区别在哪里？"
- 当看到、听到或感受到阻力时，如仅仅是收获言语上的支持没有后续的实际行动。
- 构建数据质量提升的业务案例。
- 确保对数据质量工作的适当投资。
- 获得管理层的支持。
- 鼓励团队成员参与项目。
- 明确工作的优先级。

使用这些结果帮助您下一步工作（业务活动以及业务需求的影响、数据质量问题、项目目标、范围、时间基线以及资源、沟通和参与）做出正确的决策。如果选择使用业务影响去推进工作，那么请继续加油，不断前进！

	沟通、管理和参与

在这一步中有效地与人合作和管理项目的建议：

- 在进行业务影响评估时，帮助团队成员合作工作。
- 与项目资助者和利益相关方合作，消除障碍并解决问题。
- 跟踪问题和执行事项；确保及时完成可交付成果。
- 确保项目资助者、团队成员、管理层和其他技术和业务利益相关方已经：
  - 在业务影响评估期间适当参与（一些人可能积极参与，另一些人提供投入，而另一些人只是知情）。
  - 根据对业务影响的了解，了解结果和初步建议。
  - 有机会提供反应和反馈。
  - 了解项目范围、时间表和资源的变化，并了解未来的计划。
- 根据业务影响评估的经验：
  - 调整项目范围、目标、资源或时间表。
  - 管理利益相关方和团队成员的期望。
  - 预测所需的变革管理，以确保未来潜在的改进得到实施和接受。
- 确保为项目中即将实施的步骤提供资源和支持。

✓	检查点

步骤 4 评估业务影响检查点

- 如何确定已经做好了进入下一步的准备？使用以下指南来帮助确定本步骤的完备性和下一步骤的准备工作：

- 对于每个选定的业务影响技巧，评估是否已经完成？
- 如果使用了多种业务影响技巧，是否已经对各个结果进行了汇总和整理？
  - 对此步骤中的结果的记录。
  - 经验教训和意见。
  - 已知或潜在问题。
  - 已知的或可能的业务影响。
  - 潜在的因素。
  - 预防、纠正和监控的初步建议。
  - 此步骤中未完成的或还有后续的工作。
- 如果项目发生变化，是否与项目资助者、利益相关方和团队成员做了最终确定？他们是否都同意？例如：在下一个步骤中增加额外的参与者？如果是的话，他们是否确定并承诺参与？资金是否继续投入？
- 沟通与参与方案是否一直保持着最新消息？是否涵盖变革管理？
- 在此步骤中，必要的沟通、管理以及参与人员是否完成？

步骤 5　确定根本原因

步骤 5 在十步法流程中的位置如图 4.5.1 所示。

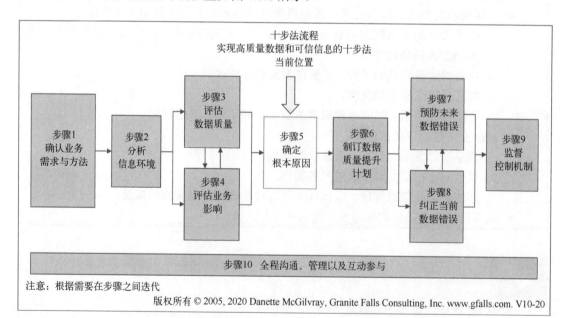

图 4.5.1　步骤 5　确定根本原因 "当前位置" 图示

步骤 5 简介

为了快速处理数据质量问题，人们倾向于选择一种似乎是最方便的解决方案。其结果是，通常只处理了数据质量问题的表象，而不是根本的深层问题，即数据质量问题的根本原因。

根本原因分析是指梳理问题、争议点或状况发生的所有可能原因，以确定导致问题产生的实际原因。通常，人们花费时间和精力来处理问题的表象，而不是确认防止问题再次发生的实际原因。此步骤的主要目标是找出问题发生的原因以及可以采取哪些措施来防止它再次发生。

通常情况下，当发现数据质量问题时，公司通常只会纠正数据，有时需要付出巨大的代价来完成大规模清理。随后就回归之前的日常业务中。几年后，同样的质量问题导致公司再次投资开展数据清理。这个代价高昂且效率低下的循环错过了根本原因分析——这对预防问题再次发生至关重要。

我并不认同数据质量问题只有一个根本原因的观点，而是有多个根本原因。一些根本原因可能比其他原因更具影响力，有些根本原因会相互影响，正如火灾发生需要氧气、高温和易燃物，并且可以通过消除这三种因素中的任何一种来防止或扑灭火灾一样，可能会在发现的根本原因中找到类似的依赖关系。

根本原因分析通常在步骤 4 进行深入的数据质量评估之后。如果业务需求和数据质量问题很明确，并且有合适的专家正在解决问题，那么根本原因分析可以在没有进行深入评估的情况下立即开始。如果需要在步骤 2、3 或 4 中收集的其他信息，请根据需要重复执行这些步骤。

有时，需要注意的问题与最近对业务造成重大影响的紧急问题有关，例如无法提供服务、生产线中断、产品未发货、无法接收订单，这时可以怀疑数据质量是一个重要影响因素。一旦问题本身得到解决，管理层将希望确保它不会再次发生，因此应在发现问题时进行根本原因分析。或者，特定问题可能没有引起紧急情况的发生，但每个人都知道这是一个长期问题并需要花费精力去解决。您可能会决定花时间进行根本原因分析以解决问题，希望减少或消除因它而起的、在时间和金钱方面造成持续性损耗。

一旦确定了根本原因，就要确保结果是共享的，包括在步骤 6~9 中规划和实施的改进建议以及对项目计划、时间表和资源的潜在影响。

 定义

根本原因分析是研究导致问题、争议点或状况的所有可能原因，以确定导致其产生的实际原因。

步骤 5　确定根本原因的步骤总结表见表 4.5.1。

	表 4.5.1　步骤 5　确定根本原因的步骤总结表
目标	● 确定数据质量问题或特定数据质量错误的真正根源。 ● 为解决根本原因，制定具体的改进建议。 ● 确定负责保障实施改进的最终负责人，或先确定临时负责人让其推进工作，直到找到最终负责人
目的	● 确保建议和未来改进方向聚焦在数据质量问题的真正原因。 ● 通过专注于那些对数据质量影响最大的事情来充分利用资金、时间和人员
输入	● 在步骤 1 的范围和项目目标内的业务需求和数据质量问题。 ● 步骤 2　分析信息环境的输出，如信息生命周期和其他成果。 ● 步骤 3　评估数据质量及已完成评估的结果。 ● 步骤 4　评估业务影响及已完成评估的结果。 ● 对于到目前为止完成的所有工作，分析和综合： 　○ 主要观察结果、经验教训、发现的问题、积极发现。 　○ 已知或可能的影响（定性或定量；对收入、成本、风险、业务、人员/组织、技术、其他数据和信息等的影响）。 　○ 潜在的根本原因。 　○ 初步建议。 ● 当前项目状态、利益相关方分析、沟通和参与计划
技巧与工具	● 步骤 4　评估业务影响中提及的排优技术。 ● 组织内使用的其他排优技术。 ● 辅助技术。 ● 步骤 5 中的根本原因分析技术——根本原因的 5 个"为什么"、跟踪和追溯、因果关系图/鱼骨图。 ● 组织使用的其他根本原因分析技术
输出	● 针对范围内的每个数据质量问题： 　○ 确定的根本原因。 　○ 解决根本原因的具体改进建议。 　○ 实施改进的负责人。 ● 完成这个项目节点所需的沟通和参与活动。 ● 更新项目状态、利益相关方分析、沟通和参与计划
沟通、管理和参与	● 选择一个中立的主持人，他不关心根本原因分析讨论结果，但会主导整个会议过程，让每个参与者都能发表意见、厘清根本原因并确定后续步骤责任归属。 ● 确保参加根本原因分析讨论的人员知道他们为何参加讨论，并做好准备和愿意参与。 ● 在任何根本原因分析讨论中，快速回顾讨论的目的和过程。确保人们感到舒适，并感觉他们可以自由交谈而不会受到任何影响。树立一种开放和信任的基调，这样就更有可能寻找好的解决方案，减少戒备心，也不指责别人。 ● 在任何根本原因分析讨论之后，跟进工作事项，与确定负责具体改进的负责人进行交谈，包括参加讨论的负责人和其他未参加讨论的负责人。 ● 继续与项目资助者和其他利益相关方合作，确保就根本原因、接下来步骤中实施的建议和改进措施达成一致
检查点	● 是否已厘清并记录了每个数据质量问题的根本原因？ ● 是否已确定并记录了解决这些根本原因的具体建议？ ● 是否已确定负责保障实施改进的负责人？ ● 沟通和参与计划是否为最新版本？ ● 在此步骤中，是否完成了必要的沟通、管理和人员参与活动？例如： 　○ 是否分享了此步骤的根本原因和具体建议，并获取了项目资助者和其他利益相关方的同意？ 　○ 是否将其他团队的管理层包括在内，他们将来可能会被要求帮助实施提出的建议？不能让他们过太久才知道发生了什么

根本原因分析——改进循环的开始

将步骤 5～10 视为一个改进循环（见图 4.5.2）。这 6 个步骤是单独列出的，但由于它们之间的关联关系，应该从整体上看待它们。各种改进方案通常会有不同的负责人和实施人员，并且也不一定是数据质量项目团队的成员。

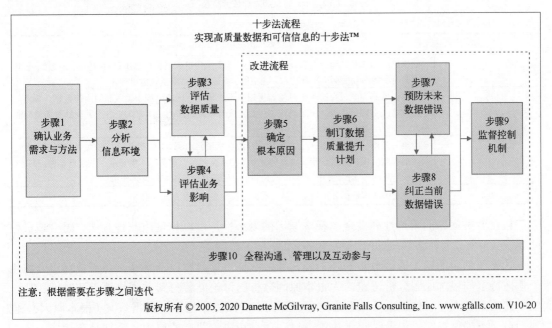

图 4.5.2　十步法流程——突出显示改进循环部分

一旦对控制机制（步骤 9）进行监督，就确保它们是操作流程的一部分。当发现问题时，标准操作程序应包括改进循环中的五个步骤：确认根本原因，并在需要时制订改进计划，预防未来的数据错误，纠正当前的数据错误，并对控制机制进行调整。当然，沟通和参与对于确保通知到正确的人并让其采取行动仍然很重要。

根本原因分析的准备工作

可能存在多个需要厘清的数据问题。如果没有足够的时间来研究这些问题，需要优先考虑哪些问题应该进行根本原因分析。使用步骤 4.8　收益与成本矩阵或其他经济业务影响技巧来选择优先级最高的问题。

对于选定的问题，通过收集项目前期记录和学习的内容，可以为根本原因分析做好准备。如果已经记录结果并管理了项目成果，那么整项工作的难度将会降低。如果没有，建议在额外的时间开展这项工作。使用在前面步骤中记录的信息生命周期，来帮助厘清导致问题的根本原因在生命周期中的具体位置。至此所积累的一切，都揭示了流程、人员/组织和技术对数据的影响，其中任何一个都是潜在的根本原因。可能需要在生命周期中进一步了解细节，才能找到根本原因。

本步骤详细介绍了三种可用于识别根本原因的技巧，以及您可能已经在使用的其他根本原因分析技巧，参见表 4.5.2。表中列出的每个根本原因分析技巧都有自己的子步骤，并专门对每项技巧进行了详细的解释。

表 4.5.2 十步法的根本原因分析技巧	
根本原因分析是研究问题或状况的所有可能原因，以确定其实际原因	
子步骤	**根本原因分析技术名称和定义**
5.1	**根本原因的 5 个"为什么"。** 问 5 次"为什么"来找出数据和信息质量问题的真正根源。它是一种常用于制造业的标准质量技术，在应用于数据和信息质量时也很有效
5.2	**跟踪和追溯。** 通过在整个信息生命周期中跟踪数据、比较流程中输入和输出的数据，确定问题数据首次出现的位置。一旦确定了位置，就可以使用其他技术来确定各个发现数据质量问题最多的位置中数据质量的根本原因
5.3	**因果关系图/鱼骨图。** 识别、探索和安排数据质量问题的原因，原因之间的关系根据其重要性或详细程度以图形方式显示。它是一种标准的质量技术，通常用于制造业，以发现事件、问题、条件或结果的根本原因，在应用于数据和信息质量时也能很好地发挥作用
5.4	**其他相关根本原因分析技术。** 其他有助于确定根本原因的适用技术

根据业务问题的紧迫性和发现的根本原因的复杂性，可以只使用一种方法、组合或最快的方法（5 个"为什么"）来开始识别根本原因。

选择要使用的根本原因分析技巧。确定哪些数据质量问题以及哪些技巧或技巧组合将用于任何特定的根本原因分析讨论。为根本原因分析的讨论准备材料并安排地点和时间。找一位中立的主持人和一位记录员。主持人会引导人们完成整个过程以获得答案（根本原因），但他们自己不提供答案。记录员记录决策、行动项目和决策背后的原因，特别是在达成一致之前开展的长时间讨论。

确定需要参与的人员。那些了解数据本身、业务流程、人员/组织和技术方面等专业知识的人员能够找到根本原因。根本原因分析技术可以个人使用，也可以与数据质量项目团队一起使用，可以通过一对一访谈或在与小组及几个人的讨论中使用。

确保参加根本原因分析讨论的人员知道他们为何参加会议，同时做好准备并有意愿参与讨论。

建议——在根本原因和改进计划之间

很难从步骤 5 中列出的根本原因直接跳到步骤 6 中的详细改进计划。解决每个根本原因的具体建议衔接起这两个步骤，是指示如何解决根本原因的行动声明。这些建议可能会有很大差异，可以是某人待办事项列表上的一个简单项目，可以是涉及几个人来更新业务流程，也可以是启动一个新项目。

建议可以提出解决根本原因的总体解决方案，如图 4.5.3 所示的第一条和第二条建议。如果解决方案不明确，具体建议则是一份指示下一步行动的声明，如第三条建议所示，指派负责人进一步研究解决方案。为确保继续取得进展，应为每条建议指定一名负责人。负责人可能是后续步骤中监督实施的最终负责人，也可能是同意找到最终负责人的人。在步骤 5 结束时提出的建议通常很有帮助，因为这时每个人都对根本原因有清晰的认知。但是，也可以在步骤 6 开始时制定建议。

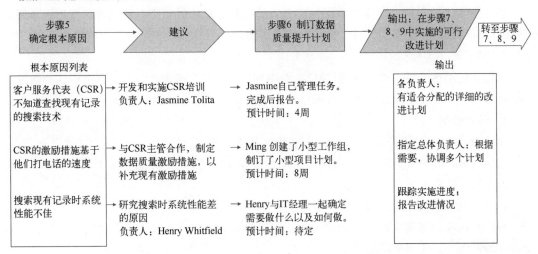

图 4.5.3 具体建议——根本原因和改进计划之间的转换衔接

如果建议列表很长，期望它们都可以被实施是不合理的，因此需要再次确定优先级。诸如步骤 4.8 收益与成本矩阵等技巧可以很好地缩小改进计划中应包含的建议范围。如果未实施特定建议，使用步骤 4.6 风险分析也有助于了解风险。

步骤 5.1 根本原因的 5 个"为什么"

业务收益和环境

5 个"为什么"技巧通常在制造业中用于找出根本原因，应用于数据和信息质量工作时也很有效。此技术可由个人、项目团队或专家组使用。5 个"为什么"技巧也应用于步骤 4.4 业务影响的 5 个"为什么"。

想想"为什么"这个词助力到达下一个更深的层次并且更接近根本原因。其他疑问句，比如什么、谁、什么时候、在哪里、怎样、多长时间、多久一次，都可以为根本原因提供背景和见解。例如，为什么会出现这种数据质量问题？为什么这个过程出现问题？发生了什么事？谁参与了？什么时候发生的？在哪发生的？这是怎么发生的？持续了多长时间？这种情况以前发生过吗？如果发生过，多久发生一次？

 定义

根本原因的 5 个"为什么"是一种问 5 次"为什么？"来找出数据和信息质量问题真正原因的技巧。

方法

1．做好5个"为什么"分析的准备

参考步骤5的介绍，准备并确保任何相关的背景信息随时可用。明确可以找出根本原因的数据质量问题或特定数据异常。问题陈述得越清楚，就越能集中分析，找到根本原因。

2．问5次"为什么？"

从陈述的问题开始，问："我们为什么会得到这个结果"或者"为什么会出现这种情况"，根据答案再次重复这个问题5次。有关示例，请参见示例输出及模板部分。

3．分析结果

是否存在多个根本原因？这些根本原因是否存在共同特征？

如果需要，请使用步骤5.2　跟踪和追溯和步骤5.3　因果关系图/鱼骨图，以获取有关根本原因的更多详细信息。

4．制定解决根本原因的建议

制定具体行动措施来解决发现的根本原因，防止问题再次出现。如果建议列表很长，可能需要确定优先处理哪个问题。

5．记录结果，并在时机成熟时采取行动

说明数据质量问题和导致问题的根本原因、解决这些问题的具体建议以及如何得出结论的。还需包括在过程中发现或验证的对业务的任何其他有形和无形的影响。

在此步骤中，可以为解决根本原因的简单工作事项指定负责人，以便立即开始工作。其他建议实施起来更复杂，可能需要更多的研究。此步骤的所有结果都输入到步骤6　制订数据质量提升计划。

> **🔑 关键概念**
>
> **明确表征和根本原因之间的区别。** 有一家公司承诺推出新产品，并确定了发货日期和公司销售目标。只有在产品发货时才能确认收入。在季度末的一个星期五，产品已准备就绪，客户正在等待，但发货所需的文件无法编制：
>
> - 为什么不能交付产品？因为无法生成拣货-包装-运输任务。
> - 为什么不能生成拣货-包装-运输任务？因为无法生成销售订单。
> - 为什么不能生成销售订单？因为无法发放相关物料。
> - 为什么无法发放相关物料？因为物料主数据不正确。
>
> 必须找到那些能够检查数据并发现错误的人，必须更新系统中的主数据，所有事务日志都必须重新创建。找到了问题的原因，产品才能成功发货。但真正的根本原因找到了吗？按时发货的紧急事项得到了解决。但这类似于在心脏病发作后的紧急治疗。要找出真正的根本原因，关键问题"为什么物料主数据不正确？"应该在危机转移后进行询问、回答和解决。

示例输出及模板

使用 5 个"为什么"来找出导致客户主记录重复的根本原因

有关用"5 个为什么"来寻找根本原因的简单示例，请参见表 4.5.3。您可能会发现不止一个潜在的影响因素，并需要继续单独提问以找到每个因素的根本原因。决定哪些根本原因可以立即解决，哪些需要进一步调查才能实施解决方案。

表 4.5.3　以 5 个"为什么"分析客户主记录重复的根本原因示例
数据质量问题： 重复的客户主记录。
请注意，此技巧适用于客户主记录的重复是一个普遍问题，或如果已完成评估且知道重复记录的实际百分比
为什么会有重复记录？
回答：客户服务代表创建新的主记录，而不是使用现有的主记录
为什么客户服务代表创建新记录而不是使用现有记录？
回答：客户服务代表不想搜索现有记录
为什么客户服务代表不想搜索现有记录？
回答：输入搜索请求并得到搜索结果所需的时间太长
为什么搜索时间长是个问题？
回答：客户服务代表的绩效衡量标准是完成交易和打电话的速度。他们会绕过任何减慢他们速度的问题。每次创建新记录的速度更快。客户服务代表无法了解或理解为什么重复记录对业务的其他部分来说是个问题。
根本原因： 竞争动机、激励措施和关键绩效指标（KPI）。
具体建议： 制定 KPI 和激励措施以避免创建重复记录。
后续步骤和注意事项： 与客户服务代表的经理会面。了解代表的电话周转时间和其他 KPI。不要期望业务 KPI 发生变化。创建数据质量 KPI/激励措施，以帮助抵消导致重复记录的打电话压力。
负责人：　　　　**截止日期：**
为什么需要很长时间才能得到搜索结果？
回答 1：客户服务代表不知道如何搜索现有记录。
回答 2：系统性能差
为什么客户服务代表不知道如何搜索现有记录？　答：客户服务代表没有接受过正确的搜索技术培训。
根本原因： 缺乏正确的搜索技术培训。
具体建议： 为客户服务代表制定并开展培训。
后续步骤和注意事项： 询问客户服务经理，是否可以在以下会议中为客户服务代表提供简短的（15 分钟）培训：1）在下一次团队会议时，2）在新员工培训时培训如下内容：
● 如何使用搜索技术以及如何避免创建重复记录。
● 为什么重复记录是一个问题。
负责人：　　　　**截止日期：**
为什么系统性能差？
答：在这种情况下，系统性能不佳的原因不得而知。
潜在根本原因： 系统性能差。
具体建议： 在搜索现有客户主记录时，研究系统性能差的原因。
后续步骤和注意事项： 与技术伙伴合作，找出查找现有客户主记录时系统性能不佳的原因。
负责人：　　　　**截止日期：**

表 4.5.3 显示了一个很好的、简洁的例子，说明了如何记录 5 个"为什么"的结果。5 个"为什么"技术确实有效，但寻找根本原因的实际过程很少能像最终结果表显示得那样清晰和直接。

管理和处理根本原因

此示例显示了对流程故障的响应，这些故障是数据质量问题的潜在根本原因。生产车间的员工从库存中取出零件，应该同时在系统中记录事务日志。但该员工很匆忙，决定稍后空闲时再在系统中记录事务日志。结果出库操作日志根本没有记录（或者直到几天后才被记录）。

生产线不会立即受到影响，因为有所需的零件，但未来会产生问题。现在的数据并没有反映有零件需求。库存系统仍然认为这些零件是可用的，因而当生产制造资源规划系统运行时，零件不会被订购。

两周后，另一名员工需要该零件，但发现零件不存在。这可能会使生产线关闭。这会导致浪费时间、错过产品的最后交付期限、加快零件订购的成本增加等问题。

回溯过去，发现没有零件需求数据。之所以没有该数据，是因为该员工没有记录事务日志。所以要问"为什么员工不记录事务日志"？以下是这些问题的潜在答案。然后可以继续问"为什么"？并针对每个答案，制定解决这些问题的具体建议。

"我不知道我应该做这件事"——这名员工不知道他应该记录下交易日志。

"我不知道应该什么时候做"——员工不知道在零件从库存中取出后应该立即记录事务日志。可以通过扫描或手动进入系统进行日志记录。

"我不知道怎么做"——员工不知道如何从库存中扣除所取的零件。

"我没法做"——系统宕机；员工无法登录或忘记密码等。

"我不知道为什么应该这么做"——员工不知道记录事务日志对其他功能或流程很重要，并且没有动力去做。

积极的行动带来了消极的结果——相互矛盾的信息。之前，员工记录了事务日志，经理责备他花时间做这样的事情。

消极行动之后没有负面结果或没有反馈循环——员工看不到自己的行动（或正在进行的行动）是如何导致零件不被订购的。

——受 Ferdinand F. Fournies（2000 年）的《指导提高工作绩效》启发而来的例子

步骤 5.2　跟踪和追溯

业务收益和环境

该技术通过在信息生命周期中跟踪数据来识别问题的具体位置。比较在信息生命周期的某个点将被处理的数据与处理后退出该点的数据，如果两者之间存在差异，则已至少找到一个存在问题的位置。可能会发现不止一个位置存在问题，其中一些会导致更多问题。可以使用其他技术来处理该位置的数据，以深入研究细节并确定那里的根本原因。

定义

　　跟踪和追溯是一种根本原因分析技巧，它通过在信息生命周期中跟踪数据，比较在信息生命周期的某个点将进行处理的数据和处理后退出该点的数据，确定问题首次出现的位置来确定问题的具体位置。一旦确定了位置，就可以使用其他技巧来确定发现问题最多的相应位置中导致数据质量问题的根本原因。

方法

1．准备使用跟踪和追溯技巧

　　使用步骤 5 简介中的信息进行准备。明确将跟踪哪些数据质量异常。确保任何相关的后台信息随时可用，特别是关于信息生命周期和步骤 2 中所做工作的任何已知信息。如果之前没有对信息生命周期做过任何准备，那么现在就需要对其进行研究和记录，可使用有助于发现数据血缘关系的工具（如果有）。如果完成了步骤 3.6　一致性和同步性，那么已经具备跟踪和追溯所需的大部分背景知识。

　　确定将具体跟踪哪些数据集。重点关注步骤 8 中发现的异常最多或对业务影响最大的数据。就信息生命周期的起点和追溯数据的路径达成一致，路径可能短而简单，也可能长而复杂。

　　仔细规划工作，并指派负责人尽可能高效地完成工作。关于可视化的跟踪和追溯理念，如图 4.5.4 所示。

2．比较整个信息生命周期中每个步骤的输入和输出的数据

　　这是您可以使用数据剖析技术的另一个地方，请参阅步骤 3.3　数据完整性基础原则。在数据输入和输出时进行获取和分析，然后比较差异。您最终会找到一个位置，即数据在输入过程时正确但输出时不正确。对于信息生命周期中的每个点，请检查：

- ●"下一个过程/位置"中的数据是否正确？
- ● 在"下一个过程/位置"中相同的数据是否正确？记住要考虑任何预期的、合法的转换。
- ● 如果是，保持跟踪。如果否，请记录有多少异常，并描述问题的性质。
- ● 根据需要继续跟踪。

3．分析发现的内容

　　分析问题位置的活动。识别输入点（正确位置）和输出点（不正确位置）之间对数据产生影响的活动。根据需要应用其他根本原因分析技术，例如 5 个"为什么"根本原因分析法、因果关系图/鱼骨图或其他受欢迎的根本原因分析技术。

　　问题可能出现在多个位置。关注问题最多的位置，并应用 5 个"为什么"或其他技术找出根本原因。每个位置都会有不同的流程、人员和组织以及技术，这些都会影响数据的质量，也是潜在的根本原因。

4．制定具体建议，解决发现的根本原因

　　确定需要更改的内容以确保数据正确。使用其他根本原因分析技术找出根本原因。讨论解决方案并制定具体行动以解决发现的根本原因，如果实施，将防止问题再次出现。如本步骤介绍中所述，根据需要确定优先级。

5．记录结果并在时机成熟时采取行动

记录解决的数据质量问题、使用的流程、发现问题的位置以及出现最大问题位置周围的环境（数据本身、流程、人员/组织和技术）。

记录发现的根本原因、解决这些问题的具体建议以及得出的结论的过程。还包括过程中发现或验证的对业务的任何其他有形和无形的影响。

在此步骤中，可以将解决根本原因的简单行动项目分配给负责人，以便他们立即开始工作。其他建议实施起来更复杂，可能需要更多研究。此步骤的所有结果都输入到步骤 6 制订数据质量提升计划。

示例输出及模板

跟踪和追溯路径

图 4.5.4 所示为一个使用跟踪和追溯技术的高级信息生命周期的示例。字母 A～E 表示信息生命周期中处理数据主要阶段之间的位置。这用于决定在哪里比较输出和输入点之间的日期，以便确定数据质量问题最多的位置。信息生命周期可能会显示生命周期的某个阶段内更详细的流程，在这种情况下，比较可能是数据输入和输出之间的某个特定流程。

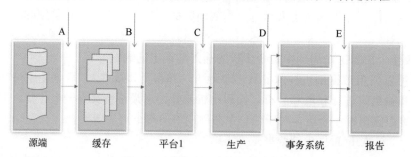

图 4.5.4 选择路径进行跟踪和追溯

关于在信息生命周期的多个位置开展获取、评估计划、分析和比较数据的示例，请参阅第 6 章的设计数据获取和评估计划部分。

步骤 5.3 因果关系图/鱼骨图

业务收益和环境

因果关系图（Cause-and-Effect Diagram）来自日本质量控制统计学家、质量管理专家石川馨（Ishikawa Kaoru）。它也被称为石川图或鱼骨图。术语"鱼骨"来自其输出的图形性质，所述问题是鱼的头部，所述原因是鱼的骨骼。图 4.5.5 所示，该技术用于识别、探索和安排事件、问题、条件或结果的原因，其中根据重要性或详细程度说明原因之间的关系。这种方法是众所周知的，并已在制造业中得到有效应用，它也可适用于 IT 业。当它应用于数据质量时，特定缺陷指的是特定的数据质量问题或特定的数据质量异常。

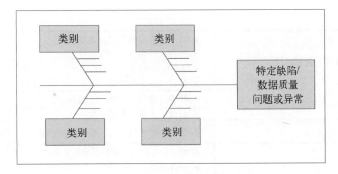

图 4.5.5　因果关系图/鱼骨图的结构

 定义

　　因果关系图/鱼骨图技术可以识别、探索和排列数据质量问题或异常的原因，其中原因之间的关系根据其重要性或详细程度以图形方式显示。这是一种标准的质量技术，通常用于制造业来发现事件、问题、条件或结果的根本原因，当应用于数据和信息质量时，也能很好地发挥作用。

方法

1．根本原因分析（RCA）准备

　　使用步骤 5　简介中的信息，确定应该参与根本原因分析的人员。收集与问题相关的任何信息（大部分信息来自之前的步骤）。在会议之前提供所需的背景知识，以便团队支持目标、做好准备并愿意参与。确保会议空间的物理设置有利于讨论并鼓励协作，无论是面对面的还是虚拟的。

2．说明与低质量数据相关的问题

　　解释会议目的。越清楚地陈述问题，就越容易找到根本原因。留出时间进行讨论，以便每个人都了解要分析的数据质量问题，说明缺陷、争议点、问题。鱼骨的头部代表"影响"，通过在图右侧的框中写入影响/数据质量问题来开始绘制图。可以使用白板或一张尺寸较大的白纸，确保每个人都可以看到。

3．对数据质量问题/异常的潜在根本原因进行分类

　　可以从表 4.5.4 中的常见根本原因类别开始，或从示例输出及模板中模板 4.5.1 的基于信息质量框架的类别开始，包括在整个项目中发现和记录的可能原因。

表 4.5.4　常见根本原因类别	
4 个 M - 通常用于生产流程	● 机器（工具和设备）。 ● 方法（如何完成工作）。 ● 材料（组件或原材料）。 ● 人力或人（人为因素）

（续）

4 个 P－常用于服务流程	● 政策（更高级别的决策规则）。 ● 程序（任务中的步骤）。 ● 人（人为因素）。 ● 厂房（设备和空间）
通常也使用生产和服务流程	● 环境（建筑、后勤、空间）。 ● 测量（度量、数据收集）
其他	● 管理（管理层参与、员工参与、流程、沟通、培训、认可）
来自于信息质量框架	这些部分可作为根本原因分析中的类别： ● 业务需求。 ● 信息生命周期 POSMAD。 ● 关键组成部分，即数据、流程、人员/组织和技术。 ● 位置和时间。 ● 广义影响组成部分，即要求和约束，职责，改进与预防机制，结构、语境与含义，变革，伦理。 ● 文化与环境。 详见模板 4.5.1

还可以采取头脑风暴的方法，让与会者在便利贴上列出所有可能的原因，包括整个项目中记录的可能原因，分类并将其放在图表上。

在所述影响/数据质量问题/异常（鱼头）的左侧画一条水平线。然后画出鱼骨并用主要类别标记它们。使用适合问题的类别即可，没有完美的组合或数量。可能必须优先考虑哪些是主要类别，才能继续提问。

4. 继续提问，直到找出根本原因

对于已确定的每种类别或潜在原因，请使用 5 个"为什么"根本原因分析法来提出下一个更深层次的问题，以帮助确定根本原因。"是什么影响或导致了问题？为什么会发生这种情况""哪些人员/组织问题导致了问题"？将这些列为主要骨骼上的较小骨骼。参考整个评估过程中收集的根本原因。

在分析根本原因时，还要考虑长期问题和突发问题之间的区别。长期问题一直存在，却一直被忽视。直到出现了一些严重的突发问题，给系统或业务带来了新的压力。

请参阅示例输出及模板，了解使用此技巧确定根本原因的两个鱼骨图：图 4.5.6 回答了"为什么物料主数据错误"。图 4.5.7 回答了"为什么信息不作为业务资产进行管理"。信息资产的根本原因通常与数据质量问题的根本原因相同。

5. 制定具体建议，以解决发现的根本原因

针对主要根本原因制定具体建议。这些建议如果得到执行，将防止问题再次出现。根据需要确定优先级，如步骤 5　简介所述。

6. 记录结果并在时机成熟时采取行动

记录产生数据质量问题的根本原因、解决这些问题的具体建议以及如何得出结论，包括分析过程中发现或验证的对业务的任何其他有形和无形的影响。

在此步骤中，可以将解决根本原因的简单行动项目分配给负责人，以便立即开始工作。其他建议实施起来更复杂，可能需要更多的研究。此步骤的所有结果都输入到步骤 6　制订数据质量提升计划。

 最佳实践

经常被忽视的根本原因——架构和约束

一个好的数据模型，再加上其各个执行层面（数据库设计、应用程序交互和可访问性）的约束，将有助于生成高质量、可重用的数据，并防止许多后期数据质量问题发生（例如，冗余、数据定义冲突及跨应用程序共享数据的困难）。最佳架构和约束设计将适当的约束置于数据和应用程序架构的正确级别。无论是针对内部开发的应用程序还是从供应商处购买的应用程序，都应在整个企业中考虑并实施有关验证和约束的规则。

- 数据库级别的约束必须足够通用，以满足所有应用程序对数据的各类使用，但只有 **DBA** 才能覆盖它们。
- 在应用层，可能会强制执行用途的细微差别。
- 一些可访问性规则可能会在中间层强制执行。

示例输出及模板

常见的根本原因类别

表 4.5.4 显示了生产和服务过程中使用的常见根本原因类别，这些类别也适用于数据和信息质量。它还强调了信息质量框架中可能是根本原因类别的部分。

使用信息质量框架进行根本原因分析的输入

模板 4.5.1 使用信息质量框架（FIQ）中的内容提供了一个工作表，用于分析数据和信息质量问题的潜在根本原因。可视化的 FIQ，请参阅第 3 章　关键概念。FIQ 列出了确保高质量数据和信息所需的组件内容。如果其中任何一项缺失或做得不好，它们都是数据和信息质量问题的潜在根本原因。

模板 4.5.1　使用信息质量框架进行根本原因分析的输入		
FIQ 列出了确保高质量数据和信息所需的内容。如果其中任何一项缺失或做得不好，它们都是数据和信息质量问题的潜在根本原因		
FIQ 参考号#	信息质量框架（FIQ）内容	这一类别中的任何内容可能是导致数据质量问题的因素或原因吗？请您解释
1	**业务需求。** 客户、产品、服务、战略、目标、问题、机会	
2	**信息生命周期。** PosMAD-计划、获取、存储和共享维护、应用、处置（退役）	
3	**数据。** 已知的事实或感兴趣的项目，构成信息的不同元素	
3	**流程。** 影响或使用数据/信息的功能、程序、活动、操作、步骤或任务，包括业务、数据管理、技术和第三方流程	
3	**人员和组织。** 影响或使用数据/信息/参与流程的组织、团队、角色、职责或个人	
3	**技术。** 存储、共享或操作数据的表单、应用程序、数据库、文件、程序、代码或媒介，与流程相关，或由人员和组织使用的高端科技和低端技术	

（续）

FIQ 参考号#	信息质量框架（FIQ）内容	这一类别中的任何内容可能是导致数据质量问题的因素或原因吗？请您解释
4	**交互矩阵。** 跨信息生命周期的数据、流程、人员/组织和技术之间的活动和关系POSMAD	
5	**地点。** 发生的地点	
5	**时间。** 何时、频率和多长时间	
6	**需求和约束。** 业务、用户、功能、技术、法律、监管、合规、合同、行业、内部政策、可访问性、安全、隐私、数据保护	
6	**职责。** 权力、所有权、治理、管理专人制、激励、奖励	
6	**改进与预防机制。** 持续改进、根本原因、预防、纠正、增强、审计、控制机制、监控、度量、目标	
6	**结构、语境与含义。** 定义、关系、元数据、标准、参考数据、数据模型、业务规则、架构、语义、分类法、本体、层次结构	
6	**沟通。** 认知、参与、外联、倾听、反馈、信任度、信心、教育、培训、文档	
6	**变革。** 变革及相关影响管理、组织变革管理、变革管控机制	
6	**伦理。** 个人和社会利益、正义、权利和自由、真实性、行为标准、避免伤害、支持福祉	
7	**文化与环境。** 组织的态度、价值观、习俗、做法和社会行为。组织中围绕人员并影响其工作和行为方式的条件	

使用多种根本原因分析技术并制定建议

继续步骤 5.1　根本原因的 5 个"为什么"中的关键概念标注框的物料主数据。如果还记得的话，5 个"为什么"显示需要修正物料主数据，以便创建文档、运输产品。一旦产品出厂，仍然需要调查导致项目数据错误的真正根本原因。图 4.5.6 所示为一个鱼骨图，图中给出了问题"为什么物料主数据出错"的答案。为了便于参考，对根本原因进行了编号。

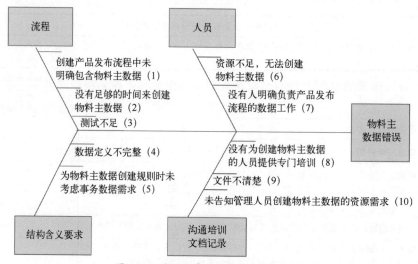

图 4.5.6　使用鱼骨图的物料主数据示例

表 4.5.5 通过显示解决根本原因的具体建议来延续本示例。请注意，一些根本原因在解决方法上具有相似之处，因此，它们被分组在一项建议下并指定了负责人。

表 4.5.5 物料主数据示例及建议

问题：产品发布过程中使用的物料主数据错误，最终导致产品无法发货。当时，为了装运产品，对数据进行了更正。根本原因分析现已完成。如果实施了以下建议，将确保物料主数据正确，即，产品装运不会因物料主数据不正确而延迟

根本原因	建议	负责人	到期日
● 没有人明确负责产品发布流程的数据工作（7）	● 指派数据管理员与产品发布团队合作 ● 获得数据管理员经理的认可	数据治理管理者	
● 创建产品发布流程中未明确包含物料主数据（1） ● 没有足够的时间来创建物料主数据（2） ● 测试不足（3） ● 没有为创建物料主数据的人员提供专门培训（8） ● 文件不清楚（9）	● 更新产品发布过程的数据方面。包括创建物料主数据、估计所需时间、测试场景、培训和文档的具体步骤	数据管理者	
● 数据定义不完整（4） ● 为物料主数据创建规则时未考虑事务数据需求（5）	● 数据管理员与分析师合作更新规则和要求	数据管理者	
● 未告知管理人员创建物料主数据的资源需求（10） ● 资源不足，无法创建物料主数据（6）	● 产品发布经理从数据管理员和分析师的经理处获得支持，以获得解决根本原因和持续过程所需的时间	产品发布经理	

信息作为业务资产进行管理的障碍

南澳大利亚大学的 Nina Evans 博士和 Experience Matters 的 James Price 开展了一个研究项目，探讨了组织有效管理其信息资产的障碍和好处。所研究的每个组织都认识到它们拥有对业务至关重要的数据、信息和知识，即信息资产。然而，尽管有公认的价值和巨大的潜在利益，每个被研究的组织都承认它们的信息资产没有得到可以或应该得到的管理。

除此以外，研究的参与者包括来自澳大利亚、南非和美国的组织的董事会成员和公司级高管，他们来自的行业包括公用事业、石油和天然气、法律服务、银行、金融和保险、制造业、以及州和地方政府。

他们的研究结果《信息资产：高管管理视角》发表在《跨学科信息、知识和管理杂志》（Evans & Price，2012）上。完整的论文也可通过 dataleaders.org 网站获得。

Danette McGilvray、James Price 和 Tom Redman 在这项研究中贡献了他们的丰富经验和知识，创建了一个因果关系图，该图显示了减缓/阻碍/阻止公司将其信息作为业务资产进行管理的障碍。图 4.5.7 所示为减缓/阻碍/阻止公司将其信息作为业务资产进行管理的详细障碍，这些障碍是最常见的根本原因。详细的根本原因分为五大类：

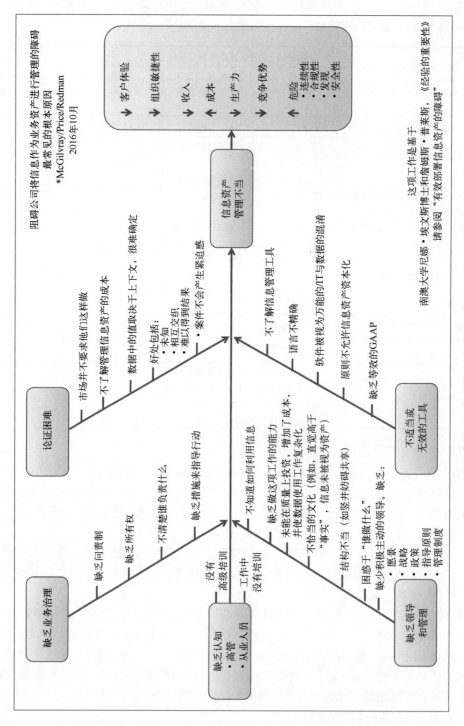

图 4.5.7　将信息作为业务资产进行管理的障碍——详细鱼骨图

- 高管和从业人员缺乏认知。
- 缺乏业务治理。
- 论证困难。
- 缺乏领导和管理。
- 不适当或无效的工具。

请注意，最右侧的框进一步突出显示了信息资产管理不当时的影响。对于数据质量问题，所显示的根本原因和影响通常是相同的。

步骤 5.4　其他相关根本原因分析技术

业务收益和环境

本书详细介绍了根本原因分析技巧，这些技巧是基本的、经过验证的，可用于查找数据质量缺陷的根本原因。当然技巧并不限于这几种。

对于任何技巧，十步法流程都适用。以下是组织可能使用但本书没有详述的其他根本原因分析技巧：

故障模式和影响分析（FMEA）——FMEA 主观上列出了所有可能发生的故障（模式），然后评估每个故障的后果（影响）。有时，会根据故障模式对系统或部件的可操作性的重要性给出相对应的分数。

变更分析——描述事件或问题。然后描述相同的情景下没有发生问题的情况。比较这两种情况，记录和分析差异，确定差异的后果。

障碍分析——识别用于保护目标免受伤害的障碍，并分析事件以查看障碍是否存在、失效或以某种方式受损。这是通过跟踪从有害行为到目标的威胁路径来实现的。

商业化的 RCA（根本原因分析）——如 Kepner-Tregoe 根本原因分析和 Apollo 根本原因分析方法论。

步骤 5 小结

发现导致数据质量问题的根本原因是项目中最重要的里程碑之一，也是之前所有工作的主要目标。现在，可以对下一步业务操作和所需的沟通，做出明智的决策。根据发现的根本原因，根据需要更新项目目标、范围、时间表和资源；在任何项目中尽快找到根本原因；请记住，在步骤 1～4 中要做到适度，就可以选择正确的问题来集中精力，并获得足够的背景来做好根本原因分析；根本原因分析可以在有或没有进行深度数据质量评估的情况下开展。

在分析根本原因之后，可能需要花费更多时间进行测试以验证潜在的根本原因，或者根据发现的情况进行变革。无论哪种情况，都应该自然地转向制订数据质量提升计划。

沟通、管理和参与

在此步骤中有效合作和管理项目的建议：

- 选择一位中立的主持人，他不关心根本原因分析会议的结果，但会主导整个会议过程，让每个参与者都能发表意见，找出根本原因，并确定后续步骤的责任归属。
- 确保参加根本原因分析会议的人员知道他们为什么在那里，并做好准备和愿意参与。
- 在任何根本原因分析会议中，快速回顾会议的目的和过程。确保人们感到舒适，并感到他们可以自由交谈而不会受到任何影响。树立一种开放和信任的基调，这样人们就更有可能寻找好的解决方案，少一些戒备心，也不指责别人。
- 在任何根本原因分析会议之后，跟进行动项目，与具体改进的负责人进行交谈，包括参加会议的负责人和其他未参加会议的负责人。
- 继续与项目资助者和其他利益相关方合作，确保就根本原因、接下来步骤中实施的建议和改进措施达成一致。

检查点

步骤 5　确定根本原因检查点

如何判断是否准备好进入下一步？使用以下指南帮助确定此步骤的完备性以及下一步的准备情况：

- 是否理清并记录了每个数据质量问题的根本原因？
- 是否确定并记录了解决这些根本原因的建议？
- 是否已确定负责确保实施改进的负责人？
- 沟通和参与计划是否保持最新？
- 在此步骤中，是否完成了必要的沟通、管理和人员参与活动？例如：
  - 是否分享了此步骤的根本原因和具体建议，并获取了项目发起方和其他利益相关方的同意？
  - 是否开始将未来可能会被要求帮助实施或提供建议的其他团队的管理人员包括在内？需要与他们及时沟通。

步骤 6　制订数据质量提升计划

步骤 6 在十步法流程中的当前位置如图 4.6.1 所示。

业务收益和环境

步骤 6 是改进循环中重要的下一步，因为这一步要确定责任者以及要实施各项提升计划。要决定谁来监督、协调和跟踪各项提升计划的进度。要为数据质量团队实施的提升计划制订详细的计划。对于项目团队外部的人员开展的那些提升计划，必须在项目团队和新所有者之间做好文档记录和知识的交接。

此步骤中计划的改进工作实际上在步骤 7、8、9 中实施。这三个步骤在十步法流程中是分开的，因为人们通常能想到的改进提升仅仅是纠正当前数据错误（步骤 8）。防止错误再次发生也至关重要（步骤 7），其中一些措施应得到持续监督（步骤 9）。在最后确定要进行的改进提升时，应考虑到全部这三个步骤。

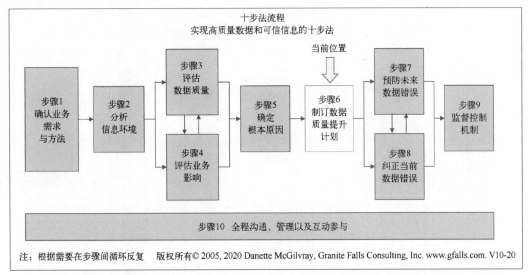

图 4.6.1　步骤 6　制订数据质量提升计划"当前位置"图示

此外，这项工作通常由不同的人员或团队负责实施，并且需要不同的流程和工具来完成。对于任何改进，谁来实施这些改进将取决于所需的技能、资源的可用性以及组织的结构。对于某些人来说，在步骤 7 中最初实施控制机制的人员和在步骤 9 中支持该控制机制并对其采取后续行动的人员之间存在明确的职责划分。如果在 DevOps 开发运营环境中工作，那么两者之间的区别就不那么大了。步骤 6 是综合考虑所有这些要点的地方，以便改进计划可以实际在组织的环境中有效实施。

> ◎　**最佳实践**
>
> **持续管理支持。**步骤 6 是项目中的关键点，在这里沟通和参与是确保最终建议得到实施的关键。很多时候，短暂的注意力持续时间和"下一件大事"效应会影响管理者，他们有可能会忘记了在最初为什么要完成数据质量项目。作为项目团队，您的工作是提醒他们实施改进将带来的好处。在这里，再次查看步骤 4 中的业务影响技巧以及步骤 10 中的沟通和参与，这种情况并不罕见，目的是要确保各种改进工作拥有责任人和支持，并确保改进实际得到实施，不要低估了可能需要为此付出的努力。除非制定好了规划并在接下来的步骤中实际实施了改进，否则所有先前的工作可能都是徒劳的。

与其他步骤相联系的数据质量提升计划

让我们提醒自己我们是如何走到这一步的，以及我们要往哪里去。在讨论这些要点时，请看图 4.6.2。您已完成步骤 1、2、3 和 4 中的相关活动，以某种合理的顺序和详细程度完成，因此您的项目正在解决应对职责范围内的业务需求、数据质量问题和项目目标。这项工作可能需要 4 周到 6 个月，该图显示的是活动，而不是时间。

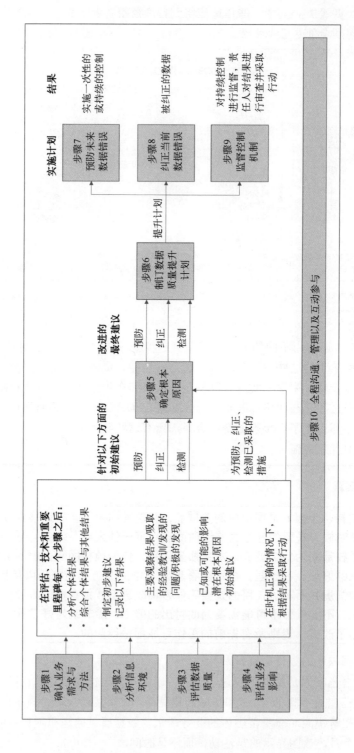

图 4.6.2 从初步建议到实施控制机制

在每个步骤之后（例如，在分析信息环境之后，在评估每个数据质量维度之后，在使用业务影响技巧之后）或在重要的里程碑上，您需要完成白框中列出的各项目。

步骤 6 的步骤总结表见表 4.6.1。

表 4.6.1　步骤 6　制订数据质量提升计划的步骤总结表

目标	● 为实施改进制定规划，包括预防、纠正、检测控制机制，沟通和变革管理。 ● 确认责任人，他们将负责确保计划的实施
目的	● 确保最初开启项目范围内的业务需求和数据质量问题以及项目目标，妥善应对处理被规划进行的改进。 ● 确保计划基于根本原因分析和最终建议。 ● 确保所有者致力于实施改进。 ● 确保迄今为止在数据质量项目中所做的工作得到为组织实现收益的最佳机会。 ● 确保受变更影响的人员将支持、参与并接受这些变革

输入	● 来自步骤 1 项目范围内的业务需求和数据质量问题及项目目标。
	● 任何步骤 2、3、4 中提出的、未包含在步骤 5　根本原因分析中的初始建议
	● 来自步骤 5 为项目范围内每个数据质量问题确定根本原因：
	  ○ 确定的根本原因。
	  ○ 解决根本原因的具体改进建议。
	  ○ 实施改进的最终或临时责任人。
	● 项目当前状态，利益相关方分析，沟通和参与规划

技巧与工具	● 确定优先级技巧，如果建议列表太长则无法全部实施。 ● 沟通和参与技巧，以帮助确保改进规划拥有所有者和支持（请参阅步骤 10）。 ● 项目管理技巧，包含实施改进时要使用的各种方法
输出	● 根据项目的最终建议和根本原因分析，规划要实施的预防、纠正或检测控制机制。 ● 负责实施的最终所有者。 ● 为数据质量项目团队要实施的改进制订的详细计划。 ● 对于由项目团队以外的人员实施的改进，高层计划（如果有的话）、文档记录和知识妥善转移给已识别的接受其责任的所有者。 ● 为了"推销"改进措施、获得所有者并获取他们对实施改进的承诺，完成所需的沟通并参与活动。 ● 更新项目状态，利益相关方分析，沟通和参与计划
沟通、管理和参与	● 确保项目资助者和其他利益相关方了解建议的好处，同意并支持建议和改进规划，以实施改进。 ● 找到那些负责实施改进的所有者，并获取他们的承诺，他们可能在当前项目团队之内或之外。 ● 提高那些将受到改进影响的人对计划的认知
检查点	● 建议是否已最终确定？ ● 是否确定了负责确保改进实施的所有者，以及他们是否接受了相关职责？ ● 如果项目团队负责实施，改进规划是否已完成？ ● 项目团队是否已完成文档并向项目团队外部负责实施的人员进行了移交/知识转移？ ● 沟通和变革管理计划是否保持最新？ ● 在此步骤中需要进行的沟通、管理、参与的相关必要活动是否已完成

对于每个步骤，应分析、综合和记录结果，并制定初步建议。这样做，您将为步骤 5 中的根本原因分析做好充分准备。归档记录提供了记忆和运用所学知识的最佳机会。列出的建议是预防、更正或检测（监督）数据质量问题或错误的建议，以确保已考虑每个类别。

在适当的时候对结果采取行动也被包括在内，因为在步骤 5 之前可能已经进行了一些预防或纠正，例如在紧急情况下，运营流程停止或关键报告出错，必须立即解决。在确定根本原因时，应考虑到所有这些操作，因为您希望确定是否仍需要在这些领域进行其他工作。

初步建议可能包括纠正数据——这始终是第一个倾向。但也应该就如何防止这些错误提出建议，其中可能包括监控措施。作为一个提示，建议陈述了整体解决方案或保持行动向前发展所需的下一步。如果您需要了解有关具体建议的更多信息，请重新阅读步骤 5。

术语的变化是微妙的，但意义重大。需要做的事情从初始建议开始，逐步形成改进提升的最终建议。最终的建议进而被转化为改进计划。请记住，您的改进适用于各种情况。计划可以快速应对解决一个小问题，或者它们可能会拆分一个单独的项目来解决那些困难、复杂且多年来一直在业务流程中根深蒂固的、不断增加成本和风险的根本原因问题。许多改进将能够以某种方式再次运用十步法流程。

接下来，执行改进计划来实施控制机制。此处使用"控制"一词来表示检查、检测、验证、约束、奖励、鼓励或指导工作的各种活动，这些活动将确保高质量的数据，防止数据质量问题或错误，或增加生成高质量数据的机会。这些控制可以是一次性的实施操作，也可以随着时间的推移被持续监督。同样，三种一般类型的数据质量控制包括防止错误、纠正错误和检测错误的控制。错误是指数据本身是错误的，它也可能会凸显出必须解决的更大的数据质量问题。

在实施改进时，那些解决预处理、纠正和检测的改进可以单独完成，也可以一起完成。它们可以由数据质量项目团队本身完成，也可以由项目团队外部的人员独立完成，还可以通过组合形式完成。如前文所述，有些是某人待办事项列表中的简单任务，有些可能是复杂的活动，需要独立的项目来管理工作。当实施多项改进时，请考虑指定责任人进行监督、协调工作并跟踪整体进度。

> **❞ 经典语录**
>
> "如果一个管道破裂，我们会修复它。我们不会组织一个永久性的清洁团队。如果自来水与下水道污水混合，我们将重新设计系统。我们不会投资其他清洁设施。
>
> —— Håkan Edvinsson，作家和数据管理顾问，
>
> DG Vision 华盛顿特区，2019 年 12 月

制订数据质量提升计划的输入

图 4.6.3 所示为在制订实施各种改进建议的计划时要考虑的因素：时机、解决方案的复杂性、确定性以及所有权和参与。每一项都被置于一个连续的轴上。任何建议落在各个连续

轴上的点位都是对实施该改进的实际计划的输入：何时应该完成、谁应该负责完成、还有谁应该参与以及它可以以多快的速度落实到位。看一下，是否足够强调了广泛思考并考虑预防、纠正和检测活动？

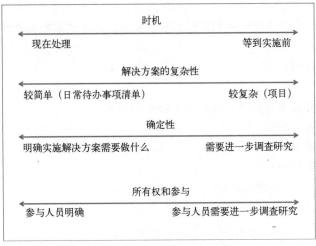

图 4.6.3 制订提升计划的注意事项

方法

1. 收集所有正在考虑的改进建议

如果在整个项目中一直提出建议并记录结果，那么将非常容易汇编列表。如果没有，那么汇编列表将需要更长的时间。请参阅第 6 章 其他技巧和工具中的分析、综合、建议、记录并根据结果采取行动部分以获取帮助。

所列出的建议列表很可能包括更正活动、基于根本原因分析的预防活动，以及用于检测数据质量问题的监督控制机制。预计清单上的项目范围有大有小，并且当准备好实际实施时，它们将花费不同量级的资源和时间。

2. 如果以前没有提出建议，请立即制定

如果以前没有提出建议，特别是那些基于根本原因的建议，那么在继续之前需要制定这些建议。提醒自己在步骤 5 中确定的根本原因，并重新访问关于制定建议的说明。

3. 按需确定建议列表的优先级

建议列表可能很短，并且您预期能够执行所有这些建议。如果是这样，则无须确定优先级。如果不是的话，需要对它们进行优先级排序。您可以使用业务影响技巧，例如步骤 4.8 收益与成本矩阵或步骤 4.6 风险分析，其中考虑了由于未实施建议而可能产生的风险和后果。

在确定优先级之前，请回顾那些最初推动项目启动的业务需求和数据质量问题、项目目标以及发现的任何新数据质量问题，寻找建议之间的相似之处。如果它们是同一业务流程的一部分，在确定优先级之前可以对它们进行分组。

确定优先顺序可以由项目团队完成，然后与项目出资人单独讨论并最终确定。或者，项目资助者和其他利益相关方可以参与确定优先次序。通常最好让一个中立的主持人来领导此类型的讨论会议。

4. 确定实施负责人

确定谁应该参与讨论并最终确定建议的优先级，制订和批准改进计划并负责实施。应利用现有的任何正式的数据治理体系和管理人员。如果没有正式的数据治理体系，那么需要确定以下问题。

- 谁负责实施改进？
- 谁负责帮助实施？
- 谁提供意见并且需要向其咨询？谁有相关知识？
- 谁需要被告知计划？
- 谁有权做出决定？
- 谁将负责变革管理？

对于已经最终确定并商定的每项建议，确定谁将承担职责。

5. 制订提升计划

请记住，这是规划步骤。建议/改进实际上将在后续步骤中实施，步骤 7 用于预防，步骤 8 用于纠正，步骤 9 用于通过监督控制机制进行检测。这些步骤是单独调用的，因为通常不同的人员或团队负责不同类型的改进。但是您的计划可能由一个团队、独立的多个团队并行完成或一个接一个地完成。

在步骤 7 的预防活动中，有些活动可能是一次性的。其他则将持续进行，需要在步骤 7 和步骤 9 之间做好交替。对检测异常的控制机制进行监控将使数据质量问题变得可见，以便可以快速、尽早地处理它们。在步骤 8 中完成的更正还可以为步骤 9 中持续实施的度量提供信息。

不要试图一次解决所有问题，但要确保您制订的计划能够解决根本原因。并非每一项改进都需要实施一个完整的项目。寻找能够快速带来价值的举措和短期活动。

为了最好地确保在即将到来的步骤中实施改进，以下总结了各方需要完成的工作：

现有的数据质量项目团队——确保如果实施了计划（无论谁负责实施）业务需求，数据质量问题和项目问题都将得到解决。确保计划包含了必要的预防、纠正、检测或沟通。

对于分配给项目团队的改进任务，需制订详细的实施计划。使用同样良好的项目管理技能来组织和管理工作如何完成，需包含沟通和参与的时间。确保为要完成的工作获取资金、资源和支持。如果实施需要被监督的控制机制，计划将支持移交给运营团队，并确认如果检测到问题，谁将针对结果采取行动。

对于分配给项目团队之外的改进项目，项目团队仍需要准备将有关的知识和文档转移给其他人。项目团队还可能根据在项目中总结的知识来制订高阶实施计划，这将使项目方的工作有一个跳跃式的开始。安排时间一起交接材料，并确保关于所有权已达成一致。这些移交工作可能要交给多个个人或团队，具体取决于实施的所有权是如何分配的。

需要有意识地努力提高认知，并将计划"推销"给实施者，以确保将分配的职责转化为行动。

　　数据质量项目团队以外的人员——利用数据质量项目团队提供的成果实施改进并支持数据质量工作。

　　如果有正在进行的数据质量项目或数据治理项目（请回忆数据行动三角），无论谁负责，都需要跟踪该项目实施的状态，并确保它们完成。

 十步法实战

规划改进——一个神奇的时刻

　　我称之为"神奇的时刻"发生在一次会议期间，会议目的是为数据质量项目中的具体建议确定优先级。由于对建议的职责已经分配完成，数据经理同意她的团队为其中一些建议制定规章制度。但她抱怨，没有钱可以用于实施这些建议的举措。

　　营销经理（同时也是项目的出资者）也在现场。由于她对整个数据质量项目的情况都很了解，她很清楚这些建议对公司及营销部门的价值。她问道："您的团队要花多少钱才能为这些建议制定规章制度？"数据经理回复了一个估计值。营销经理笑着说："我在一次营销活动中花费的钱比这多，我会付钱去实施这些建议！"当实施建议的人与能够为改进买单的人联系在一起时，问题就解决了。从这个真实的故事中可以看出，付出努力进行沟通，并确保在整个项目中各利益相关方都参与其中是值得的。

6. 记录和沟通结果

　　记录项目团队要实施的详细改进计划。记录由项目团队外部人员执行的计划的交接工作和最终所有权。请参阅本步骤末尾的沟通、管理和参与框中的建议。

示例输出及模板

多种提升数据质量的方法

　　下面是一个改进示例，这些改进侧重于准备进行迁移的源数据。这个示例还说明了不同的改进或变革需要不同的计划。

　　在一个大型全球项目中，来自数百个源系统的数据被移动并集成到一个新系统。已按数据主体领域（如物料、客户、销售订单等）对源系统（遗留系统）进行了数据剖析。将显示当前数据质量的数据剖析结果与新目标系统中的要求进行了对比。实施了数据就绪活动，以弥补源系统中数据的当前状态与新平台运行业务所需的状态之间的差距。根据数据状况（数据来源、数据主体领域、发现的数据质量问题、所需资源），以表 4.6.2 中列出的多种方式处理数据。

表 4.6.2　数据就绪计划

如果遗留系统中的数据质量…	…那么需要进行以下数据准备活动	改进规划说明
满足目标系统的要求	不需要	
太差了，无法使用或数据根本不存在	创建或购买数据	数据创建计划就位，并单独跟踪进度。分配采购数据的职责

（续）

如果遗留系统中的数据质量…	…那么需要进行以下数据准备活动	改进规划说明
未满足要求	在旧系统从源头清洗数据或在 ETL 过程中转换数据	这些是首选项，风险低于本表中的任何其他选项。团队和源分析师之间以及团队分析师和开发人员之间需要良好的沟通
未满足要求——大量复杂的记录和所需的变革	在加载到新平台之前，从多个数据源创建新的主记录	由于客户数据源的数量和组合它们的复杂性，无法通过 ETL 完成。启动一个单独的数据质量项目，它需要深入的数据去重，首先将所有客户数据源合并到一个主记录中，然后再加载到新平台。创建一个单独的项目计划，其截止日期与整个项目计划同步
未满足要求——少量复杂的记录和所需的变革	加载到生产环境后，但在向用户发布新平台之前进行手动变革	这是针对极少数数据集存在复杂变革的情况，并需要人为判断

 十步法实战

在新西兰公共部门基础设施机构实施数据质量识别

Liz 是新西兰运输部门的新任数据质量专家，她的机构正处于开发数据质量框架和企业数据管理计划的最早阶段。

她分享了她使用十步法的经验：

业务问题——有许多关于数据质量差的投诉，但我们机构没有真正的证据基础来了解数据质量问题的优先级或紧迫性。一些软件项目已经生成了一个"痛点"列表，但几乎没有支持文档来说明问题出现的位置，或者哪些业务流程受到问题的影响。总的来说，我们有许多几十年前的操作系统，其中大量操作系统的文档埋藏在业务孤立部分的内部服务器上，还有一个工作台来报告系统故障，但没有记录数据相关问题的机制。

我们最近开发了一个企业数据仓库，并聘请了数十名新的数据科学家、仪表盘开发人员和商业智能分析师。现在，数据正在以新的方式被进行组合和呈现，专业人员花费一天中的绝大部分时间在"准备数据以供使用"，即剖析数据并清洗数据。专家必须找到数据的所有者，因为在数据或数据集层面没有保存中央记录。这是非常耗时的，浪费了他们的才能，并导致很高的离职率。更甚者，数据问题从未好转，因为没有能力进行根本原因分析或制订有效的补救计划来修复相关源系统上的数据。

运用十步法——我选择了一个最近重新开发的系统作为建立数据质量基线的试点项目，之所以选择它，是因为它具有非常新的技术组件，并且源数据库中的实例和卫星数据仓库副本之间保持着紧密的同步关系。对于新系统来说，使用数据完整性基础原则（步骤3）的数据质量维度完成完整性检查将是直截了当的，并且研究信息环境（步骤2）将顺利进行。我们还得到了业务所有者和技术数据管理员的支持。

我与不同的利益相关方举办了研讨会，来介绍数据质量试点项目的目标，并争取他们的参与，希望他们提供在将数据应用于业务流程时出现的数据质量问题。该方法改编自十步框架 POSMAD 对齐讨论。结果是：进一步确定利益相关方群体、提高对数据质量维度的理解，并同意使用 DQ Matters 概述的数据质量的一致性维度，以及就如何使用数据质量问题报告服务达成一致。

实现的业务价值——记录数据质量问题带来的直接好处是，我们可以根据对业务的价值来评估和解决问题。这些记录帮助了我们的团队在评估的根本原因分析阶段和准备补救计划时分配优先级和确定紧迫性。另一个重要的好处是增进了对专人管理数据模式有效性的理解。将数据质量问题报告定位在数据应用的点上，并由专业分析师负责，也发现了我们几个关键数据集中功能监管的不足。

同时我们还认识到，目前的技术工单系统不足以记录数据事件。当数据和信息经理收集企业数据目录的要求时，我提交了一项要求，即目录中的每个数据条目都必须具有指向该数据集的问题日志的链接，并记录与数据的关键关系，例如，有效的监管员和业务所有者联系人。

进一步开发规划——我们的数据质量项目的后续步骤是为数据质量问题构建一个中央寄存器，包括自动化事件表单、促进相关工件的存储以及执行中央数据质量问题文件的日志记录的服务。目标是通过仪表盘技术（QLIK）使整个机构都能访问数据质量问题日志。可能会在数据管理团队中使用 Office 365 工具（如 Forms、Flow 和 SharePoint）来保存记录。

解决数据质量问题的预期结果/行动——该项目使用十步框架,使新兴的管理专人制模式可见并发挥作用。我们现在有了更有效的对话，可以解决问题了，因为我们开始记录数据质量问题。具体来说：

- 通过让业务所有者参与，业务影响评估的效果将得到提升。提出的问题现在可以由业务所有者根据其价值和产生的影响进行分类和优先排序。
- 现在可以与技术数据管理员一起举办根本原因分析研讨会，使用鱼骨图将特定问题分组到根本原因类别中，并帮助聚焦修复活动。六个类别分别是用户知识、标准合规性、技术平台、业务流程、数据源、系统设计。
- 可以与业务所有者和技术数据管理员合作制订修复计划。

步骤 6 小结

在步骤 6 中，您应该已完成以下操作：

- 制定具体的改进建议（如果在先前步骤结束时尚未制定）。
- 如果列表很长，基于可用时间和资源难以合理实施，则对建议进行优先级排序。
- 确定高优先级改进建议的责任者。
- 制订可由现有项目团队实施的详细改进计划。
- 准备有关改进的背景信息，可能附带高阶计划，并将所有权转移给项目团队外负责或应该负责实施的人。

此外，您可能还发现，需要与项目资助者和其他利益相关方进行更多的沟通和参与，以确认对所制订计划的所有权和支持。

现在，您已准备好通过实际实施步骤 7、8 和 9 中（以任何有意义的顺序）的改进来继续完成改进循环。

	沟通、管理和参与

在此步骤中，有关与人员有效协作和管理项目的建议：

- 确保项目资助者和其他利益相关方了解改进建议的好处，同意并支持建议及实施针对这些建议的改进计划。
- 获取负责实施改进计划的人员的职责权限和承诺，他们可能在当前项目团队之内或之外。
- 提升那些将受到改进影响的人对计划的认知水平。

✔	检查点

步骤 6　制订数据质量提升计划检查点

如何判断我是否准备好进入下一步？使用以下指南可帮助确定此步骤的完备性以及下一步的准备情况：

- 改进建议是否已最终确定？
- 是否确定了负责确保实施改进的责任者，以及他们是否接受了相关职责？
- 如果项目团队负责实施，改进计划是否已完成？
- 项目团队是否已完成文档记录并向项目团队外部负责实施的人员进行了移交/知识转移？
- 沟通和变革管理计划是否保持最新？
- 是否已完成在此步骤中所需的沟通、管理和吸引人员参与的必要活动？

步骤 7　预防未来数据错误

步骤 7 在十步法流程中的当前位置如图 4.7.1 所示。

业务收益和环境

当前处于十步法的步骤 7。这是改进循环中的一个步骤，您将在其中看到评估工作的成果。您会注意到，此步骤中的说明比十步法中其他步骤的说明少。这并不意味着它不重要。本章说明较短，是因为您此时需要做的事情完全取决于在前面的步骤中所发现的内容、您的建议和改进计划。如果其他步骤做得很好，您需要做什么就会非常清楚，而这一步是您将所需做的事情都付诸行动，来阻止数据错误再次发生。步骤 7 的步骤总结表见表 4.7.1。

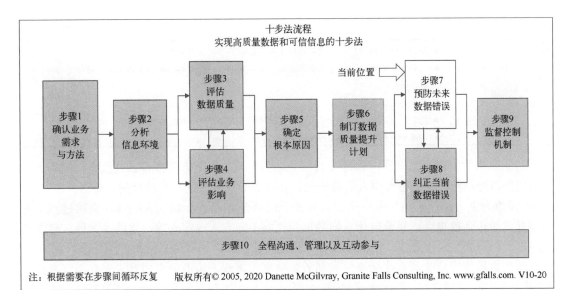

图 4.7.1 步骤 7 预防未来数据错误"当前位置"图示

表 4.7.1 步骤 7 预防未来数据错误的步骤总结表

目标	● 实施解决方案,解决数据质量问题/错误的根本原因
目的	● 防止数据错误再次发生。 ● 确保迄今为止在项目中学到的知识被实际用来为组织获取利益。 ● 确保不浪费在清洗或纠正数据错误方面的投资。 ● 确保受变革影响的人员将支持、参与并接受这些变革
输入	● 数据质量项目团队要实施的预防性控制计划(来自步骤 6): 　○ 与步骤 8(纠正)和步骤 9(检测和监督控制机制)相协调的详细实施计划。 　○ 注意:改进范围可能小到一个人的"待办事项"列表中的任务,大到一个独立的项目。 ● 负责实施的最终责任人。 ● 当前项目状态、利益相关方分析、沟通和变革管理计划
技巧与工具	● 帮助防止数据错误的工具(请参阅第 6 章中的数据质量管理工具)。 ● 沟通和参与技巧,以确保实施获得支持、资金和资源(请参阅步骤 10)
输出	● 已完成的控制机制/解决方案的实施,以解决根本原因并预防未来数据错误发生。 ● 在项目的这一点上,完成适当的沟通、参与和变革管理活动。 ● 已更新的项目状态、利益相关方分析、沟通和变革管理计划
沟通、管理和参与	● 确保在整个实施过程中获得持续的支持和资源。 ● 跟踪和报告实施状态。 ● 持续与项目团队以外的实施改进人员保持联系,以提供帮助和鼓励,跟踪进度并根据需要协调工作。 ● 培训受控制机制影响的人员,以确保大家对变革、期望、新的或修改的角色、职责、流程等有一致的理解。 ● 完整的文档记录并确保实施获得签核/批准。 ● 分享和庆祝这一步的成功和成就,并感谢参与其中的人。 ● 确保其他人了解组织将因实施预防性解决方案和控制机制而获得的益处

（续）

检查点	● 是否实施了解决根本原因和预防未来数据错误的解决方案？ ● 对角色、职责、流程等的变革是否已记录和共享，受影响的人是否对变革、新期望等有一致的理解？ ● 是否已完成必要的培训？ ● 是否已完成此步骤中用于沟通、管理和吸引人员参与的其他必要活动？ ● 沟通和变革管理计划是否保持最新

防止未来数据错误发生是一种持续的成功，虽然并非每个错误都可以被预防，但大大改进的信息将提高整个业务过程中人员的士气，并提高对后续改进项目成功的期望。

"预防为主，治疗为辅"是一个经得起检验的真理。尽管如此，人们往往会跳过预防并立即开始纠正当前错误。我希望让人们意识到要以不同方式进行处理，这就是为什么步骤 7 预防出现在步骤 8 纠正之前。预防可以获得长期收益，并增加对信息质量的信任度。

预防数据错误意味着企业拥有生成高质量数据的流程，而不是去面对未来数据清洗活动（要花费）的时间和成本。在一个案例中，一个组织处理了数据质量问题的严重影响，这些问题涉及整个公司并上至最高级别的管理者。当我开始与该组织合作时，一项极其昂贵的数据清洗活动（称为数据闪电战）刚刚完成。我与负责人会面，以更多地了解发生了什么。她告诉我，他们在项目结束后进行了一次回顾。我对此印象深刻，因为通常不会发生这种情况。当被问及回顾的结果时，她自豪地说："我们现在有一个针对数据闪电战的完整记录流程。"我回答说："好吧，但是先弄清楚如何避免数据闪电战不会更好吗？"她沉默了一会儿，然后说："嗯，这是个好主意，但我们现在正在忙其他事情了。"这进一步证实了我的经验，即预防（在人们心中）不是头等大事。如果您必须向他人教育引导预防的价值，请不要感到惊讶——特别是在预防的成本一次又一次低于数据清理的成本时。

步骤 7 中实施的一些预防活动是步骤 9 中要监控的控制机制的候选。步骤 7、8 和 9 可以按任意顺序完成，可以并行或顺序进行。只是不要忘记预防机制！

> **❞ 经典语录**
>
> "一旦一家公司意识到其数据质量低于标准，它的第一反应通常是发起大规模的努力来清洗现有的不良数据。而更好的方法是专注于通过识别和消除产生错误的根本原因来改善新数据的创建方式。
>
> ——Thomas C. Redman，《数据可信度问题》，哈佛商业回顾，2013 年 12 月

还记得第 2 章中的数据行动三角吗？三角的三条边（项目集、项目和运营流程）指示如何开展数据质量实际行动。您的数据质量项目一直在进行三角形中"项目"侧（左侧）的工作。作为项目的一部分，一些预防数据质量错误的控制机制可以仅执行一次。例如，使用有效代码实现下拉列表，以确保创建记录的用户只能从批准的参考数据中进行选择，而不是输入自由格式的文本。但其他控制机制需要作为运营流程的一部分（三角形的右侧）来实现。

如果项目团队需要确保运营流程的延续性，方法通常分为两类：①将数据质量控制机制

纳入标准业务运营流程，如更新业务流程以纳入如何防止重复创建记录和在新流程中培训客户服务代表，同时纳入为什么上述内容是重要的；②正在持续进行的数据质量特定控制机制，其成为运营流程本身，如包含了检测数据质量错误度量的数据质量仪表盘。

如果数据质量项目集不存在，那么应尽可能形成一个项目集。从而形成三角形第三条边（项目集）的连接。数据质量项目集是跟踪所有实施进度的好工具，这也是确保连续性的绝佳方式，并可以为其他团队和项目所用。

方法

1．确认各项预防改进措施的实施规划

这一点尤其重要，如果自初始评估和根本原因分析完成以来已经过去了一段时间，当要开始实施预防措施的时候，确保改进活动仍适用于当前环境。

确保改进活动或项目着眼于根本原因。回顾步骤 5 中发现的根本原因和步骤 6 中的计划。

请记住，每条数据都有一个生命周期，确保在生命周期的正确位置实施预防措施。在创建数据时预防数据质量问题应该是第一要务。

仔细实施改进措施，以确保其不会产生有害的副作用。请参阅信息质量框架，以确保您已考虑会影响计划的各组成部分。例如，确保您已考虑到将负责实施改进的人员/组织。查看附录　快速检索中的 POSMAD 交互矩阵细节示例问题，或第 3 章中的图 3.3，以帮助您实施有效的改进。

许多改进都会与流程相关。毕竟，数据是业务流程的产物。如前所述，一些改进将以"快速见效"活动的形式进行，可以很容易地实施；其他改进可能会需要更多资源。

2．确保分配职责并完成培训

步骤 1　确认业务需求与方法中提到的良好项目管理的所有原则在这里都适用。当然，对于小的改进，您不需要一个项目章程，但对于大规模的改进，就需要了。

培训受控制机制影响的人员，以确保大家对变革、期望、新角色或修改的角色、职责、流程等有一致的理解。

3．完成实施

只管去做！跟踪和报告进度，完成文档记录，在实施完成后获取接受和签核。

4．确保要监督的控制机制的连续性

确保将文件和知识从实施控制机制的人转移到那些将支持监督控制机制并针对结果采取行动的人。这可以在此处或在步骤 9　监督控制机制中完成。

5．记录和沟通结果

继续与项目资助者、其他利益相关方以及最近确定的将受到这些改进影响的任何人进行沟通和互动。纳入变革管理，以帮助每个人处理对其流程、角色、职责、协作方式等方面的调整。确保他们知道为什么进行变革，以及他们将如何从中受益。使用步骤 10　全程沟通、管理以及互动参与中的观点。

示例输出及模板

预防数据错误的示例

以下是可预防将来出现数据错误的示例活动：

- **专注于数据创建**。明确创建数据的流程以及创建数据的人员的角色和职责。对数据生产者实施问责制和奖惩制。制定强制实施或鼓励良好数据质量实践的流程，并包含在培训和过程记录中。确保培训不仅包括如何创建高质量的数据，还包括为什么高质量的数据如此重要。将数据生产者和数据用户聚集在一起，讨论问题并确定如何满足双方的需求。在收集/创建数据时，将关于一致性和有效性的问题标准化。

- **培训**。组织中几乎每个人都以某种方式影响着数据的质量。许多用户在完成工作的过程中创建和维护数据。然而，他们中有多少人意识到他们创建的数据正在被其他人使用？他们是否意识到，他们接触到的数据的质量在流经整个公司时可能会产生积极或消极的影响？是否意识到它实际上会影响成本、收入和客户满意度吗？大多数人没有意识到。数据用户不需要了解十步法和关键概念的所有信息。但他们确实需要了解一些关于数据质量的知识。新员工入职培训（通常称为入职引导）可以在组织、部门、团队或工作层面开展。可以针对所有这些形式定制数据质量信息，将这些信息纳入新员工接受的有关行为标准、安全和安防等的标准培训中。为什么不写关于如何以及为何要谨慎对待所接触的数据的一小段内容？具体说一说关于他们创建的数据。同样重要的是，告诉他们为什么要好好处理他们经手的数据。提供数据的一般示例及其流向，说明他们和他们的工作如何通过数据相互联系，他们如何互相帮助或伤害，这取决于他们如何照管（或不照管）经手的数据。举例说明他们接触的特定数据如何被其他人使用，以及这些数据对他们有什么影响。帮助他们了解确保数据质量的重要性。

- **激励措施**。为数据质量实施激励/度量措施，以补充那些可能无意中对数据质量产生负面影响的业务度量或 KPI。例如，客户呼叫的快速周转时间（即每次支持呼叫的时间）通常是客户服务代表的唯一衡量度量。快速挂断电话的压力可能意味着数据输入受到影响。与经理合作，确保业务度量和数据质量度量之间的一致性。帮助所有人了解它们的好处，激励和奖励那些支持数据质量的人。

- **数据质量问责制**。确保与数据质量相关的活动被包含在工作职责中，并成为年度绩效评估的一部分。针对来自内部数据提供者的数据的质量级别，实施服务级别协议。与您的采购部门合作，将数据质量标准构建到与外部数据提供商的合同中。

- **信任度**。提高对关键数据的信任度，从而增加对关键数据的使用。让用户知道基线评估的结果并获得反馈。分享当前正在进行的预防活动、已完成的纠正活动以及创造改进积极性的业务影响结果。

- **沟通**。让各级管理层从言语和行动中展示他们对数据质量工作的支持，并展示对组织的影响。

- **技术缺陷**。修复项目期间发现的任何导致数据质量差的技术缺陷。

- **大数据**。检查引入过程和在进入数据湖之前清洗源端数据的数据质量活动。
- **机器学习和人工智能**。确保用于训练算法的数据具有足够高的质量，以用于机器学习和人工智能。
- **您所在组织的软件开发生命周期（SDLC）中的数据质量**。将十步法中的数据质量活动融入组织的标准 SDLC（其项目管理方法）中，为变革获取批准。与后续项目中使用修订后 SDLC 的团队一起提高对变革的认知。在当前项目中融入尽可能多的数据质量活动。在新系统投入生产时确保高质量的数据，是预防数据质量问题的最有效方法之一。
- **标准数据质量改进**。创建基于十步法的标准数据质量改进方法。修改十步法以适合您的组织，使用对将要使用它的人最有意义的术语和语言。

 十步法实战

用于自动化业务解决方案的人工智能项目

Sierra Creek 咨询公司负责人 Mary Levins 参与了一个人工智能（AI）项目，该项目用于解决一个面向客户的业务问题。

她解释了十步法对项目成功的重要性：

背景和业务需求——一家非常大的有线电视和互联网提供商希望探索使用人工智能和机器学习来改善客户服务。当前提供新服务报价的流程不一致，且成本高昂，同时对客户来说具有难以预测和难以接受的周转时间。使用人工智能（AI）的实时自动化成本估算，比目前通过手动流程得到的预测率更高，从而可以解决此业务问题。但是，一个使用 AI 的成功的业务解决方案，有赖于高相关度和高质量的数据，并且其本身的相关性仅能与用于训练模型的数据达到一样的水平。十步法对于值得信赖的可持续解决方案来说至关重要。

业务领导者及其团队对做出各种业务决策所需的业务数据没有一致或可预测的看法。整个组织中的许多运营团队都有多个解决方案来满足他们的数据可见性和报告需求。这些解决方案的范围大到许多不同的昂贵系统小到低成本的手动工具和电子表格。这些解决方案内部和相互之间的报告与数据各不相同，因此业务领导者无法获得一致或可预测的数据视图。在为 AI 解决方案识别可用和可信数据时，这是一个巨大的挑战。

运用十步法——鉴于刚才描述的情况，需要解决的特定业务问题之一是更好地使用许多因素作为输入来预测实时成本估算。首先，业务需求得到了明确定义（步骤 1　确认业务需求与方法），然后分析了信息环境（步骤 2）。从这一分析中可以明显看出，仍存在许多差距，包括缺乏数据治理流程以及各部门之间缺乏一致或共享的数据定义。制订改进计划（步骤 6），其中包括实施数据治理计划的建议和建立团队来领导对跨来源关键数据元素的定义的建议。

最终结果——使用十步法来帮助清楚地识别业务问题和相关数据，以便构建有效的 AI 算法。开发实现实时成本估算的算法，该算法比目前通过手动流程的预测率更高，从而解决了业务问题。随着数据量和容量的提高，通过实施新的数据治理流程和使用十步法确定的其他改进计划，算法的准确性将随着时间推移而优化提升。

步骤 7 小结

在此步骤中，您完成了旨在解决根本原因并预防将来发生数据错误的控制机制的实施。如何实施、何时实施以及由谁负责，应与步骤 8 中的更正和步骤 9 中的监督控制机制相协调。我希望您花时间祝贺所有参与执行工作的人，并与他人分享您的成功。您已经通过更高质量的数据支持了业务需求，从而为组织的成功做出了贡献，这感觉很好。

沟通、管理和参与

在此步骤中，有关与人员有效协作和管理项目的建议：

- 确保在整个实施过程中获得持续的支持和资源。
- 跟踪和报告实施状态。
- 继续与项目团队以外的实施改进的人员保持联系，以提供帮助和鼓励、跟踪进度并根据需要协调工作。
- 培训受控制机制影响的人员，以确保大家对变革、期望、新的或修改的角色、职责、流程等有一致的理解。
- 完整的文档记录并确保实施获得签核/批准。
- 分享和庆祝这一步的成功和成就，并感谢参与其中的人。
- 确保其他人了解组织将因实施预防性解决方案和控制机制而获得的益处。

检查点

步骤 7　预防未来数据错误检查点

如何判断我是否准备好进入下一步？使用以下指南可帮助确定此步骤的完备性以及下一步的准备情况：

- 是否实施了解决根本原因和预防数据错误的解决方案？
- 对角色、职责、流程等的变革是否已记录和共享，受影响的人是否对更改、新期望等具有一致的理解？
- 是否已完成必要的培训？
- 是否已完成此步骤中用于沟通、管理和吸引人员参与的其他必要活动？
- 沟通和变革管理计划是否保持最新？

 步骤 8　纠正当前数据错误

步骤 8 在十步法流程中的当前位置如图 4.8.1 所示。

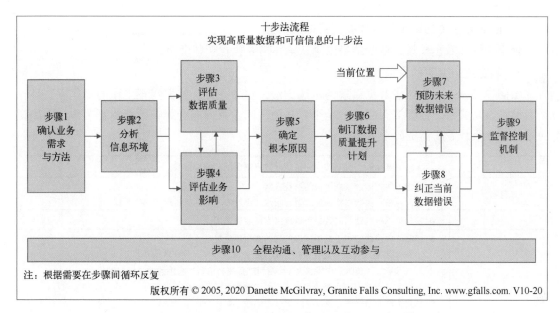

十步法流程
实现高质量数据和可信信息的十步法

图 4.8.1　步骤 8　纠正当前数据错误"当前位置"图示

业务收益和环境

　　纠正当前数据错误是信息和数据质量提升流程中一项激动人心的里程碑式的工作。然而，为了实现持续提升，不仅要纠正当前的数据错误、还要重视预防未来的错误。Larry English 强烈认为数据纠正行动应该是一项"为了预防缺陷发生的、与流程改进相结合的一次性事件"（1999 年）。

　　如果数据错误阻碍了业务进程该怎么办？在这种情况下，应立即纠正数据错误，正如步骤 5　确定根本原因中，不正确的主数据记录使产品运输受阻这一示例所示。更新关键记录后，要确定问题根本原因并做好预防措施，以确保问题不会重复发生。

> **❞ 经典语录**
>
> 　　**规则 1**：重点关注那些对组织机构主要战略至关重要的数据，忽略那些不使用的数据。
>
> 　　**规则 2**：（先预防，后清洗）：通过提升上游信息链条和供应方的质量，来预防未来数据错误发生。当这些数据源头具有可接受的质量，重点去清洗那些重要的长期性数据。
>
> 　　**规则 3**：数据清理本身不是一个切实可行的长期战略手段。
>
> 　　**规则 4**：如果当前确实需要进行数据清理，请确保相同问题不会再次发生。
>
> 　　　　　　　—— **Thomas C. Redman**，数据质量：实操指南，（2001 年），**p66**

方法

　　步骤 8 的步骤总结表见表 4.8.1。

1. 确认要变更的记录和具体要变更的内容

使用步骤 3 数据质量评估的结果来确认具体需要执行哪些变更。

2. 确定进行变更的方法和步骤

参阅模板 4.8.1 中纠正数据错误的可选方法。应考虑进行数据纠正工作的最佳方法是什么？谁将参与其中？需要多久完成？是否有其他时间约束问题会影响数据纠正工作，比如说应用软件升级或者所需资源不可用？

表 4.8.1　步骤 8　纠正当前数据错误的步骤总结表	
目标	● 实施可纠正当前数据错误的解决方案。 ● 运用对于有关数据错误的位置、量级和影响的了解来更新最关键的数据
目的	● 确保组织机构使用的数据可以继续支持业务需求
输入	● 步骤 6 中形成的纠正数据错误所需的数据质量提升计划： 　○ 依靠步骤 3 数据质量评估结果提供相关信息。 　○ 与步骤 7（预防）和步骤 9（检测和监督控制机制）相协调的详细实施计划。 　○ 注意：改进范围可能小至个人"待办事项列表"中的一项任务，大至一个独立项目。 ● 负责实施的最终所有者。 ● 当前项目状态、利益相关方分析、沟通和变革管理计划
技巧与工具	● 帮助进行数据更正和清洗的工具（请参阅第 6 章中的数据质量管理工具）。 ● 沟通、参与并确保纠正数据错误获得支持、资金和资源的相关技能（见步骤 10）
输出	● 根据规范纠正的数据，并附文档记录和签核。 ● 在项目的当前阶段适当地、完整地沟通、参与和变革管理活动。 ● 更新的项目状态、利益相关方分析、沟通和变革管理计划
沟通、管理和参与	● 确保持续的支持和资源，以完成数据纠正。 ● 跟踪和报告数据纠正状态。 ● 与项目团队外的参与数据纠正的人员保持联系，以获得他们的帮助和鼓励，跟踪进度并根据需要协调工作。 ● 培训将进行手动更正的人员，以确保更正的一致性。 ● 记录已完成的工作并为已完成的更正获取批准。 ● 分享和庆祝完成这一步骤的成功和成就，并向参与其中的人致谢。 ● 确保其他人了解完成数据纠正对业务带来的益处
检查点	● 当前数据错误是否已被更正并获得批准？ ● 结果是否以文件形式记录并做好传达？ ● 此步骤中所需的沟通、管理和参与相关的必要活动是否已完成？ ● 沟通、参与和变革管理计划是否保持最新

要考虑对主数据的纠正和对事务数据的纠正。例如，在所有打开的关联事务记录被关闭之前，可能无法合并重复的主记录。在这种情况下，可能必须标记重复的记录，以保证该记录在相关事务记录仍处于打开状态时不会被使用。关闭后，方可合并或删除重复的记录。

3. 进行变更

使用文档凭证来确保手动完成变更的一致性，特别是当有多个人实施变更时。使用数据依赖关系分析来确保变更本身不会造成数据质量问题。并要保持警惕，这些变更可能会对您没有预测到的下游流程产生影响。

模板 4.8.1　纠正数据的可选方法		
可选方法	说明	哪些选项适用
手动	个人使用标准的应用程序界面、屏幕和键盘。使用此方法更正的数据会利用用户界面中内置的任何编辑，但存在人为操作失误的可能性。它比其他选项慢得多，并且在有大量更新时不实用	
按键模拟	此方法通过模拟复制击键动作来使键盘使用自动化，就好似手动完成一样。与手动更正一样，它可以利用用户界面中内置的编辑。诸如此类的工具仍然需要人工监控，并且可能具有较差的错误处理	
直接对数据库进行批量更新	这是更新大量记录的快速方法，但不幸的是，当有时间压力时，这种方式被过于频繁使用。这是一个高风险选项，此方法的注意事项是，作为应用程序界面一部分的编辑、验证和触发器将被绕过。这可能会导致其他数据质量问题和数据库的引用完整性问题。对于所做的更改，通常没有良好的审计轨迹	
数据清洗工具	市场上有许多数据清理工具，其中一些工具利用了机器学习和人工智能。当比较数据清洗工具时，不同的术语可以描述相同的功能。例如，通常用于数据科学领域的数据整理或数据再加工，是指清洗、转换、丰富或结构化原始数据，以使其更易于分析	
数据去重和实体解析	一种工具，提供能够确定对真实世界对象（人、地点或事物）的多个引用是指同一对象还是不同对象的能力，也是将代表同一真实世界对象的记录合并的过程	
自定义接口程序	有时，变革的复杂性和体量需要自定义接口程序的使用。构建和测试这些接口程序可能非常耗时，但由此产生的更改是高质量的	
决定不进行更正	有时，此选择用来解决造成问题的根本原因，只专注于创建良好的数据便于后续使用，而非修复现有数据	
整体	选择最适合情况的选项。 要警惕在纠正上花费太多时间，并确保它们不会以损害长期的问题预防为代价	
影响选择的因素		
仔细考虑以下因素，这些因素可能会影响哪个选项最能满足您的需求：		如何将这些应用于所需的数据更正
数量。少量记录可以手动更新。确定在您的环境中可以实际手动更新多少数量。大体量（大数据）可能需要专门的工具。了解可处理的量是否有限制		
变更的复杂性。是否会对一个或多个数据字段进行更改？这些变更是可以清晰明了、简单直接地完成，还是需要复杂的算法、计算或人工判断？是否有相关性问题需要考虑，如对供应商属性的更改可能会影响产品主记录		
变革时机。进行变革所需的时间必须具备可行性和实用性，并具有可用的资源（工具和人员）且适合项目进度要求		
所需技能。使用纠正数据错误的工具需要哪些技能和培训？那些了解数据内容/变革的人是否能够访问系统并使用工具，还是说必须让其他人参与其中		
对系统性能的影响。某些变革对系统性能的影响比其他变革更大，应安排在使用率较低的时间段内完成		
工具的可用性和成本。哪些工具已经可以使用？您是否需要购买新工具？如果是，它们将花费多少钱，您能以多快的速度采购它们？您是否具备所需的资金		
解决方案的生命周期。要平衡对特定解决方案的投资与您或其他人预计能够使用它的时间		

> **！注意事项**
>
> 　　更正数据时，不要引入新的错误或对业务流程产生不利影响！谨慎进行变更，以免数据纠正产生有害的副作用。确保对上游数据的更改不会对下游系统中使用的数据产生负面影响。让用户和流程做好准备，有预期并能接受更正。将变更时间控制在生产系统使用率较低时，从而避免降低系统性能。例如，不要在假期期间对零售网站数据问题进行纠正，从而避免给系统造成更大压力，因为那时零售网站压力很大并且系统性能不佳，可能会影响它处理订单的能力。这里的要点是确保变更不会造成其他问题！

> **🔑 关键概念**
>
> 　　**数据质量工具的自动化。**数据质量工具正在走向自动化，许多研究都集中在"自动化数据监管"上，即一种能够获取原始数据集并将它们通过完全自动化（无监督）的过程来完成数据清洗和数据集成的能力。**Rich Wang** 为这个概念创造了"数据洗衣机"一词。
>
> 　　第一步是自动地生成数据质量规则（验证规则）。但一些工具正在走得更远，并着眼于实际数据校正。数据编辑是用于编制官方统计数据中来检测和纠正调查数据错误的术语。还有一种行之有效的"数据插补"做法。数据插补是指填充缺失值，主要适用于调查类数值数据，并且通常基于统计方法。
>
> 　　围绕无监督实体解析以及机器学习和主数据管理如何协同工作，有很多研究。由于能够在没有人为规则的情况下对同一人员、产品等的记录进行聚类，因此比较和替换聚类中的值也成为可能。例如，如果您对于一个聚类的 10 条记录都来自同一位患者具有高置信度，并且 10 条记录中 9 条的街道编号为 123，而第十条记录的街道编号为 124，则 124 应更改为 123 也具有高置信度。
>
> 　　数据质量工具的这种自动化是由大数据、数字化转型计划、更复杂的信息环境和新技术的可用性推动的。这个领域的创新和变革是迅猛的。更多内容指日可待！
>
> 　　—— **John Talburt**，博士，**IQCP**，阿肯色大学小石城分校教授

4．记录变更

　　在结构化文档中描述所进行的变更，以便未来的改进团队可以参照数据纠正流程。结构化文档是指一种有组织地收集、存储和共享信息的方法，如通过企业知识管理系统或网站。这并不意味着将文档存储在您的硬盘驱动器上，使其仅供您访问。向那些必须接受已完成变更的人获取批准。

5．结果沟通

　　数据纠正的结果也应传达给项目的出资者、其他利益相关方和数据用户。描述更正将如何使业务受益。查明更正是否产生了没有预想到的影响并加以处理。通知技术团队并提供有关变革的记录文档。在数据纠正中所学到的东西是对步骤 9　监督控制机制的宝贵输入，因为此处使用的流程、工具和人员也可用于更正通过实施控制检测到的错误。

示例输出及模板

数据纠正的可选方法

要更正数据，您可能需要使用除了能通过应用程序用户界面手动更新的工具以外的其他工具。根据数据集和要进行的变更内容的不同，可能需要不同的工具。模板 4.8.1 总结了可用于数据纠正的方法选项，以及哪些选项最能满足您需求的影响因素。有关其他信息，请参阅第 6 章中的数据质量管理工具部分。

如何更正数据通常分为两类：手动和自动。自动将比手动更准确——如果程序在最终变革之前被正确编写并经过测试。虽然机器学习和人工智能方法声称可以复制人类的判断，但是这些方法的质量仍然只会与它使用的算法和训练这些算法的数据质量一样。需要了解它们是基于什么。

步骤 8 小结

现在，您已经完成了对数据质量评估期间发现的当前数据错误的更新。您应该已将前期工作与步骤 7 中实施的预防性控制措施和步骤 9 中的监督控制机制进行了协调配合。花点时间祝贺所有参与数据纠正的人，并与他人分享您的成功。通过纠正支持业务需求的数据，您已经为组织的成功做出了贡献。

 沟通、管理和参与

在此步骤中，有关与人员有效协作和管理项目的建议：
- 确保持续的支持和资源，以完成数据纠正。
- 跟踪和报告数据纠正状态。
- 与项目团队外的参与数据纠正的人员保持联系，以获得他们的帮助和鼓励，跟踪进度并根据需要协调工作。
- 培训将进行手动更正的人员，以确保更正的一致性。
- 记录已完成的工作并为已完成的更正获取批准。
- 分享和庆祝完成这一步骤的成功和成就，并向参与其中的人致谢。
- 确保其他人了解完成数据纠正对业务带来的益处。

✓ **检查点**

步骤 8　纠正当前数据错误检查点

如何判断是否准备好进入下一步？使用以下指引可帮助确定此步骤的完备性以及下一步的准备情况：
- 当前数据错误是否已被更正并获得批准？

- 结果是否以文件形式记录并做好传达？
- 此步骤中所需的沟通、管理和参与相关的必要活动是否已完成？
- 沟通、参与和变更管理计划是否保持最新？

步骤9 监督控制机制

步骤 9 在十步法流程中的当前位置如图 4.9.1 所示。

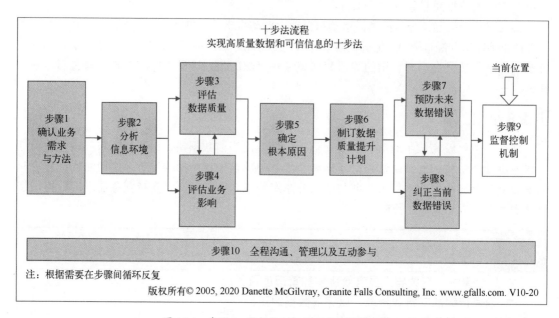

图 4.9.1 步骤 9 监督控制机制 "当前位置" 图示

业务收益及背景

许多标准的质量原则和实践可以应用于数据。控制机制是我们可以向质量专家学习的另一个领域。Joseph M. Juran 是世界知名的管理研究专家，也是国际领先的质量参考文献的作者，他指出："控制过程是一个反馈循环，通过该循环，我们测量实际表现，将其与标准进行比较，并针对差异采取行动"（Juran，1988 年，第 24 页）。

虽然此步骤侧重于监督控制机制，但要了解质量不是来自检查，质量也不是一个监督过程。相反，质量应该成为业务流程和建立信息系统时的一部分。最好的预防措施是在新解决方案的创建和部署时提升数据质量。监督控制是一个后端过程，让我们知道业务流程和信息系统是如何工作的。

此步骤着眼于可能已在步骤 7 中实施的控制机制/预防措施，或在步骤 8 中被更正的关键数据，这些数据需进行质量监督，是另一种类型的控制。这些步骤中的一些活动可能被视为一次性努力。在这里，我们确定哪些工作内容足够重要，需要持续跟踪。组织机构需要了解对它们来说需要管理的重要内容，从而采取措施。任何控制都应该帮助人们了解哪些有效，哪些无效，并让人们知道是否需要采取行动。然后，需要为这些行动提供明确的方向——在每种情况下需要发生什么、何时发生、由谁来做。

步骤 9 的步骤总结表见表 4.9.1。

表 4.9.1 步骤 9 监督控制机制的步骤总结表	
目标	● 开展新的控制机制或对以前实施的控制进行监督
目的	● 确定所做的改进是否达到了预期的效果。 ● 通过标准化、记录和持续监控来维护成功的改进。 ● 鼓励持续改进，并避免倒退回旧的流程和行为。 ● 确保迄今为止在项目中学到的一切被实际运用，为组织带来更多益处。 ● 确保那些受变革影响的人员将支持、参与并接受这些变革
输入	● 由数据质量项目团队实施的监督控制机制的计划（来自于步骤 6）。 ● 与步骤 7（预防）和步骤 8（纠正）相协调的详细实施计划。 ● 负责实施的最终所有者。 ● 当前项目状态、利益相关方分析、沟通和变革管理计划
技巧与工具	● 依赖于控制机制的所需工具（请参阅第 6 章中的数据质量管理工具）。 ● 第 6 章中所述的度量。 ● 沟通和参与技术，以确保实施得到支持、资金和资源（请参阅步骤 10）
输出	● 实施要监视的控制机制，包括文档、签核和分配的所有者。 ● 在项目的这一点上完成适当的沟通、参与和变革管理活动。 ● 更新的项目状态、利益相关方分析、沟通和变革管理计划
沟通、管理和参与	● 确保持续的支持和资源，以进行持续监控。 ● 持续与项目团队外的实施改进人员保持联系，以获得他们的帮助和鼓励，跟踪进度并根据需要协调工作。 ● 培训那些受控制机制影响的人员，以确保对变革、期望、新的或调整的角色、职责、流程等有一致的理解。 ● 完成文档记录并确保改进措施获得签核/批准。 ● 分享和庆祝完成这一步骤的成功和成就，并向参与其中的人致谢。 ● 确保其他人了解对控制机制进行监控可以为组织机构带来的益处
检查点	● 控制机制是否已实施，是否受到监督？ ● 是否记录和处理了监控的结果，无论是正面的还是负面的？ ● 改进是否已得到验证？ ● 成功的改进是否实现标准化？ ● 此步骤中所需的沟通、管理和参与相关的必要活动是否已完成

 定义

控制机制，通常用于指示检查、检测、验证、约束、奖励、鼓励或指导工作的各种活动，这些活动将确保高质量数据，防止数据质量问题或错误，或增加生成高质量数据的机会。这些控制可以是一次性实施，也可以随着时间的推移继续进行监督。

> 　　更具体地说，控制机制是一种内置于系统中的反馈形式，用于保持系统稳定。控制有能力检测那些表明缺乏稳定性的条件（通常以测量值的形式），并根据这一观察结果采取行动。
> 　　　　—— Laura Sebastian-Coleman，测量数据质量以持续改进：数据质量评估框架（2013 年），第 52 页

与数据质量相关的控制机制具有以下优点：

- 提供数据质量问题的可见性，以便能够在问题出现时快速做出反应。
- 展示哪些东西在正常运转，以便可以自信地将注意力转向其他优先事项。
- 监控和验证已实施的改进措施。
- 确定改进措施是否达到了预期的效果。
- 标准化并持续监督成功的改进。
- 鼓励改进。
- 避免倒退回旧的流程和行为。

　　一种特定类型的控制机制，即度量，通常采用仪表盘的形式呈现，是最令人熟知的数据质量控制类型之一。第 6 章　其他技巧和工具提供了更多关于度量的详细信息，可以作为对此步骤的补充。

　　Laura Sebastian-Coleman 的著作《测量数据质量以持续改进：数据质量评估框架（2013）》是深入研究监督控制机制和运营流程持续改进的一个绝佳资源。

◎ 最佳实践

　　与审计和合规团队合作。在本书中，大多数示例和良好实践都使用业务或 IT 语言进行描述。例如，我们可以说：

　　国际组织的财务报告通常包括基于国家总数的汇总数据。因此，将国家代码作为公司参考数据进行管理和治理十分重要。应遵循将代码标准化的良好做法，并确保非标准数据不会扭曲报告总数。

　　从事合规或审计职能工作的同事可能不会对这种说法提出质疑。但是，他们可能会使用不同的专业语言更准确地表达他们的担忧。他们可能会说：

　　管理层应实施控制机制，以防止财务报告不准确，并在发布财务报告之前发现问题。例如：根据不准确的国家总数来汇总数据会造成很大影响，如果不保证只使用了标准化数据，出错的可能性也会很高。我们的期望是定义一套标准化的国家代码。我们希望制定过程控制和技术控制机制，以阻止非标准值的使用，在预防性控制失败时对其进行检测，并在公布财务报告之前纠正数据。我们希望看到有证据表明，正式的参考数据治理职能机构已经到位，并有权建立和执行参考数据标准。

　　在评估、测量或监控数据质量时，请选择最能满足您的业务需求和项目目标且在时间、预算和其他可用资源范围内的控制机制和数据质量维度。当您这样做的时候，确保您正在用与您一起工作的人能理解的语言进行沟通。

　　　　—— 格温·托马斯，高级合规官员

方法

1. 确定哪些控制机制需要被监督

监控那些应持续或者定期被检查的控制机制，而非那些一旦实施后即生效的控制措施。适当的控制措施（用于检测条件并采取行动）将根据您的业务需求、项目范围和目标以及以前完成的工作不同而产生很大差异。以下是控制措施的候选项：

- 解决在步骤 5 中发现的并在步骤 7 中实施的改进建议，如果这些建议措施不是一次性的投入，应随着时间的推移进行监督。
- 在步骤 8 中更正的数据，其优先级足够高，需要持续进行质量跟踪。
- 运营流程中现有的控制机制，它们可以增强或扩展以囊括数据质量，或者已经增强或促进了数据质量，但可能不被称为"数据质量控制"。
- 将数据质量规则纳入机器学习和 AI 算法、业务规则引擎以及基于业务规则的流程中。
- 度量，其本身可以有多种形式，如单个数据质量检查手段或组合了许多度量的数据质量仪表盘。
- 由于度量关注特定数据，因此值得对更大的数据集进行定期数据质量评估，以免失去对更广泛的数据整体的可见性。
- 将数据质量检查整合到 ETL（提取-转换-加载）流程中。
- 将数据质量评估、活动或技术集成到组织的标准项目方法（系统开发生命周期模型，如敏捷开发或顺序开发）中，并采用流程来确保它们在每个项目中被遵循。
- 定期向使用数据的人进行调研，以确定被监督的数据是否对他们仍然重要，以及他们对数据质量的信心和信任度是否得到提升。请参阅步骤 3.1　对相关性与信任度的认知。
- 参考数据的控制，一旦参考数据的允许值被描述并转换为可编辑状态，就需要进行参考数据的控制，要监督各个值的应用情况，注意趋势或检测错误使用的情况。

2. 规划和实施控制机制

查看到目前为止完成的数据质量和业务影响评估。哪些初步评估值得持续定期监控？这些评估中是否有任何一项可用作监测进展情况的基线？利用好用于初始评估的流程、人员和技术。哪些起作用了，哪些没有？根据需要修改流程以适应控制机制的内在持续性。确保控制机制从项目团队到操作环境的顺利交接。

统计质量控制（SQC），也称为统计过程控制，由 Walter Shewhart 于 20 世纪 20 年代发明，是制造业的范例实践。SQC 的目的是通过检查当前和过去的表现来预测未来的流程表现并判断流程稳定性。了解有关 Tom Redman 如何将 SQC 应用于信息质量的更多信息，请参阅《信息时代的数据质量》（1996 年），第 155～183 页。

使用步骤 4 中的一些业务影响技巧来验证控制机制对业务的价值。

3. 获取对要实施的举措的支持

制定激励措施以支持确保数据质量的控制机制。如果您的数据质量举措取决于员工的操作（例如，当客服代表通过电话与顾客交谈时，需花额外的时间来检查联系信息是否已更新），请确保该举措有管理层的支持，并且这些操作是员工岗位职责说明和绩效评估的一部分。

4．评估已实施的改进

查看是否已产生预期结果并确定后续步骤。如果您（以及更重要的其他业务参与者和利益相关方）感到满意，并且没有负面的副作用，那么请标准化此项改进。确保流程和控制成为标准操作程序的一部分，并纳入培训、文档记录和岗位职责说明中。

如果存在任何问题，例如发现令人满意却有负面副作用的改进或不令人满意的改进（由于实施不力或因为控制本身不是一个好主意），请返回到步骤6　制订数据质量提升计划，步骤7　预防未来数据错误或步骤9　监督控制机制来重新评估您的实施计划或改进本身。

5．沟通，沟通，再沟通

对没有作用的控制机制进行调整。对为业务提供的价值以及团队在项目中的成功进行宣传推广。

6．确定数据和信息质量改进的下一个潜在领域。

从出现的新问题重新开始，并使用十步法流程。从步骤5　确定根本原因到步骤6　制订数据质量提升计划中，考虑仔细研究那些未得到实施的其他建议。确定那些建议是否仍适用于当前环境，重新确定优先级并实施更多改进措施。

示例输出及模板

度量工作表

如果运用度量，模板4.9.1可以作为一个检查清单，来帮助确保您正在开发一个稳定、可持续的度量流程。它为思考和规划以及度量的文档记录提供了指导。它还可用于评估现有度量。有关此主题的更多详细信息，请参阅第6章中的度量。根据需要来应用模板中的概念，具体取决于度量的类型和度量的颗粒度。始终要明确度量背后的原因，尤其是受度量影响的行为。

模板 4.9.1　度量工作表		
项目	描述	应用于您的度量
度量标题	度量名称	
度量定义	对要测量的内容进行清晰、可理解的描述	
业务影响和受益者	度量对业务的影响。度量积极结果的主要受益者。通过该过程的间接受益的或其他受益人	
行为	将因度量而变革的行为。将正面和负面行为列出	
数据和来源	与度量相关的数据和数据源	
职责分工、流程和工具	关于如何进行测量以及以什么频率进行测量的摘要。要使用的工具。谁负责整个过程中的各种任务	
目标、状态标准和控制限值	度量的目标或标准。 根据结果分配状态（例如，红色、黄色、绿色），这些状态会触发要执行的操作。 如果未达到目标，将在何时采取行动。控制上限或下限	
度量用途和行动	谁将接收和使用度量以及将采取哪些行动的摘要	
备注	任何适用的背景信息	

十步法实战

银行中的数据质量控制

Ana Margarida Galvão 是一家银行的区域负责人,她参与了数据质量控制机制的开发和实施。她和她的团队使用十步法流程作为第三级数据质量框架的输入。

背景。这家欧洲银行拥有 5000 名员工和 387 家分行,为约 130 万客户提供服务。该银行已针对其关于效率、流程改进和数字化转型的承诺采取许多重大措施,以和竞争对手进行区分。他们认可高质量数据在决策中的重要作用以及遵守监管要求(如 BCBS 239 指南)的能力的重要性。

BCBS 239(巴塞尔银行监管委员会的标准编号 239)是一项基于政策的标准,旨在加强银行的风险数据加总能力和内部风险报告实践。采用这些政策可以加强银行的风险管理和决策过程("风险数据加总"一词是指根据银行的风险报告要求定义、收集和处理风险数据,以使银行能够根据其风险承受能力/偏好来衡量其绩效。这包括对数据集进行排序、合并或分解。请参阅 **https://www.bis.org/publ/bcbs239.pdf**)。

为了支持他们的目标,该组织开发了一个由 5 个级别组成的质量认证环境,让信息流的国际验证能够以更高效的方式实现。如图 **4.9.2** 所示。

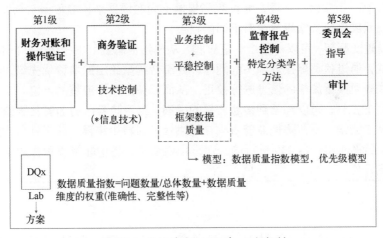

图 4.9.2　数据质量认证环境: 5 级控制

第 1 级——财务对账和操作验证

- 每天在应用程序源和财务系统之间执行会计对账。
- 操作验证在操作阶段应用循环规则和程序,其主要目标是确保正确的特征描述和操作输入。

第 2 级——商务验证

- 来自数据仓库/黄金来源的信息由业务领域(分支机构和业务中心单位)每天和每月访问。如果出现错误或事件,立即开放缺陷以进行澄清/解决,从而履行商务验证。

第 3 级——数据质量认证流程

- 数据质量认证过程，每天或每月进行一次，它由对账过程（余额控制）组成。此外，这一级包含通过十步法进行改进的数据质量框架。

第 4 级——监督报告控制

- **AnaCredit**（信用分析数据集）、**COREP**（通用报告框架）和 **FINREP**（财务报告）等报告在被监管机构接受之前需要经过反复验证。银行拥有确保欧洲中央银行（**ECB**）分类法中定义的强制性验证和检查的工具。

第 5 级——委员会和审计

- 一些委员会已经就位，并围绕数据治理和数据质量主题进行监控。外部和内部审计是此最后防线的一部分。
- 这是组织机构数据质量监督治理的最后一道控制线。

在第 3 级上，数据质量框架由业务控制机制构成。这些控制措施分布在树状模型中：数据质量维度在最低一级；随后的验证，由多个维度组成；然后是控制措施，由多个验证组成；最后是主题，由不止一个控制措施组成。此外，该框架还具有特定的计算模型：数据质量指数模型（衡量数据质量 DQx 的特定指数模型，根据目标范围的异常数、权重和数据质量维度类型（如准确性、完整性等）计算得出；优先级模型（允许根据数据质量指数、相关影响、控制机制中定义的风险等定义监控的优先级）。

该框架还有一个实验室环境，允许我们根据不同的场景来模拟数据质量指数的计算，不同场景在质量维度或异常权重中有不同的权重。

优点。通过此框架，可以对整个认证过程（从原始信息到最终报告）进行有效的监控。采用这种方式，通过检测更接近源头的问题，并结合模型给出的监督优先级，我们可以以更有效的方式对更接近源端的信息进行校正，从而避免对多个流程的污染。

随着时间的推移，可以观察到信息质量的提高，这意味着所有监管报告或银行内部计算流程都会减少错误，从而降低监管机构在提供信息时减少错误、降低征税/罚款的成本。例如，欧洲央行基于 **BCBS 239** 进行的一次现场检查中，他们非常满意并对这一领域的巨大进步有很高评价。

步骤 9 小结

再次恭喜！根据您的项目情况，这可能是最后一个步骤，您已经完成了项目并正在庆祝了！

在此步骤中，您明确了步骤 7 中实施的哪些控制机制得到监督。您还确定并实施了其他应被监督的控制措施（如果前面的步骤中未执行它们）。

监督控制机制意味着即使项目结束团队解散，这些控制措施也会继续，这也意味着它们是操作过程的一部分。从实施控制措施的人到负责监督控制措施的人之间，必须要有明确的移交。更重要的是要确保在检测到问题时将采取行动。启动持续改进周期（步骤 5~10 中的根本原因分析、预防、纠正、检测、沟通）可以成为标准的操作程序。

作为一个项目团队，您将尽一切努力来确保各项职责都拥有对应负责人。他们将接受有关控制机制本身的培训，知道在发现问题时应该怎么做，并获得项目背景文件。他们应该知道，当检测到数据质量问题时，应该进行根本原因分析，以便解决根本问题，而不仅仅是只处理凸显的表征。他们应该知道需要完成更明显的数据错误纠正外，还需要制订改进计划并防止未来数据错误。有时也需要对控制机制本身和监控过程进行调整。

随着时间的推移，同样的问题有时会继续出现，因此可能会启动一个新项目来解决这些问题。从步骤 1　确认业务需求与方法开始，并再次使用十步法流程。为新情况选择适用的步骤，并利用从上一个项目中获得的经验、知识和技能来处理另一个数据质量问题！

　沟通、管理和参与

在此步骤中，有关与人员有效协作和管理项目的建议：
- 确保获得支持和资源以继续开展监控。
- 持续与项目团队以外的实施改进人员保持联系，以获得帮助和鼓励，跟踪进度并根据需要协调工作。
- 培训受控制机制影响的人员，以确保大家对变革、期望、新的或修改的角色、职责、流程等有一致的理解。
- 完整的文档记录，并确保获得实施的签核/批准。
- 分享和庆祝这一步的成功和成就，并感谢参与其中的人。
- 确保其他人了解组织因控制措施受到监督而获得的益处。

✓　**检查点**

步骤 9　监督控制机制检查点

如何判断我是否准备好进入下一步？使用以下指引可帮助确定此步骤的完备性以及下一步的准备情况：
- 控制机制是否已实施，它们是否相应受到监督？
- 是否记录和处理了监控结果，无论是正面的还是负面的？
- 改进是否已得到验证？
- 成功的改进是否已标准化？
- 此步骤中所需的沟通、管理和参与相关的必要活动是否已完成？

步骤 10　全程沟通、管理以及互动参与

步骤 10 在十步法流程中的当前位置如图 4.10.1 所示。

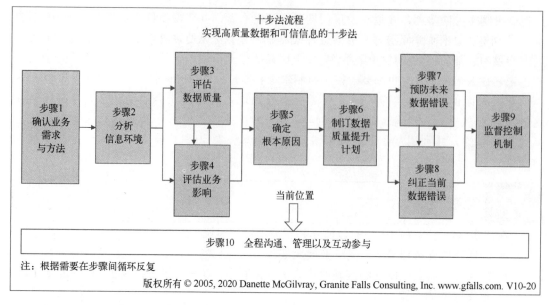

十步法流程
实现高质量数据和可信信息的十步法

注：根据需要在步骤间循环反复

版权所有 © 2005, 2020 Danette McGilvray, Granite Falls Consulting, Inc. www.gfalls.com. V10-20

图 4.10.1　步骤 10　全程沟通、管理以及互动参与 "当前位置" 图示

业务收益和环境

此步骤考虑了数据质量项目中的人为因素，以及项目管理方面。做好步骤 10 对于任何数据质量项目的成功都至关重要。在每个其他步骤中，应根据需要引用和应用步骤 10，这也是为什么在前 9 个步骤下面的功能条中都可以看到它。

这些主题范围如此广泛，但又很重要，我只能提供简要的建议，并希望您受到启发，从其他资源中获得额外的帮助。无论何时都是由您来决定何时应采纳相关建议、参与的性质以及人员——所有这些都是数据质量艺术的一部分。

整本书都在给出基于真实经验的指示和指导方针，但我没有给出很多硬性规定，因为您将面临各种各样的具体情况。但这一步骤是 "必须" 要做的地方。您必须在整个项目中做一些与沟通、管理和参与有关的努力。没有它们，您可能不会完全失败，但如果忽视它们，您做得再好也是仅取得有限的成果。

此步骤不仅仅是关于共享幻灯片和举行一些会议。而是希望使用您的最佳技能来调动以下主体积极参与：

- **您数据质量项目的出资人和其他利益相关方。** 获得/维持他们的支持，随时让他们了解整个过程中的进展，并展示信息和数据质量改进的价值。
- **团队成员、项目贡献者及他们的管理人员。** 获得他们的支持并鼓励协作。
- **流程和应用程序所有者。** 在纠正数据、改进流程、监督控制机制、将数据质量纳入训练等方面获得配合协作。
- **用户。** 对于那些依赖信息来执行工作的人以及在工作时经常影响数据质量的人来说，要让他们知道持续改进将如何帮助到他们使用的数据，以及他们自己的行为会如何影响数据和其他使用数据的人。

● **所有人。**仔细聆听，获得反馈，根据他们的建议采取行动并跟进。

步骤 10 的步骤总结表见表 4.10.1。

表 4.10.1　步骤 10　全程沟通、管理以及互动参与的步骤总结表	
目标	● 在十步法流程的每一步以及每个数据质量项目中纳入恰当的沟通和参与活动。 ● 尽早识别项目资助者、团队成员和其他利益相关方，让他们了解情况，并给他们提供意见和帮助的机会。 ● 将良好的项目管理实践应用于数据质量项目。 ● 推动纳入谈判、促进、决策、倾听、变革管理以及与人合作相关的其他技能；激励项目经理和团队成员在需要时提升技能。 ● 在数据质量的重要性和影响方面，提升认知并开展教育培养。 ● 庆祝和分享成功；从错误中学习
目的	● 通过处理数据质量项目的人为因素、变革管理和项目管理等方面，增加成功的可能性。 ● 避免误解，如果出现误解，会增加项目延期的风险以及项目成果无法实施或被认可的风险。 ● 获取并维持对项目的支持。 ● 了解利益相关方的需求和关注点，并在正确的时间使用最有效的方法与受项目影响的人进行互动。 ● 增加建议、行动计划和改进措施被实施、标准化和接纳的机会。 ● 有效和高效地管理数据质量项目
输入	● 其他任何步骤的成果
技巧与工具	● 在步骤 10 中，示例输出和模板下的： 　o 利益相关方分析。 　o RACI。 　o 沟通和参与计划。 　o 推销数据质量的 30-3-30-3 法。 ● 任何在您的组织的文化与环境中行之有效的沟通、参与、变革管理或项目管理技术。 ● 摘自第 6 章　其他技巧和工具： 　o 根据需要进行调查，以便为利益相关方分析提供意见。 　o 跟踪问题和措施项（从步骤 1 开始，并在整个过程中使用）。 　o 对结果开展分析、整合、推荐、记录和行动（从步骤 1 开始，并在整个过程中使用）
输出	● 利益相关方分析和沟通计划——在项目早期完成，保持更新，并在整个项目中使用。 ● 根据时间表和计划完成沟通和参与。 ● 在出现临时情况时及时做出反应的沟通和参与。 ● 在整个项目中创建并保持更新的项目计划、人工产品和项目状态
沟通、管理和参与	● 考虑与人员合作和管理项目相关的以下内容。运用您的最佳判断来选择适当的内容纳入您的项目，并在整个过程中恰当地应用： 　o 沟通和参与：认知、外联、反馈、倾听、教育、培训、记录、谈判、促进、写作、演讲技巧、业务故事讲述、决策、内部咨询、社交、学习理论……此清单还可延续。 　o 变革：对变革及其相关影响的管理、组织变革管理、变革控制。 　o 伦理：个人和社会利益、正义、权利和自由、诚实、行为标准、避免伤害、支持福祉。 　o 项目管理：管理团队（面对面和虚拟）、举行有效的会议、状态报告、与 SDLC 系统开发生命周期相关的基本技能和所使用的项目方法（敏捷开发、卖方 SDLC、混合法等）

（续）

检查点	● 对于项目中的每个步骤： ○ 是否记录、分享了结果、学习成果、建议和已完成的操作，是否鼓励了反馈，并根据需要进行了调整？ ○ 是否为有需要的人提供适当的培训？ ○ 您是否获得了必要的支持，如果没有，您是否正在解决此问题？ ○ 您是否根据需要向那些在沟通、管理和参与等方面具有技能的人寻求帮助？ ○ 一般来说，您是否正在完成必要的活动，以便与人沟通并鼓励人们参与并管理项目？ ○ 您是否亲自帮助营造了一种合作和有趣的氛围，让项目团队富有生产力并享受整个过程？ ○ 您个人是否树立了榜样并鼓励道德行为？ ● 在项目结束时： ○ 项目成果有案可稽并恰当分享？ ○ 是否举行了项目回顾，分享了和记录了结果，并可供将来参考？ ○ 成功是否得到认可，项目资助者、团队成员、其他贡献者和利益相关方是否得到感谢？ ○ 是否已识别所有者，并获得他们为数据质量项目带来的、并将在项目结束后继续的正在进行的流程、操作项或项目提供支持和资源的承诺

> **！ 注意事项**
>
> **不要跳过此步骤！** 如果您在整个项目中不与人沟通、管理和互动，您将会陷入困境，大到惨痛失败，小到使您的成果、建议、实施的改进和其他行动的接受程度受限。忽略这一步不会让您接近成功。
>
> **沟通是工作的一部分，而不是妨碍您工作的东西！** 要认识到与人进行适当的沟通和互动与进行数据质量评估一样，对数据质量工作是不可或缺的。

方法

1. 识别利益相关方

在项目早期确定利益相关方。如本书前面所定义，利益相关方是与项目有利害关系、参与、投资关系的或将要受到信息和数据质量工作的影响（无论积极或消极）的人或团体。利益相关方可能会对项目及其可交付成果产生影响。利益相关方可能是组织内部或外部的，并代表着与业务、数据或技术相关的利益关系。例如，负责制造流程的人将成为影响供应链的任何数据质量改进的利益相关方。

利益相关方可能包括消费者和客户、项目资助者、公众、监管机构、个体贡献者、专题专家、董事会成员、执行领导团队、项目团队成员及其经理、流程所有者、应用程序所有者、业务合作伙伴、委员会、组织单位（如部门或科室），以及那些直接参与项目实施的人员。

利益相关方列表可能很长或很短，具体取决于项目的范围。利益相关方可能会在整个项目过程中发生变化。该列表可能会随着时间的推移而扩展，以纳入那些对于项目带来的变革、建议或改进产生影响或受到影响的人。我通常使用广义的"利益相关方"一词，但偶尔会提到特定的利益相关方，例如团队成员、那些为项目提供输入的人及其经理，与他们接触的性质可能与广义的群体有所不同。

当然，直接管理者将是利益相关方，但他们的同事、他们的老板、他们老板的老板呢？您的同事或那些向您汇报的人以及他们的同事呢？从您和您的项目团队所处的位置上进行360°全方位查看。并非您所想到的每个人都会成为利益相关方，但最好是广泛思考并加以选择，而不是狭隘地思考并遗漏掉应该包括在内的人。

2. 进行利益相关方分析

确定利益相关方后，进行利益相关方分析，以了解有关他们及他们在数据质量工作中的作用的更多信息——无论是对于特定项目还是对于更广泛的数据质量规划。

关键概念

董事会成员、高管和其他高级管理人员会影响数据质量，因为他们从整体角度为组织设定了优先级。他们就投资和其他资源的分配做出决定。他们对数据质量重要性的态度为组织的其他部分设定了基调和榜样，并将被其他人所延续。我们经常忘记董事会或受托人——他们为整个组织设定方向。一旦董事会成员上了"船"（双关语），数据质量工作可以比他们不知道或抵制时更快地推进，并且拥有正确的资源支持。它们是对组织内部负责的最高级别，并影响执行高管和其他高级成员对事项优先级的安排。

首席数据官（CDO 如果您的组织有幸拥有的话）是一个在执行层和管理层对数据质量工作的极佳倡导者。首席数据官负责组织范围内的数据治理并将信息作为资产加以利用。这个角色与 CIO（首席信息官）有关，其头衔和信息有关，但通常更侧重于技术。组织对于这两者都需要。**CDO** 应与 **CIO** 以及执行团队的其他成员密切合作。

CDO 通常确定组织需要哪种信息、将获取哪些信息以及出于何种目的。因此，**CDO** 可以在帮助其他人了解低质量数据如何影响组织方面产生很大的影响，并且可以推动适当的关注和资源获取，以确保业务需求获得适合的质量水平支持。

示例输出及模板中的表 4.10.2 提供了一些问题，可帮助您深入理解。

了解项目的利益相关方将有助于：

- 发现对项目的期望和担忧。
- 发现他们对项目的影响力和关注点以及期望的参与程度。
- 更好地满足为项目提供资源的人的需求。
- 为沟通和培训提供意见，以及如何最好地增强互动。
- 避免那些误解，如果出现了，就会增加项目延误的风险以及项目结果无法被实施或被接受的风险。

您可以决定采访几个或很多发起人、利益相关方或用户，为利益相关方分析提供输入。如果这样做，第 6 章 其他技巧和工具中开展调研的观点可以提供帮助。

一种被称为 RACI 的管理技术可用于根据对"负有责任的""承担义务的""咨询"和"通

知"的指定来进一步识别利益相关方角色。请参阅示例输出及模板中的模板 4.10.1。

3. 制订沟通和参与计划

在项目早期制订沟通和参与计划。使用示例输出及模板中的模板 4.10.2 作为起点。我希望您拓宽对沟通的思考。即兴的 Zoom 会议或在走廊里聊天也大大有助于与利益相关方建立关系，虽然它通常不被认为是沟通。您的计划可以包含管理变革的活动。请记住，沟通是双向的，因此请务必纳入从利益相关方那里获取反馈所需的场所和工具，为对话创造机会，并处理问题和疑虑。使用计划，参考它，并在整个项目中更新它。让它提醒您要进行沟通。记录已完成的沟通和参与工作。

必须对沟通进行调整，以适应各种受众、地点和可用时间。请参阅示例输出及模板中的推销数据质量的 30-3-30-3 法，获得一种可提供帮助的方法。刚才提到的 RACI 技术可以提供输入，以便确定与各种角色有效沟通的频率和细节程度。例如，在工作完成后，处于"通知"角色的人员通常需要一个摘要级别的沟通，并且比那些处于"需要负责""承担义务"或"咨询"角色中人的通信频率更低。

4. 提高沟通、管理和参与技能

将"沟通"一词视为对任何信息或数据质量项目发挥作用的各种软技能的起点。毕竟，公司"只是一群人的集合"（Conley，2007 年），所以如果您期望成功，人为因素就不容忽视。

提高您在沟通和相关领域的技能，任何在处理数据质量工作中可以帮助您处理好人为因素的事情。以下是一些需要考虑的：演讲技巧、谈判、促进、决策、建立共识、写作、项目管理、管理团队和促进团队合作、内部咨询、变革管理、解决冲突、协作、伦理和社交。

甚至要考虑销售和营销，因为您正在推销信息质量并营销您的项目或计划。多年来，许多团队一直远程工作。我们还不知道新常态会是什么样子，但可以确信，未来会有更少的面对面活动，更多的虚拟会议和活动。因此，提高您管理虚拟团队的能力和在您无法走进大厅进行面对面聊天时获得支持的能力，都将是有用的技能。

我无法涵盖刚才提到的所有事项，因此该列表必须足以激发您的兴趣。不要不知所措。选择一个您想提高技能的领域。教练、导师、书籍、课程、专业组织和网站等资源比比皆是，可以帮助您提高在任何这些领域的技能。没有人能成为所有事情上的最佳人选，所以找到其他有技能的人（在您的项目团队内部或外部），来补充您的技能。主动帮助他们，他们通常也会帮助您。

您会注意到"管理"也是此步骤的一部分。一位同仁告诉我，管理一词不用于人，而是用于项目、计划、流程等。无论您是否认可"管理"这个词适用于人，项目都必须被管理起来，以启动项目，直至成功完成项目。所有项目角色都在整个项目中扮演着重要的角色。所有人都是必须进行适当沟通和参与的人。

我将指出一些值得特别关注的领域：

伦理。伦理作为信息质量框架中一个具有广义影响的组成部分，是一个重要概念，它包含诸如个人和社会利益、正义、权利和自由、真实性、行为标准、避免伤害和支持福祉等概念。我强烈推荐 Katherine O'Keefe 和 Daragh O Brien 的《道德数据和信息管理：概念、工具和方法》一书来帮助深入探索这个主题。

> ❞❞ **经典语录**
>
> "作为信息管理专业人员，我们拥有的工具和技术越来越有可能给人们带来好处或伤害。除极少数例外情况外，所有被处理的信息都会以某种方式影响人们。
>
> 随着计算能力、数据收集能力和机器学习技术的惊人增长，对个人或社会群体造成伤害（无论是偶然还是故意设计）的可能性是巨大的。
>
> 由于这种巨大的权力和重大的风险，信息管理专业人员在伦理方面具有适当的基础比以往任何时候都更重要，以保障与管理和信息使用相关的决策是基于坚实的道德准则而做出的。
>
> —— **Katherine O'Keefe** 和 **Daragh O Brien**，道德数据和信息管理（2018 年）第 1 页

许多组织和专业都定义了业务行为标准。IQ International（2005—2020）是一个非营利组织，旨在促进管理信息质量的最佳实践。它们的伦理和专业行为准则被纳入在最佳实践标注框中。我认为这是一个任何处理数据和信息的人应该遵循的准则，并且应该根据需要不断进行讨论和调整。

> 🎯 **最佳实践**
>
> **道德和专业行为准则**。它的目的指出，"IQ 国际伦理和专业行为准则是将信息/数据质量学科建立在坚实的基础上的更广泛努力的重要组成部分。我们需要这样一个准则是基于一种信念，即我们个人和集体都要对信息/数据质量学科的形象和声誉负有责任。当我们开始为我们的组织机构和社会服务时，该准则为我们定义了专业卓越的高标准，强调了一系列被期望的行为，并提供了指导日常决策的框架。因为它明确了我们为自己和彼此建立的一系列期望，我们希望该准则成为促进我们学科中道德问题对话的催化剂，并鼓励每个从事信息/数据质量工作的人进行道德决策和展现专业行为。
>
> **伦理和专业行为准则**
>
> **1. 诚实正直**
>
> **1）**在所有形式的共享信息中确保表述清晰、简洁和真实。
>
> **2）**确保您的广告、研究或其他支持且推广理论、立场、产品或服务的出版材料基于完整、准确和事实的信息。
>
> **3）**及时、专业地公开传达更正或澄清。
>
> **4）**在所有雇佣和服务活动中，清晰准确地展现您的专业资历和局限。
>
> **5）**根据您提供的服务价值和取得的成就，建立起专业声誉。
>
> **2. 尊重、公平、保密、信任度**
>
> **1）**主动、充分地与恰当的利益相关方披露任何潜在的利益冲突。

2）避免利益冲突无法调和的情形。

3）在应给予信任支持的地方不吝啬给予。特别是，在您公开的工作中对贡献方给予信任和支持。

4）尊重和坚守他人拥有的版权、专利、商标和所有知识产权。

5）在公平和公正的基础上提供您的专业服务和技能。

6）大力保护委托给您的所有专有、隐私和机密信息。

7）及时通知利益相关方任何故意或无意违反机密性、隐私或滥用专有信息的行为。

3．职业发展

1）通过持续的教育、实践经验、研究和学习，寻求个人的职业发展。

2）通过持续的宣传、沟通、协作、指导、出版或其他共同贡献，支持专业社区的发展。

3）与同行公开分享非专有知识、技能和经验。

4）鼓励并为他人的职业发展提供机会。

5）通过模范的领导和行为，努力提高我们行业的声望和能力。

4．社区和公共服务

1）在履行专业职责时，将公众的安全、健康和福利放在首位。

2）寻求机会，为公益事业和公共利益提供专业信息/数据质量服务。

3）促进和鼓励在任何形式的可能影响公众舆论的沟通传播中，坚持遵守信息/数据质量的最佳做法。

4）遵守管理您业务、工作、专业活动或志愿服务的所有法律、法规和政策。

资料来源：**https://www.iqint.org/about/code-of-ethics-and-professionalconduct/**，经许可使用。

这对他们有什么好处。您可能熟悉 WIIFM（这对我有什么好处），What's In It For Them（WIIFT）是我对同一观点的轻微调整。我们花了很多时间弄清楚我们项目的细节、寻求资金和资源，以便我们可以做需要做的事情。但是，即使我们仔细地将项目与业务需求联系起来，我们也必须不断提醒自己，这么做不是为了我们自己。我们必须将注意力转移到他人身上，了解他们的具体需求，并弄清楚这对他们有什么好处。高质量的数据从整体层面或这个项目具体层面如何使他们的生活更好？他们团队的日常工作更好？帮助他们履行他们的职责，达到他们的绩效指标，还是让他们的老板满意？在与任何人会面之前，询问并回答以下问题："这对他们有什么好处？

变革管理。"我对变革没问题——只是不要做任何不同的事情！"人们本身抵制变革——有些人比其他人更抗拒变革。在我职业生涯的早期，我很想弄清楚为什么让人们对数据质量评估和根本原因分析的结果采取行动以解决重要问题很困难。后来我意识到，几乎所有我要求的东西都意味着他们必须做一些不同的事情，如纠正数据、更新业务流程、创建或修改现有的角色和职责、改进技术、为新活动腾出时间等。这自然给它们本已有限的资源带来了压力，往往使它们难以取得进展。

要意识到您的数据质量项目势必会引起变革。如果不对变革进行管理，就会大大增加无法实施和维持改进的风险。数据专业人员需要提高管理变革的技能，或与其他具有此专业知识技能的人合作。根据变革的范围不同，可能需要额外的帮助。但即使是很小的变革也应该得到承认和管理。

Margaret Rouse（n.d.）将变革管理定义为"一种处理组织目标、流程或技术的过渡或转型的系统方法。变革管理的目的是实时策略，为了实现变革、控制变革并帮助人们适应变革。为了更有效，变革管理程序必须考虑每个调整或更替将如何影响组织内的流程、系统和员工。她认为组织变革管理（OCM）是"管理新业务流程、组织结构变化或企业内部文化的变化影响的框架"，并且成功的 OCM 战略应包括：

- 就共同的变革愿景达成一致，没有相互矛盾的举措。
- 强大的执行领导，来传达愿景并推销变革的业务案例。
- 让员工知道日常工作将如何变化的教育培养策略。
- 关于如何衡量变革是否成功的具体计划，以及针对成功和失败结果的后续计划。

有许多方法可以管理变革。以下是您可能希望进一步探索的一些内容：

- John P. Kotter（2012 年）提出一个八阶段流程：建立紧迫感；创建指导联盟；制定愿景和战略；传达变革愿景；授权员工采取广泛的行动；取得短期胜利；巩固收益并实施更多变化；在文化中确立新方法。
- 威廉·布里奇斯（William Bridges）提出三个阶段：结束、失败、放手；中立区；新的开始。
- 格莱歇尔变化方程：

变革=(D)(V)(F)>R

其中，D=对现状的不满；V=变化的愿景；F=初始步骤；R =阻力。

要使变革发生，对现状的不满、对变化的愿景以及初始步骤的合力必须大于对变革的阻力（Beckhard&Harris，1987 年）。

看看您自己。 关于那些您希望从一起工作的人身上看到的方面，您自己是否树立了榜样和基调？关于希望从利益相关方和项目团队中看到的行为，您是否做好了行为表率？您责无旁贷。

公司文化。 William E. Schneider（1999 年，2017 年）在书中探讨了不同类型的公司文化。他帮助读者识别冲突的原因和竞争实力的来源，并利用这些因素在组织内做出有关变革和改进的具有成本收益的决策。

 十步法实战

业务故事讲述和十个步骤

根据变革战略家、**Partners for Progress®** 的创始人兼首席执行官 **Lori Silverman** 的说法，"唯一有能力影响人们并将使他们转向行动的叙事形式就是讲故事"。

所有步骤的输出结果就仅仅是一个输出而已。由您掌控是否使用最佳沟通技巧将那些输出置于实际背景环境中，使其变得有意义，并通过业务故事讲述为其赋予生命。

看看 **Lori** 告诉我们的关于讲故事和十步法的内容：

回顾一下您最近参加的几次会议。当人们看到数字、项目符号信息或数据可视化时，和看到一个人以生动的形式讲述数据在传达什么时，他们的反应如何？我们现在已经知道大脑不喜欢数据。是的，您没看错，条形图、饼图、运行图形式的数据、事实、数字、数据可视化（所有这些都是说服的形式）不会促使人们采取行动；它们经常引起辩论并减缓决策过程。唯一有能力影响和推动人们行动转化的叙事形式是讲故事——不是讲一个例子、轶事范例、案例研究、说明或类似的东西——而是围绕一个单一主角经历冲突（一个问题或一系列问题）并试图克服它的故事，人们可以很容易地与这个主角产生共鸣。

在十步法流程中，这对您意味着什么？您可以在步骤 1 中使用故事来将业务需求拟人化，请记住将故事与您可能拥有的任何真实数据区分开。这是可以利用有关客户/消费者的真实故事的地方。也同样可以讲述一个共同创造的虚构故事，想象当数据质量问题被解决之后，企业中的一些人（代表了那些受问题影响的人）的生活会是什么样子。

在步骤 2、3 中，您会如何制作一个关于数据质量犯罪现场的悬疑故事，确保随后有调查、可疑的根本原因和潜在方法来解决他们，也许这一次，可以以您作为一个私家侦探的视角来讲述。当您在步骤 5 揭示根本原因时，您可以回到这个故事并对其进行扩展。当您在步骤 4 中传达影响时，故事的主角将变成受数据质量问题影响最大的人。如果有多个问题影响多个利益相关方，您可以讲一个主要角色的故事，他在与他人的一系列互动中意识到问题的重要性。请记住，当您在构建故事时，损失比收益更具有刺激作用——最好围绕着人们会失去什么来展开，而不是告诉他们会得到什么。对于您在步骤 6、7、8 和 9 中讲述的，为了确保最终建议得到实施并且各项监督措施得到采用的故事，也同样适用。您之前创造的一些故事，在各步骤中要培训其他人员时，又会再次派上用场。

您从哪里获得这些故事？它们可能来自内部和外部客户/消费者，来自利益相关方，来自您和其他人以前有过的经历。而且，您也可以基于以前的生活经验创建它们。

在过程中，您还会希望收集和分享关于小成功的故事——员工能够节省时间或在工作中更加灵活，领导者开始看到成本节约下降至最低，以及个人消费者给予反馈表明您正在正确的轨道上努力。

有关如何查找、构建和讲故事的更多详细信息，请参阅 Karen Dietz 博士和 Lori L. Silverman 的《业务故事讲述傻瓜教程》（Wiley，2013 年）。

 最佳实践

决策。决策将贯穿整个项目。**Lori Silverman** 关于决策有如下表述：

在我们的工作中，我们每天做出数百个甚至数千个决定。十步法流程也不例外——正如本书所示，嵌入每个步骤中的是需要由各种不同类型的利益相关方做出的无数决策。最重要的是清楚每个决策是什么（以及围绕它的背景），记录它，记录答案以及是谁在什么时候做出的。此信息需要对项目中的每个人透明且可见。不要忘记，每一个决定都意味着将采取行动。这也需要被记录下来。

整个十步法流程本身也是一种决策机制。考虑到这一点，在步骤 1 中，充实背景环境，呈现问题并传达（通过故事）绝对是关键。这有两个原因：首先，您无法收集到关于一个问题的"有意义的"见解，除非您非常清楚问题是什么。其次，重要的是要问一些我们可能倾向于避免的问题。比如说：出资人（和主要利益相关方）是否相信他们已经知道数据质量问题的成因，以及他们是否愿意听取您在调查中获得的信息。如果他们认为已经知道应该采取什么措施来减轻问题，您也应该了解这一点。在所有这些情况下，他们的直觉感知都是一种基于过去经验的数据形式，无论正确与否。知道这些答案会让您在后续过程中不感到盲目。

在传达您的见解时，通过将他们故事化，能够帮助您在十步法流程的每个步骤中加速围绕它们的决策过程。关于如何做到这一点的一些想法在业务故事讲述的标注框中有所体现。

—— **Lori L. Silverman**，变革战略家，**Partners for Progress®**创始人/首席执行官

有关利用数据做出 **S.M.A.R.T.E.R** ™. 决策的更多信息，请参阅

YouTube 上的"**Level Up With Lori**"第 10 集（Silverman，2020 年）

5．全程沟通、管理和参与

这里没有更多可说的了，除了——行动吧！

示例输出及模板

利益相关方分析

确定项目的利益相关方后，进行利益相关方分析，以更多地了解他们每个人。他们的担忧是什么？他们如何受到项目的影响？您需要从他们那里得到什么？

使用表 4.10.2 利益相关方分析来帮助了解您的利益相关方。它由 John Ladley 创建，并出现在他的书《数据治理》（第 2 版）（2020b）中。尽管它是为数据治理而创建的，它也可以很容易地调整以适用于数据质量或数据管理的任何方面。在为整体数据质量计划而了解利益相关方时，也可以使用它。预计利益相关方在数据治理和数据质量计划和项目之间会有重叠。

表 4.10.2 利益相关方分析					
什么是利益相关方	他们的角色是什么	他们如何做出反应	他们的首要关注点是什么	我们需要从他们那里得到什么	我们应该如何与他们协作
利益相关方是指符合以下条件的任何组织或个人： ● 可以影响变革。 ● 受变革影响。 利益相关方可以是： ● 个人。 ● 高层领导。 ● IT 或部门经理	确定每个利益相关方的角色。该利益相关方是否： ● 需要批准资源或者决定变革是否可以继续进行（从而充当发起人或守门人）？ ● 因为所做工作而需要进	这项工作的结果将如何影响利益相关方？ 这一利益相关方是否会受益或受到不利影响？ 考虑到可能的影响和先前的行为，这个利益相关方可能会如何反应？ ● 提供能听到	该利益相关方的主要关注点是什么？ ● 他们需要或期望从变革中得到什么？ ● 什么可能会影响他们是否支持变革？ ● 在变革期间，该利益相关方需要什么来了解	我们需要从这个利益相关方那里得到什么？ ● 审批/资源。 ● 可见的支持/公众认可。 ● 对于他们的可访问性。 ● 对于他们团队人员的可访问性。	鉴于我们所知道的一切，我们应该如何与这个利益相关方合作？ ● 我们如何让他们为变革做好准备？ ● 我们将如何与他们沟通？

（续）

什么是利益相关方	他们的角色是什么	他们如何做出反应	他们的首要关注点是什么	我们需要从他们那里得到什么	我们应该如何与他们协作
等员工群体。 ● 委员会。 ● 客户。 ● 政府或其他监管机构。 ● 经纪人/代理商	行改变（目标受众）？ ● 需要实施变革或说服他人进行变革（中间人）？ ● 对所做工作的反应以及对所做工作取得成功的看法？ ● 需要成为所做工作的倡导者（拥护者）？ ● 执行可能影响工作成功的事项（资源）	或是能看见的支持？ ● 积极合作还是保持安静？ ● 保持中立？ ● 表面上说好，但实际阻挠或在背后抱怨？ ● 口头表达担忧	情况、参与、准备或验证？ ● 对于这个利益相关方来说，"危险信号"或热点是什么	● 对所做工作的少一些干扰或阻止。 ● 信息。 ● 任务完成。 ● 灵活性。 ● 行为变革	● 我们将如何解决他们的需求/疑虑？ ● 我们是否需要更多地了解他们的需求、担忧或可能做出的反应？ ● 他们是否直接或间接地成为变革团队的一部分（成为团队中的代表，征求意见或提供定期反馈）

注：由 John Ladley 创建并发表在《数据治理》（第 2 版）上，利益相关方分析表见附录 6。经许可使用。

为了使用此表格：

● 添加包含利益相关方名称的一列。记录其他基本信息，例如联系信息、职务、他们在组织结构图中的位置（业务部门/部门/团队）以及与数据质量项目或计划相关的角色，包括外部承包商、顾问或其他业务合作伙伴（如适用）。在安排会议时，物理位置也是对于了解所在时区非常有用的信息。

● 对于每个利益相关方，回答表中的问题。表中的术语"变革"表示您要完成的任何事情。例如，变革可能是指整个项目、对资金和人员的需求或要建议实施所需要的变革。

● 除了表中的问题之外，注意每个利益相关方对数据质量及其重要性（从不知情到基本理解再到完全了解）的了解程度和他们的支持水平（从消极/反对到中立再到积极/盟友/倡导者），通常也很有帮助。

RACI

RACI 是一种管理方法，最初用于识别变革过程中的角色和职责。它可以应用于数据质量项目，在需要确定角色和职责、决策权和义务以及升级路径时，它是决定沟通内容和适用于受众的沟通详细程度的输入。例如，与担任"通知"角色中的人共享的内容远不如担任"负责"角色的人详细得多，后者在实际实施工作。它可以应用于项目层面或业务流程层面。

以下是 RACI 首字母缩略词中每个字母的典型定义，但它们会因客户不同而有所区别。

确保您清楚地知道它们对您的项目意味着什么。

- **R = 责任实施人员。**完成或实施工作的人员。
- **A = 最终责任人员。**必须回答工作已完成并具有最终责任的人。这个人可以委派一些工作（给实施人员），但不能委派职责。
- **C = 顾问人员。**为工作或决策提供意见的人员。
- **I = 告知人员。**被告知工作或决定的人，在完成工作之前不需要被咨询。

从严格的等级或对项目的时间投入的角度来看，ARCI 更合适。最终责任人员是最终的所有者。那些责任实施人员有更多的时间投入，并要向任何最终责任人员报告。那些担任顾问角色的人通常有较少的时间投入。"告知"角色中的人将有最少的时间投入。

RACI 的变体中添加了一个"S"（RASCI）代表支持人员。如果您使用支持人员，请务必描述这对您的项目意味着什么（例如，提供财务支持、人力资源、推广宣传或扮演其他支持角色）。

模板 4.10.1 可用于识别与项目相关的角色。在第一列中，列出流程中的步骤、与特定流程或整个项目相关的职责。添加人员的姓名、职务和相应的 RACI 角色。请记住，一个人可以担任许多 RACI 角色，并且一个 RACI 角色可以由多个人担任。

<table>
<tr><td colspan="7" align="center">模板 4.10.1　RACI 表格</td></tr>
<tr><td></td><td></td><td></td><td colspan="4" align="center">角色</td></tr>
<tr><td>流程步骤或项目职责</td><td>姓名</td><td>职务</td><td>最终责任人员</td><td>责任实施人员</td><td>顾问人员</td><td>告知人员</td></tr>
<tr><td></td><td></td><td></td><td></td><td></td><td></td><td></td></tr>
<tr><td></td><td></td><td></td><td></td><td></td><td></td><td></td></tr>
</table>

沟通及参与计划

使用模板 4.10.2 作为您的沟通和参与计划的起点。我把"参与"这个词加进了通常所说的沟通计划中，以提醒人们沟通是双向的，您想与人互动，而不仅仅是同他们说话。要制订计划，请从模板中的任意主题开始，写下特定的受众、消息、需要输入的主题或应包含沟通的特定会议。以任何有意义的方式组织和编排信息，通常按日期或按受众划分。您还可以纳入变革管理活动。一旦确定了细节，沟通计划的摘要可以帮助跟踪进度。如果使用电子表格，则摘要可以位于第一个工作表中，其他工作表放在同一文件中，用于记录每个沟通、参与、变更管理事件或活动的详细信息。

<table>
<tr><td colspan="10" align="center">模板 4.10.2　沟通和互动参与计划</td></tr>
<tr><td>受众</td><td>信息和所需行动</td><td>触发器</td><td>沟通工具</td><td>创建</td><td>传达</td><td>准备</td><td>状态</td><td>计划日期</td><td>完成日期</td></tr>
<tr><td></td><td></td><td></td><td></td><td></td><td></td><td></td><td></td><td></td><td></td></tr>
<tr><td></td><td></td><td></td><td></td><td></td><td></td><td></td><td></td><td></td><td></td></tr>
</table>

受众：谁需要听？谁会受到影响？考虑组织、团队和个人。是否有特殊的人不应该接收到沟通？要有预期识别出多种受众。

信息和所需行动：受众需要了解哪些内容？您对他们有什么问题要问？您希望他们采取什么行动？他们将受到怎样的影响？他们会如何看待所发生的事情（例如，抵抗、中立、支持）？您希望他们通过这种沟通和参与获得怎样的感受？想想您将如何处理各种反应。

触发器：由什么决定开展一次沟通？是时间还是事件，如每季度的第一周、每月一次的管理会议、当项目某个阶段完成时？

沟通工具：沟通的方式是什么？单独列出在您的组织内运作良好的通信工具（例如，1-1会议、小组研讨会、内部网站、新闻通信、午餐时间聊天）。虚拟的还是面对面的。选择那些适合受众和情况的方式。

创建：谁负责规划和创建沟通内容？谁提供内容和输入？

传达：谁将实际进行沟通？通常，创建内容的人会将其传递给其他人来实际传达。

准备：需要采取哪些行动来准备和完成沟通？

状态：沟通的状态是什么（例如，已识别、正在进行、已完成）？

计划日期：沟通的规划日期是什么？

完成日期：沟通完成的实际日期是什么？

销售数据质量的 **30-3-30-3** 法

表 4.10.3 概述了一种名为"30-3-30-3"的沟通方法。

表 4.10.3 销售数据质量的 30-3-30-3 法			
时间	30 秒	3 分钟	30 分钟	3 小时
本场目的	引起好奇（如电梯交流）	描述状态（如状态报告）	宣传价值和回答问题（如回顾会）	协作（如互动研讨会）
本场重点	面向未来，关注积极面	为业务和技术用户提供的现状和价值	问题、担忧、成功故事	全貌：覆盖数据质量的方方面面；或深入到几个方面；全方位覆盖
您希望受众思考什么	您对数据质量的热情和激情	您在获得投资和资源方面取得了多大成就	数据质量很有价值，但并不容易	例如，数据质量被融入项目生命周期的各个方面
信息	简单而高级；建立联系或关系	按层级划分；简单明了	集成点；数据质量如何影响业务；ROI 投资回报率	详细的定义，关于价值的例子，并强调增长的重要性
期望的受众行为	请求提供有关数据质量和您的计划的其他信息	对数据质量的支持	了解数据质量的价值和效用	协议和共识
您准备好了吗			

注：改编自 R. Todd Stephens 博士，经许可使用。

十步法实战

使用 30-3-30-3 法

Rodney Schackmann，一家国际高科技公司的信息质量项目经理，现已退休，他使用 **30-3-30-3** 法来：①为可能不太理解或欣赏信息质量工作的受众准备有针对性的沟通；②创建需要讲述的故事的不同版本，特别是对各级管理层，对他们来说有效性和注意力跨度差异很大。表 **4.10.4** 总结了他如何应用该方法。表中提到的"变革"是指您时下共享/请求的任何内容（例如，启动信息质量项目以应对重要的业务需求或基于数据质量评估和根本原因分析实施特定建议）。

表 4.10.4 应用 30-3-30-3 法

时间	30 秒	3 分钟	30 分钟	3 小时
目的	激发好奇心	推销概念，为买进核心理念寻求理解	教育，推销价值，回答问题，寻求运营支持	提供背景环境和技能培训
受众	高级决策者	职能/运营负责人的员工会议	运营经理和关键运营人员	所有直接执行工作的人
策略	突出强调直接影响该人员的重点领域的业务问题。 询问如果问题可以提升 X，对方是否有兴趣？（如果可以，请使用实数，否则使用行业百分比范围）。 寻求机会与他们的关键人物一起对此进行说明和探索	与监督变革的人一起设定问题和机会的等级。 确认需要聚焦的（热点）或更广泛的方法。 寻求支持并要求与可能影响变革的高层人士会面	沟通高级别的问题和范围。 描述过程以衡量当前状态，提高质量并收集价值。 实战问题	级别设置问题和机会。 进行高水平的信息质量评估并形成信息质量评分。 收集意见以告知改进过程（十步法）
示例方式	电梯交流	员工演示说明	关键相关者演示说明	研讨会

他解释说，30 秒的电梯游说应该要引起获得 3 分钟来创造兴趣，从而进一步获得 30 分钟来创造一定程度的认知。在每一点上，您都希望与需要以下方面的人员一起进入下一步：

- 了解问题。

- 看到可能性的艺术以及好处。

- 支持建议的解决方案。

他分享了一个重要的见解，即每次互动也是您倾听、观察和学习的机会。此外，这些对话或演示的机会发生的频率比您预期的更高，因此需要为特定受众准备适当详细程度的内容并确保可调节非常重要。请记住，即使您已成功启动了信息质量计划，诸如人员流动、业务优先级转移和运营变革等事件也需要质量工作保持相关性、优先级和可见性。这需要持续的培养教育和"推销"。准备好适当级别的沟通是实现这一目标的关键。

步骤 10 小结

与人有效合作和管理项目不是一次性工作。与步骤 10 相关的内容必须在其他每个步骤中完成。此步骤提供了一些思路可以提供帮助。关于何时、多久、与谁一起、信息内容是什么，都由您决定。

👥 沟通、管理和参与

在此步骤中，有关与人员有效协作和管理项目的建议：

- 考虑与人员合作和管理项目相关的以下内容。使用您的最佳判断来将适当内容纳入进您的项目，并在整个过程中适当地应用：
  - 沟通和参与：认知、外联、反馈、倾听、教育、培训、记录、谈判、促进、写作、演讲技巧、业务故事讲述、决策、内部咨询、建立人脉、学习理论……此清单还可延续。
  - 变革：管理变革及相关影响、组织变革管理、变革控制。
  - 伦理：个人和社会利益、正义、权利和自由、诚实、行为标准、避免伤害、支持福祉。
  - 项目管理：管理团队（面对面和虚拟）、召开有效会议、状态报告、与 SDLC 相关的基本技能和使用的项目方法（敏捷开发、供应商 SDLC、混合法等）。

✓ 检查点

步骤 10　全程沟通、管理以及互动参与检查点

如何判断我是否准备好进入下一步？使用以下指南可帮助将步骤 10 融入所有其他步骤中以及项目结束时：

- 对于项目中的每个步骤：
  - 是否记录了结果、学习成果、建议和已完成的操作，是否进行了共享，是否鼓励了反馈，并根据需要进行了调整？
  - 是否为有需要的人提供适当的培训？
  - 您是否获得了必要的支持，如果没有，您是否正在解决该问题？
  - 您是否根据需要向那些在沟通、管理和参与等方面具有技能的人寻求帮助？
  - 一般来说，您是否正在完成必要的活动，以便与人沟通、参与并管理项目？
  - 您是否亲自帮助营造了一种合作和有趣的氛围，让项目团队富有生产力并享受整个旅程？
  - 您个人是否树立了榜样并鼓励道德行为？
- 在项目结束时：

> ○ 项目成果有案可稽并进行了恰当的分享？
>
> ○ 是否举行了项目回顾，分享和记录了结果，并可供将来参考？
>
> ○ 成功是否得到认可，项目资助者、团队成员、其他贡献者和利益相关方是否得到感谢？
>
> ○ 是否已确定所有者，并承诺提供支持和资源，以保障数据质量项目引起的正在进行的流程、操作项或项目，并确保他们在项目结束后继续进行？

小结

第 4 章描述了十步法流程，包含了具体说明、示例输出及模板和足够多的细节，以便您可以执行自己的数据质量项目。您已经看到，在应用步骤、活动和技术时，必须对什么是相关的以及什么是最有用的细节水平做出深思熟虑的选择。本章提供了指南来帮助您做出这些选择。在需要更多细节时，我们提供了外部资源和其他章节以供参考，例如前三章中的概念和第 6 章中的技术可用于多个步骤。本章在示例输出及模板部分和十步法实战标注框中为您提供了如何应用十步法的实例。

步骤 1 强调了根据客户、产品、服务、战略、目标、问题和机会来选择满足高优先级业务需求的项目的重要性。第 5 章补充了步骤 1，为构建项目提供了指导，以获得最大的成功机会。

步骤 2 帮助您分析信息环境——需求和约束、数据和数据规范、流程、人员/组织、技术和范围内的信息生命周期。在此步所学到的知识提供了输入，以确保要评估质量或业务影响的数据是与业务需求相关的数据。它还提供了背景知识，可帮助您更好地了解和分析评估结果。

步骤 3 提供了基于数据质量维度（用于定义、测量和管理数据的信息的方面或特征）评估质量的选择，就如何选择相关维度提供了建议。评估显示了数据质量问题的规模和类型，克服了对数据的意见并揭示了事实。

步骤 4 提供了业务影响技巧——用于分析数据质量影响的定性和定量的技术。每当需要获得或维持对数据质量工作的支持时，它们就会在项目的任何地方被使用。

步骤 5 提供了根本原因分析技术，以使后续步骤中的改进可以解决问题的真正原因，而不仅仅是表征。改进计划是在步骤 6 中制订的，并且基于在前面的步骤中学到的所有内容。

帮助防止数据质量问题再次发生的控制机制在步骤 7 中实际实施。在项目期间发现的当前数据质量错误实际上在步骤 8 中得到纠正。在步骤 9 中实施了要定期监督的控制措施，以便可以快速查看和解决新问题。

由于沟通、与人互动以及妥善管理项目对于任何数据质量项目都至关重要，因此您需要确保在其他步骤中都完成步骤 10 的相关活动。

如果您已经完成了您的项目，恭喜您！我希望它成功了，并且您很好地运用了十步法流程。您现在拥有经验，可以识别周围世界的数据质量的各个方面，并应用该方法来解决任何数据质量情况。把这本书放在手边，并以不同的方式反复使用它，以继续通过高质量的数据为您的组织提供价值。

请继续阅读第 7 章，写在最后的话。

第 5 章

设计项目结构

做好计划，按计划做好

——诺曼·文森特·皮尔

打基础与出成果，不能顾头不顾尾，必须两手都要抓。

——EA 企业架构框架创始人：约翰·扎奇曼

本章内容
简介
数据质量项目类型
项目目标
与软件开发生命周期（SDLC）对比
软件开发生命周期（SDLC）中的数据质量和治理
数据质量项目中的角色
项目时间安排、沟通和参与
小结

简介

十步法的主要三项：关键术语、十步法流程和设计项目结构已在第 2 章做过介绍。本章将更详细地介绍设计项目结构方面的内容。想要成功地应用十步法，做好计划是基本的要求。具体可参考步骤 1.2　制订项目计划及本章相关内容。

有很多个人和项目团队都会用到十步法，而且应用的方法也有很多，因此很难给出具体的应用规范。尽管如此，还是想通过本章的内容来明确一些重要的概念，便于读者在构建项目时，得到一些指导。对于项目的全生命周期管理而言，成功地构建是关键的一步，这对完成既定目标也至关重要。

数据质量项目类型

如您所见，本书以项目为工具，来解释数据质量工作及其应用。如果读者对"项目"一词的理解是狭义的，则有必要将它扩展一下，以适应项目的定义和十步法所适用的众多场景。如第 3 章　关键概念所述，一般来说，项目是一次性活动的工作单元，具备需要解决的特定业务需求以及需要实现的目标。在本书中，项目一词泛指任何利用十步法来解决业务需求的结构化工作。在步骤 1.1 中，已经确定了业务需求和数据质量问题的优先级别，并明确项目的重点。

接下来，必须确定并规划与项目重点有关的活动。为此，可以使用以下项目类型对项目进行分类，项目类型不同，其工作规划与协调也不同。

- 专注于数据质量改进的项目。
- 整合到其他项目中的数据质量活动。
- 对数据质量步骤、活动或技术的临时应用。

步骤 1.2 中介绍了这三种类型的项目，本章将进一步详细介绍。使用三种项目类型对项目进行分类，便于为项目方法设定方向。项目方法是组织和执行工作的手段，例如一个合适的 SDLC 方法（敏捷法、序贯法等）。项目类型和方法决定了需要哪些项目管理活动，例如：创建项目计划、章程或功能、用户案例等。项目计划决定了如何利用十步法来指导所选方法解决项目问题。在具体项目中，可以根据当前情况，在各种执行细节级别、采用不同类型的项目和方法，自由组合、利用十步法中的各个步骤，最终解决业务需求和数据质量问题。

从一个场景到项目计划的流程可以总结为：场景→项目重心→项目类型→项目方法→项目计划。

从发现问题、认识问题场景到采取有效行动解决问题的流程是非常重要的，其重要性怎么强调都不为过，这就是本章反复强调的重点。当然，每个人都想尽快完成这一操作。如果做得好，无论处于数据质量的哪个阶段，十步法都将是适用的，并具有指导意义。

数据质量存在于多个应用场景中，这是不争的事实。在实际场景中，必须能够识别数据质量的方方面面。接下来，本书将分别讨论三种项目类型，同时会借助一些示例来说明十步法在不同场景下的应用。

不管是专注于数据质量改进的项目，还是其他项目中的数据质量活动，都有一些相应的示例。其应用场景是一样的。但无论是把数据质量活动作为一个独立的项目来管理，还是把数据质量活动整合到其他项目中，这取决于组织的全盘规划。

项目类型：专注于数据质量改进的项目

简介。 数据质量改进项目集中解决对组织产生负面影响的特定数据质量问题。目标是通过解决疑似或已知的数据质量问题，提高数据质量，进而为业务需求提供服务支持。数据的来源可能是任何数据集——内部创建或从外部获取的数据。

这类项目从十步法流程中选择适用的步骤，以了解数据质量问题和业务需求的信息环境，评估数据质量，并展现业务价值。为了得到持续的效果，应在纠正当前的数据错误的同时，识别根本原因并改进数据质量以防止问题再度发生，例如通过实施新的流程或强化现有流程来管理数据。为了保持数据质量，也可以把一些改进或管控举措作为持续监测的备选项。在整个项目过程中，沟通、项目管理以及与人的互动都是不可或缺的。十步法为项目计划的制订打下了一个坚实的基础。

这类项目的另一种表现形式是，基于十步法为特定的组织创建一种定制化的数据质量改进方法。

示例。 以下场景可通过专注于数据质量改进的项目来解决。这些示例的相似度很高，只是在范围层面有大有小。

- 对于低质量的数据质量进行改进，使其对组织有用。
- 强化现有数据湖的入湖流程。
- 对于查询结果与查询条件不匹配的情况，需找到原因并予以更正。
- 需要为数据打上高质量的标签，以便于获得最佳使用效果。
- 组织遴选数据供应商，在签订采购数据合同之前，应充分了解外部数据质量，这些信息会辅助做出更好的决策。
- 减少数据科学家在使用数据之前整理数据的工作量。
- 调查关于数据质量低劣的投诉，建立数据质量基线，以监控未来改进情况。
- 制定仪表盘来衡量数据的持续运行状况，并建立流程、明确责任人，并根据结果采取对应措施。
- 确定已知数据质量问题的根本原因，纠正当前错误，并在流程上防止未来的数据错误。
- 在日常工作中，将数据质量问题落实到责任人。
- 当组织因数据质量问题而决定购买数据剖析工具时，需要优先关注业务需求、流程和结果，而不仅仅是工具本身。

项目方法和团队。 十步法流程是构建项目计划的基础。项目团队规模无特定要求，适宜解决问题就好。团队可以是一个人，也可以是一个拥有丰富实践经验的、能解决问题的 3~4 人的小团队或者一个大团队。

团队中必须有一个熟悉项目业务、数据、人员/组织和技术的代表人员。例如，如果需要对系统进行技术升级，则团队需邀请 IT 专家来完成这些改进活动。如要系统性地强制实施了控制机制，则 IT 也需要执行这些控制机制。如果要重新设计业务流程，则需要业务分析师或主题专家参与。

当我们在按日、周或月等固定周期接收和加载从外部供应商购买的数据时，可能会发现数据质量存在各种问题。往往在数据成功加载一两次后，就会出现加载失败。此时就不得不备份数据，分析结果，同时要求供应商重新发送数据。上述情况会产生额外的工作，并使数据不能及时提供给用户。在这种情况下，可以基于十步法开展为期 4 周的数据质量改进项目。花几个小时来制定项目方法和目标，向经理汇报并获得批准。十步法以一种快速而又合乎逻辑的方式来识别加载失败的根本原因，并提供更好的流程（包括在加载之前自动进行数据剖析、检测文件格式的变化），以防止将来再次出现问题。这就需要数据负责人、项目经理、发送文件的供应商进行有效的沟通和讨论。

从项目管理的角度来看，不同类型的项目代表不同的风险。专注于数据质量改进项目可能会面临资金被缩减的风险这就要求在项目的不同阶段，需持续使用业务影响（步骤 4）和沟通技巧（步骤 10），以提醒人们这样做的好处，直至项目结束。

项目时间安排。对这类项目来说，项目进度与时间安排很难估算。原因是在评估数据之前，不知道真正面临的问题有多严重。在步骤 3 评估数据质量中发现的问题将决定剩余步骤的进度。尽最大的努力做好评估工作，并设定利益相关方的期望，数据质量评估结果出来后，项目进度计划将随之更新。一旦在步骤 5 中找到真正的根本原因，项目进度计划将再次更新，因为这些结果将影响到后续的预防活动。

项目时间安排指南。首次进行数据质量改进项目，请尝试在 2~4 人的项目团队中把时间限制在 3~4 个月。如果需要很长时间才能交付，组织就会对此失去兴趣。对于短期项目，较为合理的做法是，针对一个数据源，评估 1~2 个数据质量维度并完成步骤 1~5。根据评估结果和根本原因分析的结果，判定实施改进所需的时长。

对于来自一个数据源的小数据集而言，一个人可以在一个月内快速完成质量评估。这类项目将严格限定范围和时间，完成这几步只需几天而不是几周。

第一个项目完成后，会更熟悉这些步骤和完成它们所需的时间。随后，也将意识到文化与环境将影响工作完成速度。所有这些经验将有助于更好地评估后续的改进项目。

通过参阅十步法实战，从而了解十步法流程是如何应用于中国某电信公司的单一数据质量改进项目。此外，十步法也用于定制的方法、培训和指导。

 十步法实战

在中国某电信公司使用十步法

御数坊（北京）科技咨询有限公司的 **CEO** 刘晨基于十步法，为他的客户设计了定制化的方法，并为客户提供了培训和指导。以下是他分享的使用了十步法流程的项目。

客户。是中国最大的电信公司的省级公司，全集团拥有 9.5 亿多移动用户。公司拥有 12 家分公司，1000 多家渠道合作伙伴，3000 多万用户。

背景。该公司销售团队接到渠道合作伙伴投诉，称销售佣金滞后或计算错误。这促使总经理强调了数据治理（DG）的重要性，并指派大数据团队将数据治理作为 IT 部门的四大目标之一。团队承受着满足业务用户需求和总经理期望的双重压力。

项目。启动了一个包括了主管、业务和 IT 的项目。由 IT 部门的大数据团队领导，与销售部门合作。以下是十步法的具体步骤：

步骤 1。业务需求：从业务问题和项目定义开始，确定数据治理对公司的真正意义和项目的感知价值。这为业务、组织、系统和数据定义了正确的范围。

步骤 2。分析信息环境：了解相关业务流程、系统、数据和人员职责；为了解整个环境，绘制数据流程图和 CRUD 矩阵；发现系统或人员在数据处理过程中可能存在的冲突或缺口。

步骤 3。评估数据质量：使用完备性、一致性、及时性和元数据质量等数据质量维度。

步骤 4。评估业务影响：根据第一轮调查数据，对于发现的 5 个关键问题和 19 个缺陷，从货币影响和客户满意度维度进行分析，最终聚焦到一个根本问题。

步骤 5～9。进行根本原因分析；对业务流程、业务支撑系统和数据规范进行修正；从 IT 聚焦到业务聚焦再到公司层面聚焦，从而增强数据质量和治理能力。

步骤 10。沟通。在做好项目团队内部沟通的同时，也要注重与业务部门和执行领导的沟通。

收益。这个为期一年的项目带来了以下几个好处：

- 业务案例是通过分析与低质量数据相关的订单数量和货币价值来进行的。这给 IT 和业务团队留下了深刻的印象，并得到了电信公司副总裁的认可。
- 既减少了数据问题，也提高了数据质量，二者均可量化。
- 除了解决最初的问题，他们还将成果用于实践，通过定义总体角色与职责、政策和流程（包括数据治理、质量、数据生命周期、元数据管理等），使项目可持续发展。
- 通过设计基于数据管理成熟度评估的路线图，为未来 1～3 年提供方向。
- **2018 年 5 月**，该项目获得第二届中国数据标准化及治理奖"实践奖"

项目类型：其他项目中的数据质量活动

简介。将十步法流程中的步骤、技术或活动整合到其他项目、方法或 SDLC 中，以此来解决数据的质量问题，在这过程中，数据只是一个组成部分，往往不是最重要的关注点。大多项目都包含了创建、获取、丰富、增强、移动、集成或归档数据。准备数据以满足业务需求，与此同时，处理与数据相关的风险，从而增加这类项目的整体成功性。

在大型项目中，数据质量问题发现得越早，所需修正的成本越低。如果是在最终测试期间或在使用新系统之前发现数据质量问题，其修复成本将随之骤增。在项目实施过程中加入与数据质量相关的任务，将有助于防止工作进入生产阶段后出现诸多问题。数据质量决定着业务是否能够顺利过渡，是否能够像往常一样继续进行业务，业务转型是否顺利，是否会出现连基本业务活动都无法进行的情况。例如，按时完成财务结清还是拖延财务结清；履行制造和运输承诺还是通过昂贵的变通方案来解决问题。

这类项目的一个扩展是将数据质量活动整合到组织授权的项目中，通过使用相同的方法来提高多个项目产出。

示例。通常，这些项目开发解决方案包括流程改进或购买、开发新的应用程序。许多项目的一个重要工作就是从已存在的数据源迁移和集成数据，包括实行新的人力资源系统、构建新的应用程序和从遗留系统迁移数据，或者将多个功能区和数据源集成到 ERP（企业资源规划系统）中。如果不强调数据的前置工作准备程度，这些将无法成功。除此之外，在组织中是否还有其他与数据质量至关重要的类似情况？如：

- 组织正在从本地系统转向基于云的系统，必须确保业务流程、职责和数据的迁移顺利进行。
- 全球性组织正在彻底改革其人力资源管理的方法，一种新的流程正在开发，作为一种集中应用程序正在安装。
- 组织必须遵守法规，如通用数据保护条例（GDPR），启动一个全公司范围的项目以确保合规。
- 公司的一个主要部门被出售了，与此部门相关的数据必须与现有系统分离出来，并转给新的所有者。
- 组织在机器学习方面投入了大量资金，使用数据对模型进行训练、验证和优化；那些低质量的和未知数据质量的数据对输出的准确性和有效性构成了风险。
- 组织正在上线一个第三方供应商应用程序，该应用程序将首次从已有的数据源中收集数据。
- 组织中的一个主要系统即将被淘汰，团队必须确保旧数据已被存档，并将现用数据转移到替换它的当前生产系统中。
- 组织正在开发一个数据湖，关注数据质量将有助于提升最终产品。
- 组织收购了一家新公司，随后将必须整合其人员、流程和数据。
- 组织有一个内部开发的 SDLC，它将用于所有的项目。如果开展正确的数据质量活动用于增强数据层面的工作，其效果会更好。
- 组织使用六西格玛或精益方法论。使用适当的数据质量步骤、技术或活动将有助于提升数据层面的工作。

项目方法和团队。十步法中相关的数据质量活动可以整合到任何 SDLC 中，以此作为更大规模项目（敏捷法、瀑布法、混合法等）的基础。十步法既可以适时地与组织常用的项目管理风格相结合，也可以与项目中使用的第三方方法相结合。例如，通过数据剖析，可以提高源数据到目标映射的质量，并减少完成映射所需的时间。根据整个项目的范围，会有一个人或一个团队来负责特定的数据质量工作，作为大体量项目工作中的一部分。

当将数据质量工作整合到另一个项目时，对数据质量工作进行规划是至关重要的。在整个项目计划中，如同安排其他活动一样，数据质量活动需明确职责、可交付成果和截止日期。应确保那些从事数据质量活动的人被视为核心或扩充的团队成员和资源。

项目从一开始就应精心做好规划，从而确保将适当的数据质量活动完全融入项目中。数据质量越早融入项目中越好。不过，即使在项目的后期参与，只要开展适当的数据质量活动仍然可以极大地促进项目的成功。加入数据质量活动或技术后，这类项目的输出可以是新的或修改的操作流程。

在项目中应尽早对数据进行分析和评估，以便为发现和处理数据质量问题预留时间。如果在项目中发现相同的问题或未能发现问题，项目延迟的风险将会增加。如果数据质量问题被优先考虑并得到解决，那么在移交到生产环境后，业务被中断的可能性就会降低。而且，在将产品移交给运营团队之前，要求必须延长保修期或稳定期的可能性也随之降低。

> **经典语录**
>
> "对生产数据进行数据剖析是一项必要的活动，不能从面向数据工程的任何生命周期中略过，而且应在需求完成之前进行。剖析数据作为数据分析的一部分，与保持生产数据的私密性之间经常存在矛盾，但是在以数据为中心的项目中，这种矛盾是不可逾越的。通常在两者之间寻找一种折中方案，或者在系统实施之前，在实施时间表上增加几个月的时间来重新设计系统。"
>
> —— **April Reeve,《动态数据管理》（2013 年）**

> **! 注意事项**
>
> **忽略数据质量=风险！**还有一种数据处理方法，项目会默认地对数据进行一种假设推理。最为常见的一种态度是："我们应用程序开发团队，正在从事一个吸引人的新项目。我们对源系统的数据质量无能为力，尽管如此，我们还是编写程序，开发接口，然后发布新系统，期待数据的行为会像我们认为或希望的那样。"这真是一种危险的态度！

项目类型：对数据质量步骤、活动或技术的临时应用

简介。利用十步法流程中的任何一步，都可以快速解决业务需求或数据质量问题。比如，在日常工作或操作流程中出现的支持问题或解决异常及紧急情况。在通常情况下，这不是一个常规的用法，但确实符合本书所泛指的项目定义。

例如，一个关键的业务流程停止了，人们怀疑数据质量是造成问题的原因之一。这类问题既可以一个人独自解决，也可以与专家组一起解决。回想步骤 1　确认业务需求与方法，并提出一些质疑，以明确要解决的数据质量问题。再回想步骤 2　分析信息环境，确保对出现问题的数据、流程、人员/组织和技术有足够的了解。追溯这四个关键要素在项目生命周期中的变化，继而找到问题的根本原因。

还记得第 2 章开头的健康案例吗?让患者活着是心脏病发作时的首要任务。让一个关键的业务流程继续运行就是让病人活下来的一个例子，因此需要快速纠正数据并实现短期的变通方案。一旦流程启动并运行后，使用十步法来解决所有根本原因，从而防止问题再次发生。这就需要启动一个独立的、专一于数据质量改进的项目。如果一个较大规模的项目范围与刚刚解决的支持问题相交叉，那么有必要将数据质量工作引入到这个较大规模的项目中，这些例子表明，一旦熟悉了十步法流程，就可以利用它为可能面临的许多问题制定解决方案。无论什么因素促使使用十步法，都必须做出正确的决定，确定哪些步骤、技术或活动适用于这个问题，以及如何开展工作。本书所有内容都可以用作一种临时的方式或个人的方式来使用十步法——与一个项目团队相比，它只会以更简洁的方式来实施。

示例。熟悉十步法，从而有助于在出现特殊或意外情况时识别哪些步骤和技术。

- 数据管理的某些方面（治理、质量、建模等）是日常职责的重要部分或全部重点。
- 管理数据质量不是日常职责的一部分，但应认识到数据质量问题正在影响我们完成工作的能力。
- 一旦数据质量问题曝光，需迅速将问题与业务需求关联起来，以确定是否值得花时间解决问题。
- 需要更好地了解支持关键业务流程的数据来源。从步骤 2　分析信息环境中选择一些步骤，来研究和记录数据血缘。
- 需要展示数据相关活动的价值，如数据质量、数据治理、业务术语表、数据建模等。
- 在数据质量或治理计划中，着眼未来，列出一长串数据质量或治理活动清单，优先考虑那些有可能产生最大效益的活动，并纳入预算中。

项目方法和团队。使用十步法中的任何一步都很有用。例如，当从外部数据源载入数据时，如果发现供应商的格式和内容方面存在问题，则可以在加载之前对数据进行快速分析。这可以防止在加载程序失败时才发现问题造成的返工。更好的预防方法是与数据提供者定期沟通，进行一些根本原因分析，并改进流程。

项目的调查/分析范围不同，团队的规模和组成也随之不同。对于一个临时项目，项目团队可能只有一个人。即便如此，仍需考虑数据质量项目中的角色定义，当然许多角色可以按比例缩减。当没有一个正式团队的时候，经理可能非正式地担任项目资助者的角色。同时，还是要想清楚谁会对所做的工作感兴趣（潜在的利益相关方），并确定可能需要咨询的主题专家。沟通不局限于项目团队内部，项目必须得到主管领导的支持。建立定期的状态汇报机制，及时得到反馈。在定期的部门例会上，给其他员工进行活动、进展和结果的分享。

一个问题有可能引发更多的关注。若是这样，则可以建立自己的短期数据质量项目，并在几周内完成。认真管理项目涉及的范围，并确保在需要时让经理和其他利益相关方参与进来。

为什么项目类型之间的差异是有用的

在规划和执行数据质量项目时，区分这三种类型的项目非常重要。把项目类型放置在一个连续系统上，其中临时项目位于左侧。这表明一个临时项目比其他两个项目耗时更少、复杂性更低、更便宜。一个专注于数据质量改进的项目处于中间状态（根据范围不同，在中间的具体位置可能会有很大差异）。其他项目中的数据质量活动位于右侧，表示耗时更多、复杂性更高。

任何项目所需的时间和精力都会受到以下几个因素的影响。这三种类型的数据质量项目之间有所不同，在规划项目时应考虑：资金来自哪里，谁批准的资金，利益相关方的数量，项目工作本身的范围和复杂性，项目周期和完成的时间，所需人员数量以及所需的知识与技能，如何做出决策以及涉及谁，沟通、参与和变革管理的范围。

此外，实际度量项目的影响和收益是具有挑战性的。十步法流程中的步骤 4 分享了几个用于评估业务影响的技术，这些技术可用于任何类型的数据质量项目。对于所有项目类型，利用可能已经存在的任何形式化的数据治理来帮助识别和保护资源，得到输入，并在整个项目中做出决策。如果不存在正式的数据治理，则需要花费更长的时间来规划这些活动。

项目目标

我们刚刚讲述了三种项目类型，作为项目计划的一部分，可参考以下项目目标示例。请注意，项目目标不是业务需求，也不是数据质量问题。这些是具体的、可衡量的工作说明书（SOW），如果在项目期间内完成，将有助于满足业务需求及数据质量问题的解决。

- 获得数据质量支持。
- 建立数据质量基线。
- 确定数据质量问题的根本原因。
- 实施改进（预防、纠正）。
- 实施数据质量度量和其他监控（检测）。

这些可能不是唯一的项目目标，但它们通常适用于任何类型的数据质量项目。显而易见，建立数据质量基线对于专注于数据质量改进的项目是有意义的。另外，在将数据质量活动纳入应用程序开发和迁移项目时，也适用于建立数据基线。评估当前数据质量，并将其与新系统需求进行比较，从而揭示两者之间的差距。为缩小差距而提出的具体改进措施，比如纠正数据和修复流程，则成为额外的目标。

如图 5.1 所示，第一列下面展示了典型项目目标。阴影单元格突出了"十步法"中最有可能完成每个既定目标的步骤。可以看到一些目标是如何建立在先前目标完成的基础之上的。

步骤 项目目标	1 确认业务需求与方法	2 分析信息环境	3 评估数据质量	4 评估业务影响	5 确定根本原因	6 制订数据质量提升计划	7 预防未来数据错误	8 纠正当前数据错误	9 监督控制机制	10 全程沟通、管理以及互动参与
获得数据质量支持										
建立数据质量基准				所有目标：在需要的时候使用步骤4						所有目标：自始至终使用步骤10
确认数据质量问题的根本原因	利用数据质量基准的结果和步骤5									
实施改进方法(预防及纠正)	利用数据质量基准的结果、已确定的根本原因和步骤6、7、8									
实施数据质量度量和其他监测(检测)	利用数据质量基准的结果、已确定的根本原因、已实施的改进方法和步骤9									

图 5.1　数据质量项目目标与十步法流程

图 5.1 并不表示每个步骤的详细程度，而是另一个维度。图 5.1 也不表示完成时间，这

是集详细程度、项目类型和方法于一体的功能阐述。第 4 章　十步法流程为第一行标题中的每个步骤的执行提供了详细的说明。

与软件开发生命周期（SDLC）对比

运行一个项目有许多不同的方法。如前所述，SDLC 是解决方案/系统/软件开发生命周期的通用术语，在本书中代指用于数据质量项目的任何一种方法——瀑布法、敏捷法、其他方法或混合法。SDLC 定义了开发解决方案的方法和项目中的各个阶段。SDLC 为项目计划和项目团队所要承担的任务提供了基础。SDLC 可以由组织内部创建和使用，也可以由供应商提供。图 5.2 所示为一个典型 SDLC 中的阶段，并与其他四种 SDLC 变体中使用的阶段进行了比较。

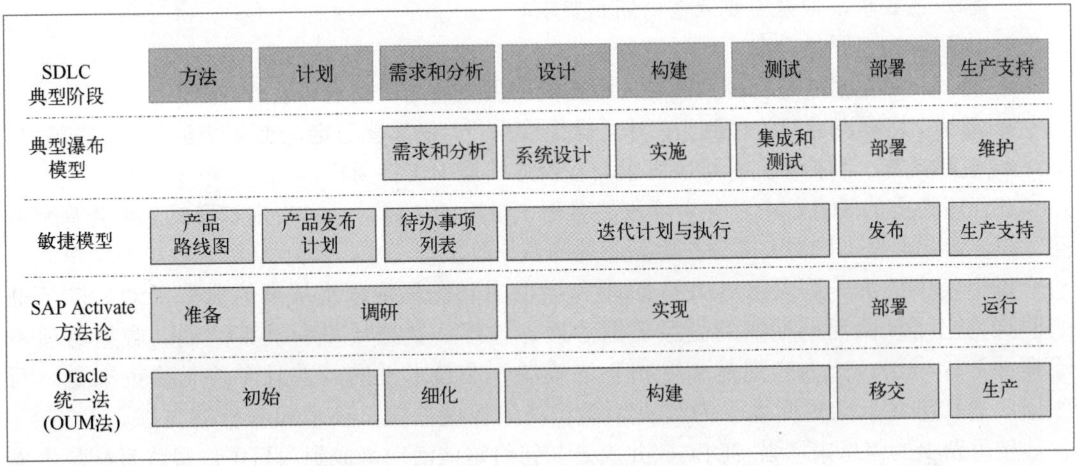

SDLC 典型阶段	方法	计划	需求和分析	设计	构建	测试	部署	生产支持
典型瀑布模型			需求和分析	系统设计	实施	集成和测试	部署	维护
敏捷模型	产品路线图	产品发布计划	待办事项列表	迭代计划与执行			发布	生产支持
SAP Activate 方法论	准备	调研		实现			部署	运行
Oracle 统一法 (OUM法)	初始	细化		构建			移交	生产

图 5.2　解决方案开发生命周期（SDLC）对比图

虽然有许多有用的 SDLC，但也有许多 SDLC 存在缺陷，尤其是缺少那些能够增加项目成功机会的关键数据质量（和治理）活动。例如，几乎在每个项目中都有与需求收集相关的活动，如果正在收集需求，则应该在项目计划的该阶段包含数据质量透视图。

来自这种方法的数据质量步骤、技术和活动可以集成到任何 SDLC 和项目计划中。在项目开始时进行精心规划，以确保合适的数据质量活动被纳入到整个项目计划中。

软件开发生命周期（SDLC）中的数据质量和治理

在任何以数据为中心的应用程序开发、数据迁移或集成项目中，纳入数据质量和治理活动是防止数据质量问题的最佳方法之一。质量先驱 W. Edwards Deming 指出，质量是设计出来的，而不是检测出来的。为了证明这一点，他引用了 Harold F. Dodge 的话："产品质量不是检测出来的，从产品生产出来后质量就已经在那了，"以"田口方法"闻名的日本田口玄一博士是另一位强调在设计阶段提高产品质量的人，他将质量控制融入产品设计中。向他们学习，并使用同样的理念，确保将数据质量纳入信息产品和流程的设计中。

表 5.1～表 5.8 列出了在每个 SDLC 阶段中通常存在的一些活动，如图 5.2 的第一行所示，包括可以同时进行的数据治理和质量活动。表 5.9 将 Scrum（一种典型的敏捷方法）的活动映射到相同的 SDLC 阶段。每个阶段的简要描述如下：

- **开始**。阐明要解决的问题或机会，将项目付诸行动，授权和定义范围及目标，初始化资源分配。
- **规划**。细化项目范围和目标，制订管理、执行和监控项目的计划，识别项目活动、依赖关系和约束并制定最初的时间表。
- **需求和分析**。研究、评估和确定详细的需求和目标，建立优先级，对活动进行排序和完善计划。
- **设计**。根据依赖和约束定义解决方案并选择最佳方案，确定能够满足解决方案的功能和质量要求，根据需要调整计划和要求。
- **构建**。构建解决方案。
- **测试**。确定需求是否得到满足，根据需要调整计划、需求和设计。
- **部署**。将解决方案转移到生产中，提供给用户，使部署稳定，过渡到运营和支持部门。
- **生产支持**。维护和完善解决方案。在操作环境中支持用户。

在任何特定的 SDLC 中，各个阶段的名称、组织、协调、时间安排和形式上都会有所不同。即便如此，也可以将大部分映射到此处的八个阶段。

每个表中的第一列表示 SDLC 阶段和项目团队在此阶段将从事的典型活动。接下来的两列列出了团队活动期间的高级数据治理、管理、数据质量和准备活动。数据治理和管理被归为一组，因为它们是高度相互依赖的、非技术性的，并且专注于决策制定，而数据质量和准备活动更侧重于为解决方案和决策提供技能、技术和分析的支撑。

使用表中的信息来增强 SDLC，并确定如何将这些活动集成到项目中。最终目标是生成的应用程序、流程和数据可以用于开展业务，并且传递任何数据都具有高质量，从而确保可被他人使用。这将减少因数据质量低劣而对业务造成负面影响，从而促使那些依赖数据的人数增加，并提高数据的可信度。

非常感谢 Masha Bykin 的专业知识和对本部分的贡献。这些表格首次发表在 McGilvray 和 Bykin 的《数据质量和治理：项目实战》中，The Data Insight & Social BI Executive Report 第 13 卷第 5 期（2013 年，Cutter Consortium）。完整的执行报告可在 https://www.cutter.com/ offer/data-quality-and-governance-projects-knowledge-action-0 免费下载。请参阅这份报告以了解更多细节和见解。

表 5.1 SDLC 阶段：开始阶段——数据治理和数据质量活动

团队活动——开始阶段	数据治理活动	数据质量活动
定义业务问题或机会	• 识别范围和目标所需的数据主题（例如，客户、订单历史、产品）。 • 在整体范围和目标范围内设定数据质量目标。 • 对域中数据元素定义的可用性进行评估。 • 明确表达高质量数据和信息怎样支持业务目标和低质量数据怎样阻碍业务目标	• 识别范围内可能的数据来源。 • 收集已知的数据质量问题、现有的质量度量，并评估信任度。 • 识别潜在的风险和数据质量问题对项目的影响

（续）

团队活动——开始阶段	数据治理活动	数据质量活动
初始资源分配	● 确保数据管理专员制和治理活动在合同谈判、人力资源分配、批准预算和制定时间表时被考虑在内。 ● 为初始规划、需求分析和数据质量评估分配资源	● 合同谈判、人力资源分配、预算审批以及制定时间计划时，要确保数据质量问题、活动及工具已经被考虑在内。 ● 为初始数据质量评估分配资源，并支持需求分析

表 5.2　SDLC 阶段：规划阶段——数据治理和数据质量活动

团队活动——规划阶段	数据治理活动	数据质量活动
确定如何管理和监控项目	● 确定数据治理和管理将如何与项目团队衔接。 ● 计划跟踪和报告数据治理和管理活动的状态。 ● 确定数据知识网络将如何与项目和非项目资源进行交互，以进行数据准备活动	● 确定数据质量资源如何与项目团队衔接。 ● 计划跟踪和报告数据质量活动的状态
支持目标的研究活动	● 确定术语表、数据模型和数据源的其他元数据的存在性和完备性，找到缺口并消除缺口的必要活动。 ● 确定所需的较高级别数据主题范围（例如，所有活跃的客户记录、过去 10 年的订单历史、过去 5 年所有当前和过时的产品）	● 对主要数据源进行快速、高层次的数据剖析。用于为选择数据源提供输入，并对项目期间和此规划阶段需要考虑的数据质量问题提供初步见解。 ● 帮助评估目前已知的数据质量问题对项目的影响/风险
识别高级别活动、依赖关系、约束	● 识别所需的数据治理和管理活动，并将其纳入项目计划。参考本表中 SDLC 阶段的活动。 ● 优先考虑已知的数据质量问题，并与数据质量分析师合作规划解决方案。 ● 跟踪数据准备活动的进展并作为依赖项进行管理	● 确定所需的数据质量和准备活动，并纳入项目计划（例如，数据剖析和其他评估、规划数据质量问题的解决方案）。参考该表中 SDLC 阶段的活动。 ● 识别影响或阻碍开展数据质量活动能力的依赖项和约束，如果忽视这些依赖和约束可能会增加项目的风险。 ● 根据已知问题和当前业务需求（例如，良好的内务纠正、减少数据量）与非项目团队合作启动数据准备工作，而不是建立在新的需求之上
形成最初的时间表	● 评估时间和资源来执行管理工作以实现目标。 ● 为数据问题分析和决策分配时间	● 评估执行数据质量活动的时间和资源以实现目标，包括已知的数据质量问题
调整资源分配	● 调整资源分配，以适应计划中确定的数据治理和管理活动	● 调整资源分配，以考虑数据质量问题并确定数据准备活动

表 5.3　SDLC 阶段：需求和分析阶段——数据治理和数据质量活动

团队活动——需求和分析阶段	数据治理活动	数据质量活动
创建案例	● 识别案例中的数据元素。确保案例间的定义是一致的，并能在术语表中找到	● 分析案例，了解对信息/数据生命周期的影响（POSMAD ——计划、获取/创建、存储和共享、维护、应用、处置（退役））

（续）

团队活动——需求 和分析阶段	数据治理活动	数据质量活动
功能需求分析	• 在功能需求分析中加入数据管理专员（分析会议、过程审查和工件审查）。 • 识别与所有功能需求相关的数据元素。 • 确保业务规则、数据定义和有效的值集得到验证、保持一致并被记录。 确保在 SDLC（设计、构建等）中使用的术语表和数据定义的一致性和及时更新。 • 确保数据质量评估和数据准备活动的需求会被告知。包括基于根本原因分析的建议改进。确保解决方案考虑了纠正和预防措施（例如，业务流程改进、培训、角色/职责的变更、自动化业务规则、数据质量监控）	• 收集数据质量方面的要求，如完整性、完备性、及时性、一致性、准确性、删除重复数据等。 • 使用业务规则分析来确保对数据质量测量的需求被理解和记录，以用于测试、初始载入和持续的质量检查（在生产中完成）
物理数据分析	• 跟踪数据质量活动中发现的疑问和问题。 • 确定数据问题和就绪缺口对项目的影响。对总体需求工件进行优先排序并添加解决方案，以确保在后续的 SDLC 阶段中解决这些问题。 • 根据数据质量活动的发现（例如，业务规则、计算、有效值）更新术语表。 • 继续与非项目团队合作，解决数据就绪问题和依赖项	• 执行深入的数据剖析和其他适用的评估（使用完整的数据集），以识别实际数据和已知需求之间的差距。学到的知识将用于 SDLC 的设计、构建和测试。 • 确定感兴趣的数据群体（即选择标准）以及数据的访问方式。 • 确保评估结果反映在需求和工件中，以在设计、构建和测试期间进行处理。 • 识别数据质量问题的根本原因。作为需求和设计的输入

表 5.4　SDLC 阶段：设计阶段——数据治理和数据质量活动

团队活动—— 设计阶段	数据治理活动	数据质量活动
架构	• 根据需求确定处理数据的方法，并识别现有架构或工具中的缺口（例如，使用 ETL 工具或平面文件加载）	• 考虑在高级别设计中适当处理所有类别的数据（如事务、主数据、引用、配置、订单、元数据等）
问题跟踪和解决	• 确定先前确认的数据就绪依赖项的状态。 • 针对尚未解决且可能需要纳入项目的数据质量问题，设计变通方案。 • 对解决方案设计进行优先排序并做出决策	• 对解决方案提出纠正（如清理、更正、增强或创建数据）和预防性建议，以消除实际数据质量与所需数据质量之间的差距
数据模型设计	• 参与模型建立。 • 使数据模型和术语表定义保持一致。 • 识别主题领域和数据元素之间的相互依赖关系	• 使用数据剖析结果为目标模型的创建提供输入。考虑现有数据源和新目标模型之间的差异，以促进集成
用户界面设计	• 为界面设计提供输入，以平衡易用性和任务执行的及时性，保护数据的质量。 • 识别界面中的数据元素。确保定义在屏幕之间保持一致，并能够在术语表中找到。 • 将定义纳入培训和帮助内容	• 利用剖析结果可以揭示可能在用户界面中解决的数据有效值范围、规则和质量问题

（续）

团队活动—— 设计阶段	数据治理活动	数据质量活动
数据移动/ ETL 设计	● 审查并验证源到目标的映射和转换规则。 ● 寻找使有效值集和层次结构标准化的机会。 ● 确保从源数据到目标数据的整体数据流是一致的	● 使用数据剖析和其他评估结果来识别数据元素内容，使得源数据到目标数据的映射和转换基于实际数据。 ● 帮助确定要加载数据的最佳顺序
测试计划	● 识别关键数据元素、度量和规则，并对其进行优先级排序。 ● 确定需要监控的关键数据元素、度量和规则，并对其进行优先级排序（即上线后）	● 确定测试数据和配置文件的来源，以确保内容是被大家熟知的，并且是有用的（即减少在测试期间追踪测试数据中的问题/增量的时间）。 ● 测试计划范围内所有类别的数据（例如，事务、主数据、引用、配置、购买、创建数据、元数据等）。 ● 协助设计数据质量测试方法。考虑可复用性，这样可以在测试周期和上线后重复测试
部署方案	● 确保数据工件和文档对于生产帮助、培训和交流内容是可用的（例如，业务规则、术语表）。	● 记录涉及手动流程的问题和解决方案，应包含在培训和沟通中。 ● 包括数据准备步骤，这些步骤无法做到自动化，必须在系统发布给用户之前手动执行。 ● 在部署计划中包括数据质量检查（例如，加载前确认正确的数据源，加载后进行数据质量检查）

表 5.5　SDLC 阶段：构建阶段——数据治理和数据质量活动

团队活动—— 构建阶段	数据治理活动	数据质量活动
构建功能	● 支持开发人员和分析师研究有关数据含义和正确使用的问题	● 实施数据准备方案，并根据需求和设计进行调整。 ● 需要时，创建新数据作为数据初始化的一部分。 ● 实施业务流程改进，防止产品上线后出现数据质量问题
需求和设计的细化	● 对需求和设计进行调整时的活动见表5.3 和表 5.4	● 对需求和设计进行调整时的活动见表5.3 和表 5.4
问题跟踪和解决	● 确保问题的建议解决方案与定义、规则等一致，并且不会以可能损害数据质量的方式解决。 ● 审查问题以寻找解决根本原因的机会（最好是在当前的构建周期内进行）	● 识别数据质量问题的根本原因并提出解决方案。 ● 记录问题的结果，特别是当解决方案对数据质量产生残留影响或需要对解决方案培训或沟通时

表 5.6　SDLC 阶段：测试阶段——数据治理和数据质量活动

团队活动—— 测试阶段	数据治理活动	数据质量活动
测试	● 使用户界面的数据元素与报告中的术语定义和帮助内容保持一致。 ● 通过可用性测试能够验证那些以数据质量为支撑的功能，确保其工作按照当初的设计进行，且不能被绕过。	● 在测试加载之前、期间和之后配置和检查数据。 ● 记录测试结果和规范之间的任何差异，包括定义和规则。 ● 在从事依赖各种类型测试的数据的团队之间创建反馈循环。

（续）

团队活动——测试阶段	数据治理活动	数据质量活动
测试	● 支持测试人员研究有关数据含义和正确使用的问题	● 协助分析测试结果，并对测试过程中发现的问题提供反馈
问题跟踪和解决	● 协调利益相关方之间的沟通，并为问题的优先级提供输入	● 确保未完全解决的问题被记录并准备好由生产支持团队跟进（例如，作为缺陷的积压和被推迟的需求）

表 5.7 SDLC 阶段：部署阶段——数据治理和数据质量活动

团队活动——部署阶段	数据治理活动	数据质量活动
将变更发布到生产环境并稳定下来	● 帮助就部署期间发现的数据问题进行沟通并解决这些问题。 ● 更新数据工件和文档，以反映发布中的变更	● 参与部署计划。 ● 识别和研究在部署和稳定过程中发现的问题。 ● 利用项目期间完成的数据质量评估和测试，帮助实施数据质量控制的持续监控。 ● 确保数据质量活动的培训已完成并纳入标准业务流程

表 5.8 SDLC 阶段：生产支持阶段——数据治理和数据质量活动

团队活动——生产支持阶段	数据治理活动	数据质量活动
监控系统运行状况，支持用户，不断维护和改进	● 根据需要对数据质量检查进行优先排序并做出决策。确保对结果采取的行动负责。 ● 重复表 5.2～表 5.7 中使用的 SDLC 活动，以维护和提高数据质量	● 持续查找并根据需要推荐其他自动数据质量检查。 ● 执行例行的数据质量评估。 ● 研究、执行根本原因分析，并提出数据质量问题的解决方案。 ● 重复表 5.2～表 5.7 中使用的 SDLC 活动，以维护和提高数据质量

表 5.9 敏捷、数据治理和质量活动

敏捷 Scrum[①] 活动和亮点	相同活动对应的 SDLC 阶段表 5.1～表 5.8
产品路线图 ● 专注于产品愿景和高价值里程碑，而不是端到端执行。 ● 识别关键角色、技能和资源；形成小团队	开始阶段（表 5.1）。 规划阶段（表 5.2）
发布计划 ● 最高优先级的故事（基于路线图）是从即将发布的产品计划安排中选择的。 ● 关注一个或两个即将发布的版本，而不是整个路线图	规划阶段（表 5.2）。 需求和分析阶段（表 5.3）。 设计阶段（表 5.4）
梳理产品待办事项列表 ● 由利益相关方和技术团队共同完成。 ● 在发布计划期间开始，并通过迭代计划和迭代执行（针对即将到来的迭代）	需求和分析阶段（表 5.3）。 设计阶段（表 5.4）

（续）

敏捷 Scrum 活动和亮点	相同活动对应的 SDLC 阶段表 5.1～表 5.8
持续进行 ● 编写用户故事、按优先级排序、按顺序排序，并被分成小的增量。 ● 迭代澄清价值、设计方法和验收标准，直到用户故事做好了迭代准备	需求和分析阶段（表 5.3）。 设计阶段（表 5.4）
迭代规划会 ● 对少量"准备就绪"的用户故事进行更详细的划分，形成迭代待办事项。 ● 迭代待办事项被分解成任务	规划阶段（表 5.2）。 需求和分析阶段（表 5.3）。 设计阶段（表 5.4）
执行迭代 ● 对迭代待办事项中的故事进行开发，并打包发布。 ● 测试是构建的一部分，理想情况下应集成到构建中。 ● 任务完成后产生新的需求和设计问题。 ● 无法完成的工作又会回到产品待办事项列表中，作为欠债处理。 ● 回顾总结，形成更好的流程	需求和分析阶段（表 5.3）。 设计阶段（表 5.4）。 构建阶段（表 5.5）。 测试阶段（表 5.6）
发布 ● 一套或多套迭代包被发布到生产环境中 ● 问题和新需求通过产品待办列表进行迭代管理	部署阶段（表 5.7）。 生产支持阶段（表 5.8）
生产支持 ● 监控操作过程和系统，包括自动化数据质量检查 ● 根据问题和影响为迭代待办事项提供输入	生产支持阶段（表 5.8）

　① 基于 Kenneth S. Rubin 的《基于 Scrum：最流行敏捷过程的实用指南》。Addison-Wesley Professional，2012。

　　❞❞　经典语录

　　"组织在项目中投入大量资源……显然，项目越有效，公司的成本就越低，企业就能更快地利用这些结果来提供产品、提供服务和增加收入。从历史上看，许多项目都把精力集中在人员、过程和技术上。尽管如此，许多项目产生的结果并不是很好。大量的项目仍然不能完全解决他们在数据和信息方面的问题。许多项目由于这种疏忽而失败，而其他项目则留下了一系列数据质量问题，给业务流程和后续项目带来了长期的负担。通过将数据质量和数据治理活动作为项目方法的一部分，我们可以提高项目组合的成功率。"
　　—— **DanetteMcGilvray** 和 **MashaBykin**，"项目中的数据质量和治理：知识行动"，数据洞察和社交 **BI** 执行官报告，（**2013** 年），第 **3** 页。

　　🔑　关键概念

　　开发人员在数据质量中的角色。软件是数据的主要来源，因此也是造成数据质量问题的主要来源。软件系统是由拥有专业教育和技能的开发人员、工程师开发设计的。他们学习如何编写代码，并确保应用程序能够正确有序地工作。但是没人告诉他们，数据是一种重要的交付物，必须妥善处理。他们通常很少受到低质量数据的影响，甚至不知道下游数据的使用状况。而业务系统的真正目的是获取和提供信息，这一点很容易被忽略。

> 　　许多数据质量问题产生的根源在开发过程。因此有必要制定出那些功能需求没有涵盖到的细节，比如，如何给实体和属性命名、使用什么数据类型、允许哪些值集、如何实现业务规则等，这些都将影响数据质量。如果开发人员没有意识到这一点，那么很可能牺牲数据质量，换取短期项目交付。
>
> 　　开发人员应接受培训并被授权担任技术数据管理专员的角色，为他们提供详细的术语表，用于记录数据元素所期望的含义，并为他们开通向主题专家提问的权限。如果没有这些，时间就会花在如何处理许多含糊不清的数据问题上。这个负担很重，可能无法适应开发团队所面临的紧急的项目进度，因此会错过很多东西。当开发人员确实得到了适当的培训和资源时，就可以节省宝贵的时间，从而交付一个具有高质量数据的优秀系统。
>
> 　　数据质量的整体方法将把软件开发人员视为前线数据管理专员，告知他们数据的价值，提供数据工具、技能和术语，并将"符合质量标准的数据"列为软件交付目标的一部分。
>
> —— MashaBykin, 高级工程师

数据质量项目中的角色

　　想要成功地完成数据质量项目并保证数据质量，需要业务、数据和技术等多方面知识和技能，需要在组织内进行多层次的沟通和进行详细分析的能力，需要能够看到组织战略的大局和能够根据评估结果确定提高数据质量的能力，需要查询数据、理解数据的约束和解释数据模型的能力，具备上至首席执行官下至个人数据用户的全覆盖、高效沟通能力，具备理解业务需求的知识和技能及能编写复杂的程序代码的能力。因此，期望某一个人具备以上所有能力，这是不现实的。也就是说，开展数据质量工作需要投入很多人力。

　　在组建数据质量项目团队时，需要确定所需的技能、知识和经验，这些将随项目目标、范围和进度表而变化。一个人可以不具备所需的所有技能，但必须具备学习的能力。把正确的人安排在正确的地方，以充分发挥他们的优势。让每个人把自己的知识、经验和个性都应用到合适的工作岗位中。优秀的管理者会指导其下属快速成长，以最佳的方式发挥他们的技能，并帮助他们在有差距的地方补齐短板。

　　决定哪些人适合成为核心团队成员，并不时地向他人寻求意见和专业知识。在核心团队成员之外，可以设置扩充团队成员，他们也是项目的一部分，但投入的时间相对较少，在项目急需人手时，还可以联系其他人。

　　表5.10列出了数据质量项目所需要的角色，以及相应所需的责任、技能和知识。职位名称、角色和职责在不断演变，用于描述它们的术语在不同的组织中也有很大差异。这里把那些在组织中可能叫法不同的角色组合在一起，可能与读者所在组织不尽相同。通过利益相关方分析所学到的东西也很有帮助（参见步骤10）。

角色	责任、技能、知识
表 5.10　数据质量项目的角色	
项目资助者	为项目提供财务、人力或技术资源的人或团体，也应该通过言语和行动来支持项目
利益相关方	对信息和数据质量工作有兴趣、参与、投资或将受到（积极或消极）影响的个人或团体。利益相关方可能对项目及其可交付成果施加影响。利益相关方可以在组织内部或外部，可以代表与业务、数据或技术相关的利益。利益相关方列表可长可短，这取决于项目的范围。 　　这一行用于识别不包括在以下行的其他利益相关方（认识到该表中的每个角色通常都可以被视为利益相关方）
项目经理 Scrum 专家 产品负责人	负责完成项目目标的人。使用选定的项目方法，通过启动、计划、执行、监控、控制和关闭项目来领导项目
业务流程所有者 应用程序所有者 产品经理	对项目范围内的过程、应用程序或产品负有责任的人员。可以是关键的利益相关方和影响者
数据分析师 数据工程师 数据科学家 报告开发人员/分析师	● 具备数据使用和存储的技术知识（系统/应用程序/数据库）。 ● 理解数据结构、关系、数据/信息模型和数据需求。 ● 了解范围内的数据内容和相关数据规范（例如，元数据、数据标准和数据需求）。 ● 了解行业标准语言（如 SQL XML）和数据存储设计的最佳实践（如抽象、规范化等）。 ● 了解数据剖析和数据目录。 ● 产出源到目标的映射。 ● 给出有价值的理解或研究
行业专家（SME）（用于过程） 业务分析师 业务用户超级用户	● 深入了解业务流程。 ● 了解支撑过程的信息。 ● 理解数据的业务用途和含义。 ● 了解评估数据工作的应用。 ● 熟悉对整个生命周期有影响的组织、团队、角色和职责。 ● 理解数据与流程的关系。 ● 理解数据定义，包括有效值和业务规则
数据管理专员	在 David Plotki 的《数据管理专员制》（第 2 版）一书中，讲述了不同类型的数据管理专员——业务数据管理专员和技术数据管理专员等主要类型。数据管理专员的其他身份还包括作为支持角色的操作数据管理专员和项目数据管理专员。下面给出了每种类型的数据管理专员的详细介绍
业务数据管理专员	拥有特定业务区域或功能以及该区域数据的代表。负责该数据在组织中的质量、使用和意义。通常了解数据，密切使用数据，并且知道如果有问题可以联系谁
技术数据管理专员	熟悉 IT 相关技术，包括应用程序、数据存储和 ETL（提取、转换和加载）的工作流程
操作数据管理专员	直接处理数据（如输入数据），在发现数据问题（包括数据质量下降）时，及时向业务数据管理专员反馈，并协助解决问题
项目数据管理专员	项目的数据管理代表，当项目中出现数据问题或必须治理新数据时，向对口的业务数据管理人员报告
数据建模师	● 负责创建和维护数据模型及数据字典。 ● 具备相关元数据知识
数据库管理员（DBA）	● 指定、获取和维护数据管理软件。 ● 设计、验证和确保文件或数据库的安全。 ● 对数据库进行日常监控和维护。 ● 与物理数据库设计者协同工作

（续）

角色	责任、技能、知识
开发人员（如应用程序、ETL、Web 服务、集成专家）	● 开发程序和编写代码。 ● 单元测试程序和代码。 ● 理解和开发与源系统、数据库、数据仓库、数据湖和其他数据存储相关的 ETL 数据流程。 ● 了解与环境相关的语言和技术（如 XML、规范模型、集成编程、企业服务总线）
企业架构师	● 确保通过企业数据标准和技术优化组织的战略目标。 ● 理解项目范围内组织、业务领域或应用程序的体系结构。 ● 确保质量和治理过程与组织的整体架构保持一致
数据架构师	● 理解项目范围内组织、业务领域或应用程序的体系结构。 ● 理解信息管理的本质，以及如何在环境中有效地构建和应用数据
技术支持	● 负责 IT 基础设施、系统、软件、网络、系统容量等

参与到数据治理项目中的每个角色，都需要在组织中找到对应拥有这些技能和知识的人。当然，一个人可以担任多种角色，有些角色也需要不止一个人。

如果正在从事一个专注于数据质量改进的项目，那么在选择项目团队和扩充团队成员时，可以使用该表。扩充的团队成员不属于核心团队，他们具有必要知识和技能的资源，熟悉项目，但与核心成员相比，他们投入的时间和精力较少。如果将数据质量活动整合到另一个项目中，则需要了解整个项目中的相关角色，以及谁在帮助他们了解这个项目，发现并解决现有角色与确保完成数据质量工作所需角色之间所存在的差距。建立一个完整的数据或数据质量团队，并与其他项目团队合作，这样才可以更好地开展工作。

在考虑每个角色以及他们如何参与项目时，可以在表中添加一列，以获取以下问题的答案：
● 项目需要这个角色吗？
● 怎么称呼这个角色？在组织中使用了什么头衔？
● 项目需要哪些技能和知识？
● 具体来说，谁将在项目中担任这个角色？谁负责管理他们？
● 这个人（以及他或她的经理）会同意参与并支持这个项目吗？
● 这个人想参与这个项目吗？在可能的范围内，要考虑个人的兴趣和动机。尽量让那些对项目目标感兴趣的人参与进来。如果他们不感兴趣，就需要额外的时间来激发他们的积极性和参与度。

经理、项目经理和项目集经理影响着数据质量工作，因为他们会指导从事这项工作的个人贡献者和践行者；他们也决定着资源分配、优先级的设定，并决定谁会获得资助；他们确保提供员工完成工作所必备的培训，如需要，他们还可以从其他经理那里获得额外的帮助。有了他们，可以帮助项目更顺利地进行，因为他们可以做到未卜先知，并有能力解决实际工作中遇到的问题。

项目时间安排、沟通和参与

在结束本章前，讨论一下项目时间安排、沟通和参与，因为它们对任何数据质量项目的构建都会产生影响。

在这本书中，数据质量项目的定义很宽泛，就像其他项目一样，项目时间安排难以预估。评估时需将不确定性因素纳入数据质量项目规划。关于数据质量有很多不同观点，但只有评估才有助于锁定数据质量问题的严重程度和实际位置。从分析信息环境和评估数据质量及业务影响中学到的东西将影响项目进度计划，并有可能改变初始预估结果。

评估时发现的问题数量要比原设想的问题多得多，而解决根本问题可能需要更多的时间和资源。在整个项目中纳入定期检查点（查看结果，然后估计下一步），将有助于确定优先级，根据所学的内容对项目进行调整，并使项目保持在正轨上。

项目组提出的改进措施将涉及变革。对于那些担任新角色、熟悉新流程、遭遇数据时而正常时而异常等各类复杂数据情况的人来说，变革并不简单。因此，每次在改进过程中进行变革时，还应提供一个计划，包括沟通、培训和文档。这些构成了良好变革管理的基础。

无论使用哪种方法和 SDLC，大多数组织都拥有熟悉项目管理的人员。然而，很少有哪些组织拥有变革管理方面的经验。招募到有这方面经验的人，为管理项目变革提供最有效的方法。请参考十步法的步骤 10　全程沟通、管理以及互动参与。

以下是与他人交往的准则。感谢 Rachel Haverstick 的帮助，她给出的建议如下：

专注：在会议和活动期间密切关注业务问题。任命一个会议主持人，他能够让参会人员聚焦在一个话题上，并适时地把偏离话题的人拉回来，而又不失礼貌。

速胜：项目的首要任务应优先选择有把握的工作内容，这样团队就可以在项目的最初几周获得成功。

指路：与团队成员的经理讨论他们的职责。让经理们大概了解团队成员将在项目上投入多少，并在团队成员需要资源时向他们寻求支持。

协同：确保其他工作团队了解该项目、目标和状态。实现跨项目的信息共享，以促进协作，并防止混淆和重复工作。

分而治之：当面临紧迫的最后期限时，将项目分成几个子任务，并将它们分配给小团队同时完成。根据精准判断来划分任务——并非项目中的每个任务都必须同时完成。虽然敏捷方法可以很好地做到这一点，但也可以使用其他项目方法来完成。

庆祝：当团队成功地完成了一组困难的任务时，让他们休息一下，并赞扬他们。这将提高士气，并帮助团队成员认为项目尽在掌握。

小结

步骤 1.1 讲述了业务需求和数据质量问题，并最终确定了项目重点。下一步是组织开展工作。起点是步骤 1.2　制订项目计划。参考第 5 章　设计项目结构中的内容。

本章信息对项目的成功至关重要。在大环境和组织章程下，必须能够有效地识别、组织和管理所需的人员和活动。如果做得不好，就不太可能解决触发项目的业务需求。

为帮助更好地构建项目，在做决策时，请参考以下几点：

● 哪种项目类型适用于数据质量项目。它是一个专注于数据质量改进的项目吗？是否会将数据质量活动整合到另一个更大的项目中?或者这是对一些选定的数据质量步骤、活动或技术的临时使用?

● 哪一种项目方法是开展工作的基础?使用第三方，还是包括敏捷法、瀑布法或混合法在内的 SDLC 方法？十步法流程本身是项目规划的基础吗？

● 项目的目标是什么？具体来说，十步法流程中的哪些步骤、活动和技巧将被用于实现这些目标？选择最恰当的步骤。任何步骤都可以以不同的详细程度进行，并根据自己的需要做出选择。

要回答这些问题，并开始设计项目结构，请使用本章、第 2 章以及第 4 章步骤 1 和步骤 10 中的信息完善知识和经验。根据现在所知道的情况做出最佳选择，并随项目的进行适时地做出调整。

其他技巧和工具

伟大的事情不是凭冲动做的，而是由一系列小事情汇集在一起。

——文森特·梵高

本章内容
简介
跟踪问题和行动项
设计数据获取和评估计划
分析、综合、建议、记录并根据结果采取行动
信息生命周期方法
开展调研
度量
十步法、其他方法论和标准
数据质量管理工具
小结

简介

　　本章包含了在十步法中的许多步骤能够应用到的技巧和工具。如在项目或在书中需要引用，请回顾本章内容。其中一些技术源于实施质量工作和项目管理，并已在其他质量管理工作中使用多年。本章阐述了这些技巧和工具在数据质量方面的应用。表 6.1 描述了在执行第 4 章中所介绍的十步法时，能够被应用到的技巧和工具。

表 6.1　在何处应用第 6 章的技巧	
第 6 章　其他技巧和工具	**在十步法中的应用**
跟踪问题和行动项	在步骤 1　确认业务需求与方法开始使用。使其在整个项目中成为管理问题和行动项的实践标准
设计数据获取和评估计划	步骤 3　评估数据质量和步骤 4　评估业务影响。针对特定数据质量维度和业务影响技巧，制订获取和评估数据的计划，包括具体内容、时间、人员和方式。这是对每个子步骤中给出的说明补充
分析、综合、建议、记录并根据结果采取行动	在步骤 1　确认业务需求与方法开始使用。在每个步骤、评估、技术或活动结束时，将其作为标准方法，以理解刚刚完成的工作的意义，结合其他活动的经验，根据当时所知道的内容提出初步建议，妥善记录，并在时机成熟时根据结果采取行动
信息生命周期方法	第 3 章　关键概念。在了解信息生命周期和 POSMAD 的概念时。 步骤 1　确认业务需求与方法。使用高阶信息生命周期帮助确定项目重点，并作为范围和项目计划的输入。 步骤 2　分析信息环境。了解足够详细的信息生命周期，以便在以后的步骤中使用。 步骤 3　评估数据质量。确定在何处获取数据并对其质量进行评估。 步骤 4　评估业务影响。了解信息生命周期中影响成本和收入的工作在哪里发生，作为业务影响评估的输入。 步骤 5　确定根本原因。根据需要使用信息生命周期来跟踪和追溯根本原因的位置。 步骤 6　制订数据质量提升计划、步骤 7　预防未来数据错误以及步骤 8　纠正当前数据错误。作为在整个生命周期中应在何处采取预防措施以及在何处进行数据更正的输入。 步骤 9　监督控制机制。确定应在信息生命周期的何处实施控制措施以进行持续监控。为持续监控本身制定信息生命周期。 步骤 10　全程沟通、管理以及互动参与。了解人们在信息生命周期中所处的位置，以及他们所做的工作，作为如何与他们进行最佳沟通和互动的输入
开展调研	步骤 1　确认业务需求与方法。 步骤 3.1　对相关性与信任度的认知（作为数据质量维度）。 步骤 4.7　对相关性与信任度的认知（作为一种业务影响技巧）。 在十步法中的任何地方，以正式方式收集信息，例如进行采访、举办研讨会或专题小组会议、开展大规模调查问卷等
度量	步骤 9　监督控制机制。实施对数据质量度量的持续监控
十步法、其他方法论和标准	如果您的组织正在使用其他方法（如六西格玛）或标准（如 ISO），也请参考
数据质量管理工具	在整个项目过程中参考。确定可用于增强工作的工具

跟踪问题和行动项

管理任何项目的一个重要部分是跟踪问题和行动项的能力。您可能有软件应用程序或其他首选方法。如果不是,请使用模板 6.1　行动项/问题跟踪表。这在电子表格格式中很有效。您可以为问题和行动项提供单独的工作表,也可以将它们放在一起。保留一张用于已立项的行动项/问题的工作表和一张格式相同的已关闭项目工作表,将关闭的项目移动到这个工作表中。这将使已立项的工作表保持简洁,同时使您可以根据需要轻松地查阅已关闭的项目。添加对您很重要的其他信息的列,如优先级。通过定期审查和更新表格中的项目状态,确保问题得到解决,行动项得到完成。

模板 6.1　行动项/问题跟踪表							
编号	描述	所有者	状态①	立项日期	截止日期	关闭日期	评论/决议
1							
2							
...							

① 适用于数据质量项目的状态类型:

- O=已立项(Open)。项目已标识并记录,但工作尚未开始。
- IP=进行中(In Progress)。项目正在处理中。
- D=完成(Done)。项目已解决并完成。
- X =取消(Cancelled)。项目在未解决的情况下关闭,例如,不再适用。

设计数据获取和评估计划

概述

数据获取和评估计划是数据质量评估中深入了解数据本身的关键活动。例如,步骤 3.3　数据完整性基础原则中的数据剖析。对业务影响评估,您可能不需要数据获取计划中概述的详细信息,但仍然需要评估计划。

 定义

　　数据获取(**Data Capture**)指如何访问或获取数据以供使用,例如将数据提取到平面文件并加载到安全的测试数据库或直连到报表数据存储。

　　数据获取计划(**Data Capture Plan**)详细说明谁将获取哪些数据,从何处、何时以及通过何种方法获取。在需要获取数据集用于基准/临时数据质量评估、迁移、测试、报告或用于度量和仪表盘的持续数据质量控制的任何时间,这都非常有用。

　　数据评估计划(**Data Assessment Plan**)是您建议如何评估数据质量和数据对业务的影响。

> 为什么要制订数据获取和评估计划？因为获取相关数据以进行深入的数据质量评估通常比预期的更困难。花"刚好足够"的时间思考如何获取和评估数据将节省时间，避免返工，并防止误解。经过深思熟虑的数据获取和评估计划可以建立评估结果审查人员的信心。

在步骤 3 评估数据质量或步骤 4 评估业务影响开始时，基于范围内的数据质量维度或业务影响技巧，制订初始数据获取和评估计划。在评估每个维度或使用每种技巧之前，首先进一步完善和最终确定数据获取和评估计划。使用您在步骤 2 分析信息环境中了解到的信息。例如，了解范围内的信息生命周期有助于您决定在什么时候获取数据以进行数据质量评估。有关示例，请参见本节末尾的十步法实战标注框。

数据获取

数据获取是指提取、访问或获取数据。数据获取方法包括将数据提取到平面文件并加载到安全的测试数据库、直连到报表数据存储或访问第三方供应商的数据并加载到安全着陆区，直到准备好进行评估。数据获取计划详细说明了如何、何时、何地以及由谁获取数据。任何时候出于以下目的需要一组数据，它都很有用：

- 第一次数据质量评估以设定基线。
- 任何临时数据质量评估。
- 监控仪表盘数据质量控制措施，如度量与仪表盘时。
- 将数据从源迁移到目标数据存储时。
- 需要特定数据集进行测试时。
- 需要特定数据集进行报告时。
- 需要获取以纠正数据时。

制订数据获取计划时使用模板 6.2。该模板提供了一个清单，以确保所需的数据能根据前面列出的任何原因正确获取。获取要评估质量的数据通常比预期的要困难得多。充分的准备将节省时间、防止错误并确保获取的数据完全符合您的预期并且与业务需求和项目目标相关。与您匆忙提取数据却发现获取的数据不是您想要的数据并需要您一次又一次地提取所需的时间相比，精心制订数据获取计划所花费的时间少很多。如果您必须通过管理链（Management Chain）来获得访问数据的权限，那么沟通就会发挥作用。

即使您已经深思熟虑地计划了如何获取数据，也需要务必记录该计划。我通过一个项目亲身体会了这一点。我们与项目团队和技术资源进行了一次会议，就数据获取的细节了达成一致。但是，我们没有在电子邮件中记录流程和决定。第一次提取的数据没有包含预期的内容，提取的人认为数据是根据他们的理解获取的。

模板 6.2 数据获取计划		
主题	描述	您的项目描述
数据存储	关注的数据所在的数据存储、应用程序或系统。识别以下将获取数据的每个数据存储、应用程序或系统的信息	
数据描述	以简明的语言来定义要获取的数据。这允许： 1）非技术人员讨论和理解要评估的数据。	

（续）

主题	描述	您的项目描述
数据描述	2）在获取要评估的数据时为选择标准提供基础。考虑以下几点： ● 以业务语言描述要提取的记录类型。例如，假设要评估的人群是"活跃客户""去年购买过产品的活跃客户""目前在法国和德国销售的产品的记录"。 ● 包括任何时间因素，如记录的创建时间或上次更新时间。例如，"客户支持团队创建的最后 1000 条记录，以及日期/时间戳"或"上个月创建的所有记录"	
选择标准	在选择要获取的数据时，请考虑每个特定数据存储的以下内容。 ● 您可能特别关注已确定优先级的关键数据元素（CDEs）。注意：第一次看到 CDEs 时，请在同一记录中包含对您不太重要的其他字段，但这些字段应该保留，因为它们提供了帮助您理解CDEs 的上下文。这更广阔的视野也有助于完善选择标准或确认首次使用的标准。 ● 列出确切的表名和字段名（甚至可以包括 SQL 语句）。例如，系统中的"活跃客户"是如何标记的。如果应用程序为该数据指定了标志，则提取相对简单。但标准往往不是那么直接。选择标准可能更复杂，例如"活动客户"等于"ABC 表中的central delete 标志为空，且 SUB 表中的 reference server 标志为空的所有客户记录。" ● 通过查看插入、创建或更新日期或历史记录/日志/审计表，考虑相关记录的时间。 ● 考虑数据模型。这些关系如何影响要提取的数据？例如，您想要网站数据和关联的联系人，还是需要关联网站的联系人	
数据获取方法	包括数据访问方法和输出格式，以及所需的工具。例如： ● 使用前端应用程序人机交互界面选择数据。 ● 从生产数据库中提取（并放入 Access 数据库）。 ● 直连到报表数据库（那里的数据与生产数据库相同，只是延迟了 12 小时）。 ● 提取到平面文件（例如 csv 或 xml 格式）。 ● 提取到表（例如，提取到安全暂存区中的表）。 ● 直连到生产数据库（警告！不建议这样做，因为这会影响生产性能）。 ● 将生产数据复制到应用程序的测试环境中（还有一点要注意，因为测试环境本质上总是在变化的。最好在执行评估时将数据放在一个受控的环境中）	
其他数据元素或表格	确定要获取的其他数据元素或表，这些数据元素或表本身可能不会进行质量测试，但需要用于： ● 参考。代码说明，关联的参考表。 ● 标识。唯一记录标识，交叉引用标识。 ● 分析。上次更新日期，按特定代码分组。 ● 报告。按特定类别，如销售代表或地理区域。 ● 根本原因分析。谁何时创建、更新、删除了记录	

（续）

主题	描述	您的项目描述
抽样	抽样时需要使用的抽样方法。 重要提示：请有统计经验的人员参与，以确保您的抽样方法有效。 确保在获取记录时没有引入任何类型的偏差	
估计表和记录数量	了解表和记录的大致数量有助于估计：评估期间存储数据所需的空间；评估数据的工作量和时间	
时间安排	确定何时获取数据，考虑如下因素： ● 任何更新时间表和生产日历。将数据获取的时间安排在对生产系统影响最小的时间。 ● 如果在多个系统中获取相同的数据，当数据在信息生命周期中流通时请小心地协调获取。 ● 如果从外部来源接收数据，请尽可能使用最新数据。在一个项目中，每季度发送一份外部文件。下一份文件会在两周后发送，我们决定推迟评估，直到收到下一个文件，以便我们评估最新的数据，而不是超过 2 个月的数据。 ● 获取数据时，要及时抓取快照数据。在获取计划后尽快进行评估	
职责	讨论、商定并记录： ● 详细具体的数据获取任务。 ● 谁来执行这些任务。 ● 数据获取所需的任何特殊知识、技能、经验、访问权限或登录名。 ● 每项任务何时完成。 ● 获取数据的活动顺序	

很明显，由于没有将细节写下来——我们依靠计划会议上的讨论和每个人对它的记忆，导致沟通有误。于是又召开了一次会议，详细信息通过电子邮件发送，然后由每个人确认。这一次数据获取成功完成。但我们在这个过程中损失了一个多星期。

在获取数据之后和全面评估之前，验证获取的数据是否符合规范，即数据集是否反映了所需的数据？是否在正确的时间以所需的输出格式获取数据，并复制到正确的位置？

抽样方法

在某些情况下，可以对关注的数据进行评估。可能只有创建的最后 100 条记录那么少（这里数据是手动评估的），也可以与全球所有活跃客户一样大（这里使用自动数据剖析工具来评估数据完整性基础原则），其全部数据都将被获取。

在其他情况下，必须对数据进行抽样。抽样是使用集合的一部分来确定整个集合的特征。这是一种选择代表数据的成员（如记录）进行测试的技术。当对关注的数据进行评估过于昂贵或耗时时，可进行抽样，如通过手动与权威来源进行比较来评估准确性。所使用的抽样方法必须确保要评估的样本记录是关注数据的有效代表。

获取有效样本后，将基于该样本完成评估。推断结果将代表全部数据。这意味着对于数据质量评估，抽样记录的结果近似于整个记录的数据质量。一个样本有两个特征，可以决定其代表数据的程度：

- **样本容量**。为提供数据统计结果有效性所需检查和完成的记录的最小数量。
- **稳定性**。如果样本容量产生某种结果，若当样本容量增加后产生相同的结果，则样本具有稳定性。

有不同的抽样方法，但随机抽样最为常见。随机意味着数据中的每个成员（在本例中为每个记录）都有平等的机会被选为样本的一部分。确保目标数据和抽样方法不会无意中反映偏差。也就是说，目标数据和通过抽样方法获得的子集不会遗漏应该考虑的总体。

> **！注意事项**
>
> **确保您的抽样方法是有效的！**您可能会接触到组织内的一个统计团队、具有最佳抽样实践的软件质量保证小组、精算师或将统计作为其工作一部分的数据科学家。确保在预期数据中的一些成员比其他成员更不可能被纳入的情况下，不引入任何偏见。您希望您的调查结果是有效的，并且能够推广到其他数据中。

数据评估计划

对于数据质量，制订数据评估计划的前提是：

1）已根据数据获取计划获取数据。

2）待评估质量的数据位于项目团队可用的安全位置。

对于数据质量评估，数据获取计划可能与评估计划相结合。对于业务影响评估，通常不会获取详细数据，因此您的重点将放在评估计划上。

如模板 6.3　数据评估计划所示。要确定数据评估任务，请参考第 4 章步骤 3 和步骤 4 中关于项目范围内的数据质量维度或业务影响技巧的说明。在第一列中列出任务并完成其余列。务必说明评估中使用的任何工具。请参阅本章中数据质量管理工具。

模板 6.3　数据评估计划					
1	2	3	4	5	6
数据评估任务	任务描述	参与人员	参与性质（负责、咨询、告知）	数据所需的知识/经验/技能/访问权限	何时执行任务

职责分工以及具备正确技能和知识的人员对评估的成功至关重要。一些评估计划将相对简单，这些工作可由一到两个人完成，而另一些则需要与几个人协调完成。不管怎样，花"刚好足够"的时间制订评估计划都是值得的。制定评估任务的顺序，记录并确保相关人员了解并同意其职责。不要忘记那些将要做这项工作的经理。与忽略规划相比，您的评估将更加有效。

让我们使用步骤 3.3　数据完整性基础原则的评估示例，其中使用了需要人工干预的数据剖析工具。大多数工具供应商声称，它们的数据剖析工具非常简单，任何业务人员都可以使用。然而，将数据加载到剖析工具或将工具指向所需的数据集通常需要技术专业知识。信息技术组的人员可能拥有获取数据的密码和权限。具有数据经验的项目团队成员可能能够运行该工具，但谁具有分析结果的知识？具体任务的划定和分配方式取决于工具的易用性、个人的具体技能和知识以及他们的可用时间。考虑以下使用数据剖析工具进行数据完整性基础原则评估的示例任务：

- 获取要评估的数据。假设数据已经根据数据获取计划获取，并且位于项目团队可用的安全位置。
- 将数据加载到工具或将工具指向数据集。
- 使用剖析工具。
- 审查和分析结果，可能的选项如下。
  - 数据分析员（可能与技术专家一起）对结果进行初步分析，并推动与业务专家召开的审议会，查看工具内的结果。
  - 数据分析员根据结果准备报告，推动与业务专家召开的审议会。
  - 业务专家审查和分析工具中的结果。
  - 数据和技术专家根据结果准备报告，并发送电子邮件给业务专家，征求反馈意见。我不推荐这种方法，但它是一种选择。良好的分析需要项目团队中的某个人和专家之间进行语境分析和讨论才能取得最大的成功。如果选择此选项，则必须充分告知业务专家预期的内容以及原因。
- 突出发现的问题并获取疑问和评论。所有选项都必须这样做。一些工具具有在工具中记录这些内容的功能。
- 将结果与其他评估结果进行综合。
- 根据获取信息提出具体建议。
- 记录此步骤。
- 分配行动项目并确定下一步。
- 参见本章中的分析、综合、建议、记录并根据结果采取行动。

 十步法实战

数据获取和评估计划——针对客户主数据质量项目

业务需求。一家公司拥有一个包含客户主记录的数据库，这些主记录被营销部门用于规划，被销售运营部门用于确定目标，被产品团队作为新产品发布的种子，以及其他用途。有人担心支持这些业务用途的数据质量。核心数据质量项目团队由 Mehmet Orun、Wonna Mark、Sonja Bock、Dee Dee Lozier、Kathryn Chan、Margaret Capriles 和 Danette McGilvray 组成。

计划输入。步骤 1　确认业务需求与方法中创建了一个环境关系图。在步骤 2　分析信息环境中对其进行了进一步完善。这个关系图成为项目全程参考的高阶信息生命周期，并用于制订数据获取和评估计划。项目范围内有两个数据质量维度：①数据完整性基础原则，使用数据剖析技术；②一致性和同步性，因为数据是在信息生命周期路径上的多个数据存储中进行分析和比较的。

　　收益。对评估结果的信心在一定程度上得到了帮助，因为：①很明显，实际评估的数据是与业务需求和项目目标相关的数据；②评估本身得到了良好的规划和执行。整个项目收益包括集中清理已知问题的数据和改进流程，以防止将来出现问题。

　　数据获取计划。选择了三个数据源（一个内部数据源和两个外部数据源）作为项目的数据获取范围。图 **6.1** 所示为高阶信息生命周期，包括每个环境中数据流向的数据存储：从数据源到第 1 阶段，再到中间区，再到第 2 阶段，再到客户主数据。信息生命周期图的数据流下方列出数据当前和潜在的未来使用用途。这些用途代表了 **POSMAD** 的应用阶段。数据获取计划经过精心设计，以便在数据流动的同时从所有环境中提取数据，其中一些数据将立即进行评估，另一些将留作以后使用。然后将数据放置在单独、安全的环境中，在评估完成后，数据不会发生变化。其中三个环境数据源、第 1 阶段和客户主数据，用带图案的深色箭头表示）是使用该公司最近购买的数据剖析工具剖析的数据。中间区和第 2 阶段环境中的数据未被立即评估；相反，它被保存起来，以防以后需要进行根本原因分析。

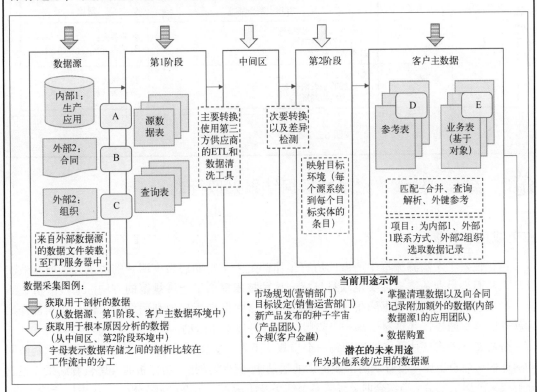

图 6.1　基于信息生命周期的数据获取和评估计划示例图

　　数据评估计划。工作被分解为按数据源（**A**、**B**、**C**）或客户主环境中的表类型（**D**、**E**）进行逻辑分组的"工作流"。图 **6.1** 中用带字母的小方框表示工作流。图 **6.2** 也显示了这些数据流，并概述了每个工作流中数据评估的责任划分。工作流 **A**、**B** 和 **C** 分析了其在数据源和第 1 阶段环境中指定的数据，然后比较了两者之间的结果。在客户主数据环境中，工作流 **D** 和 **E** 分析了其指定的表，然后在表之间进行比较。团队根据需要、资源和可用时间来确定数据剖析和分析的详细程度。在整合综述所有工作流的结果之前，要在每个工作流中完成分析。此计划未显示所使用的工具。

工程流程	负责	数据源环境	第1阶段环境	对比
A	内部数据源1 生产应用	剖析内部1的 应用表	外部2组织表的行为： 1) 详细的字段探查 2) 单表结构探查	数据源与第1阶段之间： 3) 跨表分析 有差异时间下钻取
B	外部数据源2 联系方式	剖析外部2的 联系方式文件	外部2联系方式表的行为： 1) 详细的字段剖析 2) 单表结构剖析	数据源与第1阶段之间： 3) 跨表分析 有差异时间下钻取
C	外部数据源2 组织	探查外部2的 组织文件	外部2组织表的行为： 1) 详细的字段剖析 2) 单表结构剖析	数据源与第1阶段之间： 3) 跨表分析 有差异时间下钻取

工作流程	负责	客户主数据环境	对比
D	业务表（基于 对象）	业务表（基于对象）： 1) 详细的字段剖析 2) 单表结构剖析	跨业务表： 3) 跨表分析
E	参考表	参考表： 1) 详细的字段剖析 2) 单表结构剖析	跨参考表： 3) 跨表分析

图 6.2　数据质量评估计划示例

分析、综合、建议、记录并根据结果采取行动

业务收益和环境

请记住，十个步骤流程中所做的所有工作都是为了帮助您做出明智的决策并采取有效的行动，从而满足业务需求并实现项目目标。这种技术提供了一种规范的方法，通过分析、综合、提出建议、记录并根据结果采取行动的方法来帮助您更好地利用您的工作。在项目开始时就开始跟踪结果，并贯穿于每一个步骤、评估、技术和活动。

分析意味着您评估并仔细检查每一个步骤、评估、技术或活动的结果。**综合**的意思是做同样的评估与检查工作，查看从两个或更多的活动中得到的结果。当分析时，您查看结果并把它分解成多个组成部分。当综合时，您把多个结果及组成部分放在一起分析，寻找更广泛的关系、模式和联系，以形成更好的解决方案。如果同时进行多项评估，一定要通过一起评估和解读来综合结果。如果没有这种更广阔的视野，您就有可能制定出在优化一个领域的同时对另一个领域产生负面影响的解决方案——而您可能甚至不知道这一点。最佳解决方案将对所有部分产生积极影响，不会产生负面影响，或者至少在不能让所有人从解决方案中受益的情况下将负面影

响降至最低。请记住，项目中所做的一切都有一定的目的，引导您做出明智的决策并采取有效的行动——关于您的数据、项目、业务需求和项目目标。

　　保持结果表不断更新（见模板 6.4　结果分析和记录表）。任何重要的观察结果都可以添加进去。根据您在每个时间点的了解，提出初步建议。随着您了解的深入，修改这些建议。记录决策，并在时机成熟时采取行动。将这些信息带到里程碑会议上，这样就有了可靠的输入信息来做出可靠的决策。全部记录下来！在整个项目中使用这些实践，例如每当进行调查、完成评估、项目总结以及做出重要的项目决策时。

> **！注意事项**
>
> **不要跳过文档记录。** 很多时候，人们不想做文档，因为他们认为文档只是一张纸或一个文件。并非如此！从本质上说，文档是完成工作的证明：过去发生了什么了解到了什么以及已经或将要采取什么行动。您的评估结果（这种可见的工作证明）以工单的形式出现，而工单本身又有多种形式——问题/行动项目日志、映射表、表格、演示文件、文档、电子表格、流程图、图形等。记录的行为（整理及获取结果）进而增加了您的理解，这样的过程常常可以导向更深入的分析。将工单整理和存储在一个逻辑化的文件结构中，以便以后可以很容易地再次找到它们。当团队正在进行富有成效的分析会议时，文档记录也可以像捕捉那些"获得灵感"的时刻一样简单。
>
> **您将面临质疑。** 采取结构化的方法来分析、综合、建议、记录并根据结果采取行动。从一开始就采用训练化的方式可以节省项目每一步的时间，避免返工，确保决策时可以获得正确的信息，并且总体上有助于充分利用您的工作。当确定根本原因并制订改进计划时，这种方式可以防止返工。还会有助于人们对您的工作产生信心，因为当被质疑时，您可以为提出的建议和采取的行动提供相关的背景信息。您将面临质疑甚至挑战。

模板 6.4　结果分析和记录表

步骤/评估/技巧/活动	关键发现/吸取教训/发现的问题/积极的发现	已知或可能的影响（例如：对收入、成本、风险、业务、人员/组织、技术、其他数据和信息等的定性或定量的影响）	潜在的根本原因	初步建议	行动/后续跟踪/未解决的问题

根据需要，为上面的项目添加单独的工作表或写出可以找到详细信息的文件名

添加一个单独的工作表，列出最终或接近最终的建议，根据需要进行分类和优先排序

序号	建议	类别	备注	优先级
1				
2				
3				

方法

在完成一个步骤、数据质量或业务影响评估、技术或关键活动后，使用以下方法来帮助分析结果。

1. 准备分析

能够回答下列问题。这将把要分析的结果放在适当的上下文中。

- 我们测量了什么？
- 我们如何衡量它？（包括测量者和测量时间）
- 我们为什么要测量它？
- 使用了哪些假设？

2. 以一种增强理解和有助于分析的方式格式化您的结果

适当的数据可视化对于理解数据本身以及如何与他人沟通是至关重要的。如何创建有效的数据可视化及交流数据超出了本书的范围，但是有一些资源可以提供这方面的参考。详见本章中的可视化和演示一节。

- 与理解包含许多列和行的大型电子表格中的数据相比，分析以图形和图表形式直观显示的结果通常更容易。
- 请明确您所绘制的是什么，它是事实（例如，城市字段的完备性/填充率为 99%）还是观察结果（例如，通过浏览客户文件记录，您看到客户中似乎有很多的大学）。
- 进行测试时，任何假设都要保持可见性。

3. 进行分析

仔细审查和讨论评估结果。您可能正在对多个数据存储库进行广泛的分析，或者针对某个特定的数据集中进行深入分析。考虑以下观点，这些观点改编自爱默康出版社的 The Benchmarking Book（AMACOM，1992 年），第 172～174 页，作者 Michael J. Spendolini，并得到爱默康出版社的许可。

> **99 经典语录**
>
> "在最好的情况下，图形是对定量信息进行推理的工具。通常，描述、探索和总结一组数字（即使是一组非常大的数字）最有效的方法就是看这些数字的图片。此外，在对统计信息进行分析和交流的所有方法中，设计良好的数据图表通常是最简单的，同时也是最有力的。"
>
> —— **Edward r . Tufte**，《定量信息的视觉显示》（第 2 版）（2001 年）

识别模式或趋势——这是最基本的分析形式之一。

检查错误信息——这是由于误解、不正确的记录、故意的错误陈述和错误等因素造成的不正确信息。寻找以下线索：

- 信息是否明显偏离预期或其他可比较的数据？
- 来自多个来源的数据是否存在冲突（例如，团队不同成员收集的关于同一主题的信息）？应调查重大差异。

识别遗漏或位移——不存在的东西往往和存在的东西一样重要。遗漏是应该有的缺失数据。位移涉及数据趋势的重大变化，但没有解释。

检查不合适的信息——有些信息似乎与其他信息不"合适"，或者它可能与您认为可以找到的信息有明显的偏差。

将实际结果与目标或要求进行比较——询问：

- 是否存在差异（更高或者更低）？
- 是否有对差异的解释（例如，由于在设定目标时存在未知因素导致目标偏离）？
- 差异存在于关键数据还是非关键的数据？

提出问题——例如以下问题：

- 有任何显而易见的警示或问题吗？
- 有什么可能的因果吗？
- 这些发现会对业务产生什么影响？尽可能详细地回答这个问题总是很重要的，即使答案是定性的，而不是定量的。
- 是否需要更多关于业务影响的信息？如果是，请参见步骤 4　评估业务影响。
- 是否需要收集额外的信息或进行额外的测试？
- 这一步现在被认为完成了吗？

捕捉反应——对结果的反应：

- 团队成员对结果的反应是什么？
- 主题专家、分析师、其他用户或个人贡献者对结果有什么反应？
- 管理层对结果的反应是什么？
- 预期的结果是什么？
- 哪些结果是意料之外的发现？

4. 根据需要，针对其他单独的步骤、评估、技巧或活动进行重复分析

基于单独评估产生的提议应被视为初步建议。所有测试完成后，再对结果进行综合和最终确定。

5. 综合多个步骤、评估、技巧或活动的分析和结果

结合并分析在此之前完成的所有工作的结果。当综合来自多个评估的结果时，使用上面列出的相同问题。有关其他问题，请参见模板 6.4 和以下示例输出及模板部分的说明。寻找它们之间的相关性。例如，如果您调查用户对数据质量的看法，这些看法与其他维度评估得到的实际质量结果是否一致？解释合并后的结果，并将它们与最初的业务需求联系起来。

不要将综合仅仅局限于覆盖项目的其他评估。还要覆盖其他项目的评估，例如由另一个团队运行的包含相关信息的报告，或者公司最近宣布的影响您项目的战略变化。

6．完成了解结果所需的任何后续行动

分析和综合通常会发现额外的问题。您可能需要更多关于已评估数据的详细信息，或获取尚未评估的相关数据。

7．得出结论，提出建议

进行逻辑比较并得出合理的结论可能是一个挑战。应在确定最终建议之前再次检查，建议可能包括由于发现了关键和意外的情况而应立即采取的行动，也可以是业务规则或数据质量检查清单，用于在后续步骤中持续监督控制机制。

🎯 **最佳实践**

避免范围蔓延。通过您的数据质量项目，您将学到许多有趣的知识。您或您的团队会发现自己花了很多时间追踪的各种线索，有些与项目相关，有些不相关。我们简要回顾了项目中的业务需求和项目目标，然后讨论了以下问题：

● 额外的线索会对业务需求或项目目标产生显著的、可证明的影响吗？

● 额外的线索是否能提供证据来证明或否定关于数据质量或价值的假设？

通过这样做，我们防止了不必要的范围扩大。当我们确实需要做额外的工作时，要慎重做决定。

避免范围扩大是"刚好够用"原则的一个例子。

在了解更多信息之前，提议可能被视为初步建议。评估数据质量的任何投资都会产生有价值的结果，但只有在评估期间发现的导致产生问题的根本原因得到解决后，才能实现长期收益。在您的建议中包括根本原因分析和预防措施。更新现有的建议，并根据到目前为止了解到的新内容添加新的建议。

8．总结并记录分析和综合的结果

使用模板 6.4 或总结并记录分析和综合的结果。进行调查、完成一个步骤、评估或主要活动，或者达到项目计划中的一个关键里程碑时，确保您已经分析、提出了初步建议并完成了文档记录。

9．择机采取行动

在适当的时候对建议采取适当的行动。有些建议应该尽快实施，而且可能很容易实现。如果是这样，现在就把它们纳入您的项目计划。其他建议应该等到所有评估和根本原因分析都完成之后再采取行动，以便更全面地了解情况，并确保实施的改进是正确的改进。如果很清楚现在需要做些什么，不要拖延。

示例输出及模板

参考模板 6.4　分析和结果记录表。它不仅提供了记录结果的格式，而且回答这些问题还会进一步帮助您的分析和综合。

它可以提供一个清单来查看您是否已经彻底完成了某项工作。讨论并记录您对以下问题的回答：

- 哪个步骤或活动已经完成或正在进行？
- 关键发现是什么？
- 吸取了什么教训？
- 揭示了哪些问题？
- 有哪些积极的发现？
- 发现了哪些已知或可能的影响？这些可以是对收入、成本、风险、业务、人员/组织（整个组织、特定团队或个人、供应商、客户、业务伙伴）、流程、技术、其他数据和信息的质量等的定性或定量影响。
- 您已经发现了哪些潜在的根本原因？
- 您能提出一些初步的建议吗？
- 您的下一步是什么？需要跟进吗？还有什么问题吗？为了解决您在分析和综合过程中发现的问题并保持项目向前发展，需要做些什么？

明确具体的行动项，以及责任人和截止日期。最后一列内容可以输入任何用于跟踪问题和行动项的方法（如本章前面的模板 6.1），在该处可以管理所有者、结束日期等细节。

对于任何一个问题，应标注哪些是意料之中的，哪些是出乎意料的。这在向管理层汇报结果时很有帮助："不出所料，这个问题通过评估并得到了验证。解决这一问题的资源是已知的、可用的。"或者"这对团队来说是一个意外发现。现在解决这个问题至关重要，这是我们没有预料到的。我们建议在接下来的两周内增加 4 项资源解决这些问题。"

每个行动项的其他详细信息可以保存在同一文件的单独工作表中，或者保存在单独的文件中，在此处列出文件名。

添加一个单独的工作表，列出建议。根据需要进行分类和优先级排序。例如，您可能希望为应该持续监控的特定业务规则或数据质量检查创建一个类别。在整个项目中记录这些将使您在步骤 9　监督控制机制 时更容易实施。

图 6.3 所示在分析和记录结果时如何使用模板的示例。请注意，信息在某些情况下是已知的，而在其他情况下是未知的。随着项目的推进，您可能会发现更多的信息来帮助您进一步理解早期的结果。

步骤/数据评估技巧/活动	关键发现/经验教训/积极的发现——发现的问题/积极的发现	已知或可能的影响	潜在的根源问题	初步建议	行动后续跟踪未解决的问题
来自步骤2　分析信息环境					
人员/组织，流程和数据之间的交互	发现团队A在应用程序1中创建的客户记录，以前认为该记录的只读权限	团队A创建的数据很可能与其他团队创建的相似数据不一致。信任该团队从应用程序1和程序2中提取数据。当数据不同时，在向客户提供信息时额度使用时不知道使用哪些数据	团队A没有接受过数据标准或数据输入的培训。这似乎平会对所有客户记录的质量产生不利影响	需要评估组织结构、角色和职责以了解团队A中的数据输入角色。如果该数据转移人员或流程正在进行重复工作，请确定是否完成的数据转移。无论采用哪种方式，都可能需要培训，了解有哪些数据输入团队以进行培训，了解如何根据数据标准输入数据以及为什么它很重要。数据分析师将能够使用从这一步中学到的知识来创建数据输入培训草案	在步骤3中评估数据质量时，确定团队A创建的记录质量是否与团队B创建的记录质量不同。最初计划仅在程序1中分析团队A创建的客户数据。现在还要分析团队B在程序2中创建的数据2并比较。这为项目范围增加了一致性和同步性，这为项目范围增加了一致性维度，并将延长项目步骤。两个数据质量维度，数据质量团队B负责人需要获得项目资助者对扩大范围的批准
步骤2.1　理解相关需求和约束	发现法规对某些将进行质量评估的数据有明确的要求				获得主题专家（SME）对法规审查数据质量评估结果的同意。让项目团队数据分析师查看法规要求并将其转换为可测试合规性的数据规则，并将其加入到数据输入中
步骤2.2　理解相关数据与数据规范	发现两个应用程序针对同一实体维护了相互冲突的数据模型	来自两个应用程序的相似数据可能不一致。这可能会导致数据用户的混淆			比较程序1和程序2的数据以了解问题的严重程度。让两个数据的数据建模师参与进来
来自步骤3　评估数据质量					
步骤3.3　数据完整性基础原则——完整率填充率	父组织ID号的填充率低于预期	我们认为填充率不至于低到引发问题的程度			是填充率真的很低，还是那些独立公司没有父组织ID导致的？让数据分析师与专家SME核对
步骤3.3　数据完整性基础原则——一致性	在30%的记录中发现了国家代码和国家名称之间的不一致	对报告有什么影响			在确定所需的纠正和预防措施之前，了解对报告的影响

图 6.3　分析和记录结果的示例

信息生命周期方法

本节概述了展现信息生命周期的四种方法：泳道图、SIPOC 模型、IP 图和表格法。它补充了第 4 章中步骤 2.6 理解相关信息的生命周期 的细节。有关生命周期和 POSMAD 的介绍，请参见第 3 章 关键概念。

您可能熟悉数据流程图或业务流程图。它们也可以显示或用于记录信息生命周期。无论您选择如何对其进行可视化，请记住，目标是了解数据和信息的整个生命周期中数据、流程、人员/组织和技术等关键因素之间的关系。使用"生命周期思维"：①在组织中已经存在的任何图表或文档中识别这些关键组件；②评估缺失了哪些与信息生命周期相关的内容；③为根本原因的分析和改进（预防、纠正、检测）编制输入。在定义生命周期时使用现有的文档和知识。对手中已有的资料做额外研究来进行补充说明。

泳道图法

信息生命周期（或其中的一部分）通常使用流程图来说明，流程图是流程的图形表示。流程图可以采用不同的形式——水平的、垂直的和不同层次的。流程图的示例包括流程、过程图、流程示意图和数据流图（信息流动时的图形表示）。

我比较推崇使用泳道图来直观地表示信息生命周期。泳道图是一种流程图，将流程、任务、工作流、角色等划分为水平或垂直的泳道。这种方法经受住了时间的考验，广受欢迎。泳道图可用于显示在整个生命周期阶段出现的四个关键组件（数据、流程、人员/组织和技术）的概览视图。记住信息生命周期的阶段 POSMAD——计划、获取、存储和共享、维护、应用和处置（退役）：

- **数据**。图形本身的主题，如供应商主数据的生命周期。
- **流程**。流程中的步骤通过符号表示并放置在泳道图中，它们之间的箭头指示流程的流向。
- **人员/组织**。单个泳道表示组织、团队或角色。
- **技术**。可以显示在单独的泳道中，通常放置在中间位置以显示流程步骤和技术之间的交互关系。

通过确定哪些 POSMAD 阶段和关键组件在范围内以及所需的详细程度来推进项目。如果您不确定需要什么级别的详细信息，请从较高级别开始，仅在您认为在此时间点细节能提供重要信息时才更详细地描述细节。模板 6.5 显示了一个水平方向的泳道图模板。

泳道图也可以是垂直的，如模板 6.6 所示。这通常在组织级别上有较好的表现，每个泳道都显示了特定组织单元控制下的信息生命周期中的活动以及它们之间的关系。

模板 6.5 信息生命周期模板——泳道图（水平方向）

标题：	数据/信息：
项目：	流程：
创建人：	人员/组织：
日期：	技术：
角色 A	
角色 B	

模板 6.6	信息生命周期模板——泳道图（垂直方向）

标题：			数据/信息：		
项目：			流程：		
创建人：			人员/组织：		
日期：			技术：		
业务单元 1	业务单元 2	业务单元 3	业务单元 4	业务单元 5	业务单元 6

流程图中常用的符号列表及其定义如图 6.4 所示。这里的符号足以让您记录几乎任何信息生命周期。

流动图符号	描述
活动	指示流程中的活动或任务。当没有其他符号适用时，也可以使用此符号矩形中包含活动的简要标题或简短描述
流向	指示流程的流向或方向
决策点	指示流程中需要做出决策的点。菱形的输出通常标有选项（例如是或否、真或假、其他必需的决定）。流程沿着所选选项（决策）的方向进行，由此产生的活动因决策而异
数据	指示一个电子文件
数据存储	表示检索或放置信息的位置，如数据库
文档或报告　　多个文档	表示以文档或报告的形式获取的信息（如硬拷贝表单、书面报告、计算机打印输出等）
终止符	指示流程图的起点和终点
连接符	当流程图中出现中断或跳转时，通过在圆圈内放置字母或数字来显示在同一页或不同页上的继续位置
检查	表示检查活动，此处流程已停止，且输出质量已被检查。执行前序活动的人员通常不会执行检查活动。它还可以指定何时需要批准签名
注释	用于记录有关所连接符号的其他信息。通过虚线将一个矩形连接到流程图符号，这样就不会与指示流程的实线箭头混淆
I/O	流程的输入和输出

图 6.4　常见流程图符号

图 6.5 所示为使用泳道图方的供应商记录的高阶信息生命周期示例。它从创建主记录的初始请求开始，经过几个流程步骤，最后以供应商记录的三个主要用途结束：订购供应品、支付供应商和报销员工费用。

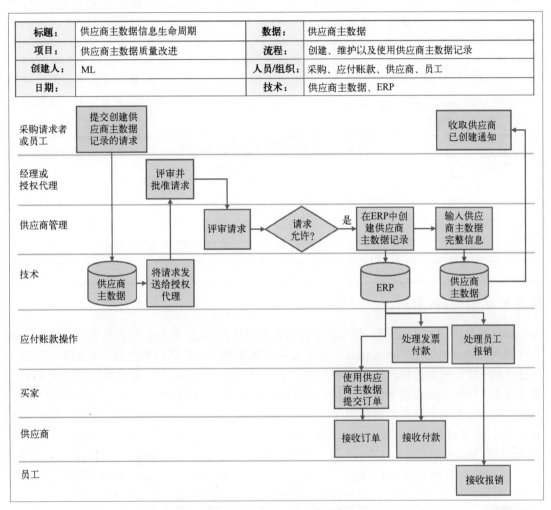

图 6.5　使用水平泳道图法的信息生命周期示例

检查供应商的主信息生命周期会发现一些没有意义的事情，例如最后一条泳道，其中一个用途是报销员工费用。为了让员工获得差旅费报销，他们必须设置供应商主记录。您可能会说"这很奇怪"，但这确实是当时的流程。期望找到许多看起来不寻常或麻烦的事情。流程和技术会随着时间的推移而发展，并且会根据业务变化创建灵活的方案。图 6.5 是当前（"as-is"）信息生命周期。查看当前的信息生命周期可以突出重复工作，并为低质量数据的根本原因提供线索，然后为这些流程的改进提供信息。使用相同的泳道图可以开发更有效的未来（to-be）信息生命周期。

SIPOC 模型

SIPOC 图通常用于流程管理和改进（如六西格玛和精益制造），以显示业务流程中的主要活动，它还可用于可视化信息生命周期。SIPOC 代表提供方-输入-过程-输出-客户。提供方是指提供过程中涉及的信息、材料或其他资源的人员或组织。输入是提供方为流程提供的信息或材料。过程是指对输入进行转换并有望增加价值的步骤。输出是客户使用的东西，如产品、服务或信息。客户是指从流程接收输出的人员、组织（内部或外部）或其他流程。关键要求也可以添加到此模型中。如果需要，SIPOC 可以为更详细的流程图设置边界。模板 6.7 显示了 SIPOC 的模板。

模板 6.7　信息生命周期模板——SIPOC 模型					
标题：			数据/信息：		
项目：			流程：		
创建者：			人员/组织：		
日期：			技术：		
提供方	输入/需求	过程	输出/需求	客户	备注

信息产品图（IP 图）

信息产品图（IP 图）是另一种信息生命周期可视化的方法。软件和研究咨询公司 IQOLab 的首席执行官兼创始人 Christopher Heien 表示，IP 图展现了从信息制造系统（IMS）到制造信息产品（IP）的数据和流程。IP 图的输入是一个数据单元（DU），它是数据流经系统时的概念分组。IMS 是从数据中创建信息所遵循的一系列过程。IP 是数据在到达客户（即任何使用或消费信息的人）之前的最终形式。IP 可以是报告、交易（如销售订单、发票、索赔、服务请求），也可以是其他形式（例如 PowerPoint 演示文稿、音频文件、图形或文本）。IP 图仍被视为一种新兴模型，用于记录 IMS 并在跟踪数据单元（DU）成本、质量和净值时模拟数据流。它不一定显示物理数据流（尽管可能），它可以表示对数据流的感知理解。图 6.6 所示为用信息产品图展示的 IMS 基础样式，以及按利益相关方角色或按 SIPOC 角色划分的分组。

 定义

> 信息产品图（IP 图）是一种"图形模型，旨在帮助人们理解、评估和描述信息产品（如发票、客户订单或处方）是如何形成的。**IP 图旨在创建一个系统性表示法，用于获取组织内常规生产的与信息产品相关的细节。"**
>
> —— 理查德等，《信息质量》（2005 年），第 10 页

例如，IP 图可用于显示与交货相关的数据情况。IP 消费者 1 可能是需要信息来递送包裹的送货司机。信息产品对送货司机的价值是送货成功，司机会得到报酬。消费者 2 可能是获得有关交货日期和时间信息的客户，其价值在于客户满意度并增加成为回头客的概率。消费

者 3 可能是商业智能组的分析师,他使用交货信息创建报告并尝试确定如何更快地交付包裹。信息产品每次移交给消费者都有成本，但也应该带来价值。理解信息制造系统（IMS）中的这些交互可以让人理解信息产品的价值，就像生产制造商理解产品线的经济价值一样。

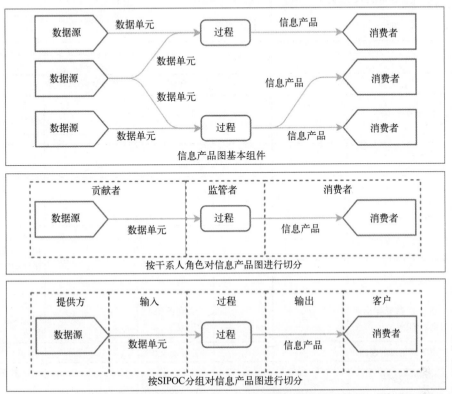

来源：克里斯托弗海恩所著《信息产品图的建模和分析》(2012年)，图1、图3、图4

可访问：https://library.ualr.edu/record-b1775281 S4

图 6.6　信息产品图的表示

　　感谢 Christopher Heien 在编写本节时提供的帮助和专业知识。有关 IP 图的更多信息，请参阅：C. H. Heien，信息产品地图的建模和分析。博士（论文）（2012）；Heien 等人的"支持信息产品地图一致表示的方法和模型"（2014 年）；和 Lee 等人的"CEIP 地图：上下文嵌入信息产品地图"（2007 年）。

表格法

　　表格法是一种收集有关数据生命周期信息的简单方法。它需要创建一个表格来记录和理解一系列生命周期任务或步骤的重要属性。表格法很有用，因为通过表格可以很容易地显示任务、角色、时间和依赖关系中的差距或冲突。还可以使用此方法为生命周期开发新流程。表 6.2 显示了使用表格法的示例，它也可以用作模板。修改列标题以反映在摘要信息下方的行中为每个活动或任务获取的最重要的信息：

表6.2 信息生命周期示例——表格法						
标题：	本地磁盘备份的财务数据存档和处理		数据：		所有的财务信息	
项目：	财务数据归档项目		流程：		
创建人：	JD		人员/组织：		财务、IT、保管供应商、处置供应商	
日期：			技术：		计算机中心 XYZ 中的磁盘备份和服务器	
编号	活动/任务	手动或自动	时机	角色	员工/承包商/供应商	备注
1	确定需要归档的记录	手动	？	法律部？财务部	员工	谁来决定何时归档记录？标准是什么
2	标记相关媒体以进行归档					
3	将标记的媒体存储在安全的数据中心与所有其他媒体分开					
4	将标记的媒体传输给存储供应商					标记的媒体如何转移给保管库供应商
5	存储存档直至完成					
6	标记存档媒体以进行最终销毁			异地保险柜供应商		谁决定何时销毁记录？标准是什么
7	销毁标记过的媒体			处置供应商		
8	创建销毁证书					证书保存在哪里
9	记录销毁日期、磁盘ID、销毁负责人、位置等					销毁信息记录在哪里

- **表头信息**。到目前为止，我希望您理解影响信息质量的四个关键因素：数据、流程、人员/组织和技术。如果关键因素适用于所有任务，请保留在标题中（例如，整个表格适用于财务数据）。如果任何关键因素因任务而异，那么您可能需要添加一列来获取这些因素。
- **编号**。为任务编号以便于参考。
- **活动/任务**。以动词-名词的形式描述活动或任务。
- **手动或自动**。表明任务是由人完成还是由程序自动完成。
- **时机**。描述活动发生的时间（例如，每天、每月、每季度、每年）。根据需要进行具体说明，例如一天中的时间（每天 13:00 UTC）、当月（第 10 个工作日）以及对其他流程的依赖关系（在季度末财务结算完成时）。
- **角色**。执行任务人员的头衔。您可能希望添加具有特定名称、团队和联系信息的列。

- **员工/承包商/供应商**。执行任务的人是公司员工、承包商还是第三方供应商？此信息很有用，因为沟通和问题升级可能因委任不同而不同。
- **备注**。附加信息，例如此步骤的输出、参考文档、未解决的问题或问题。

表 6.2 显示了如何将表格法用于信息生命周期的子集，在此示例中，归档和销毁财务信息的本地备份磁盘，即处置阶段。请注意空白区域，这表明对生命周期的理解存在缺失。将这些差距视作提出问题的机会并填补缺失的部分。

在此示例中，标明任务是否由员工、承包商或供应商完成有助于确定与哪些不同的经理/团队/组织进行沟通，以及向谁上报工作人员在工作流程中无法解决的问题。

这种方法可以很容易地用于表示类似的信息生命周期——使用云服务提供商进行归档和销毁过程。向您的服务提供商提出问题并与您密切合作，以确保您的数据在适当的时候被归档并最终完全销毁或删除。许多人有这样的错误印象，即他们不再需要担心这些细节，因为他们的数据"在云端"。然而，您仍需对您的数据负责。

开展调研

调研是一种正式的数据收集方法，用于评估情况、条件或意见。它是通过收集、分析和解释目标人群的观点来完成的。您的调研可能很简单，比如面对面访谈或通过电话采访某人，或者对许多人分别重复同样的采访。这可能与组织几个人的研讨会或焦点小组，或者在网上收集数百人的详细反馈一样复杂。

调研可以采取访谈、问卷、焦点小组或研讨会的形式。以下步骤（来自第 4 章 十步法流程）通常包括调研，可以利用本节中的一般信息。有关如何使用调研的说明和示例，请参见具体步骤。

- **步骤 1.1 确定业务需求优先顺序并选择项目重点。**
  - 采访资助人、利益相关方或用户，以发现目前对业务最重要的是什么，并为选择项目的重点提供意见。
  - 在项目早期进行利益相关方分析，以了解利益相关方在数据质量工作中的角色（特定项目或更广泛的数据质量计划）以及他们对数据质量和业务需求的看法。
- **步骤 3.1 对相关性与信任度的认知（数据质量维度）和步骤 4.7 对相关性与信任度的认知（业务影响技巧）。**
  - 调查资助人、利益相关方或用户，了解他们对以下问题的看法：①相关性——通过了解什么对他们最重要以及低质量数据对他们工作职责的影响来表明业务价值；②信任度——他们对数据质量的看法。
  - 即使您可能对数据质量或业务影响二者中的一个更感兴趣，但也不要错过通过调研来完整了解两者的机会。
  - 相关性结果可用于帮助构建数据质量工作的业务案例，在确定数据质量项目中要包括的数据的优先级和质量，或者确定哪些数据对于持续的质量管理足够重要时提供输入。

○ 信任度结果可用于将关于数据质量的看法与实际数据质量进行比较，实际数据质量来自基于数据内容的其他数据质量维度评估。这允许您通过交流来解决感知和现实之间的任何差距。

● 步骤 3.4 准确性（数据质量维度）。

○ 如果要评估准确性，而数据的权威参考源是某个人，则请开展调研。例如，可以向客户询问关于他所在组织的数据存储中的数据的问题，以确定该数据是否正确。这需要一个精心计划的、标准化的问卷和流程来获得有效的结果。

● 步骤 4.4 业务影响的 5 个"为什么"。

○ 如果在同一主题上对超过一个人使用这种技巧，则创建一个调查问卷，以确保标准化的过程和可以比较的结果。

● 其他步骤、活动或技巧通过调研、访谈、问卷、研讨会、焦点小组或其他正式方法收集信息的任何其他步骤、活动或技巧。

方法

在制定和实施调研时，根据目的、形式和参与人数的需要，调整和应用以下步骤。以下描述的流程是基于 Sarah Mae Sincero 的"调研和问卷——指南"（2012 年）中的输入内容开发的（根据知识共享许可协议——授权归属 4.0 国际版，[CC BY 4.0]）。

1. 阐明调研的目的/业务需求，并制定调研目标

您为什么要做这个调研？调研的具体目的是什么？您希望从调研中了解到什么？根据您在项目中所处的位置，步骤 1 和步骤 2 中针对业务需求和信息环境所做的工作可能会提供答案。

2. 确定要调研的人群、抽样方法和调研方法

目标人群——确定要调研的目标人群。考虑背景、经验、技能、语言和地理位置。作为数据质量项目的一部分，可能要调研的人群包括：

● 组织内部。
  ○ 所有员工。
  ○ 团队或业务单位中的所有或选定员工。
  ○ 在特定应用程序、特定报告等中，将相关数据用作业务流程或交易一部分的所有或选定员工。
● 组织外部。
  ○ 向组织提供数据或使用组织数据的业务伙伴。
  ○ 作为客户数据准确性评估的权威参考来源的客户。
● 按角色。
  ○ 董事会、高管、高级领导。
  ○ 经理、计划和项目经理。
  ○ 使用感兴趣的数据的个人贡献者和从业者。

　　抽样法——如果需要调研大量的人，但由于时间和资源的限制而无法进行调研，则必须使用某种类型的抽样方法选择感兴趣人群的一个子集，称为样本。与数据抽样一样，抽样法是一种在调研、测试或评估中从总体中选择有代表性的成员的技术。代表性意味着，如果每个人都能够被调研，那么来自实际调研的子集的响应将接近所有人的响应。随机抽样是为那些被调研的人选择记录子集的一种方法。调研完成后，从样本中得到的结果被推断为代表全部人口。确保目标人群和抽样方法都不会无意中反映出偏差；也就是说，目标人群和通过抽样方法获得的子集不应遗漏应考虑的人群，也不应偏重人群的任何部分。

　　如果调研的人数很少，则不需要自动抽样方法，如随机抽样。然而，在选择调研对象时，抽样法还是应该被考虑进去的。仔细考虑您想调研的具体对象。例如，一个大型团队中的几个人、三个顶级销售代理或一个地区的前十名客户。在某些情况下，您只是想选择一些有影响力的领导者或用户来获得他们的意见，所以这里描述的抽样不是问题。

　　调研方法——调研方法是用于收集数据的技术。确定最符合目的和调研目标的调研方法，充分利用资源，在可用时间内完成，并获得期望的回复率。回复率，也称为完成率或返回率，是回答调研的人数除以样本中的人数（即有机会参与调研的人数），通常用百分比表示。调研方法的例子如下。

- **在线调研（互联网或内部网）**。提供指向调查页面的网址，需要在线输入回复。
- **电话调研**。呼叫受访者并在表格中输入回答。
- **面对面或电话面试**。提出问题并记录答案。
- **邮件调研**。发送带有调查附件或网址链接的电子邮件。
- **纸质问卷**。由被调研者手工填写，通过邮件发送或亲自分发。
- **焦点小组或研讨会**。在有辅导员的小组讨论中提出问题。

　　面对面或通过视频会议直接采访是一种有效的调研方法。用可测量的尺度来标准化一些要回答的问题，这有助于分析结果的量化。此外，开放式问题通常会揭示重要的细节，从而更全面地了解人们所面临的挑战。调研也可以通过电子方式进行，如有必要，还可以通过电话跟进来澄清答案。

3. 确认资源

确认您有调研所需的预算、人员和技术。调研中需要以下人力资源。

- 进行调研的人。
  - 招募那些将进行调研的人。数据质量团队可能会有 1~2 个人管理访谈，或者您可能会有几个人收集反馈。
  - 确保所有人都了解调研的背景以及开展调研的原因。
  - 根据需要提供培训，以便他们能够理解问题、持续获得回答并鼓励参与，所有这些都有助于确保获得有意义的结果。
- 对调研表做出答复的人。
  - 确保调研受访者具备回答问题的正确知识和经验。
  - 在对数据的内部用户进行调研时，将调研情况通知他们的经理是有帮助的，这样他们就能理解为什么要进行调研以及为什么他们的团队被要求参与调研。经理的支持有助于提高回复率。

○ 如果调研业务伙伴，请务必将您的计划告知您的组织和业务伙伴之间的官方联络人。

● 为调研提供支持的人员。

○ 根据所选的调研方法，您可能需要技术支持；例如，建立一个网站、创建一个数据库来获取响应或者根据响应创建报告。

○ 您可能需要管理层对调研的支持。

对于参与调研的任何人，要争取到他们的支持和热情参与。确保他们知道调研的目的以及他们在调研中所扮演的角色。

4．制定问卷、辅助信息和调研流程

问卷和辅助信息。问卷是一种调研工具，由一组向调研参与者提出的问题集组成。这些问题用于引出想法和行为、偏好、特质、态度和事实。辅助信息是指受访者需要的任何东西，以鼓励他们的参与、提供语境和背景并提供完成调研的说明。以下建议将有助于您清楚地展示信息。

● **引言**。从受访者的角度思考调研。解释为什么要进行调研，以及如何使用调研结果。描述给受访者和受访者所代表的组织带来的好处。提醒注意调研的保密性（如果真实情况如此）。包括回复调研的截止日期，并指明向谁咨询问题；获取有助于您分析调研结果的相关信息，如受访者姓名、头衔、组织内的职能/团队。进行访谈时，记录下日期、时间、地点、受访者、访谈主持人和其他旁听者。

● **正文**。这是问答部分。应该是全面且简洁。回答的格式应便于受访者完成，并且便于收集数据的人获取、存储和记录。问题应该引出目标所需信息。

● **结论**。此处应该让受访者有提供额外的信息、见解或反馈的说明。以真诚的感谢结束。

这些问题可以是：

● 定性的和开放式的。

● 每个问题都是可量化的。

● 定性和定量相结合。

回应量表。回应量表提供了一种标准化的回答问题的方式，使分析回应变得更加容易。调研中使用的回应量表因所提问题的类型而异。回答可以简单到在"是"和"否"之间选择，也可以复杂到在几个回答选项中选择一个答案。有关响应比例选项，请参见最佳实践标注框。为每个问题或回答选项分配权重及数字会有助于计算和分析。

🎯 **最佳实践**

调研回应量表：回答调研中问题的选项。每种回应量表都有优点和缺点。经验法则是，最好的回应量表是容易被受访者理解和被研究者解释的。

二分量表：一个两点量表，表示彼此完全相反的选项。这种类型的回应量表没有给受访者对问题的答案保持中立的机会。示例如下。

● 是/否。

● 对/错。

- 公平/不公平。
- 同意/不同意。

评定等级：评定等级提供两个以上的选项。三分制、五分制和七分制都包括在"评定等级"中，示例如下。

1. 三分量级

- 好-一般-差。
- 同意-未决定-不同意。
- 极度-适度-完全没有。
- 太多-差不多正确-太少。

2. 五分量级（如李克特量表）

- 强烈同意-同意-未定/中立-不同意-强烈不同意。
- 总是-经常-有时-很少-从不。
- 极度-非常-中等-稍微-一点也不。
- 优秀-高于平均水平-一般-低于平均水平-非常差。

3. 七分量级

- 特殊–优秀-非常好-好-一般-差-非常差。
- 非常满意-中等满意-稍微满意-一般-稍微不满意-中等不满意-非常不满意。

—— SarahMaeSincero，"SurveyResponseScales."（2012）. 本文中的文本是根据知识共享协议—— 授权归属 **4.0** 国际版，（**CC BY 4.0**）。

调研流程：调研流程描述了有关调研实施方式、每个步骤涉及的人员以及时间范围的详细信息。记得在调研之前、调研中和调研后进行适当的沟通。在设计调研流程时，使用POSMAD、信息生命周期思想和信息质量框架作为背景。这项调研只是另一套有自己的生命周期的信息，并且它必产生高质量的信息。

- 计划：调研计划。
- 获取：通过调研获得感兴趣的信息。
- 存储与共享：存储结果，并通过让项目团队可以访问它们来共享它们。
- 维护：如果需要，维护/更新响应。
- 应用：通过分析回应、制定决策和采取行动来进一步实现项目目标，从而应用调研结果。与关心结果或受结果影响的人交流和互动。
- 处置（退役）：在适当的时候报废调研数据或存档以备将来参考。这些数据可能包括回答者名单、结果数据库、分析、综合、建议、行动和其他文件。

5. 测试问卷和调研流程，根据需要进行修改

测试问题的清晰度，以确保受访者理解并能正确回答。根据需要对问题进行修改，以创建一份方便参与者回答问题的调研问卷。测试用户界面，以便将结果输入到调研工具中（如果正在使用调研工具）。测试数据输入的便利性和正确分析调研结果的能力。根据需要修改调研，以创建有效的数据收集工具。

6．管理问卷并完成调研

创建或提取要调研的人的列表。使用选定的抽样方法。使用设计的流程开始调研。在调研过程中：

- 收集结果。
- 在整个调研期间监控反馈，以确认调研正在按计划进行。
- 当收到所需数量的回复或时间段结束时，停止调研。

7．处理和存储回复数据

调研完成后，确认所有回复都已记录在案。确保这些信息可供将来参考。

8．分析和解释调研结果，并做出结论

有关其他详细信息，请参阅本章中的分析、综合、建议、记录并根据结果采取行动一节。一定要保留一份调研问卷、被调研者的名单和人数、进行调研者的名单、时间段、运用的处理方式等的副本。将对质量的感知与来自其他数据质量评估的实际质量结果进行比较。

9．分享成果并用于实现项目目标

使用适合的沟通方法与每个需要听到调研结果的受众分享调研结果。受众可能包括项目的资助人和利益相关方、以某种方式实施或支持该过程的人或受访者本人及其经理。您可以选择与受访者召开焦点小组会议，讨论他们的反应和看法。强调已经做出（或需要做出）的决定，以及将结果付诸行动的具体建议。参见步骤10，了解如何与人交流和互动。您可以分享具体的调研结果、经验教训、对业务的影响、数据质量问题的根本原因以及初步建议。可能会包括一个附录，以提供有关调研的背景和其他详细信息，如调研问卷、受访者、调研问卷的发放数量与回复数量对比、参与计划和实施调研的人员以及使用的调研流程等的副本。

使用调研结果来指导您的项目决策，以满足业务需求并实现项目目标。

度量

度量是一种控制手段。参见步骤 9　监督控制机制以补充此处发现的内容。度量可以是一种重要的数据质量控制机制，它通过提供数据质量问题的可见性来提供业务价值，以便您可以快速采取行动。这种可见性使您能够在问题首次出现时解决问题，在纠正完成时显示进度，并突出已采取的预防措施取得的成功。度量对于以下方面非常有用。

- 用事实代替观点。
- 确定资源和工作的重点。
- 识别问题的来源。
- 确认解决方案的有效性。
- 鼓励通过数据和信息支持业务需求的行为。
- 识别事情进展顺利的地方，确定不需要采取行动的地方。

最后一条被严重低估了。管理层最想知道问题是否真的被及时发现，资源是否被用在了正确的地方。度量可以帮助满足这些需求。度量为绿色意味着您可以高枕无忧，一切正常，无须采取任何措施。度量为红色表示情况危急，必须立即采取行动。这还意味着在最需要的领域采取行动——假设经过深思熟虑后创建了度量过程，并且人们已经同意并履行他们的职责。

在策划您的度量时，要清楚它们对业务的影响以及为什么人们应该关注它们。实施足够的度量来优化这些结果。永远不要为了度量而做度量。

针对不同受众和用途的不同详细程度

应考虑度量标准的三个细节层次（见图 6.7），每个层次有不同的受众和用途。想想 3D——仪表盘（Dashboard）、明细（Drilldown）和详情（Detail）。

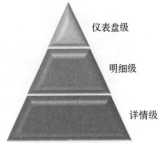

图 6.7　度量的详细程度

仪表盘级。仪表盘级别的度量提供了度量的概览视图。读者可以快速解释度量的内容以及状态。状态用易于理解的术语表示度量的状况。例如，您可以用绿色表示"结果达到或超过目标"；黄色表示"结果未达到目标或不利趋势"；红色表示结果远远超出了容许极限或剧烈的不利变化。

明细级。明细级是一个中级视图，提供度量仪表盘相关的附加信息。它显示了更多关于仪表板数字的信息。明细级通常显示一段时间内的趋势和历史。它可以显示数据质量度量的结果、与目标的比较以及每个度量的状态。概览层是描述这些汇总测度或单个测试为何重要的层次。明细级的主要受众是经理、数据管理员或其他需要更多详细信息的个人贡献者，但他们仍然需要详细信息的汇总视图。

详情级。详情级通常以报告的形式出现，报告是数据质量测试和实际记录的输出，从这些记录中可以汇总明细级和仪表盘级的度量。详情层通常不会查看详细的报告，但是如果对度量本身的准确性有疑问，应该可以获得输出。它们应该用于纠正被数据质量、业务或 IT 团队（无论谁被确定为最适合做这项工作的人）在数据质量评估中确定为例外的数据。这些报告也可以用作根本原因分析和持续改进的输入。请注意，只有那些被授权查看此类详细信息的人才能访问它。

示例和术语

例如，仪表盘级可能显示四个系统中使用的关键产品主数据属性（描述、测量单位等）一致性的汇总状态。它还可能包括对产品企业级数据标准的遵从程度。仪表盘级包括一个链接，链接到一个明细页面，该页面简要说明了项目记录如何用于库存、采购、订单输入、工程、物料清单、物料计划和成本管理。总览层还说明了较差的项目数据质量如何给所有业务领域增加风险。

明细包含按系统划分的关键属性的状态，以及指向每个系统的详情级别页面的链接。详情层显示了处于红色状态的"测试"的更多信息，如谁正在采取措施（根本原因调查、预防措施和清理工作）以及这些措施的状态。为了控制访问具有实际异常记录的文件，将通过电子邮件向负责更新的人员发送通知及链接（而不是在线度量页面上的链接）。

重要的一点：在这一节中，我使用度量这个词来表示正在进行的测量和监控数据质量的整体。我用"测试"这个词来表示单独的数据质量检查或测量。在您的组织中，您将每个测量或测试称为什么？如果您的组织已经使用了一套术语，那就和它们保持一致。否则，作为一个项目团队，定义您的术语并一致地使用它们。

度量的一般准则

开始使用度量标准时，需要记住以下要点。度量应该：

- **与业务需求相关**（客户、战略、目标、问题、机会），衡量那些有影响的事情。
- **跟踪并明确指出需要改进的地方。**
- **促进期望的行为。** 定义期望的行为，然后确定理解和鼓励期望行为所需的度量。度量可以改变行为。确保向您期待的方向改变。
- **相对容易应用。** 它们不应该使操作复杂化，也不应该产生过多的成本开销。
- **简单、直接、有意义。** 团队成员应该能够向其他人解释它们。
- 在不同的团队成员和那些使用测度的人之间**创建或利用现有的共同语言。**
- **准确、完整、及时地收集。** 数据质量测度本身必须具有高数据质量。
- **在表达和可视化方面要准确。** 步骤 3.10 展示质量在此适用，因为如果我们对度量的可视化歪曲或错误解读，那么度量本身就没有高质量的数据，即使基础数字是正确的。
- **提供一个平衡的画面。** 过于专注某一条数据可能导致以牺牲其他数据为代价来提高数据质量。
- **接受审查。** 利用那些最接近数据和流程的人的经验。讨论您建立度量的尝试，鼓励让每个人都来发现问题。使用度量时，鼓励每个人提出发现的任何问题。

> **！ 注意事项**
>
> **度量可以改变行为！** 确保度量改变的方向您想要的行为。如果不这样做，您可能会得到您要求的，但不是您真正想要的。例如，我见过那些开始他们的数据质量度量时仅仅测量了完备性/填充率的人。这是有道理的，因为他们首先想知道的是数据是否存在。但停在完备性/填充率的问题是，它会鼓励那些输入数据的人在字段中输入任何东西，只是为了确保他们的度量指标正在改进。当这种情况发生时，完备性度量指标在上升，但是实际上数据的质量在下降。为了弥补这一点，除了完备性之外，请始终包括一些有效性度量（x% 的记录在字段中有值，其中 x% 是有效的）。

解释结果

状态指示器。 数字本身并不告诉我们该做什么。我们必须提供测试结果的上下文，以便其他人可以正确地解释它们，这有助于他们决定采取什么行动（如果有的话）。状态指示器提供了这种作用，为您的度量提供状态的尺度和定义。参见图 6.8 所示的两个示例。

状态选择标准。 对于任何单独的测试结果，您必须准确地确定如何分配状态（例如，如果 1 号数据质量规则小于 100%，状态指示器是绿色的吗？什么时候结果是红色的，意味着需要采取行动？）。我称之为状态选择标准。如何确定状态选择标准可参阅步骤 4.9 排名和优先级排序，了解提供所需背景并可用于确定度量状态选择标准的技巧。研究图 6.9 所示的示例，了解如何将排名和优先级排序应用于度量并获取结果。

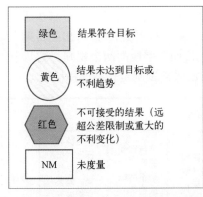

绿色	结果符合目标
黄色	结果未达到目标或不利趋势
红色	不可接受的结果（远超公差限制或重大的不利变化）
NM	未度量

1) 关键：如未得到解决，将影响进度或对可交付成果产生极端影响。需要立即关注并采取行动。密切监控，直至解决。

2) 严重：如未得到解决，将影响计划。需要快速关注/采取行动。必须在下一个周期之前解决。

3) 中等：影响有限，可以在某个时刻解决。

4) 低：轻微影响。解决问题的时间框架可以灵活设定。

5) 无负面影响：质量满足需求。

图 6.8　状态指示器的两个示例

数据质量规则/测试			确定排序角度，如业务条线、部门、关键业务流程或关键角色	登记册	医院管理	护士	医生	总体排名（任何领域都排名最高①）
编号	数据元素	数据质量规则类型	数据质量规则定义	在这一行的每一列中，列出代表排名中每个领域的人员的姓名及其角色，例如企业数据管理员、主题专家、部门领导				
1A	患者出生日期	完备性	出生日期字段中是否存在值					如高
1B	患者出生日期	有效性	有效值为YYYY-MM-DD格式					
2A	就诊编号	完备性	就诊编号字段中是否存在值					
2B	就诊编号	有效性	值是否与就诊代码参考表中的有效代码相匹配					
…								

如果<规则/测试>无效，对<业务线、部门、关键业务流程或关键角色有何影响？>：
高（H）=流程完全失败或极有可能存在不可接受的财务、合规、法律或其他风险。
中等（M）=过程将受到阻碍，并将产生一些经济后果。
低（L）=将导致轻微的经济后果。
N/A=数据质量测试不适用于此域。
例如：如果患者出生日期完备性测试失败（即如果缺少出生日期）。对登记册有什么影响？
您还可以将两项患者出生日期测试一起排序，而不是单独排序。
①任何领域中排名最高的都是最终排名。使用此最终排名可帮助您设置状态选择标准。例如：如果影响很大，那么绿色的标准将是100%或非常接近。

图 6.9　以排名和优先级排序作为度量状态选择标准的输入

接下来，根据设置排名的技巧设置最终状态选择标准。在图 6.9 中，假设患者出生日期的总体排名很高。让我们将该信息作为图 6.10　度量状态选择标准示例。由于患者的出生日期是一个重要的标识符，绿色的状态选择标准设定为100%。这非常重要，任何少于100%的情况就会将状态移动到红色；因此，黄色状态不适用。您可以看到，"患者出生日期"字段将测试两个数据质量规则。如果您同时测试"患者出生日期"字段的两个规则，则两个测试的状态选择标准是相同的。使用相同的思路为所有数据质量测试制定状态选择标准。

度量状态选择标准								
数据质量测试编号	数据元素	度量维度	度量定义	绿色评判标准（结果达标）	黄色评判标准（结果不达标或趋势不利）	红色评判标准（结果无法接受。需要立刻展开行动）	备注	本月的结果
1A	患者出生日期	完备性	出生日期字段中是否存在值	目标=100%有值存在	N/A	≤99.9%		
1B	患者出生日期	有效性	有效值为YYYY-MM-DD格式	目标=有效的格式达100%	N/A	≤99.9%		
2A	就诊编号	完备性	就诊编号字段中是否存在值	目标=有效的就诊编码达95%~100%	85%~94.9%	≤84.9%		
2B	就诊编号	有效性	值是否匹配就诊编码参考表中的有效代码	目标=有值的字段符合100%有效就诊编码	…	…		

图 6.10 度量状态选择标准示例

请注意，图 6.9 和图 6.10 中的数据质量规则示例均基于数据剖析，数据剖析是步骤 3.3 数据完整性基础原则中使用的技术。请记住，数据质量维度是根据用于评估该维度的方法粗略分类的。这意味着在分析数据时，除了这里列出的两项测试（完备性和有效性）之外，您将了解更多关于患者出生日期、就诊编码和其他数据字段的信息。您应该确定哪些是最需要持续监控的。监控是有成本的，所以要考虑什么是值得的。步骤 4.9 排名和优先级排序对此有所帮助。

可视化和展示

到目前为止显示的电子表格是用来统计细节的。如何报告和可视化结果是不同的问题。可视化和展示是指结果将如何呈现。数据和信息的格式、外观和展示效果应支持其用途，这些也是数据质量维度，在步骤 3.10 展示质量中有表述。

使用同样的例子，您可以决定——我是否想要通过数据元素报告所有的测试？我想通过数据质量维度或特征（例如，通过完备性和有效性）进行报告吗？我是想基于某个关键业务流程还是业务线来报告所有感兴趣的度量？我是从积极方面还是消极方面报告结果（例如，完整率是80%还是20%的记录在该字段中缺少数据）？无论是正面还是负面报道都要前后一致，可以帮助那些查看结果的人避免混淆。显示度量更新的最后日期/时间也是一种很好的实践做法。

有许多资源可以帮助您了解可视化和信息图形，或者设计仪表盘。

爱德华·塔夫特的《定量信息的视觉展示》于 1983 年首次出版，并于 2001 年更新，堪称经典。斯蒂芬·菲勒（2013 年）、韦恩·埃克尔森（2011 年）、科尔·库斯巴莫·克纳弗利克（2015 年）、斯蒂芬妮·D·H·常青树（2020 年）和多纳·M·黄（2010 年）是我最喜欢的几位。将图形融入您的交流中。

在有限的篇幅内，所有我能说的就是始终要想到观众，他们是：管理人员（他们想快速了解情况）或那些需要根据结果采取行动的人，包括他们的经理。设计、创建原型、获得反馈、调整，然后重复这个过程。受限于可用的可视化和报告工具，您最初的设计思路可能无法实现。另一方面，该工具也可能会提供之前没有考虑到的可视化选项。一旦度量指标投入使用，要继续接受反馈，并在流程中建立一个机制，以便那些有问题和想反馈的人可以很容易地联系到负责度量指标的人。要确保流程包括添加/删除考核、以及更新/改进流程本身的能力。可以考虑如何将您的数据质量度量指标集成到其他业务仪表盘中，这将表明数据质量对于管理层与他们定期跟踪的其他事项同等重要。参见十步法实战标注框中的"一家公司的数据质量度量指标体系"。

交流和参与

可以看到，在整个度量部分，与度量有关的任何事情都需要沟通、获得支持、准备、倾听和让他人参与。与人交流与进行数据质量测试对度量的成功同样至关重要。

❞　经典语录

"仪表盘可以设计为利用视觉感知来快速有效地进行交流，但前提是我们要理解视觉感知，并应用与人们的视觉和思维方式相一致的设计原则。"
—— **Stephen Lew**，《信息仪表盘设计：显示数据以进行一目了然的监控》
（第二版，2013）年）第 1 页。

　十步法实战

度量——数据质量的状态、数据质量的业务价值以及程序性能

　　背景。 感谢 Michele Koch、Barbara Deemer 和他们的团队向我们分享他们的数据质量度量计划。**Navient** 是一家美国财富 500 强公司，为美国联邦、州和地方各级的教育、医疗和政府客户提供教育贷款管理和业务处理解决方案。当该公司建立企业数据质量计划时，数据治理计划已经实施了三年，该计划是企业数据管理战略的一部分，其中包括在数据治理计划的框架下组织的数据质量服务团队。数据质量服务团队管理数据质量计划，并为数据质量请求、项目实施、生产支持/数据质量工具管理、持续监控、数据质量咨询和培训提供服务。该团队与数据管理员和数据治理计划的其他成员密切合作。计划中的第一个项目就是制定度量。度量仪表盘已入使用，目前正在作为一个操作过程进行。度量仪表盘示例如图 **6.11** 所示，度量高级流程图如图 **6.12** 所示。

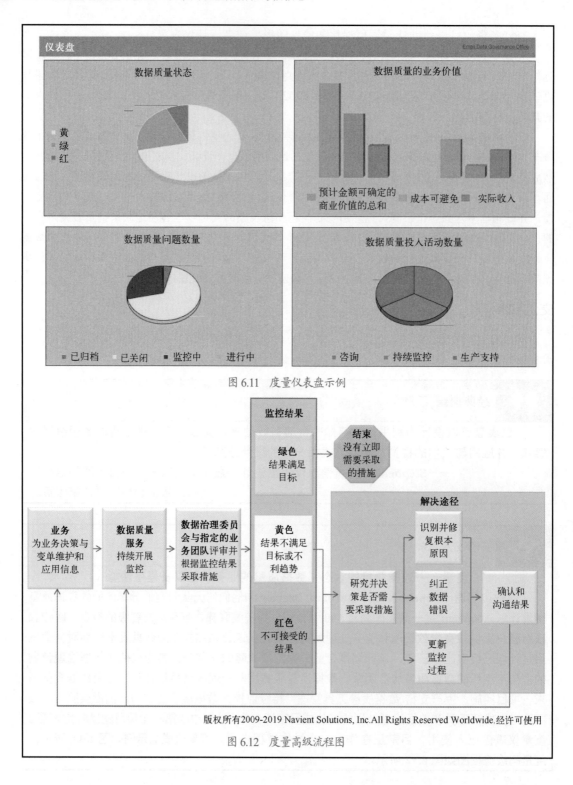

图 6.11 度量仪表盘示例

图 6.12 度量高级流程图

度量解释。基于以下内容制定并报告了三类度量：

- **数据质量状态**。数据质量度量（Navient 称之为业务规则）每周更新一次，并显示在仪表盘的左上象限。在步骤 **3.3**　数据完整性基础原则的过程中，通过使用第三方数据剖析工具生成了数据质量的初始基线。同样的工具也用于度量，利用其附加功能随时间的变化监视、存储并报告结果。用一个单独的工具将仪表盘可视化。

- **数据质量的业务价值**。根据运行数据质量业务规则的最新结果，每月更新业务价值度量。为了制定这些度量，使用了三种业务影响技巧：步骤 **4.3**、步骤 **4.9** 以及步骤 **4.10**。确定了适用于公司的低质量数据导致的成本支出，并将该成本映射到公司运营预算中的行项目。然后研究了与每个业务规则相关的特定成本。业务价值行项目和结果映射到三个类别中的一个，并汇总为三个类别：产生的收入、避免的成本和无形收益。汇总的收入和成本已量化，并显示在右上象限的仪表盘上。无形收益是描述其他价值的陈述，这些价值不容易量化，但需要强调。这些陈述可以在明细层中找到。例如，根据具体的衡量标准，管理数据质量的无形收益有助于降低以下风险：声誉受损、员工士气下降、客户不满、监管或合规风险、竞争力下降。

- **数据质量行动计划绩效**。这些度量显示在仪表盘底部的两个象限中。它们为 DQ（数据质量）服务团队所做的工作带来了可视性，这些工作很重要并增加了价值，但往往被忽视。每月更新两个部分，即数据质量问题的数量（包括已关闭、进行中、监控和存档的数量），以及数据质量工作投入数量（包括 DQ 咨询、持续监控和项目支持的数量）。对于每个度量类别，将从详细报告中总结了仪表盘级别的状态。可以在每个部分中单击并向下搜索，并根据业务规则或业务条线选择信息。一旦投入运行，凭借经验，该公司将继续完善操作流程，以添加新度量并与数据管理员合作。从最初请求度量到投入运行的时间大大缩短。为了确保这些度量得到执行，首席数据管理员和数据治理行动计划总监跟踪参与该过程的人员的活动，激励做这项工作的人员，并在需要时与管理人员跟进，以鼓励更好地参与。

业务收益。十年来，该公司的度量工作为公司其他举措筹措了资金，并帮助 Navient 该公司增加了收入，降低了成本和复杂性。这让该公司对自己的数据充满信心，公司的数据素养得到了提升。多年来，该公司的数据治理行动计划因其体现组织业务价值的能力而赢得了多个行业奖项。

十步法、其他方法论和标准

如果您的组织使用外部的办法、方法论或标准，请熟悉这些方法和十步法。可以在（或者应该在）这些方法中运用十步法中适用的步骤、评估方法、技巧或活动，从而加强数据质量工作。这里我将详述两个方法：六西格玛管理方法和 ISO 8000 数据质量管理方法。

六西格玛管理方法

六西格玛管理方法提到将缺陷减少到接近于 0，这也是用于改善组织业务流程的方法。从 20

世纪 80 年代在摩托罗拉开始应用，六西格玛管理方法已经趋于成熟，并且已经有很多成功的案例。十步法在六西格玛管理方法的基础上做了补充，但是十步法使用了一个不同的起点——信息。十步法旨在通过改进数据和信息来提高机构所关注的任何事情的成功率。十步法将数据、流程、人员/组织、技术和信息生命周期结合在一起，在这种方式下可以发现它们之间的交互并且能够更好地理解上述元素之间的关系。借助于此，我们能够设计和管理一些新的、更好的解决方案。

我曾经请教过一位精通于六西格玛管理方法和十步法的同事来描述如何看待这两种管理方法之间的联系。他给出了两个评论。

1）六西格玛管理方法需要一个重大的组织承诺来贯彻，反之，十步法能够立即被一个个体或者任何规模的团队所运用。当然，任何组织都能从十步法的广泛应用中受益匪浅。但是，就算没有组织级别的支持，个体和团队仍然能够通过自身使用十步法获得价值。

2）任何一个了解十步法的人都会在六西格玛项目的数据和信息方面做得更好。

对于那些熟悉六西格玛管理方法的人来说，十步法可以被理解为使用了 DMAIC，而对六西格玛管理方法来讲，DMAIC 是不可或缺的。DMAIC 是五个步骤的首字母缩略词，这五个步骤从陈述问题开始，一直到实施解决方案：

- 定义。描述问题、需求和项目目标。
- 测量。收集当前流程关键层面的数据，验证和量化问题或机会。
- 分析。分析数据，增强对问题的理解，验证因果关系，找出根本原因。
- 改进。实施解决方案。
- 控制。测量和监控结果，并根据需要采取行动。

图 6.13 所示为数据质量改进周期到 DMAIC 再到十步法流程的大致映射。

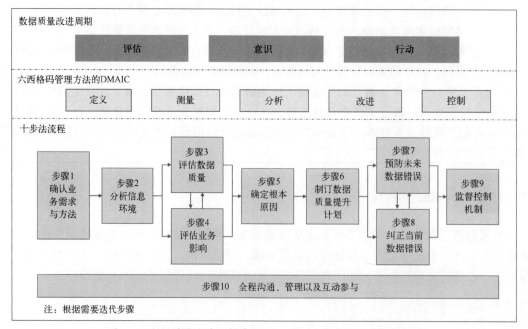

图 6.13　数据质量改进周期到 DMAIC 再到十步法流程的大致映射

十步法实战

运用六西格玛管理方法和十步法流程提高数据质量

图 **6.14** 所示一家使用六西格玛管理方法作为项目标准的企业如何结合使用十步法。它将六西格码管理方法定位为持续改进的质量过程模型，该模型使用定义、测量、分析、提升/改进和控制（**DMAI2C**）进行系统的、科学的和基于事实的持续改进。与十步法一起，它创建了以六西格玛管理方法为基础的数据质量方法论。

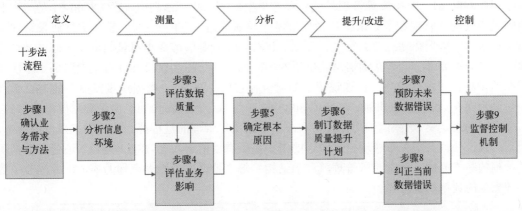

图 6.14　应用于项目中的十步法和六西格玛管理方法的 DMAI2C

一个六西格玛绿带认证项目使用 **DMAI2C** 流程和十步法来改进流程和提高数据质量以支持单位定价。此处未显示的其他用例在适用的情况下使用了十步法流程中的各个步骤。

ISO 8000 数据质量管理方法

截至 2020 年撰写本书时，国际标准化组织（ISO）已制定并发布了 23 000 多项标准。ISO 的目标是召集专家分享知识并制定自愿的、基于共识的、与市场相关的国际标准，以支持创新并为全球挑战提供解决方案。本节的其余部分介绍与数据质量相关的 ISO 标准。感谢 ISO 认可的工业数据专家 Peter Eales 在编写本节时提供的帮助和专业知识。

ISO 9001《质量管理体系》。读者可能熟悉国际标准 ISO 9001《质量管理体系》。很多全球组织坚持要求其供应商通过 ISO 9001 认证。例如，在购买离心泵时，除了要求供应商通过 ISO 9001 认证外，石油和天然气组织还会坚持该泵符合 API 610 标准——石油、石化和天然气行业的离心泵或具有相同标题的 ISO 标准 ISO 13709。这样，买方可以参照标准中的符合性条款，验证所交付的货物是否符合要求的标准和规范。

ISO 8000《数据质量》。ISO 9001 中规定的相同质量管理一般原则也适用于数据质量管理。但是，应用于作为产品的数据时，必须考虑独特的质量管理因素，因为数据是无形的。ISO 8000《数据质量》系列没有建立新的管理体系。相反，它扩展或阐明了 ISO 9001，适用于数据是产品，是数据质量系列标准。ISO 8000 在其数据质量词汇中采用了 ISO 9000 系列的很多（不是全部）词汇。ISO 8000 系列由许多单独的部分组成。它分为与数据质量有关的不同主题领域，主要的两个主题领域是数据质量管理和主数据质量。

ISO 8000-61《数据质量管理：过程参考模型》。在 60 个系列中，ISO 8000-61 是与本书内容最相关的。它规定了数据质量管理所需的详细结构（见图 6.15）。整体数据质量管理类似于第 2 章中数据行动三角的行动计划端。该行动计划是管理数据质量的持续基础，是维持数据质量的重要部分，其详细信息超出了本书的范围。一些单独的 ISO 流程映射到十步法流程中的步骤、技术或活动，详细说明了如何执行它们。例如，"数据质量监控"的 ISO 流程映射到步骤 9 监督控制机制。在 ISO 8000-61 中，每个流程都由用于保证数据质量的目的、结果和活动来定义。这些流程用作评估和改进数据质量管理的过程能力或组织成熟度的参考，因此这也为任何希望在该领域进行改进的组织提供有用的路线图。ISO 8000-61 还包含数据质量管理的基本原则、数据质量管理流程的结构、每个数据质量管理流程的描述，并涵盖了数字数据集的数据质量管理。

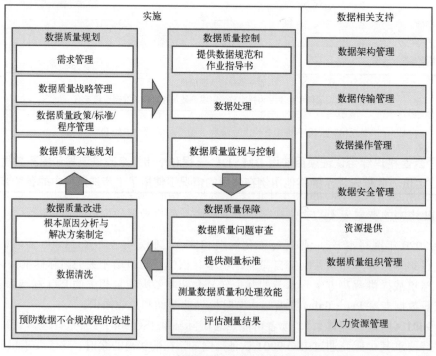

本图经国际标准化组织(ISO)许可使用，发布于IS8000-61，图2

图 6.15 ISO 8000-61 数据质量管理的详细结构

这些数据集不仅包括存储在数据库中的结构化数据，还包括结构化程度较低的数据，例如图像文件、音频和视频记录以及电子文档。有关 ISO 8000-61 过程模型的更多详细信息，请参阅 Tim King 和 Julian Schwarzenbach 的《管理数据质量》（2020 年）。

ISO 8000-150《数据质量管理：角色和职责》。如果组织想要了解角色和职责的基础知识，则可以使用它。它提供了一个附录，其中包括图 6.16 以及对角色和职责的详细解释。如果您的组织正在构建数据质量行动计划，ISO 8000-150 是一个很好的起点。

本图经国际标准化组织(ISO)许可使用，发布于ISO 8000-150，图B-1。

图 6.16 ISO 8000-150《数据质量管理：角色和职责》

ISO 8000-100《主数据—特征数据交换 概述》。主数据质量系列自下而上处理数据质量，即从最小的有意义元素、属性值和测量单位开始。更多细节参见 ISO 800-110《主数据-特征数据的交换：语法、语义编码和符合数据规范》。

ISO 8000《数据架构》。支撑 ISO 8000 的架构包括数据规范、数据字典和标识方案等元素。图 6.17 所示为来自 ISO 8000-1 中的图 1 数据架构的修改版本。它显示了其他 ISO 标准如何指定架构中的特定元素。这些规范指出了构成高质量数据的标准，如数据类型、表现形式（格式）、测量单位、测量限定符（例如，容差）和值层次结构。

与数据字典相关的 ISO 标准。遭受低质量数据困扰的组织的一个常见问题是缺少数据字典。图 6.17 还显示了数据字典是 ISO 8000 数据架构中的关键元素。ISO 29002-《工业自动化系统和集成-交换特征数据》和 ISO 22745《工业自动化系统和集成-开放技术字典及其在主数据中的应用》中定义的数据字典旨在将具有相同语义内容的术语和定义联系起来，并引用每个术语和定义的原始来源。需要注意的是，这些数据字典并非旨在复制现有标准，而是提供用于描述个人、组织、地点、商品和服务的术语的综合集合。数据字典有助于确保在整个组织中使用一致的术语，并且可以通过参考其随附的定义来理解术语。

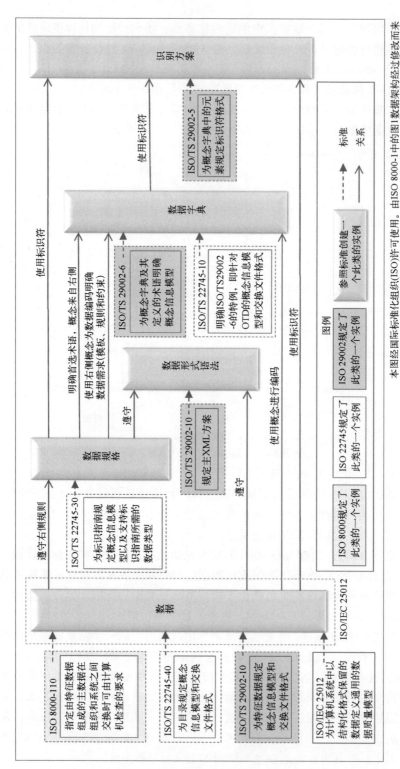

图 6.17 ISO 8000-1 数据架构

本图经国际标准化组织(ISO)许可使用。由ISO 8000-1中的图1数据架构经过修改而来

在数据字典使用标识方案中的标识符的情况下，具有使数据能够以数字格式交换的额外好处，这在确保数据是机器可读的这一点上至关重要，是组织数字化转型之路的关键要求。

与数据质量相关的 ISO 25012 标准。 ISO 25000 系列产品，也称为 SQuaRE（系统和软件质量要求和评估），其目标是创建一个评估软件产品质量的框架。然而，ISO/IEC 25012 为计算机系统内以结构化格式保留的数据定义了通用数据质量模型，并进一步定义了以下固有的数据质量特征或质量维度：准确性、完备性、一致性、可靠性、当前性、可访问性、合规性、保密、效率、精确、可追溯性、可理解性。这些特征或维度可以映射到本书中概述的数据质量维度。

收益。 通过采用 ISO 8000 等标准，组织不必重新发明数据质量管理中包含的内容。采用标准可以分阶段进行管理，以适应组织的成熟度。此外，可以在合同中引用标准。

如果是这样，通过采用 ISO 8000，组织可以为所购买的任何项目或服务的合同添加适当的条款。要求产品或服务附有相应的数据记录可以通过在合同中引用 ISO 8000 的相关部分来实现。这使双方能够验证交付成果是否满足合同，如下例所示：承包商、分包商或供应商应按要求提供本合同所涵盖的任何项目的电子格式技术数据，具体如下。供应商应为其提供的产品或服务提供技术数据。每个项目都应包含可免费解码的、明确的、国际公认的标识符，可由符合 ISO 8000-115[⊖] 的标识符解析为符合 ISO 8000-110[⊖] 的记录。

数据质量管理工具

许多人在开始数据质量工作时提出的第一个问题是"我们应该购买什么工具？"在不知道为什么、如何以及何时使用它的情况下追求任何工具来帮助管理数据质量，将不会为您提供高质量的数据。正确的工具可以使您的工作更轻松，但工具本身并不能为您提供支持业务需要的高质量数据。

您还需要具有技能和知识的人员，他们知道如何使用工具。这就是十步法的用武之地。如果您已经拥有了数据质量工具，但不确定如何有效地使用它们，那么十步法会有所帮助。把十步法想象成工具的"包装"，供应商应提供如何使用工具的培训。使用十步法可确保您将时间花在支持业务需求的数据上，了解造成数据质量问题的信息环境，决定应保留哪些数据，以及如何从更正和预防的角度使用工具来改进数据。只有具备业务需求、流程和数据相关知识的人员与具备实施和使用该技术的人员合作时，才能从工具中获得价值。

您的技术专家是您取得成功至关重要的合作伙伴。要像重视数据一样，重视技术、流程和人员/组织。

即使人工智能和机器学习在表 6.3 中说明的某些功能方面取得了长足的进步，也不能保证数据本身的高质量。在将其结果用于初始数据质量基线或将其投入生产之前，请确保这些工具生成的是所需的内容。与您的技术伙伴合作，了解如何在您的环境中使用该工具，确定

　⊖ ISO 8000-115《主数据-质量标识符的交换：语法、语义和解析要求》。

　⊖ ISO 8000-110《主数据-特征数据的交换：语法、语义编码和符合数据规范》。——作者注

该工具所提供的功能和所需的资源在底层方法上有何不同。

在强调了我对只以工具为中心的观点持谨慎的态度之后，很高兴知道有一些工具可以帮助完成许多数据质量任务，而且它们并不总是被标记为"数据质量工具"。

工具中的功能

 最佳实践

先了解需求，再去找工具。 洛马琳达大学（**Loma Linda University**）助理教授、工商管理硕士迈克尔·斯科菲尔德（**Michael Scofield**）强调，必须首先了解数据质量需求，然后再去找匹配的工具。他列出了工具可以提供帮助的三种通用数据质量需求：
- **理解数据。** 了解并理解数据的含义和行为。
- **修正数据。** 更正或更新数据，例如名称和地址的更新以及专门的查找和替换功能。
- **监控数据。** 在数据流动时或静止时通过应用绘制的测试来检查数据。

表 6.3 和表 6.4 描述了工具中的功能。如果使用得当，任何功能或类型的工具都可以提高数据质量，创建环境并进行系统设计，以实现更高质量的数据，或解决其他一些质量问题。感谢 Anthony J. Algmin 在准备功能和工具信息方面提供的专业知识和帮助。
- 表 6.3 描述了通常被标记为"数据质量"或"数据清洗"的功能。
- 表 6.4 列出了可以影响或支持数据质量的功能，但这些功能通常不被称为"数据质量"功能。

表 6.3　数据质量工具中的典型功能	
数据质量功能	定义和说明
发现数据或发现数据关系	要管理数据质量，您必须首先知道您拥有哪些数据。发现工具可以查看多个数据集，识别可用数据，然后查找或验证隐藏在数据中的关系、转换和业务规则。 使用自动化数据发现工具可以支持数据迁移、数据建模、商业智能以及数据质量和治理工作，并且可以实现源到目标的映射过程自动化
数据剖析	使用分析技术发现数据的存在性、有效性、结构、内容和数据的其他基本特征。也可以称为域分析。其他工具可以可能具有调查或分析功能，该功能通常类似于数据剖析，但不如数据剖析强大。数据剖析工具可以详细描述数据并显示相关元数据。数据剖析用于分析，但剖析工具通常不会更改数据。在大数据世界中，也有针对更大信息集优化的类似工具。 可以使用商业工具（付费和免费开源选项都可用）或通过其他方式（如使用 SQL 编写查询、使用报表编写器创建临时报表或使用统计分析工具）来执行数据剖析。请参阅步骤 3.3　数据完整性基础原则，了解更多关于您应该从数据剖析中学习到的详细信息
清理或清洗	用于表示数据更新的通用术语，如准备或更正数据。使用的技术包括解析、标准化、验证、增强、数据去重和转换。击键模拟是另一种使用较少的方法。在数据科学领域经常使用的术语"数据处理"（Data Wrangling）或"数据转换"（Data Munging），也是指对原始数据进行清洗、转换、充实或结构化，使其更适用于分析工作。数据清洗功能通常用于数据匹配之前，因为字段本身的质量越高，匹配结果就越好。清洗工具可以用在大规模更新的批处理模式中，也可以用在实时在线的应用程序中，这对防止数据首次创建时出现数据质量问题很有用

（续）

数据质量功能	定义和说明
解析	指的是将多值字段拆解为多个部分的能力，例如将字符串或自由格式的文本字段分成它们的组成部分、有意义的模式或属性，并将这些部分移到有明确标签的不同字段中。把数据放在不同的字段中可以更灵活地使用数据。例如：将产品描述的自由格式文本字段分离为高度、重量和其他物理特征；将全名划分为第一个字段、中间字段和最后一个字段；将地址划分为门牌号和街道名称
标准化	通用术语，用于表示为遵守规则和指南（类似格式或核准值）而做的数据更改。标准化通常有助于更好的解析。在许多工具中，标准化和解析都被用来促进更好的匹配、链接和重复数据消除。示例：将旧代码列表与最新参考数据表中核准的有效值进行比较和更新，并更新关联活动事务记录中的代码；将源系统中电话号码的各种格式标准化为目标系统中使用的一种格式；将特定公司名称的变体更新为相同版本
丰富、增强或提高	指在现有数据中添加新信息的术语。例如：在现有的物理位置地址记录中添加 GPS 坐标；添加邓氏编码，以改善匹配和实体解析。公共机构提供了丰富的开放数据集，免费提供了大量的信息。这些外部数据提供了额外的背景，以扩大您的内部数据的有用性。例如：犯罪数据被当地警察部门用来识别高危地区，并确定哪里需要更多的定期巡逻；天气信息被用来指导何时安排工人清扫积雪以保持道路畅通，提升公共安全；交通区使用历史事件信息为未来的事件做准备并避免潜在的交通中断
验证和核实	用来表示检查输入计算机的数据是否正确的一般术语（软件界对这两个词有具体的定义。在数据界里，没有共识，它们有时可以互换使用）。 **验证**。确保进入生产系统的条目符合标准和合理性的一种检查。请注意，验证不会告诉该条目是否正确（即准确性），但可以说明它是否是一个有效值。 示例： ● 将邮寄地址与国家官方邮政服务文件进行比较和更新。这可以在批处理模式下完成，也可以作为应用程序的一部分实时完成，该应用程序将在创建新记录时进行检查。 ● 输入屏幕的数据在允许的范围内。如果不在允许的范围内，则弹出框警告数据输入人员，他们必须在继续记录之前将值更改为有效值。 **核实**。确保输入的数据或复制的数据与原始源完全匹配的过程 示例： ● 双重输入，即输入两次数据，并对两个副本进行比较。 ● 校对数据，由第二个人对照原始源或文件来检查输入的数据。 ● 具有内置数据核实功能的备份软件，确保磁盘的副本与原件完全相同
调节	调节是一个在使过程一致或兼容时经常使用的术语。 示例： ● 在财务方面，银行余额调节表。 ● 在技术方面，调节来自数据源的记录数与加载到目标的记录数。 许多调节确实能确保数据的质量，但它通常不被称为调节。注意组织的标准流程中已经支持数据质量的调节。寻找机会在操作过程中建立额外的调节
转化或转型	通用术语用于表示数据的任何更改。这包括在 ETL（提取-转换-加载）过程中解决驻留在不同数据存储中的相同数据的差异。源到目标映射（STM）提供了将数据从源移动到目标的必要信息以及所需的转换逻辑。 示例： ● 在将数据从源移动到目标时解析或标准化数据。 ● 在集成多个数据源时更改数据以满足业务或技术需求

（续）

数据质量功能	定义和说明
唯一性和数据去重：实体解析/记录匹配/记录链接/记录去重	是与下面能力相关的通用术语：多处提及一个真实世界的对象（人、地点或事物）时，能够确定指向的是同一个对象还是不同对象，可能还包括同一对象在多处表述的记录的合并处理，这是主数据管理的主要目的。 实体解析(ER)："确定对真实世界对象的两个引用是指同一个对象还是指不同的对象的过程。实体一词描述了真实世界对象、人、地点或事物，而解析一词的使用是因为实体解析（ER）从根本上说是一个回答（解决）'这些引用是指同一个还是不同的实体'的问题的决策过程，"（Talburt，2011 年，第 1 页）。 记录匹配：识别具有高度相似性的记录。例如，查找客户、供应商或员工的重复名称和地址记录；查找重复的产品或项目主记录。 记录链接：将同一标识符分配给两个或多个记录的过程，以指示和保留重要的关系，同时将各个记录分开。家庭化（Householding）是一个术语，用于链接与一个特定家庭相关的所有记录。例如，一个拥有新支票账户的年轻人与他的父母（他们可能在银行有许多账户）建立账户链接。 这些术语经常被互换使用，但从技术上讲是有些不同的。实体解析是确定两条记录是否等同的过程（即是否有重复的记录）。而记录匹配是完成实体解析最常用的技术。 有关更多详细信息，请参阅步骤 3.5 唯一性和数据去重。 请注意，这些术语的使用并不总是一致的，请确认工具供应商使用的术语和定义。 深层次信息的良好参考资源：Herzog、Scheuren 和 Winkler，《数据质量和记录链接技术》（2007 年）；Talburt，《实体解析与信息质量》（2011 年）；Talburt 和 Zhou，"大数据实体信息生命周期"（2015 年）
唯一性和数据去重：保留/合并/整合/重复数据消除	指的是解析重复记录过程的同义词。选项： ● 可以选择一条记录作为"主记录"，并将重复记录的额外信息合并到其中。 ● 使用来自同一实体的多个来源或实例的数据，建立新的"同类最佳"记录。 ● 非合并（虚拟合并）系统。 合并过程可以由工具自动执行，也可以人工查看可能重复的列表清单并完成合并。 匹配合并或合并清除常用短语，包括识别潜在的重复记录，以及记录的整合或合并
监督控制机制	持续跟踪数据质量规则和其他控制措施遵守情况，并为潜在的问题提供预警的能力。这是为了主动解决问题，纠正数据，并确定采取的预防措施是否带来了预期的结果
按键模拟器	用于更新数据，通过复制按键自动使用应用程序中的标准界面，就像手动操作一样，类似于电子表格中的宏。如果有太多的记录需要手动更新，但更新不需要数据清理工具的功能，这可能会很有帮助
屏幕抓取	一种将数据从屏幕显示器收集并转换到另一个应用程序的方法

表 6.4 其他数据质量管理工具中的功能

功能	定义
数据治理	数据管理的许多方面通常属于"数据治理"范畴。您必须查看任何标记为"数据治理"的工具的内核，以了解所提供的特定功能。这些工具通常包括元数据管理、数据质量分析和清理、工作流管理和监控
元数据管理	任何可获取和记录元数据并使其可供使用的工具。 元数据功能的类型：元数据存储库（包含元数据的数据存储）、业务词汇表（业务术语和定义）、数据字典（有关数据存储、结构、表、字段、关系、格式、用法、来源的详细信息）、标签或标记（对数据进行分类或归类）

（续）

功能	定义
数据目录	我们总是需要盘点我们的数据资产，就像我们盘点产品才知道我们的物理建筑位于何处一样。数据目录是一种工具，可以帮助我们了解数据资产的位置和更多信息。 根据 Bonnie O'Neil 和 Lowell Fryman 在 *The Data Catalog: Sherlock Holmes Data Sleuthing for Analytics*（2020 年）中的说法，数据目录是"数据资产自动盘点的清单……使用户能够发现和探索所有可用的数据源。"他们将数据目录描述为数据参考，并将其比作书籍的卡片目录或购买数据的在线目录。数据目录通常由机器学习来增强或驱动。 数据目录工具具有数据剖析、提供元数据可见性、捕获信息生命周期（使用血缘一词）、显示相关数据资产等功能，或者可以根据您的搜索推荐其他数据资产。数据目录有不同的风格，包含的功能因供应商和工具而异。 数据目录的起源是因为需要促进针对海量数据的特别分析或其他数据科学活动
数据建模	数据建模是创建表示数据、定义、结构和关系的图表（数据模型）的能力。 数据模型是一种直观地表示组织数据结构的方法。它也是如何在数据库中表示数据的规范。数据模型以图形方式反映了数据的组织方式，就数据质量而言，模型越明确越好
业务规则	提供组织和存储业务规则的功能，以便其他系统可以使用这些规则。 业务规则是描述业务交互并建立操作规则的权威原则或指南。这些互动告知所产生的数据行为，这些行为可以用于检查质量。业务规则也可以说明该规则所适用的业务流程以及该规则对组织的重要性。 各种技术，如业务规则库、规则引擎或业务规则管理系统（BRMS），可用于协调业务逻辑和在组织内管理和部署决策逻辑所需的技术
血缘	了解和可视化数据与元数据随时间和信息生命周期的移动的能力。 数据生命周期、数据资源生命周期、出处、数据供应链和信息价值链是与血缘相关的其他短语
数据映射工具	源到目标映射（STM）说明了数据源的位置和信息、数据将被转移到目标数据存储的位置以及为满足目标系统的要求而必须进行的转换。 源到目标映射（STM）可以在电子表格中手动管理，并由开发人员手动编码转换。一些工具将需求转化为映射规范，可由开发人员用于生成代码或由数据集成工具使用
提取-转换-加载（ETL）	提取-转换-加载过程从源数据存储中提取数据、转换和聚合数据以满足目标系统需求，并加载到目标数据存储中。ETL 既是一个开发过程，也是一个操作过程。一些 ETL 工具包括执行数据剖析的功能。谨慎使用 ETL 工具可以对数据质量产生积极影响
应用程序开发工具	全面的平台或专用开发工具可能包含有助于提高数据质量的开发人员工具包或组件，这些工具包或组件已经是应用程序的一部分或可用于应用程序。 示例： ● 用于轻松验证和标准化解决的开发组件。 ● 用于验证数据移动结果的调试或测试工具，如将源数据插入到目标字段中，而目标字段的长度不足以容纳完整的值
业务流程管理（BPM）和工作流管理	对于业务流程管理（BPM）和工作流管理之间的区别，存在一些混淆或分歧。业务流程管理（BPM）协调整个组织内外的流程，并对这些流程持续改进。 工作流管理可以将流程中的重复步骤自动化，并能够跟踪流程中的多个任务和活动；制定、组织并按路线发送表单；并支持流程中的特定角色。工作流管理通常是业务流程管理（BPM）中的一部分。 这些工具可用于将数据质量任务整合到业务流程中，并跟踪数据质量管理流程，如监控、分配、升级和解决数据质量问题。它们也可能包含有关数据规范的信息或被输入到数据规范中，特别是业务规则

（续）

功能	定义
特定领域的应用程序，如客户关系管理（CRM）和企业资源规划（ERP）	寻找内置在专注于特定数据主题领域的应用程序中的功能，这些功能可以提高数据质量或防止数据质量问题的出现
搜索和导航	轻松、可靠、快速和全面地找到所需信息的能力。搜索是指使用术语本身找到需要的东西，如谷歌搜索。导航是在逻辑结构中移动以查找内容，比如说打开网站时
光学字符识别（OCR）	光学字符识别（OCR）是将文本或硬拷贝文件的图像转换为数字化数据的过程。OCR被广泛使用，然而它又是一个特别容易出现数据错误的数据收集过程，所以作为一种数据创建方法，它必须得到妥善管理，以确保高质量的数据
语音识别	语音识别是将音频转换为数字化数据的过程。与OCR一样，语音识别也得到了越来越多的使用，但它仍然是一个容易出现错误数据的数据收集过程
协作工具	协作工具帮助个人和团队更有效地一起工作。例如，在线日历、视频会议、即时通信和共享白板。 确保高质量的数据是组织内不同级别、通常在不同地理位置且拥有业务、数据和技术方面技能和知识的人员之间的协作。因此，任何能够帮助人们更好地协作的工具都可以支持数据质量工作
分析、商业智能和数据可视化	有许多具有这种可以用于决策（包括事后报告和实时操作功能）的工具。 这些工具可以在十步法中提供帮助： ● 这些工具的输出往往会无意中发现数据质量问题。 ● 用于代替对真实数据剖析工具的访问。 ● 支持对数据质量的分析和业务影响评估。 ● 显示改进的结果（包括纠正和预防）。 ● 跟踪并显示监测数据和实施控制的结果

如何使用这些表格

以下列方式使用表6.3和表6.4：

● 熟悉表格中的功能、定义和示例。
● 在组织内寻找具有所述功能的工具，无论这些工具是否被标记为数据质量工具。记下工具和供应商名称、使用的版本、联系人以获取更多信息，并了解如何使用这些功能和工具来支持数据质量工作。
● 使用无论是在会议中、在供应商展会上，还是在在线搜索工具中得到的信息来理解供应商告诉您的内容。任何工具的具体功能和结果都会因所使用的特定工具而有所不同。不要害怕问问题！在某些情况下，在付费使用工具之前，可以先试用开源工具。
● 当发现同义词、定义、新功能和适用于您需求的具体工具时，可以添加这些工具。
● 机器学习和人工智能增强了许多新的和传统的工具。您仍然需要了解它们所提供的功能。

工具和十步法

前面已经说过，十步法是独立于工具的，它将帮助您更好地使用您所拥有的工具。如果您确实需要购买工具，记得在选择过程中考虑项目活动、时间表和预算。选择的过程首先是制定一套明确的标准，以满足您的业务、技术和数据需求。然后找出具有与您的选择标准相一致的功能的工具。了解该工具将在何处使用、谁将使用它以及使用该工具的人所需的知识和经验。通过调研、会谈、演示和可能的概念验证，对功能、工具和供应商进行比较。做出最终选择，谈判、购买、安装工具并获得培训。在十步法的构建过程中，根据需要应用工具。

> ### 经典语录
>
> "如此多的精力被浪费在未被充分利用的工具上。元数据存储库、数据目录、数据字典、数据血缘——这些都是我们需要考虑的重要功能。但是，让某人挥舞一把平凡的锤子，仍然要比放在桌子上没人拿的最伟大的雷神之锤的成就更大。
>
> 首先应把精力集中在激励员工上，其次才是优化工具。这有助于我们在资源投资方面实现更高的效率，这样，在我们用更强大的工具将活动影响放大之前，我们能够在一个更小的、更安全的环境中学习和校准我们的活动，从而限制错误的影响范围。"
>
> ——Anthony J. Algmin,《数据领导力：停止讨论数据，开始产生影响》（2019 年），第 75 页

小结

本章概述了在整个十步法流程中可在多个地方应用的技巧，并在此处详细介绍了这些技巧，有助于避免第 4 章中不必要的重复。返回到本章开头的表 6.1，以回忆在十步法中使用这些信息的地方。

本章中的技术包括可视化信息生命周期、开展调研、制订数据获取和评估计划以及实施度量的各种方法。跟踪问题和行动项的技术有助于项目管理，另一种技术展示了如何将十步法与六西格玛和 ISO 标准结合使用。每一个步骤、评估和活动都应该利用技巧——分析、综合、建议、记录并根据结果采取行动。

虽然十步法并不针对任何特定的数据质量工具，但在正确的时间和地点应用正确的工具将有助于您的数据质量工作。如果您手头已经有了工具，十步法流程可以用来帮助更有效地使用它们。如果您正在考虑哪些工具适用于您的项目，请使用数据质量管理工具中标注和描述典型工具功能的两个表格（并未指明具体的工具名称或供应商）。

您越多地参考模板和示例来使用这些技巧，就越能更好地调整和应用它们，以满足您的需求和环境。

第 7 章

写在最后的话

伴随着您在数据质量之旅中获得的经验,许多基础性工作和技术细节将会变得常态化。余下的是发现和学习的过程——发展和相关人员的关系,将新想法带入您自己的工作和组织中。

对于有动力去倾听和学习的人来说,这可能是一次非常有益的经历。

——Michael Spendolini,标杆管理书(1994 年)

从您所在的地方开始,使用您所拥有的,做您能做的。

——Arthur Ashe

恭喜您已经学习到这里!无论您已经完成了您的第一个或第十个项目,还是已经读完这本书并决定从现在开始——我希望您认为这本书很有价值。

我对十步法充满热情。此处介绍的实用概念、流程和技巧可以应用于支持任何组织的任何部分的任何数据或信息。无论语言、文化或所处地域如何,它们都有较强的适用性。我和我的客户一起践行过这些方法,并且从那些使用过本书第 1 版或参加过我培训的人那里吸取了相关反馈。

无论您在组织中的角色或位置如何,十步法都将起作用。无论您是初学者还是数据治理资深人员,本书介绍的方法都可以帮到您。很多人都致力于数据质量工作,十步法中的某些东西可以帮助他们更好地管理数据质量。无论您的起点是哪里,您都可以通过应用十步法为您的组织带来价值。

世界不会停下发展的脚步。每天都会有新概念和新技术出现。内部重组、合并、收购和资产剥离将改变角色和责任。超出您控制范围的创新或事件可能会使世界天翻地覆。所有这些都会影响业务需求(客户、产品、服务、战略、目标、问题和机会)。好消息是,十步法中概述的基本原理将指导您应对这些变化。无论在何种情况下,请您首先确定业务需求并确定其优先级。了解围绕这些需求的信息环境——相关的数据、流程、人员和组织以及技术。了解整个信息生命周期中发生的事情。选择那些能够推动您获得有效解决方案的步骤,这些解决方案将对您组织的成功产生影响。当您磨炼您的人际交往能力并提高您的数据技能时,您将获得最大的成功。数据治理要求您与他人接触、提供帮助、并利用他们的专业知识。由于影响数据质量的工序如此之多,您不可能自己全部完成。一位朋友曾这样感慨:"我曾经说过,我们不可能知道所有事。现在我说，这有这么多事需要了解，你甚至无法了解重要事情的重要方面。"

让我分享最后几条建议——这些都是关键成功因素。

- **承诺**。不要放弃。
- **沟通**。为它准备时间。
- **协作、协调、合作**。说了很多次。
- **改变**。学习如何应对自己的变化。改变会带来不适，所以要适应不舒服。帮助他人应对强调数据质量所带来的变化。
- **勇气**。在数据质量领域，我们并不经常谈论勇气，但做一些新的事情、提出不同的建议并落地践行确实需要勇气。走出您的舒适区，延伸自己，创新是需要勇气的。这需要数据质量团队和管理层的勇气，他们必须捍卫和实施变革，直到成功的结果可以证明一切。

尽管任何数据质量工作的真正可持续性都需要管理层的支持，但如果您现在没有得到 CEO 的注意，请不要气馁。拥有 CEO 的支持会很好，但不要因此停下脚步。我建议您在实践时注意以下事项：

- 您不必在得到 CEO 的支持后才能开始，但是您确实要在得到适当级别的管理层支持才能开始，同时继续从尽可能高的职级上获得额外的支持，目标是获得高层管理人员和董事会的支持。
- 您不必知道所有的数据质量问题解决答案，但是您确实需要做功课并愿意提出问题。
- 您不需要一次完成所有事情，但是您需要制订行动计划并开始行动！

不断前进，以您的经验为基础，继续学习。用优质数据和可信信息改变世界！

附录

快速检索

信息质量框架

通过仔细考虑以下 7 个部分，可以很容易地理解信息质量框架，如图 A.1 所示。

信息质量框架 (FIQ)

关键因素 \ 信息生命周期	② 计划	获取	存储与共享	维护	应用	处置(退役)
① 客户、产品、服务、战略、目标、问题、机会						
③ 数据(是什么)						
流程(怎么做)		④				
人员/组织(谁)						
技术(如何)						

⑤ 位置(地点)和时间(何时、频率和多久)

⑥ 广义影响因素	需求和约束	业务、技术、法规、合同、规划、内部政策、私密性、安全性、符合性及规章
	职责	责任、职权、管治、统管、所有权、动机和收益
	改进和预防	根本原因、持续提高、监测、度量、目标
	结构、语境与含义	定义、背景、关系、标准、规则、体系架构、模型、元数据、参考、数据、语义、分类系统、本体和层次结构
	沟通	认知、影响范围、教育、培训和文档资料
	变革	变革管理及相关影响，组织变更管理和变更控制
	伦理	个人和社会公益、正义、权利和自由、诚实、行为标准、避免伤害

⑦ 文化与环境

v12-20

图 A.1　信息质量框架（带编号）

1. 业务需求（为什么）——客户、产品、服务、战略、目标、问题、机会

这是一个综合性词语，用来表明为什么我们关注数据质量——为了支持任何对组织重要的事物以及由客户、产品、服务、战略、目标、问题和机会驱动的事物。

2. 信息生命周期（POSMAD）

信息应在其整个生命周期内得到妥善管理，以便充分利用并从中受益。使用首字母缩写词 POSMAD 来标记信息生命周期中的六个阶段。也可称为血缘、数据生命周期、信息价值链、信息供应链、信息链或信息资源生命周期。

计划（Plan）——为信息资源做准备。确定目标、规划信息架构、制定标准和定义。建模、设计和开发应用程序、数据库、流程、组织等的许多活动可以被视为信息计划阶段的一部分。

获取（Obtain）——获取数据和信息。例如，创建记录（在内部通过应用程序或在外部通过网站获取输入客户信息）、购买数据或加载外部文件。

存储与共享（Store and Share）——保存信息并通过分发方法使其可供使用。数据可以以电子方式存储（例如在数据库或文件中）或打印成纸质文件（例如保存在文件柜中的纸质申请表）。数据通过网络、企业服务总线和电子邮件等方式共享。

维护（Maintain）——确保信息持续正常工作。更新、更改、转换、操作、解析、标准化、分类、管理、争论、整理、验证、排序、分类、清理数据；增强、丰富或扩充数据；匹配或链接记录；去重、合并记录等。

应用（Apply）——检索并使用信息来支持业务需求。例如完成交易、编写报告、根据报告做出决策以及运行自动化流程。

处置（退役）（Dispose）——归档或删除数据、记录、文件或其他信息集。

3．关键因素

影响信息整个生命周期的四个关键因素。

数据（是什么）——已知的事实或感兴趣的项目。值得注意的是，这里的"数据"不同于"信息"。

流程（怎么做）——涉及数据或信息（业务流程、数据管理流程、公司外部流程等）的功能、活动、行动、程序或任务。

人员/组织（谁）——影响或使用数据以及参与流程的组织、团队、角色、职责和个人。

技术（如何）——存储、共享或操作数据、参与流程或供个人和组织使用的表单、应用程序、数据库、文件、程序、代码和媒体。技术包括数据库等高科技技术和纸质副本等传统方式。

4．交互矩阵

交互矩阵显示信息生命周期阶段与数据、流程、人员和组织以及技术的关键因素之间的关系、连接或交互。

5．位置（地点）和时间（何时、频率与时长）

始终考虑事件、活动和任务发生的地点和时间、信息何时可用以及需要多长时间。

请注意，信息质量框架（见图 A.1）的上半部分回答了关于谁、什么、如何、为什么、在哪里、何时和多长时间的疑问。

6．广义影响因素

影响信息质量的其他因素。这些因素的首字母缩写词为 RRISCCE（发音为"risky，风险的"）。这可以提醒人们，忽略具有广义影响的因素是有风险的。通过确保因素得到解决，将降低低质量数据的风险。如果不解决这些问题，数据质量风险就会增加。

需求和约束——需求是必须满足的义务。数据和信息必须提供组织履行这些义务的能力。约束是限制或制约因素，即不能或不应该做的事情。

职责——职责是指组织内人员应该为确保高质量数据承担责任。

改进和预防——持续改进提醒人们，拥有高质量信息不是通过一次性项目或单一数据清理活动来完成的。它包括识别和预防数据质量问题的根本原因。

结构、语境与含义——关于数据的结构、背景和含义的信息是制作、构建、生产、评估、使用和管理数据和信息所必需的。

沟通——沟通是一个广义的术语，包括任何与人互动并解决数据质量工作中人为因素的活动。沟通对于数据质量工作来说与了解如何进行数据质量评估一样重要。

变革——包括管理变革及其影响的两项内容如下。

1）变更控制，与技术相关，涵盖诸如版本控制和处理数据存储变更等内容，如添加数据字段，以及由此产生的对下游分析或报告的影响。

2）组织变革管理（OCM），其中包括管理组织内的转型，以确保文化、动机、奖励和行为保持一致并鼓励预期的结果。

伦理——伦理考虑我们使用个人、组织和社会数据时所做出选择的影响。鉴于十步法中数据质量的整体方法，伦理包含那些以任何方式接触或使用数据的人所应有的行为。

7．文化与环境

文化是指组织的态度、价值观、习俗、实践和社会行为。它包括书面的（官方政策、手册等）和不成文的"做事方式""如何做事""如何做出决定"等。**环境**是指围绕组织中人员并影响他们工作和行为方式的条件。文化与环境还可以指社会、国家、语言和其他外部因素的更广泛方面，比如政策，这些因素会影响组织并可能影响数据和信息的质量以及它们的管理方式。

POSMAD 交互矩阵细节

POSMAD 交互矩阵是信息质量框架的一部分。如图 A.2 所示的矩阵每个单元格中包含了问题示例，这些问题的答案将有助于人们理解信息生命周期阶段与数据、流程、人员和组织以及技术的关键因素之间的关系、联系或交互。

交互矩阵的细节及来自信息质量框架（FIQ）的问题示范

关键因素 ＼ 信息生命周期	计划	获取	存储与共享	维护	应用	处置（退役）
数据（是什么）	业务的需要与项目目标是什么？哪些数据可以支持业务活动？哪些数据元素的业务规则是什么？数据标准是什么？	需要获取哪些（内部和外部）数据？哪些数据输入系统——单个数据元素还是新记录？	存储哪些数据？共享哪些数据？为了快速恢复，哪些要保存的重要数据？	系统中哪些数据需要更新和变更？在迁移、集成或共享之前，哪些数据需要转换？哪些数据是经过计算的？	为了支持交易、度量、符合性、需求、决策、自动化流程和其他目标需要什么信息？什么信息对业务是可用的？	哪些数据需要归档？哪些数据需要删除？
流程（怎么做）	什么是高阶流程？是否有详细的计划和任务？培训和沟通策略是什么？	如何从数据源中获取数据（内部的和外部的）？如何将数据输入系统创建新记录的触发因素是什么？	存储数据流程是怎样的？共享数据流程是怎样的？	数据如何更新？为了检测变更，如何监测数据？如何维护标准？如何进行数据变更管理和影响评估？维护的触发因素是什么？	如何使用数据？如何访问和保护信息？如何使用信息对使用的人是可用的？使用信息的触发因素是什么？	如何归档数据？如何删除数据？如何管理归档流程？归档的触发因素是什么？删除的触发因素是什么？
人员/组织（谁）	谁制定企业目标，并为目标设定优先级？谁制定流程、业务规则和标准？谁创建项目计划？谁管理该阶段所涉及的人员？	谁从数据源中获取信息？谁在系统中录入新数据并创建记录？谁管理获取数据阶段所涉及的人？	谁开发存储技术？谁开发共享技术？谁管理该阶段所涉及的人？	谁决定应该更新的数据？谁在系统中做实际变更？谁负责质量？谁需要了解变更？谁管理该阶段所涉及的人员？	谁直接访问数据？谁使用数据？谁管理该阶段所涉及的人员？	准制定保留数据的策略？谁归档数据？谁删除数据？需要向谁通告归档和删除？谁管理该阶段所涉及的人员？
技术（如何）	支持企业的顶层架构和技术是什么？可以支持业务需求、流程和人员的技术是什么？	如何运用技术手段在系统中加载新记录或创建新数据？	存储数据的技术是什么？共享数据的技术是什么？	如何在系统中维护和更新数据？	什么技术手段允许访问数据？业务规则如何应用到应用架构中？	使用什么技术手段从系统中删除数据或登记？使用什么技术手段归档数据？这些技术手段是怎样运用的？

图 A.2 POSMAD 交互矩阵详细信息（附假设问题）

数据质量维度

十步法流程中涉及的数据质量维度见表 A.1。

表 A.1　十步法流程中涉及的数据质量维度

数据质量维度。数据质量维度是数据的特征。数据质量维度提供了一种对信息和数据质量需求分类的方法。维度用于定义、衡量、改进和管理数据和信息的质量。使用以下维度评估数据质量的说明包含在步骤 3　评估数据质量的十步法流程中（参见图 A.3）

子步骤	数据质量维度名称和定义
3.1	**对相关性与信任度的认知。** 使用信息的人或创建、维护和处置数据的人的主观意见： 1）相关性——哪些数据对他们最有价值和最重要。 2）信任度——对数据质量的信心，数据能够满足他们的需求
3.2	**数据规范。** 数据规范包括为数据提供上下文、结构和含义的任何信息和文档。数据规范提供制作、构建、生产、评估、使用和管理数据所需的信息。内容包括元数据、数据标准、参考数据、数据模型和业务规则等。如果没有对数据规范中的存在方式、完备性以及质量进行定义，我们将很难产生高质量数据，也很难衡量、理解和管理这些数据内容的质量
3.3	**数据完整性基础原则。** 指数据的填充率、有效性、结构、内容等基本特征
3.4	**准确性。** 与确定且可访问的权威数据源相比，数据内容的正确性
3.5	**唯一性和数据去重。** 对存在于系统、数据存储内部或之间的特定字段、记录及数据集，必须唯一，不可重复
3.6	**一致性和同步性。** 指各种数据存储、应用程序和系统中存储或使用的数据的一致程度
3.7	**及时性。** 数据和信息在预期的时间范围内的及时程度和可用程度
3.8	**可访问性。** 控制授权用户如何查看、修改、使用或以其他方式处理数据和信息的能力
3.9	**安全性和隐私性。** 安全性指保护数据和信息资产免遭未经授权的访问、使用、披露、中断、修改或破坏的能力。隐私性指任何一个自然人都有权控制关于其个人信息的数据使用与收集行为。对于一个组织而言，这是一种遵守人们希望如何收集、共享和使用其数据的能力
3.10	**展示质量。** 格式和外观支持信息的应用程度和有效信息的表达程度
3.11	**数据覆盖度。** 相对于数据总体或全体相关对象的数据的可用性和全面性
3.12	**数据衰变度。** 数据价值的负变化率
3.13	**可用性和效用性。** 数据按计划产生预期的业务交易、结果或用途
3.14	**其他相关数据质量维度。** 被认为对组织定义、衡量、改进、监控和管理很重要的其他数据、信息的特征

业务影响技巧

十步法流程中使用的业务影响技巧见表 A.2。

表 A.2　十步法流程中使用的业务影响技巧

业务影响技巧。确定数据质量对组织影响程度的定性和定量的方法。这些影响可能是高质量数据的良好影响或低质量数据的不利影响。使用以下技术评估业务影响的说明包含在步骤 4　评估业务影响的十步法流程中（参见图 A.3）

子步骤	业务影响技巧名称和定义
4.1	**轶事范例。** 收集低质量数据的负面影响和高质量数据的积极影响的例子
4.2	**连点成线。** 说明业务需求与支持业务数据之间的联系
4.3	**用途。** 盘点数据的当前和未来的用途

（续）

子步骤	业务影响技巧名称和定义
4.4	**业务影响的 5 个"为什么"。** 通过问 5 次"为什么"，理清数据质量对业务的影响
4.5	**流程影响。** 说明数据质量对业务流程的影响
4.6	**风险分析。** 识别低质量数据可能产生的不利影响，评估它们发生的可能性、严重程度，并确定降低风险的方法
4.7	**对相关性与信任度的认知。** 使用信息的人或创建、维护和处置数据的人的主观意见： 1）相关性——哪些数据对他们最有价值和最重要。 2）信任——对数据质量的信心，数据能够满足他们的需求
4.8	**收益与成本矩阵。** 评估和分析问题、建议或改进的效益和成本之间的关系
4.9	**排名和优先级排序。** 将缺失和不正确的数据对具体业务流程的影响划分等级
4.10	**低质量数据成本。** 量化低质量数据对成本和收益的影响
4.11	**成本效益分析和投资回报率（ROI）。** 通过深入评估将投资数据质量的预期成本与潜在收益进行比较，其中可能包括计算投资回报率（ROI）
4.12	**其他相关业务影响技巧：** 确定数据质量对业务影响的其他定性和定量方法

十步法流程

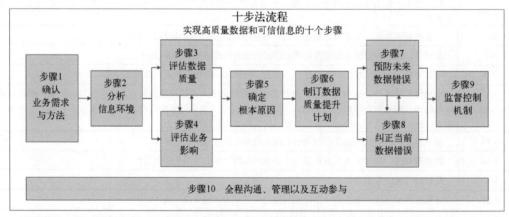

图 A.3 十步法流程

1．确认业务需求与方法

确定项目范围内的业务需求（与客户、产品、服务、战略、目标、问题或时机相关）和数据质量问题，以指导整个项目期间的所有工作。

2．分析信息环境

了解围绕业务需求和数据质量问题的环境：以适当的详细程度分析相关需求和约束、数据和数据规范、流程、人员和组织、技术和信息生命周期，并为其余步骤提供输入，例如，确保仅对相关数据进行质量评估，作为分析结果的基础、识别根本原因、贯彻实施预防未来数据错误、纠正当前数据错误和监督数据质量控制所需的措施。

3．评估数据质量

选择适用于项目范围内业务需求和数据质量问题的数据质量维度。评估所选维度的数据质量，将个人评估分析与其他结果进行综合。提出初步建议，记录并在需要时采取行动。用数据质量评估结果指导剩余步骤努力的重点。

4. 评估业务影响

使用各种定性和定量技术评估低质量数据对业务的影响。这有助于在可用的时间和资源范围内选择最佳技术以建立改进业务案例、获取信息质量支持。

5. 确定根本原因

确定数据质量问题的真正原因，为这些问题确定优先级，并制定解决这些问题的具体建议。

6. 制订数据质量提升计划

根据最终确定的建议制订提升计划，以防止未来的数据错误、纠正当前的数据错误，并监督控制机制。

7. 预防未来数据错误

实施解决方案的提升计划，以解决数据质量问题的根本原因，并防止数据错误再次发生。解决方案可能包括从简单重复到经验推广至其他项目。

8. 纠正当前数据错误

实施对数据进行适当更正的提升计划。确保下游系统能够处理这些变化。验证并记录更改。确保数据更正不会引入新错误。

9. 监督控制机制

监控并验证已实施的改进。通过标准化、记录和持续监控成功的改进来保持改进的结果。

10. 全程沟通、管理以及互动参与

沟通结果和项目进展状况，保证总体项目的持续推动。沟通非常重要，可成为每一个步骤的一部分。

步骤 1～4 实施流程

图 A.4、图 A.5、图 A.6 和图 A.7 所示为十步法（见图 A.3）步骤 1～4 的流程图。

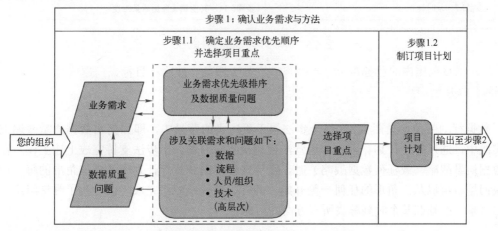

图 A.4　步骤 1　确认业务需求与方法流程

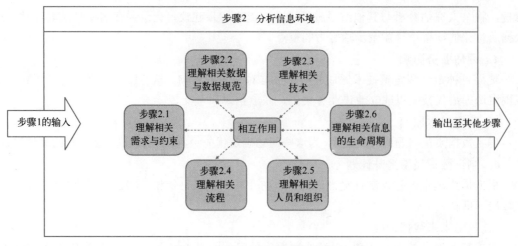

图 A.5 步骤 2 分析信息环境流程

图 A.6 步骤 3 评估数据质量流程

数据行动三角

数据行动三角（见图 A.8）将十步法置于更广义的背景中，即如何将数据质量普遍应用于实践中，通过行动计划、项目和运营流程解决实际问题。十步法支持完成上述工作。在制定数据质量战略（或任何数据战略）时，需要在路线图和执行计划中考虑三角形的每一边。解决问题时可以从三角形的任何一侧开始，并行、迭代或顺序完成。但是为了维持组织中的数据质量，必须在某个时刻解决所有方面的问题。

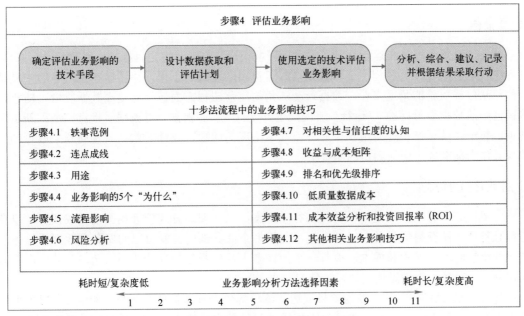

图 A.7　步骤 4　评估业务影响流程

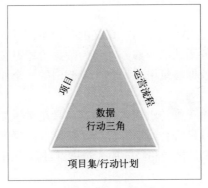

图 A.8　数据行动三角

项目

项目是解决业务需求的一次性工作。项目的持续时间取决于预期结果的复杂性。项目交付物包括实施的结果，这些结果随后转变为持续的生产或运营流程。一个项目可以是一个人、一个团队通过结构化工作解决问题，也可以包括多个团队之间的协作。在信息技术（IT）世界中，项目可能是应用程序开发团队在软件开发项目中所做工作的代名词。

本书涵盖了数据行动三角的项目方面。项目被用作解决数据质量工作的手段。这个词本身被广泛使用，包括三种一般类型的项目：聚焦数据质量改进的项目；其他项目中的数据质量活动，如应用程序开发、数据迁移或任何类型的集成；专门使用十步法中的数据质量步骤、活动或技术。

运营流程

通常，**运营流程**是在运营环境（与项目环境相反）中针对特定目标的一系列活动。在 IT 世界中，运营流程在某种程度上可能是 IT 运营团队完成的工作，该团队在生产环境中支持软件。从数据质量的角度来看，数据行动三角的运营流程方面包括将提高数据质量、防止日常运营中的数据质量问题、"运行"流程或生产支持工作。例如，将数据质量意识纳入新员工培训，将十步法思维快速应用于供应链流程中出现的问题，或针对数据质量问题采取行动，并将其作为标准内容增加到角色职责中。

项目集/行动计划

一般而言，**行动计划**是一项持续的行动方案，以协调的方式管理相关活动或项目，以获得单独管理无法获得的收益。行动计划避免了多个业务部门开发自己的服务和数据质量方法造成的重复时间、精力和成本。拥有一个为许多人提供服务的行动计划，允许业务部门花时间调整这些服务，以满足他们自己的特定需求。

数据质量（DQ）行动计划为项目或运营流程提供专业数据质量服务，如培训、管理数据质量工具、使用专家知识和技能解决数据质量问题的内部咨询、进行数据质量健康检查、提高数据质量认识并获得对工作的支持，采用十步法作为标准方法或使用它来开发自己的数据质量改进方法等。

数据质量行动计划可能是对您的公司有意义的任何组织结构的一部分。例如，数据质量行动计划可能是数据质量服务团队的一部分、作为数据治理办公室一部分的单独计划、作为数据管理功能一部分的卓越数据质量中心、公司级范围的一个业务功能或企业数据管理团队的一个分支。

拥有数据质量行动计划对于维持组织内的数据质量至关重要。数据质量工作可以通过实施数据质量项目开始，但项目最终会结束。行动计划可以确保项目中应用的数据质量流程、方法和工具以及具备相关知识、技能和经验的人员能继续用于新项目和运营流程。

关系

行动计划是持续进行的，会向项目和运营流程提供服务。项目会制定和实施运营流程，在项目投入生产后执行运营流程，项目结束后，运营流程继续进行。在业务如常进行（执行运营流程）的过程中，业务需求不断演化，并且出现问题或新需求。可能会启动一个新项目来解决这些问题，这会将工作移回数据行动三角的项目一侧。

关于开发运营 DevOps 和数据运营 DataOps 的注意事项

图 A.9 显示了应用于开发运营 DevOps 和数据运营 DataOps 的数据行动三角，三角形的每一条边都列出了主要活动。活动名称不一样，但基本思想是相同的。然而，开发运营 DevOps 和数据运营 DataOps 更多的是迭代关系而不是顺序关系。

图 A.9　DevOps 与 DataOps 的数据行动三角

词汇表

我喜欢富含意义的有力量的好词。

——路易莎·梅·奥尔科特（Louisa May Alcott），《小妇人》

当我们除了单词之外别无他物时，要展示出单词的各种含义和缺陷是如此困难。

——约翰·洛克

5G，电信行业中蜂窝网络的第五代技术标准，通过更高的带宽速度和更低的延迟来提高下载速度。

可访问性（Access），数据质量维度之一，指对授权用户查看、修改、使用或处理数据和信息的方式进行控制的能力。

准确性（Accuracy），数据质量维度之一，即数据内容与权威参考源相比的正确性，该权威参考源经协商一致且可访问。

行动（Action），数据质量改进循环中的第三个高阶步骤。在该语境中指由评估及认知引发的行动，如预防数据质量问题、纠正当前数据错误、实施控制机制以及定期评估验证。

汇总数据（Aggregate Data），从多个记录或来源收集并整理为汇总的信息。通常被视为一类数据类别。

轶事范例（Anecdotes），是一种业务影响技巧。范例展示了低质量数据的负面影响以及高质量数据的积极影响。

APPI，源自日本，《个人信息保护法案》（2003 年第 57 号法案）。

应用（Apply），信息生命周期 POSMAD 的阶段之一。获取并使用信息来支持业务需求，做出明智的决策并采取有效行动（无论是通过人还是机器）。应用包括所有用途，如完成事务、编写报告、基于报告做出决策以及运行自动化流程。

架构（Architecture），通常指一个结构或一个系统的组件，这些组件如何组织以及彼此之间的关系。企业架构包括以下领域："①业务架构，它建立对数据架构、应用架构和技术架构的需求；②数据架构，它管理被业务架构创建和需要的数据；③应用架构，它根据业务需求运行于特定的数据之上；④技术架构，它承载并执行应用架构。（DAMA 国际，2017 年）。

人工智能（Artificial Intelligence，AI），"一个计算机系统的集合名词，该系统可以感知其环境、思考、学习并采取行动以响应它们所感知的内容及其目标。"（普华永道，2020 年）。

评估（Assessment），将环境和数据的实际情况与需求及期望进行比较；数据质量改进循环的第一个高阶步骤。

审计轨迹元数据（Audit Trail Metadata），一种特定类型的元数据，通常存储在日志文件中并不可修改。审计轨迹元数据用于安全性、合规性或取证目的。审计轨迹元数据通常存储在日志文件或类似类型的记录中，而技术元数据和业务元数据通常与它们所描述的数据分开存储。

认知（Awareness），对数据与信息的真实状态、业务影响和根本原因的理解。数据质量改进循环的第二个高阶步骤。

收益与成本矩阵（Benefit vs. Cost Matrix），一种业务影响技巧。针对问题、建议或改进的收益成本关系进行评分与分析。

大数据（Big Data），大量的数据。通常用多个"V"来描述，最常见的三个是容量（Volume），速度（Velocity）和多样性（Variety）。其他 V 包括可变性（Variability）、真实性（Veracity）、脆弱性（Vulnerability）、波动性（Volatility）、可视化（Visualization）和价值（Value）。

广义影响因素（Broad Impact Components），信息质量框架中的一节。影响信息质量的补充因素。构成这些因素的类别首字母形成了缩略词 RRISCCE。

业务影响技巧（Business Impact Technique），一种定性或定量的方法，用于确定数据质量对组织的影响。这些影响可以是高质量数据的良好影响或低质量数据的不利影响。

业务元数据（Business Metadata），描述数据及其用途的非技术方面的元数据。

业务需求（Business Need），业务需求被下述因素驱动，包括客户、产品、服务、战略、目标、问题和机会。换言之，业务需求包括进行下述活动的所有必备之物：为客户提供产品和服务，与供应商、员工和业务合作伙伴进行合作，以及为了完成上述活动必须处理的战略、目标、问题和机会。也是信息质量框架中的一部分。

业务规则（Business Rule），权威性原则或指导方针，用于描述业务交互并建立行动规则。它还可以陈述应用了该规则的业务流程以及该规则对组织重要的原因。在业务条款中，**业务操作**是指当遵循了某业务规则时应采取的行动。导致产生数据的行为可以被表述为需求或数据质量规则，并检查其合规性。**数据质量规则规范**在物理数据存储层面阐述了如何检查数据质量，数据质量是遵守（或不遵守）业务规则和业务活动的结果。

目录元数据（Catalog Metadata），用于分类和筹划数据集的元数据。

因果关系图/鱼骨图（Cause-and-Effect/Fishbone Diagram），一种根本原因分析技术。识别、探索和梳理数据质量问题或错误的原因，根据重要程度或细节层次将原因之间的关系以图形方式展现。它是一种标准的质量技术，通常在制造业中用于发现事件、问题、条件或结果的根本原因，当应用于数据和信息质量时，也十分有效。

CCPA，源自美国加利福尼亚州，《加利福尼亚州消费者隐私法案》。

变革（Change），信息质量框架中的一个 RRISCCE 广义影响因素之一，包括变革管理及相关影响、组织变革管理和变革控制。如果各种变更都没有得到管理，则不能实施和维持改善活动的风险就会大大增加。通常对变革及其影响的管理包括两个方面：①变更控制，与技术相关，涵盖版本控制和处理数据存储相关的变更内容，如添加数据字段、对下游可视化或报告产生影响；②组织变革管理（OCM），包括管理组织内部的转型以确保文化、动机、奖励和行为的一致性，并对期望的结果进行鼓励。

沟通（Communication），一个广义术语，包括任何与人有关的活动和处理数据质量工作中的人为因素。沟通对于任何数据质量工作的成功都至关重要，也是信息质量框架中的RRISCCE广义影响因素，包括认知、参与、外联、倾听、反馈、信任、信心、教育、培训和文档。

完备性（Completeness），信息质量的一个特征，用于衡量某个字段中存在数值的程度，与填充率同义。在数据完整性基础原则的数据质量维度中进行评估。

连点成线（Connect the Dots），一种业务影响技巧。描绘了业务需求与支持它们的数据之间的联系。

一致性和同步性（Consistency and Synchronization），数据质量维度之一，即当数据在不同的数据存储、应用程序和系统中使用或存储时，这些数据的等价程度。

约束（Constraints），参见需求和约束。

控制机制（Control），在本书中通常用于表示检查、检测、验证、约束、奖励、鼓励或指导工作的各种活动，这些活动将确保数据的高质量，防止数据出现质量问题或错误，增加生成高质量数据的机会。这些控制机制可以是一次性实现，也可以随着时间的推移持续进行监控。更具体地说，"控制机制是一种内置于系统中的反馈形式，使其保持稳定。控制机制有检测到预示着缺乏稳定性的情况（通常以测量的形式）的能力，并根据这一观察结果采取行动。"（Sebastian-Coleman，2013）

低质量数据成本（Cost of Low-Quality Data），一种业务影响技巧。对低质量数据成本及影响与收入进行量化。

成本效益分析和投资回报率（Cost-Benefit Analysis and ROI），一种业务影响技巧。通过深入评估，将投资于数据质量的预期成本与潜在收益进行比较，这可能包括计算投资回报率（ROI）。

覆盖度（Coverage），请参阅数据覆盖度。

关键数据元素（Critical Data Elements，CDE），与最关键的业务需求相关联的数据字段，被认为对于评估质量和进行持续管理至关重要。

文化与环境（Culture and Environment），信息质量框架中RRISCCE广义影响因素之一。文化是指组织的态度、价值观、习俗、实践和社会行为。**环境**是指组织中围绕人员并影响其工作和行为方式的条件。文化与环境也可以指更广泛的因素，如社会、国家、语言以及其他外部因素，这些因素会影响组织并可能影响数据和信息的质量及其管理方式。

客户（Customer），使用组织提供的任何产品或服务的人。更广泛地说，在组织内部，高管、经理、员工、供应商和业务合作伙伴都可能是所提供数据和信息的客户。然后，他们使用这些信息来帮助向最终客户提供产品和服务。

数据（Data），是指已知的事实或有意关注的对象。在十步法中，数据通常与信息互换使用，尽管在一些地方两者之间的区别很明显。此外，数据也是信息质量框架中的四个关键组成部分之一。

数据依赖（Data-Dependent），社会、家庭、个人和组织（无论是以营利为目的的行业、非营利组织、政府、教育、医疗保健、科学、研究、社会服务、医疗等）都依赖于数据才能成功——无论他们是否意识到这一点。

数据驱动（Data-Driven），指特定的努力，用以帮助组织基于数据分析更精准地做出决策或专项举措，致力于改变文化并更好地利用数据来更加有效且高效地运营业务。

数据评估计划（Data Assessment Plan），用于评估数据的质量以及数据对业务的影响。

数据获取（Data Capture），一种为了评估和其他用途从而对数据进行访问或获取的方法。例如将数据抽取到平面文件并加载到安全的测试数据库或直连到报表数据存储。

数据类别（Data Category），一组具有共同特性或特征的数据。数据类别对于管理结构化数据非常有用，因为某些数据可能会根据其类别进行区别处理。十步法中的主要数据类别是主数据、事务数据、参考数据和元数据。这些是数据人员的常用术语。还有一些会影响系统与数据库设计方式以及数据使用方式的其他数据类别，如汇总数据、历史数据、报表/仪表盘数据、敏感数据和临时数据。了解不同类别之间的关联关系和依赖关系有助于指导数据质量工作。

数据覆盖度（Data Coverage），数据质量维度之一，即与数据全集或关注的总体相比，可用数据的全面性情况。

数据衰变度（Data Decay），数据质量维度之一，数据的负面变化率。

数据字段（Data Field），请参阅字段。

数据治理（Data Governance），对政策、规程、组织结构、角色和职责进行组织与实施的过程，为了有效管理信息资产对参与规则、决策权和责任人进行设计并强制执行。（John Ladley、Danette McGilvray、Anne-Marie Smith、Gwen Thomas）

数据行动三角（Data in Action Triangle），该模型表明，大多数组织通过项目、运营流程和项目集/行动计划及其关系完成工作。

数据完整性基础原则（Data Integrity Fundamental），数据质量维度之一。数据的存在性（完备性/填充率）、有效性、结构、内容等基本特征。

数据湖（Data Lake），一种保存大量数据的数据存储。这些大量数据通常被称为大数据。

数据模型（Data Model），以文本为载体，用可视化形式展现的某个特定领域的数据结构。数据模型可以是：①业务导向，展现对组织重要的事物，对组织内数据的结构进行可视化展示，而不考虑技术；②技术导向，依据特定的数据管理方式展示具体的数据集合，显示了如何保存和安排数据（关系型、面向对象、NoSQL 等）。数据模型是基础而重要的工件，组织通过它向自己展示数据，并通过它来理解数据。

数据建模（Data Modeling），创建关系图（数据模型）的过程，这些图用来显示数据、定义、结构和关系。

数据剖析（Data Profiling），使用分析技术来查明数据的存在、有效性、结构、内容以及其他基本特征，也可以称为域分析。数据剖析技术用于评估数据完整性基础原则中的数据质量维度。

数据质量（Data Quality），请参阅信息质量。

数据质量维度（Data Quality Dimension），数据的特征、方面或特性。数据质量维度是分类区分信息与数据质量需求的方法。维度用于定义、度量、改进、保持和管理数据与信息的质量。

数据质量改进循环（Data Quality Improvement Cycle），是一个概念描述，用以说明管理数据质量是一个连续的过程，通过三个高阶步骤完成：评估、认知和行动。是对大家熟知的 PDCA（计划-执行-检查-行动）或 PDSA（计划-执行-研究-行动）的改进。

数据规范（Data Specifications），数据质量维度之一。是任何为数据提供上下文语境、结构及含义的信息和文档。数据规范为数据和信息的制作、构建、生产、评估、使用及管理提供所需信息。数据规范也是十步法中使用的一个总体术语，包括任何为数据和信息提供上下文语境、结构和含义的信息和文档。十步法强调元数据、数据标准、参考数据、数据模型及业务规则的数据规范。

数据标准（Data Standard），关于对数据如何命名、表示、格式化、定义或管理的协议、规则或指南。数据标准表明了数据应符合的质量水平。

数据管理专员制（Data Stewardship），数据治理的一种方法，它以正式的形式确立相关责任，以便代表他人及组织的最佳利益而管理信息资源。在此方法下，负责管理信息资源的角色通常（但并非总是）称为**数据管理专员**。数据管理专员有多种类型，如企业数据管理专员、业务数据管理专员、技术数据管理专员、领域数据管理专员、操作数据管理专员和项目数据管理专员。

数据运营（DataOps），协同的流程、工具运用以及团队合作，这些团队也可能为了更好管理数据或提供分析而独立分开（如业务用户、数据科学家、数据工程师、分析师和数据管理员）。

数据集（Dataset），一组被获取并用于评估、分析、更正等目的的数据集合，通常是全部数据存储的子集。

数据存储（Datastore），无论采用何种技术而创建、获取、持有和使用的任何数据集合。

定义（Definition），对单词或短语含义的陈述。是一个通用术语，用于提醒人们高质量数据的基本方面是数据被定义并且含义可被理解。

开发运营（DevOps），一种方法，以期结合（或至少鼓励）过去独立的两个信息技术（IT）团队之间进行协作并共享技术。这两个团队，一个是应用程序开发人员，负责开发并发布软件；另一个是 IT 运营人员，负责部署、维护和支持这些软件。

虚假信息（Disinformation），"故意制造的错误信息，用以误导、伤害或操纵个人、社会团体、组织或国家。"（亚肯切克 Yakencheck，2020 年）

处置/退役（Dispose），POSMAD 信息生命周期阶段之一。当信息不再使用时，将其移除或报废。退役（处置）阶段的活动包括归档或删除记录、文件、数据集或信息。

随手记（Document as Discovered），随时捕捉洞察和想法，可用于当前步骤或项目的后续步骤。这些洞察和想法将不会被遗忘，并避免日后返工重新探索发现。

重复性（Duplication），请参阅唯一性和数据去重。

DPA，源自英国，《数据保护法（2018 年）》。

企业资源规划（Enterprise Resource Planning，ERP），集成了流程和数据的软件，这些流程与数据通常存在于独立系统中，如财务、人力资源、制造、分销、销售、客户管理等。ERP 中的应用套件可以将行政及运营业务流程自动化，并对其进行管理及支撑。

等价性（Equivalence），在不同地方存储和使用的相同数据应代表相同的事物，并且在概念上一致。它表明数据具有相同的价值和意义或者在本质上是相同的。请参阅一致性和同步性。

伦理（Ethics），信息质量框架中的 RRISCCE 广义影响因素之一。伦理考虑我们在使用数据时对个人、组织和社会的影响。体现伦理这一广义影响因素的思想包括个人与社会利益、正义、权利与自由、诚实、行为标准、避免伤害以及支持福祉。鉴于十步法是一套关于数据质量的整体方法，伦理也是以任何方式接触或使用数据的人所必须遵从的行为准则。

事件数据（Event Data），描述事物运行动作的数据。事件数据可以类似于事务数据或测量数据。

提取-转换-加载（Extract-Transform-Load，ETL），从源系统获取（提取）数据、更改（转换）数据，以期与目标或目标系统兼容，之后放入目标系统（加载）的过程。

字段（Field），用于存储数据值的位置。在关系型数据库中，字段也可以称为列、数据元素或属性。非关系数据库中则根据不同的类型，字段可以是键、值、节点或关系，也称为数据字段。

填充率（Fill Rate），参阅完备性。

鱼骨图（Fishbone Diagram），参阅因果关系图/鱼骨图。

业务影响的 5 个"为什么"（Five Whys for Business Impact），一种业务影响技巧。通过询问五个"为什么"以识别数据质量对业务的真正影响。

根本原因的 5 个"为什么"（Five Whys for Root Causes），一种根本原因分析技巧。通过询问五个"为什么"以期找到数据和信息质量问题的真正根本原因。是制造业中经常使用的标准质量技术，在应用于数据和信息质量时也效果良好。

大众分类法（Folksonomy），衍生自"民俗"和"分类法"，主要通过标签（给内容增加元数据）实现。它也称为社会标签、协作标签、社会分类和社会书签。这些标签创建了一种非正式的、非结构化的分类法（与结构化分类法刚好相反），并用于更轻松地定位内容。使用标签中的数据可以改善内容的可见性、分类情况和可搜索性。（Techopedia，2014 年）

信息质量框架（Framework for Information Quality，FIQ），对某些必备组件进行可视化及规划安排的框架结构，这些组件可以确保高质量数据。使用此框架有助于理解产生低质量信息的复杂环境，并使思维条理化，识别出缺乏或遗漏了哪些组件。这有助于识别根本原因并确定改善措施，以期纠正现有问题并防止问题再次出现。

GDPR，源自欧盟，即《通用数据保护条例》。

层次结构（Hierarchy），事物的体系，一个排在另一个之上。是一种分类法。父子关系是一种简单的层次结构。其他示例有组织结构图、财务的会计科目表或产品的层次结构。可通过层次结构来理解数据关系以及对质量的期望。

HIPAA，源自美国，1996 年《健康保险流通与责任法案》。

历史数据（Historical Data），截至某个时间点的重要事实，除非为了纠正错误，否则不应更改。通常被视为一种数据类别。

改进与预防机制（Improvement and Prevention），信息质量框架中的 RRISCCE 广义影响因素之一。拥有高质量数据不能通过一次性项目或单一的数据清理活动完成。改进与预防机制包括持续改进、根本原因、更正、增强、审计、控制机制、监控、度量和目标等元素。

信息（Information），上下文语境中的数据（事实或关注的元素）。尽管在一些地方，信息与数据之间的区别很重要，但在十步法中，二者通常互换使用。信息是一种资产，应该在其整个生命周期中得到妥善管理，以便充分利用并从中受益。

信息环境（Information Environment），周围的设置、条件和情况可能已造成或加剧了信息质量问题。信息环境包括需求和约束、数据和数据规范、流程、人员和组织、技术以及信息生命周期。

信息生命周期（Information Life Cycle），数据和信息在整个生命周期中的变化与发展过程。数据、流程、人员组织及技术应该在信息的整个生命周期中进行管理，以便充分利用信息并从中受益。首字母缩略词 POSMAD 可用于记忆信息生命周期中的六个阶段。信息生命周期也是信息质量框架中的一节内容。信息生命周期可以使用各种方法可视化，如泳道图、SIPOC 或 IP 图（信息产品图）。

信息产品图（Information Product Map，IP 图），"一种图形模型，旨在帮助人们理解、评估和描述信息产品（如发票、客户订单或处方）的形成方式。IP 图旨在创建一个系统化的展现形式，用于捕获一个组织内例行制作信息产品的相关细节。"（Wang, et al, 2005）。信息产品图是一种对信息生命周期进行理解与可视化的方法。

信息质量（Information Quality），在十步法方法论体系中，信息质量是指对于任何用途或所有必要用途、信息和数据可以成为应用可信源的程度，即在合适的时间、合适的地点为合适的人员提供一系列合适的正确信息，以期做出决策、运营业务、服务客户以及实现公司目标。也称为数据质量。

交互矩阵（Interaction Matrix），信息质量框架中的一节内容。显示信息生命周期各阶段与关键组成部分（数据、流程、人员组织以及技术）之间的关系、连接或接合。

物联网（Internet of Things，IoT），由相互关联的"物"组成的系统，带有传感器和唯一标识符（UID），无须人人交互或人机交互即可通过互联网传输数据。"物"可以是计算设备、机器、物体、动物或人。物联网是一个由数十亿智能设备构成的传感器网络，连接了人员、系统和其他应用程序，用以收集、共享数据、相互通信及彼此交互。

适度原则（Just Enough Principle），花费"适度"的时间和精力来优化结果——不多也不少！适度不是草率马虎或偷工减料，它需要良好的批判性思维能力。在步骤、技术或活动上花费恰到好处的时间来优化结果，这可能意味着 2 分钟、2 小时、2 天、2 周或 2 个月。根据已知的内容做出决定并继续前进。后期如果知道其他信息可以进行调整。

关键组成部分（Key Components），信息质量框架中的一节内容。影响整个信息生命周期中的四个主要方面是：数据（是什么）、流程（怎么做）、人员和组织（谁）以及技术（如何）。

知识工作者（Knowledge Worker），使用数据或信息来执行工作或完成工作职责的人员，也称为信息生产者、信息消费者、信息客户或用户。

标签元数据（Label Metadata），用于批注数据或信息集（如标记）的元数据，通常用于大体量数据。虽然结构化数据的元数据几乎总是与数据本身分开存储，但对于已标注数据，其元数据和数据内容存储在一起。请参阅已标注数据。

已标注数据（Labeled Data），已被标记或注释的数据。虽然结构化数据的元数据几乎总是与数据本身分开存储，但对于已标注数据，其元数据及数据内容以计算机或人工分析师可以解释和操作的方式存储在一起。例如，用于训练机器学习算法或模型的数据。数据标注是一种技术，通常用于处理非关系数据库中保存的大量数据。

延迟（Latency），数据从一个节点传输到另一个节点时被推迟的周期或时间，触发（或指令）与响应之间推迟的时间。

生命周期（Life Cycle），某物品在使用寿命期间的变化与发展过程。请参阅信息生命周期和资源生命周期。

血缘（Lineage），数据与元数据随时间推移及贯穿信息生命周期的迁移运动。通常用作信息生命周期的同义词或子集。工具厂商通常将其作为一种功能来描述用以记录、可视化及管理信息生命周期的能力。

位置和时间（Location and Time），信息质量框架中的一节内容。事件、活动和任务在何时何地发生、数据和信息在何时何地可用以及需要多长时间才能可用。

机器学习（Machine Learning，ML），人工智能中的一门学科，使用复杂的算法来帮助计算机软件更好地做出决策。

维护（Maintain），信息生命周期 POSMAD 中的一个阶段。确保信息持续正常工作。此阶段中的活动包括更新、更改、改变、操作、解析、标准化、分类、策划、辨析、转换、验证、确认、筛选、分类、清理或清洗数据；增强、丰富或加强数据；匹配或连接记录；删除重复数据、合并记录等。

主数据（Master Data），描述组织内业务涉及的人员、地点和事物。包括人员（如客户、员工、中间商、供应商、患者、医生、学生）、地点（如位置、销售区域、办公室、地理空间坐标、电子邮件地址、URL、IP 地址）和物品（如账户、产品、资产、设备 ID）。

主参考数据（Master Reference Data，MRD），参考数据和主数据的组合数据类别。

测量数据（Measurement Data），通常通过仪表盘、传感器、射频识别（RFI）芯片和其他设备进行高速度、大批量的数据获取，并通过机器对机器连接传输。

媒介（Media），以电子还是硬拷贝的方式呈现信息的各种方法，包括（但不限于）报告、表单、用户指南、调研、海报、仪表盘、应用程序屏幕和用户界面。

元数据（Metadata），字面意思是"关于数据的数据"，用以描述、标记或表征其他数据，使其更易于被筛选、检索、解释或使用。元数据的示例包括字段名称说明、代码定义、血缘、域值、上下文语境、质量、条件、特征、约束、更改方法和规则。其他类型的元数据包括技术元数据、业务元数据、标签元数据、目录元数据和审计轨迹元数据。

错误信息（Misinformation），"不真实的信息，但不是以造成伤害为目的而创建或共享的信息。"（亚肯切克，2020 年）

监控（**Monitoring**），一种持续的能力，持续跟踪对数据质量规则和其他控制机制的遵守情况，为潜在问题提供报警。

获取（**Obtain**），POSMAD 信息生命周期阶段之一。指获取数据或信息，例如，创建记录（在内部通过应用程序创建或在外部由客户通过网站输入信息）、购买数据或加载外部文件。

本体（**Ontology**），在哲学中，是有关存在或事物存在的科学或研究。从数据的角度来看，数据应该代表存在的实物。在此情境下，本体是一组相关概念的正式定义以及概念之间如何相互关联。数据可以通过本体来理解和交叉引用。

运营流程（**Operational Processes**），在一个运营环境或"常态业务"环境（而不是项目环境）中，针对特定目标采取的一系列活动。是数据行动三角的一条边。

组织（**Organization**），用于表示企事业单位、教育、金融机构、经销代理机构、大型组织和任何行业中各种规模的营业机构，例如营利性组织、非营利组织（慈善机构、科学研究、社会服务）等。十步法适用于上述所有组织，因为每个组织都从事向客户提供某种产品或服务的"业务"，每个组织都依赖于数据和信息才能成功。

其他相关业务影响技巧（**Other Relevant Business Impact Techniques**），用于确定数据质量对业务影响的其他定性或定量的方法，这些业务被认为对组织至关重要。

其他相关数据质量维度（**Other Relevant Data Quality Dimensions**），数据和信息的其他特征、方面或特性，这些特征、方面或特性被认为对组织进行定义、测量、改进、监测和管理活动非常重要。

其他相关根本原因分析技术（**Other Relevant Root Cause Analysis Techniques**），有助于确定根本原因的其他适用技术。

解析（**Parsing**），将多值字段拆分为多个独立部分的功能，例如将字符串或自由格式文本字段拆分成多个组成部分、有意义的模式或属性，并将这些部分分别移动到清晰地标注好的不同的字段中。

人员和组织（**People and Organizations**），组织（例如，事业部、部门）、团队、角色、职责或个人的结构元素，其中，个人影响着数据、使用着数据或者在信息生命周期的任何阶段被牵涉其中。此外，人员和组织也是信息质量框架中的四个关键组成部分之一。

对相关性与信任度的认知（**Perception of Relevance and Trust**），是数据质量维度及业务影响技巧。指那些使用信息或创建、维护和处置数据的人员的主观看法，包括：①相关性——哪些数据对他们最有价值，最重要。②信任度——他们对满足其需求的数据质量的信心。

计划（**Plan**），POSMAD 信息生命周期阶段之一。为信息资源做准备。确认目标，规划信息架构，并制定标准和定义。在建模、设计以及开发应用程序、数据库、流程、组织时，许多活动都可以被视为信息计划阶段的一部分。

计划-执行-检查-行动（**Plan-Do-Check-Act**，**PDCA**），一种对过程和产品进行改进与控制的基本质量技术。

计划-执行-研究-行动（**Plan-Do-Study-Act**，**PDSA**），计划-执行-检查-行动（PDCA）技术的变体，其中检查步骤被研究取代。

POSMAD，是信息生命周期基本阶段的首字母缩略词（计划 Plan、获取 Obtain、存储

Store 和共享 Share、维护 Maintain、应用 Apply、处置（退役）Dispose）。

展示质量（Presentation Quality），数据质量维度之一。数据信息的格式、表现和呈现，用以支持对其收集与使用。

隐私（Privacy），请参阅安全性和隐私性。

流程（Processes），指涉及数据信息的职能、活动、行动、规程或任务（业务流程、公司外部流程、数据管理流程等）。"流程"是一个通用术语，用于提取从高阶职能到详细操作的活动，同时伴随输入、输出和活动时机。高阶职能描述了什么需要完成（例如"订单管理"或"区域分配"），详细操作描述了怎样去完成（例如"创建采购订单"或"关闭采购订单"）。此外，流程也是信息质量框架中的四个关键组成部分之一。

流程影响（Process Impact），是业务影响技巧之一。描述了数据质量对业务流程的影响。

剖析（Profiling），请参阅数据剖析。

行动计划/项目集（Program），一项持续的倡议举措，用以协调管理相关活动或项目，从而获得单独管理这些活动或项目所无法获得的收益。是数据行动三角的一条边。

项目（Project），"项目是为了创造独特的产品、服务或成果所做的临时性工作"（项目管理协会，2020 年）。是一次性活动的工作单元，具备需要解决的特定业务需求以及需要实现的目标。在本书中，"项目"一词泛指任何利用十步法来解决业务需求的结构化工作。请参阅项目方法、项目目标和项目类型。也是数据行动三角的一条边。

项目方法（Project Approach），指如何交付解决方案以及所使用的框架或模型。它为项目计划、任务执行、所需资源和项目团队结构提供了基础。使用的模型可以是十步法本身，也可以是最适合情况的任何 SDLC 方法（如敏捷法、序贯法等）。

项目管理（Project Management），"将知识、技能、工具和技术应用于项目活动以满足项目要求"（项目管理协会，2020 年）。由于所有项目都必须就目标、完成工作、协调资源、跟踪进度、相互沟通等内容达成一致，因此项目管理需求适用于所有项目方法和所有采用的 SDLC（方案、系统、软件开发生命周期）。然而，术语可能因方法而异，例如，项目章程与愿景声明、迭代周期与阶段。项目类型和项目方法决定了需要哪些项目管理活动以及如何规划与协调工作。

项目经理（Project Manager），对达成项目目标负责的人员。使用选定的项目方法，通过启动、计划、执行、监测、控制以及关闭项目来领导项目。

项目目标（Project Objectives），在项目期间要达成的具体结果，这些结果应与要解决的业务需求和数据质量问题保持一致。

项目资助者（Project Sponsor），为项目提供财务、人力和技术资源的个人或团体。

项目类型（Project Type），数据质量项目分为以下项目类型：①目标明确的数据质量改进项目；②其他项目中的数据质量活动；③对数据质量步骤、活动或技术的临时应用。项目类型告知了项目方法以及如何组织、管理和完成项目工作。

排名和优先级排序（Ranking and Prioritization），一种业务影响技巧。根据缺失及错误数据对具体业务流程的影响对其进行排名。

记录（Record），在关系型数据库中，记录是一行数据，由许多字段或列组成。在非关系型环境中，记录概念并未统一定义。"记录"可能在非关系语境中被提及，而该词在该语境中的具体含义应该被那些共同工作的人知道。在本书中，记录通常用于表示一组数据字段。

参考数据（**Reference Data**），由系统、应用程序、数据存储、流程和报表以及事务数据和主数据引用的一组数值或分类方案。包括有效值列表、代码列表、状态代码、地区或省市缩写、人口统计字段、标志、产品类型、性别、会计科目表、产品层次结构、零售网站购物类别和社交媒体标签。

关系（**Relationship**），连接或关联的通用术语，如数据之间或四个关键组成部分彼此之间的连接或关联。理解关系对于管理数据质量至关重要，因为对数据的许多期望可能通过关系来表示。数据模型、分类法、本体和层次结构都显示了关系。

报表数据/仪表盘数据（**Reporting/Dashboard Data**），报表和仪表盘中使用的数据，被视为数据的众多用途之一，而不是单独的数据类别。但是，有些组织可能会将其视为一个数据类别。

需求和约束（**Requirements and Constraints**），需求是必须满足的义务。约束是限定或限制，即不能或不应该做的事情。通常，从"不能做什么"的角度来分析，可以发现更多需要考虑的因素。进而将约束通过正面积极的表达形成需求。需求和约束可以来自或基于以下类别：业务、用户、功能、技术、法律、法规、合规性、合同、行业、内部政策、访问、安全性、隐私性和数据保护。对以上每一项都进行考量，将有助于发现数据本身或项目流程及输出必须满足（需求）或避免（约束）的重要款项。需求和约束是信息质量框架中的 RRISCCE 广义影响因素之一。

资源生命周期（**Resource Life Cycle**），管理任何资源（如人员、资金、设施、设备、材料、产品以及信息）所需的流程。也称为通用资源生命周期。请参阅信息生命周期。

职责（**Responsibility**），信息质量框架中的 RRISCCE 广义影响因素之一。包括审批责任、权力、所有权、治理、代管、激励和奖励。

投资回报率（**Return on Investment，ROI**），①衡量投资利润占投资金额的百分比。②一般而言，指用来显示投资于数据质量带来收益的任何方式。请参阅成本效益分析和投资回报率。

风险分析（**Risk Analysis**），一种业务影响技巧。识别低质量数据可能产生的不利影响，评估其发生的可能性、严重程度（如果真的发生），并确定减轻风险的方法。

ROI，投资回报率。请参阅成本效益分析和投资回报率。

根本原因分析（**Root Cause Analysis**），研究问题、议题或状况的所有可能原因，以确定其真实原因。

RRISCCE，（发音为"risky"）。信息质量框架中具有广义影响因素的首字母缩写：R 需求和约束、R 职责、I 改进和预防机制、S 结构、C 语境和意义、C 沟通机制、C 变革、E 伦理。用以提醒人们，忽略广义影响因素是 RRSCCE（谐音 risky 有风险的）。通过确保解决各因素的问题，可以降低低质量数据质量风险。如果不解决这些问题，低质量数据质量风险就会增加。

规则（**Rules**），请参阅业务规则。

SDLC，方案、系统及软件的开发生命周期的通用术语（**Solution/System/Software Development**

Life Cycle）。在本书中指代用于数据质量项目的项目方法（序贯法、敏捷法、混合法等）。SDLC定义了开发解决方案的方法，并为项目计划和项目团队要执行的任务提供了基础。所用的SDLC可以由您的组织内部创建，也可以由供应商提供。

安全性和隐私性（Security and Privacy），数据质量维度之一。**安全性**是保护数据和信息资产免遭未经授权的访问、使用、披露、扰乱、修改或破坏的能力。对个人而言，**隐私性**是对收集和使用他们个人数据进行控制的能力。对于组织而言，是指遵从以下期许的能力，即人们希望如何收集、共享和使用其数据。

语义（Semantics），通常与事物的含义有关，例如单词、符号或句子的含义，或者被诠释的含义。要管理数据质量，必须了解数据的含义以及人们认为它意味着什么。

敏感数据（或受限数据）（Sensitive Data，or Restricted Data），指那些未经授权不可访问的信息。信息集被标记敏感标签，以帮助实现访问、隐私和安全控制。如果敏感数据被非授权人查看，则该数据面临高风险。大多数组织实施安全和隐私控制，以增加对敏感数据的额外保护，免遭非授权查看。敏感数据在特定的监管环境中可能具有特定的含义（例如，数据保护/隐私法）。敏感数据也可以被视为一种数据类别。

提供方-输入-流程-输出-客户（Supplier-Input-Process-Output-Customer，SIPOC），通常用于流程管理和改进（如六西格玛和精益制造）的常用图表，用于显示业务流程中的主要活动。它还可用于将信息生命周期可视化。

源到目标映射（Source-to-Target Mapping，STM），为数据从源移动到目标而提供信息及所需的转换逻辑。它说明了数据源位置（数据从此处移动到目标数据存储区）和相关信息，描述了为满足目标系统的要求而必须做的转换。

利益相关方（Stakeholder），对信息和数据质量工作感兴趣、参与、投资或将受到影响（积极或消极）的个人或团体。利益相关方可能会对项目及其可交付成果施加影响。可以来自组织内部或外部，代表与业务、数据或技术相关的利益。利益相关方名单可长可短，具体取决于项目范围。

标准（Standard），一个通用术语，指被公认为权威并用作比较或判断基础的事物。对于数据质量，重点是数据标准。

存储与共享（Store and Share），POSMAD信息生命周期阶段之一。保存信息并通过分发方法使其可用。数据可以以电子方式（如存储在数据库或文件中）或硬拷贝（如保存在文件柜中的纸质申请表）方式存储。数据通过网络、企业服务总线和电子邮件等方式共享。

结构、语境与含义（Structure，Context，and Meaning），通常，**结构**是指各部分之间的关系和安排以及它们如何排列在一起。**语境**是围绕某物的背景、情况或条件。**含义**是指某物是什么或本意是什么，也可以包括某物的目的或意义。为了管理数据质量，必须了解数据的结构、数据彼此之间的关系、使用数据的上下文语境以及数据的含义。不可能有效管理任何不被理解的事情。结构、上下文语境和含义是信息质量框架中RRISCCE广义影响因素之一，其主题包括定义、关系、元数据、标准、参考数据、数据模型、业务规则、架构、语义、分类、本体和层次结构。

主题专家（Subject Matter Expert，SME），深入了解业务流程及支撑这些流程的信息的人员。也可以称为超级用户或高级用户。

调查（Survey），一种正式的数据收集方法，用于评估情况、条件或意见。

同步性（Synchronization），请参阅一致性和同步性。

泳道图（Swim Lane），一种流程图，用于将流程、任务、工作流、角色等横向或纵向划分为多个通道。可用于显示四个关键组成部分（数据、流程、人员/组织和技术）在整个信息生命周期阶段的概览。

分类法（Taxonomy），是一种将事物分类为有序类别的系统。例如，动物和植物被分类为界、门、纲、目、科、属和种。杜威十进制分类法是另一种分类法，被图书馆用来按大类和细类对书籍进行划分。必须了解这些分类法，以便管理其所辖数据。创建分类法也是为了更好地管理数据本身、控制词汇表、构建下钻型界面以及协助导航与搜索。参见相关术语大众分类法。

技术元数据（Technical Metadata），用于描述技术和数据结构的元数据。

技术（Technology），流程中涉及的或者由人员与组织使用的，用以存储、共享或操控数据的表单、应用程序、数据库、文件、程序、代码或媒介。技术既包括数据库等信息科技，也包括纸质副本等常用手段。此外，技术是信息质量框架中的四个关键组成部分之一。

临时数据（Temporary Data），数据保存在内存中用以加速处理过程。它不用于被查看，而是用于技术目的。可被视为一种数据类别。

实现高质量数据和可信信息的十步法™（Ten Steps to Quality Data and Trusted Information™），一种用于创建、评估、改进、管理和维护数据与信息质量的方法。它由三个主要部分组成：关键概念——对于读者理解至关重要的基本思想，以便做好数据质量工作，是十步法的组成部分；构建项目——用于指导如何组织工作，不是为取代其他众所周知的项目管理实践，而是将这些原则应用于数据质量项目；十步法流程——将关键概念付诸行动及实际"十步法"的指引，十步法是指整体的方法。为简洁起见，"十步法"是指完整的方法。"十步法流程"是指步骤本身。

及时性（Timeliness），数据质量维度之一。数据和信息为当前最新，并可以按照规定在预期的时间范围内使用。

跟踪和追溯（Track and Trace），根本原因分析技巧之一。识别确认问题所在的方法，通过在整个信息生命周期中跟踪数据、比较入口处理点和出口处理点的数据，识别问题首次出现的位置。

效用性（Transactability），请参阅可用性和效用性。

事务数据（Transactional Data），组织开展业务时发生的与内外部事件或交易相关的数据。

信任度（Trust），在十步法中指下列人员对数据和信息质量的信心：使用数据和信息的人、相信数据和信息可以满足他们的需求以及管理（计划、创建、获取、更新、维护、转换、存储、共享、处置）数据和信息的人，相信质量符合规范并可以满足用户（人员、流程、机器等）的需求。

唯一性和数据去重（Uniqueness and Deduplication），数据质量维度之一。系统中或跨系统及数据存储区的数据（字段、记录或数据集）的唯一性（正面）或不必要的重复（负面）。

可用性和效用性（**Usability and Transactability**），数据质量维度之一。数据产生预期的业务事务、结果或用于预期用途。

用途（**Usage**），业务影响技巧之一。清点数据的当前和未来用途。

用户（**User**），一个通用词汇，表示任何使用数据和信息的人。用户包括知识工作者、信息消费者和信息客户。用户也可以是机器或自动化流程。

验证（**Validation**），为确保进入生产系统的条目符合标准和合理性而进行的检查。另请参阅"核实"。虽然软件行业对验证和核实有更具体的定义，但在数据界中没有共识，它们有时可以互换使用。请注意，验证并不表示条目是否正确（即准确性），只是表示有效性。

有效性（**Validity**），指数据字段中的值符合规则、准则或标准。有效性因字段而异。例如，该值是否在允许值的列表中？该值是否符合既定的模式或格式？该值是在规定的日期范围内，还是在其他确定了最大值和最小值的范围内？该值是否遵循特定的数据输入标准？有效性作为数据完整性基础原则的数据质量维度之一而被评估或测量。

核实（**Verification**），确保输入的数据或复制的副本数据与原始源完全匹配的过程。另请参阅"验证"。虽然软件界对验证和核实有更具体的定义，但在数据界中没有共识，它们有时可以互换使用。

配图、表格和模板列表

配图

模板

第 4 章　十步法流程

步骤 1　确认业务需求与方法

注意

北京市版权局著作权合同登记　图字：01-2022-2388。

图书在版编目（CIP）数据

数据质量管理十步法：获取高质量数据和可信信息：原书第 2 版 /（美）达内特·麦吉利夫雷（Danette McGilvray）著；本书翻译组译. — 北京：机械工业出版社，2024.1（2024.4 重印）
（数字经济创新驱动与技术赋能丛书）
书名原文：Executing Data Quality Projects: Ten Steps to Quality Data and Trusted Information Second Edition
ISBN 978-7-111-73867-1

Ⅰ.①数… Ⅱ.①达… ②本… Ⅲ.①数据管理-质量管理-研究 Ⅳ.①TP274

中国国家版本馆 CIP 数据核字（2023）第 174544 号

机械工业出版社（北京市百万庄大街 22 号　邮政编码 100037）
策划编辑：王　斌　　　　　　责任编辑：王　斌　解　芳
责任校对：牟丽英　张　征　　责任印制：刘　媛
北京新华印刷有限公司印刷
2024 年 4 月第 1 版·第 2 次印刷
184mm×240mm·29.5 印张·3 插页·693 千字
标准书号：ISBN 978-7-111-73867-1
定价：199.00 元

电话服务　　　　　　　　　　网络服务
客服电话：010-88361066　　机　工　官　网：www.cmpbook.com
　　　　　010-88379833　　机　工　官　博：weibo.com/cmp1952
　　　　　010-68326294　　金　书　网：www.golden-book.com
封底无防伪标均为盗版　　　　机工教育服务网：www.cmpedu.com